高等职业教育"十四五"规划教材

园林植物病虫害防治

第3版

孙　斌　主编

中国农业大学出版社
·北京·

内容简介

本教材共分8个项目，主要介绍园林植物害虫识别、病害识别、病虫害调查测报、综合防治方案制订、农药使用技术、综合防治技术等知识与技能。教材强调对技能和知识的理解和使用，注重对学生的动手动脑能力的培养，将课堂教学、课程实习、岗位实习融为一体，充分发挥学生的主动学习能力和职业创业能力；注重拓展资源、案例分析对学生创新、创业思维的引导。本教材引入"农药废弃物管理"理念，同时引入植保无人机技术，对于美丽乡村建设具有较大启发意义。

本教材可作为高等职业教育园林、园艺专业（花卉），植物保护与检疫技术专业（城市有害生物管理）教材，也可供广大园林、园艺专业，植物保护与检疫技术专业从业人员和爱好者参考。

图书在版编目(CIP)数据

园林植物病虫害防治 / 孙斌主编. --3版. --北京：中国农业大学出版社，2023.1（2024.10重印）

ISBN 978-7-5655-2909-2

Ⅰ. ①园… Ⅱ. ①孙… Ⅲ. ①园林植物-病虫害防治-高等职业教育-教材 Ⅳ. ①S436.8

中国国家版本馆CIP数据核字(2023)第006749号

书　名　园林植物病虫害防治

作　者　孙　斌　主编

策划编辑　张　玉　　责任编辑　张　玉

封面设计　郑　川　中通世奥图文设计

出版发行　中国农业大学出版社

社　址　北京市海淀区圆明园西路2号　　邮政编码　100193

电　话　发行部 010-62733489，1190　　读者服务部 010-62732336

编辑部 010-62732617，2618　　出　版　部 010-62733440

网　址　http://www.caupress.cn　　**E-mail** cbsszs@cau.edu.cn

经　销　新华书店

印　刷　北京溢漾印刷有限公司

版　次　2023年2月第3版　2024年10月第2次印刷

规　格　185 mm×260 mm　16开本　20.5印张　510千字

定　价　58.00元

第 3 版编审人员

主　编　孙　斌

副主编　陈卫民　刘永红　黄艳青　袁水霞　张新燕

编　者　陈卫民（新疆伊犁职业技术学院）

邓锦红（广西生态工程职业技术学院）

黄艳青（辽宁职业学院）

刘永红（山西林业职业技术学院）

孙　斌（河南农业职业学院）

袁水霞（河南农业职业学院）

张佳佳（河南农业职业学院）

张新燕（河北旅游职业学院）

审　稿　李洪连（河南农业大学）

尹新明（河南农业大学）

王平平（河南省莱恩坪安园林植保有限公司）

第 2 版编审人员

主　编　程亚樵（河南农业职业学院）
　　　　丁世民（潍坊职业学院）

副主编　陈卫民（新疆伊犁职业技术学院）
　　　　吴凤楼（黑龙江林业职业技术学院）
　　　　周显忠（辽宁职业学院）
　　　　郃连春（黑龙江农业经济职业学院）
　　　　马俊峰（河南省农产品质量检测中心）

参　编　李圣超（黑龙江农垦科技职业学院）
　　　　张新燕（河北旅游职业学院）
　　　　贾永红（内蒙古农业大学职业技术学院）
　　　　陈海洲（新疆农业职业技术学院）
　　　　胡志凤（黑龙江农业职业技术学院）
　　　　衡雪梅（河南农业职业学院）

主　审　李洪连（河南农业大学）
　　　　尹新明（河南农业大学）

第3版前言

随着我国园林花卉产业的快速发展和高等职业教育教学深层次改革的需要，根据国务院《国家职业教育改革实施方案》《关于推动现代职业教育高质量发展的意见》、教育部《“十四五”职业教育规划教材建设实施方案》等文件有关精神，围绕园林岗位职业能力要求和当地生产的实际需要，推动职业教育产教融合，吸收国家级精品课程和职业教育资源库建设开发经验，在中国农业大学出版社的组织领导下，我们进行了《园林植物病虫害防治》教材第3版的修订工作。在保留第2版基本内容的基础上，融入课程思政元素，体现党的二十大关于实施科教兴国战略、人才强国战略、创新驱动发展战略理念，倡导人与自然和谐发展，践行课程育人功能，补充了生产实践所需的植保新技术、重要技能点、知识点，配套了微课、视频、课件、图片等教学资源。

园林植物病虫害防治是园林类专业的一门专业核心课程，也是园林花卉行业的一项核心技术。本次教材修订紧密结合当前高职院校课程改革的要求，以培养技能型、应用型人才为目标，具有以下特色：

1.反映工作实际需要，符合高职教育改革精神。本次教材修订结合园林行业企业工作实际和岗位需要，提炼技能目标和知识目标，以任务提出、任务分析、相关知识、任务实施、任务评价、思考练习、拓展资源等为主线，以基本的工作任务为载体，将相关知识的讲解和学习贯穿于完成工作任务的过程之中，进一步拉近了教材与工作实际的距离。充分体现高等职业教育人才培养目标与做中学、教学做相长的工学结合职业教育特点，符合职业教育规律和技能型人才成长规律。

2.以就业创业岗位需要为出发点，突出岗位职业能力培养和创业创新意识培养。本次教材修订围绕技能知识点，突出关键技能学习与培养。思考练习题中突出选择题和判断题的设计，将教材中易于混淆的知识点设计于其中，强调对知识的真正理解。拓展资源进一步引发学生的发散性思维和创新思维，寓教于乐，启发思路。案例分析问题，既加强了与实际工作接轨，又能加强学生就业能力的培养。

3.广泛吸纳行业企业专家意见，不断借鉴国内相关高职院校教改成果。专业人才培养方案制定、课程标准制订均是在校企双方合作下形成的。积极学习和借鉴国内相关高职院校在产教融合、工学结合实践中具有创新性的教改成果，尤其是国家级精品课程建设和职业教育资源库建设开发方面的成功经验，并将其有机地融入本次教材修订。教材编写充分体现行业指导、企业参与、校企合作的原则，增加了行业企业的教材审稿工作。

4.教材提倡新素质目标，培养学生发现问题、分析问题、解决问题的能力，培养班小组团结合作的精神，培养任务驱动学习良好习惯的形成。理解和贯彻“预防为主，综合治理”植保方针，向一线管理者学习。敬重自然，尊重生态，尊重法律法规，建立自然生态调控为主、人为干预控制为辅的园林植物病虫害综合治理体系。

本教材由孙斌任主编，由陈卫民、刘永红、黄艳青、袁水霞、张新燕任副主编。具体编写分工如下：孙斌编写项目一、项目六工作任务二至八、项目八工作任务五，陈卫民编写项目八工作任务一，刘永红编写项目三，张佳佳编写项目五、项目六工作任务一、项目七工作任务二、三，袁水霞编写项目二任务一至三，张新燕编写项目四、项目七工作任务一、四，黄艳青编写项目八工作任务二、三、四，邓锦红编写项目二任务四。本教材由主编孙斌统稿。

本教材含案例分析 10 个，二维码数字资源共 85 个（其中微课 10 个，短视频 40 个，课程 PPT 文档 11 个，拓展资源 24 个）。微课由张佳佳、袁水霞、孙斌提供，微课所用图片由制作人拍摄或搜集整理。短视频由孙斌、张佳佳、袁水霞拍摄或搜集整理。课程 PPT 由张佳佳、袁水霞、孙斌制作，图片由陈卫民、张佳佳、袁水霞、孙斌提供。案例分析由孙斌、陈卫民、刘永红、张新燕提供。拓展资源由孙斌、张佳佳、袁水霞、陈卫民、刘永红、张新燕、黄艳青提供。

本教材在编写中得到河南农业职业学院、新疆伊犁职业技术学院、山西林业职业技术学院、河北旅游职业学院、辽宁职业学院以及原参编单位潍坊职业学院、黑龙江林业职业技术学院、黑龙江农业经济职业学院、黑龙江农垦职业学院、内蒙古农业大学职业技术学院、新疆农业职业技术学院、黑龙江农业职业技术学院、北京农业职业学院、山西临汾职业技术学院、河南省农产品质量检测中心等的大力支持。承蒙河南农业大学李洪连教授、尹新明教授和河南省莱恩坪安园林植保有限公司王平平副总经理对教材进行了审阅，并提出了宝贵意见。教材在编写过程中参阅和引用了有关专家学者的专著、文献、论文和教材等，在此一并致以最诚挚的谢意！

由于编者水平有限，书中难免出现疏漏、不足甚至错误之处，敬请广大读者批评指正。

编　者

2023 年 1 月

目　　录

项目一　走近课程

素质目标：

了解自然，走近园林植保，贯彻“预防为主，综合治理”的植保方针，培养任务驱动学习的良好习惯，向一线管理者学习。

技能目标：

通过学习园林植物病虫害防治技术课程，能够按照职业岗位能力要求，做到能识别、懂规律、善分析、会防治，胜任园林植保相关岗位工作，解决实际问题。

知识目标：

认识园林植物病虫害防治技术课程的体系构建、病虫害发生特点及相关概念。

知 识 点：

外来入侵物种，园林植物病虫害发生特点，园林植物病虫害防治方针。

工作任务　园林植物病虫害防治的认识

【技能目标】

能够开展实地调查，学习理解实际工作中应具备的基本能力、职业能力、岗位专业能力标准。在生态文明建设的指引下，能够综合运用所学知识、技能解决实际问题。

园林植物病虫害为害

【任务提出】

通过课堂学习、标本室参观、实地调查、优秀毕业生经验座谈，认识历史上园林植物病虫害的发生情况、为害情况和典型种类；了解和分析国内及本地园林植物病虫害的发生情况、为害情况和常见种类。

【任务分析】

本任务从认识历史上园林植物病虫害的发生情况、为害情况和典型种类入手，让学生深刻认识园林植物病虫害防治在园林绿化及花木生产中的重要性；从认识国内及本地园林植物病虫害的发生情况、为害情况和常见种类入手，引导学生分析和总结园林植物病虫害的发生特点。结合参观、实地调查标本室以及园林植物病虫害为害较重的校内、外实训基地，激发学生学习园林植物病虫害防治技术的兴趣。培养和提高学生在实际工作中应具备的基本能力、职业能力、岗位专业能力。

【相关知识】

一、园林植物病虫害防治在园林绿化及花木生产中的重要性

随着城市(群)规划建设及园林绿化的发展，绿地系统的规模、园林植物的种类及其搭配格局已今非昔比，人们的绿色环保意识逐渐增强，美化、绿化、净化、香化环境并保持环境的可持续发展理念已成为人们的共识。与此同时，随着我国花卉苗木产业近年来的快速发展，园林花卉产业已经成为相当多的地区和乡镇的支柱产业和经济来源。然而园林花卉植物在生长发育过程中，常常会受到各类病虫害或不良环境的侵袭，叶、花、果、茎、根出现坏死或发生畸形、凋萎、腐烂等现象，导致植株发育不良，大大降低其应有的观赏效果、商品价值及绿化效果。特别是全球气候变化、异常天气、温湿度季节分配失调所引起的旱涝灾害，人类活动频繁干扰、园林植物种植结构失调、栽植品种单调、园林树木生长空间狭窄、管护不善所引起的生长环境恶化以及园林植物引进栽植，均极大地促进了园林植物病虫害的严重发生。

园林植物病虫害曾经给世界各国的园林花卉业造成过巨大损失。20 世纪 20 年代，由于茎线虫的危害，英国当时的水仙种植业几乎毁灭。榆树疫病最早只在荷兰、比利时及法国发生，后来随着苗木的调运，在短短的十几年间，传遍了整个欧洲。到了 20 世纪 20 年代末，随着美国从法国输入榆树原木，榆树疫病很快在美国传播开来，导致美国约有 40%榆树被毁。20 世纪 70 年代以来，松材线虫病在日本盛行，每年因此损失松材达 200 万 m^3 以上。我国自 1982 年在南京市中山陵首次发现松材线虫病以来，先后在江苏、浙江、山东、广东、安徽等省局部地区发生并流行成灾，1998 年发生面积已达 7.3 万 hm^2，因病死亡松树近 1 500 万株，对世界自然遗产——著名的黄山风景区造成严重威胁。20 世纪 90 年代，泰山发现松褐天牛，为了防止其蔓延，销毁了疫区内 2 万多棵松树，损失惨重。现在肆虐我国多个地区的美国白蛾，最早仅仅分布在北美地区，第二次世界大战结束后，随美国军需品传到日本，后又传到韩国与朝鲜，1979 年传入与朝鲜一江之隔的辽宁丹东，以后便在我国多地泛滥成灾。20 世纪 80 年代，驰名中外的北京香山红叶——黄栌，受到白粉病的危害，叶片不能正常变红，使得香山红叶的壮丽景观大为逊色。20 世纪 90 年代，香山景区尺蠖大发生，1/3 的黄栌叶片被害虫蚕食，受害严重。松突圆蚧自 20 世纪 80 年代在广东珠海市邻近澳门的松林发现以来，危害面积逐年扩大。仅 1983—1984 年的 1 年时间里，发生范围便由 9 个县(市)蔓延至 35 个县(市)，发生面积达 730 000 hm^2，受害树木连片枯死，更新砍伐约 140 000 hm^2，给我国南方马尾松林造成极大的威胁。天牛是我国杨、柳树木的毁灭性蛀干害虫，在许多地区酿成了毁灭性的灾害，仅宁夏一地就因天牛灾害砍伐成材树木 8 000 余万株，经济损失达数亿元。南京钟山风景名胜区在 20 世纪 30 年代受到马尾松毛虫的猖獗为害，使松树成批死亡。1986 年，在哈尔滨市著名的风景游览区——太阳岛地区，黄褐天幕毛虫大发生，风景区周围柳树上的叶片全部被吃光，严重影响了哈尔滨市的旅游业。1996 年和 1997 年，春尺蛾在哈尔滨市大发生，将马家沟河沿岸的榆树叶片全部食光，不仅严重影响了榆树的生长和绿地景观的观赏价值，还严重地干扰了居民的正常生活。菊花叶枯线虫病是菊花等花卉植物的重要病害之一，可危害菊属、草莓属、福禄

考属、大丽花属、罂粟属、牡丹、翠菊等植物，近年来在我国南方各省园林花圃中发现此病，危害极重。其他如杨树腐烂病、杨（柳）树溃疡病、泡桐丛枝病、红松孢锈病、樱花根癌病、月季黑斑病、菊花褐斑病、金叶女贞炭疽病、大叶黄杨褐斑病、合欢枯萎病、悬铃木白粉病等都是当前发生普遍而且严重的病害。病毒病在花卉上发生也极普遍，我国12种（类）重要花卉几乎都有几种病毒病，大丽花、菊花、香石竹、一串红、山茶及月季等多种花木病毒病亦有日益严重的趋势。仙客来病毒病在各地均有发生，发病严重的城市病株率在65%以上，致使其品质严重退化。水仙病毒病在我国水仙栽培区普遍发生，并逐年加重，发生面积占栽培面积的70%～80%，鳞茎带毒率高达80%以上，产量损失为7%～10%。另外，蚜虫、蓟马、介壳虫、粉虱、叶蝉等5类刺吸害虫，由于虫体小，初期症状不易发现，往往会造成严重的危害。松毛虫、黄杨绢野螟、国槐尺蠖、斜纹夜蛾、侧柏毒蛾、柳毒蛾、锈色粒肩天牛、双条杉天牛、双斑锦天牛、柏肤小蠹、日本双齿长蠹、悬铃木方翅网蝽、梧桐木虱、白蜡蚧、草履蚧、桑白蚧等也已成为城市行道树、风景林与花木基地的重要害虫，危害日趋严重。

随着世界经济全球化进程的加快，人类活动范围逐渐扩大，国际交流日益增多，外来物种被人们有意无意地从一地带往另一地，从而给全球生态安全带来了巨大的挑战。据保守统计，在全国大部分地区，入侵物种有754种，其中包括植物265种、动物171种、菌类微生物26种，以西南和沿海地区最为严重。入侵途径主要有人为引进、粘在旅游者身上带入、自然传播。2003年1月10日，国家环保总局（现为环境保护部）与中国科学院联合发布的第一批入侵物种名单有紫茎泽兰、薇甘菊、空心莲子草、凤眼莲、飞机草、湿地松粉蚧、美国白蛾、非洲大蜗牛、福寿螺、牛蛙等。2010年1月7日发布的第二批名单有加拿大一枝黄花、刺苋、红火蚁、三叶草斑潜蝇、松材线虫、松突圆蚧等。2014年8月20日发布第三批名单有反枝苋、一年蓬、圆叶牵牛、悬铃木方翅网蝽、扶桑绵粉蚧等。2016年12月20日发布的第四批名单有长芒苋、野燕麦、无花果蜡蚧、枣实蝇等。我国幅员辽阔，跨越近50个纬度、5个气候带，来自世界各地的大多数外来种都可以在我国找到合适的栖息地。调查发现，从城市到乡村，从沿海到内地，中国34个省份已全部被外来入侵植物“攻陷”，甚至很多国家级自然保护区也发现了外来入侵植物。

另外，近几年来，有些地区在绿化模式上片面地追求“高、大、密、厚”，加大了园林植物的栽植密度，造成通风透光、水肥供应等要素不能满足植物生长的需要；有的为了赶工期，反季节栽植花木或园林施工不精细；有的则引进外地的各类高档花木，如北方地区引进原产南方的大桂花、大香樟、石楠及棕榈类植物，山东、河北等地引进原产东北地区的白桦、蒙古栎等，其根本不能适应当地的气候条件。凡此种种，往往使得各类花木生长发育不良，生理性病害频发，同时也加剧了某些侵染性病害如溃疡病、腐烂病的发生。

综上所述，园林植物在城镇园林绿化和风景名胜建设中占有重要地位，为保证这些植物的正常生长、发育，有效地发挥其园林功能及绿化效益，病虫害防治是不可缺少的环节。及时发现、准确诊断、弄清病虫种类、进行科学防治是保证城市绿地植物、风景园林植物正常发挥效益的重要保证。

二、园林植物病虫害的发生特点

园林植物大体上可分为两大类群：一是城镇露地栽培的各种乔木、灌木、藤本植物、地被植物、草坪等；二是主要以保护地（日光温室或各种塑料拱棚）形式栽培的各种盆花及鲜切花。

城镇园林植物病虫害的发生特点是：①城镇园林绿地与农作物大田和一般林地的不同之

处在于后者栽培面积大，种类不多甚至品种单一，一个区域内可能只有少数几种病虫害流行；前者则植物种类繁多，一般栽培面积不大且分散交错种植，多数情况下危害不重，但因寄主种类多，因而病虫害的种类也相应增多。②城镇园林绿地系统中，人的活动要比农田系统及一般林地系统多且复杂，各种园林植物生长周期长短不一，立地条件复杂，小环境、小气候多样化，生态系统中一些生物种群关系常被打乱。同时，城市绿地植物更易受到工业“三废”的污染，因而病虫害发生的类别要比农田系统及一般林地系统复杂得多。③城镇郊区与蔬菜、果树、农作物大田相连接，除了园林植物本身特有的病虫害之外，还有许多来自蔬菜、果树、农作物上的病虫害，有的长期落户，有的则互相转主为害或越夏越冬，因而病虫害种类多，危害严重。④城镇生态系统是一个特殊、多变且以人为核心的生态系统，在园林绿地附近的区域往往人口密集，因而更易遭受人为的破坏；城区栽植的园林植物，忍受着栽植密度大、土壤板结、温度不适、水分不均、肥料缺乏、环境污染等多种不良生态因子的限制，其与农田作物的生长环境有着较大的差异。

苗圃花木及保护地花卉病虫害的发生特点是：①因园林花卉植物品种相对单一，种植密集，有些更是在保护地内栽培，环境湿度大，病虫害发生严重且易于流行，防治难度大。②园林花卉植物不同于一般的果树、蔬菜等园艺作物，生态习性差异较大，对于温度、湿度、光照、水分、养分、pH、通风等要求极为严格，栽培管理上稍有疏忽，便会导致园林花卉植物生长不良，出现各种生理性病害(如黄叶、干尖、烂根、落花落蕾等)的现象时有发生，同时也加重了侵染性病害及其他病虫害的发生。

三、园林植物病虫害防治的对象及其相关内容

园林植物病虫害防治以园林植物病害和虫害为主要防治对象，因此，园林植物病虫害防治课程的任务就是学习园林植物病虫害种类特征、发生规律及其防治措施，从而在今后园林工程调查、规划、设计、施工、养护及花木生产过程中，利用现代技术，能够有的放矢地采取综合治理措施，安全、有效、经济地将病虫害控制在允许水平以下，以避免、消除或减少病虫害对园林植物的危害，充分发挥园林植物的生态效益、美学效益、社会效益和经济效益。

学习园林植物病虫害防治技术，一是保护城镇绿化面貌，充分发挥应有的绿化功能，保护园林植物免受或少受外界不良环境因素和有害生物的危害；二是保护园林企业和园林生产者的经济利益，使花卉、果实、盆景、苗木等商品化园艺产品不因病虫的为害而产量降低、质量受损，影响市场销售；三是把好检疫关，在引种驯化和种子种苗的交流过程中，防止危险性病虫以及其他有害生物的传播、蔓延；四是保护风景区、旅游景点的固有特色和自然环境，促进旅游事业的发展。此外，控制某些病虫害，还能给人们提供良好的工作和生活环境。

我国对园林植物病虫害的研究起步较晚，大量系统而深入的研究工作始于20世纪70年代。自1984年起，下达“全国园林植物病虫害、天敌资源普查防疫对象研究”课题，由上海市园林管理局牵头，组织了全国43个大、中城市的植保人员参加此项调查研究工作，于1986年基本完成并鉴定验收。通过普查，已知我国园林植物的病害共有5 500多种，虫害8 260种，初步摸清了我国园林植物病虫害的种类、分布及危害程度、园林植物害虫天敌的种类及概况，并初步确定了我国园林植物病虫害检疫对象，为今后进一步开展主要病虫害的研究奠定了基础。此后，园林植保工作者针对生产上危害较严重的病虫害，开展了利用舞毒蛾病毒、蓑蛾病毒防治害虫；利用硫酰氟熏杀园林绿地蛀干害虫；研制并利用“毒笔”环涂大面积防治松林害虫；异

色瓢虫的生物学特性、人工饲养及其应用研究；利用周氏啮小蜂防治美国白蛾；园林刺蛾防治研究等工作。

园林植物病虫害防治技术涉及许多相关学科知识。例如，要正确判断和研究其受病虫为害后的系列变化，则必须首先掌握花卉和树木形态学和生理学的知识。同时，园林植物病虫害的发生和发展，与植物生态环境关系非常密切，而且其防治措施需要贯穿于栽培和养护管理的各个技术环节。因此，在研究病虫害的发展规律和防治措施时，还必须很好地应用园林植物栽培养护的相关专业知识，以及园林植物、园林植物环境等基础知识。此外，本学科还与许多其他新兴科学技术有着密切联系。例如利用黑光灯、性外激素、激光、太阳能等现代科学技术诱杀害虫，或致害虫产生遗传性生理缺陷，导致雄虫不育，提高了防治害虫的水平和效果。此外，遥感技术和计算机技术在病虫害流行和预测的研究上得到了初步应用。多学科新技术渗透应用，是提高病虫害防治技术水平的重要途径。因此，应拓展思路，重视和加强植物病虫害防治与其他学科的横向联系。

在病虫害的防治策略上，大力提倡"预防为主，综合治理"的防治策略和防治方针。园林植保技术人员要密切注意园林植物病虫害与农林病虫害在防治方法上的不同点，切忌生搬硬套。以绿色防控、保护天敌为目标，使用高效低毒农药和生物农药，人工向环境中释放天敌，大幅度减少对环境的污染，同时兼顾绿化效果，重点放在如何避免病虫害的大发生，而不是放在病虫害产生后如何防治打药上。利用植物之间相生相克的原理，合理安排植物种植格局，相互促进生长，共享天敌，减少化学农药的使用。

四、园林植物病虫害防治课程架构

园林植物病虫害防治课程构建了八个项目，包括走近课程、园林植物害虫识别、园林植物病害识别、园林植物病虫害调查与预测预报、园林植物病虫害综合防治、农药使用技术、园林植物害虫综合防治、园林植物病害综合防治。每一个项目下分若干个任务。每一任务包括技能目标、任务提出、任务分析、相关知识、任务实施、任务评价、思考练习、拓展资源、案例分析等步骤和环节，各任务根据具体情况有所取舍。

五、园林植物病虫害防治课程教学思路

目前，国内园林植物病虫害防治课程教学仍以学校教学为主。考虑到各高校所在地区不同，南北气候环境差异较大，教材中有关病虫害种类的内容仅供参考，各地根据当地园林植物病虫害的发生实际可做适当增删。同时，各学校都在探索以工作任务为中心，体现教、学、做一体化相配套的教材，因而在教学过程中如何克服学科性教学，本教材做了大量探索性工作。在与企业的合作中，也做了如何开展岗位实习的探索，具体教学过程受学校教学条件的影响较大。另外，如何引入现代学徒制教学，也是值得探索的问题。

为更好地开展实习工作，可在具体的教学组织过程中通过设定工作任务目标、网络自主学习、职业能力考核几个方面，逐渐使学生转变学习状态，完成职业角色转变。

1. 以学生为中心，以工作任务为目标，设计教学实施方案

每个工作任务的目标依照生产实际来设计，任务实施根据生产实际来组织安排，结合案例分析法、角色扮演法等引导和组织学生，使学生在专业实训中训练专项基本技能和综合技能，在校内实训基地检验自己知识掌握的程度，到校外实训基地拓展知识，为岗位实习做好准备。

培养学生具备一定的实践技能及过硬的动手操作能力。在任务整个实施过程中培养学生具备科学植保、公共植保和绿色植保的理念。

2.以自主学习为切入点,以网络学习为平台,改革教学方式

结合资源库云平台,指导教师建立教学课程体系,组织学生在线学习。结合生产实际中容易出现的问题,引导学生分析、查阅资料,进行必要的知识储备,写出诊断推理结果和防治方案。由小组之间对各自的方案进行评审,指出其中的优点和缺点。各小组代表陈述本组防治方案设计的依据和知识要点。通过组内自评和组间互评,培养和谐共事精神,增强竞争意识和参与意识,提高学习的主动性,提高教学效果。对小组而言,培养围绕一个目标小组成员全身心投入、和谐共事的精神和能力。可以根据企业管理方案合作开展病害调查、症状诊断、摸清发病规律和综合防治方法具体实施工作。培养学生具备一定的文字和口头表达能力、组织协调和管理能力,社会适应以及沟通和公关能力,信息获取、分析和处理能力,以及解决实际问题的能力。

3.以职业能力考核为突破点,改革考核方式,加强过程考核和实操性考核

围绕培养懂技术、会管理、高素质、高技能人才目标,在考核评价中注重基本能力、职业能力、岗位专业能力的培养和考核,统筹过程考核与结果考核,为学生下一步参与企业岗位实习做好职业意识、职业道德、职业能力、职业知识等方面的准备。提高学生的学习积极性,为今后的就业打下良好基础。培养学生具备良好的道德品质和敬业精神,热爱园林植物保护事业,爱岗敬业,具备脚踏实地和吃苦耐劳的实干精神,具有较强的责任心和团队协作意识,具备良好的心理素质和心理承受能力,经受困难和挫折的考验。

【任务实施】

现场调查企业或单位园林植物病虫害发生情况

一、实施场所

教室、实验(训)室、昆虫标本室、病害标本室、植物标本室以及校内、外实训基地。

二、实施目的及形式

以班级为单位组织教学。以小组为单位组织讨论和实施。教师通过标本、图片、多媒体课件等进行演示与讲授。

三、材料与工具

现场实物、工具等。

参考资料:书籍、彩色图谱、相关网站等。

四、实施过程

1.校内教学过程

教师为学生简要介绍园林植物病虫害的概况。

2.校内、外实训过程

(1)参观植保标本室、植物标本室以及植保实验室。

(2)参观校内、外实训基地。

(3)现场拍摄实物照片。

(4)现场调查,初步了解,为到图书馆和网上查阅资料做准备,为小组讨论做准备。

五、注意事项

(1)实训前要做好资料与器具的准备,如园林植物病虫害彩色图谱、数码相机或智能手机、笔记本等。

(2)调查时,应根据指导教师的提醒抓住重点,培养职业习惯。

(3)学会基本摄像或录像技术,特别是手机摄像或录像技术。

(4)培养个人学习工作态度和团队协作精神。以小组为完成工作任务的最小单元,认真完成工作任务。

【任务评价】

启发学生构建课程任务评价标准。任务评价分为基本能力、职业能力、岗位专业能力三部分,建议三者占比为20∶20∶60(以后任务均可参考此建议)。基本能力主要考察学习能力、工作态度、团队合作精神与能力。职业能力从发现问题能力、解决问题能力、经验总结能力、反思能力等方面来进行评价。岗位专业能力主要考察理解和熟悉、识记、使用专业知识和技能的能力水平,针对工作任务的具体要求进行考察。

基本能力涵盖学习能力、工作态度、团队合作精神与能力。学习能力就是学习的方法与技巧,学习能力是所有能力的基础。学习能力主要考查学生在正式学习或非正式学习环境下,自我求知、做事、发展的能力。工作态度主要考查学生个人的工作态度和敬业精神。要求态度端正、工作认真、积极主动、全勤等,参与意识强,任务领会到位,培养初步的敬业精神。团队合作主要看服从组长安排、小组合作愉快等。根据表现情况酌情扣分。

职业能力涵盖发现问题能力、解决问题能力、思路总结能力、经验反思能力等。发现问题主要考查学生工作中是靠主观判断,还是经过调查研究。发现问题的能力是经过不断的经验积累,从一次次的教训中,一点一滴汇总起来的。解决问题能力主要考查学生个人能否独立分析和解决问题,能够积极主动地阐述自己的观点,整个过程程序规范。思路总结能力主要考查学生能否根据问题解决的情况记录完整、条理清晰,并能够在规定的时间内上交调查报告(或作业),或能自主利用网上平台开展学习与训练,结果正确、规范。经验反思能力主要考查学生开展反思、反馈和经验教训总结的能力,包括个人方面和小组合作方面。根据表现情况酌情扣分。

岗位专业能力涵盖理解和熟悉、识记、会用专业知识的技能和能力水平。针对每一项工作任务的具体要求与实施来考察。小方面可考查学生个人,大方面可考察小组的合作精神和激励机制。本部分结合作业、在线测试、实验报告、实习报告等来进行考察。一般以考察个人为主。有时为了激励团队协助、扩大激励范围,也可考察团队的岗位任务综合完成情况。

【思考练习】

一、简答题

1. 如何认识园林植物病虫害防治在园林绿化及花木生产中的重要性?

2. 如何理解园林植物病虫害的发生特点?

二、讨论题

结合企业岗位需要,谈谈如何学好园林植物病虫害防治课程。

【拓展资源】

外来入侵生物的发生情况

案例分析

邀请优秀毕业生代表座谈

邀请工作在园林企业的毕业优秀学生来校座谈学习体会。结合工作收获，谈自己的体会，谈在校学习期间需要注意加强基本知识和基本能力的培养与锻炼问题，谈基本能力、职业能力、岗位专业能力如何培养。

思考：如何根据就业方向制定学习目标？

项目小结

本项目结合对园林植物病虫害防治在园林绿化及花木生产中重要性的认识，实地调查和参观校内、外实训实习基地，了解园林植物病虫害的发生特点，了解园林植物病虫害防治的对象及其相关内容，熟悉园林植物病虫害防治课程架构，邀请企业代表或优秀毕业生现身说法，初步探讨课程学习与就业、创业之间的关系，同时建立起课程任务评价标准，引导学生树立起学好本门课程的信心和决心。

项目二　园林植物害虫识别

素质目标：

培养发现问题、分析问题、解决问题的能力，培养团结合作的精神，培养任务驱动学习良好习惯的形成。

技能目标：

①能准确识别昆虫的口器、足和翅类型，为田间认识和鉴定昆虫打基础。②能对常见园林植物昆虫准确分类，为正确区分昆虫打基础。③结合课程实习，学会并熟练掌握园林植物昆虫标本的采集、制作与保存方法。④能正确使用立体显微镜观察园林植物害虫标本。⑤能利用手机等照相工具拍照或录像，并借助微信、QQ、抖音等平台进行交流、比较、标注、归类。

知识目标：

①理解并熟记昆虫纲的基本特征。②熟记园林植物昆虫口器的构造、足和翅的类型。③熟记园林植物昆虫目、科的分类特征。④熟悉昆虫的生殖、繁殖、发育及变态类型。⑤了解昆虫口器、体壁、习性与防治害虫的关系。

知 识 点：

①昆虫、咀嚼式口器、刺吸式口器、足、翅、气门、孵化、两性生殖、孤雌生殖、完全变态、不完全变态、目科特征、趋光性、趋化性、假死性、发生环境。②害虫标本、采集、制作、保存、干制标本、浸渍标本、生活史标本、玻片标本。

工作任务一　昆虫外部形态识别

【技能目标】

①能准确识别昆虫纲的主要特征，并能正确区分昆虫和其他生物。

②能识别昆虫触角、口器、胸足、翅等外部形态特征和类型。

③能根据昆虫外部形态、内部构造与防治的关系指导生产实践。

昆虫形态

【任务提出】

在园林植物生长的环境或个体生长过程中，我们常见到“形形色色”的昆虫，学习和探索昆虫的特征和结构，辨别昆虫与人或动物的结构异同，便于更准确认识昆虫。

【任务分析】

本次任务从认识昆虫成虫开始，先认识昆虫纲的基本特征；再认识昆虫成虫头部、胸部、腹部的外部形态特征，通过昆虫成虫外部形态特征能够正确识别昆虫种类；最后通过认识昆虫成虫外部形态和内部构造的一般情形，来了解昆虫外部形态、内部构造与防治之间的关系。

【相关知识】

昆虫是动物界中种类最多的一类，在全世界已知的150多万种动物中，昆虫就有100万种以上，占地球动物种数的2/3。昆虫不仅种类多，而且同种的个体数量也十分惊人，如一株树木上可以有10万余头蚜虫个体。昆虫的分布范围很广，从赤道到两极，从海洋到沙漠，从高山到地下，都有昆虫存在。昆虫之所以能够发展成动物界最繁盛的类群，是其本身对环境具有较强的适应能力和长期自然选择的结果。

昆虫在分类地位上属于动物界节肢动物门昆虫纲。昆虫与人类关系密切，许多昆虫危害园林植物或传播病害，对人类不利，称为害虫，如蚜虫、叶蝉等。也有不少昆虫对人类是有益的，称为益虫，如瓢虫可以消灭害虫、蜜蜂可以酿蜜、家蚕可以吐丝等。像捕食性瓢虫、螳螂、寄生蜂等被称为天敌。危害园林植物的动物绝大多数是有害昆虫。识别和研究与园林植物有关的害虫和天敌，加以防治和利用，是园林植物保护的重要任务之一，也是目前政府、社会和企业重点关注和推广的技术之一。

一、昆虫特征识别

和其他生物相似，昆虫种类、形态和虫期等各不相同，但在成虫期表现出稳定的特征，我们认识昆虫一般从成虫开始。昆虫纲成虫的共同形态特征是：身体分为头、胸、腹三个体段；头部有口器和一对触角、一对复眼，通常还有2～3个单眼；胸部由三个体节组成，有三对分节的足，大部分种类有两对翅；腹部一般由9～11节组成，末端有外生殖器，有的还有一对尾须；身体外层具坚韧的“外骨骼”（图2-1-1）。

有一个记忆口诀深受学生欢迎：体分三段头胸腹，两对翅膀三对足；身体又分许多节，骨骼长在体外部。口诀形象地总结了昆虫成虫期的基本特征，也是昆虫区别于其他生物的主要特点。

二、昆虫外部形态识别：头部

（一）头部的基本构造

昆虫成虫的头部位于身体的最前端，以膜质的颈与胸部相连。头上生有触角、复眼、单眼等感觉器官和取食的口器。所以，头部是昆虫感觉和取食的中心。昆虫的头壳外壁坚硬，多呈半球形。昆虫成虫头部分区和人的头部各部分名称相似，因此可模仿记忆。

（二）昆虫的头式

昆虫由于取食方式的不同，口器的形状及着生的位置也发生了相应的变化，根据口器着生

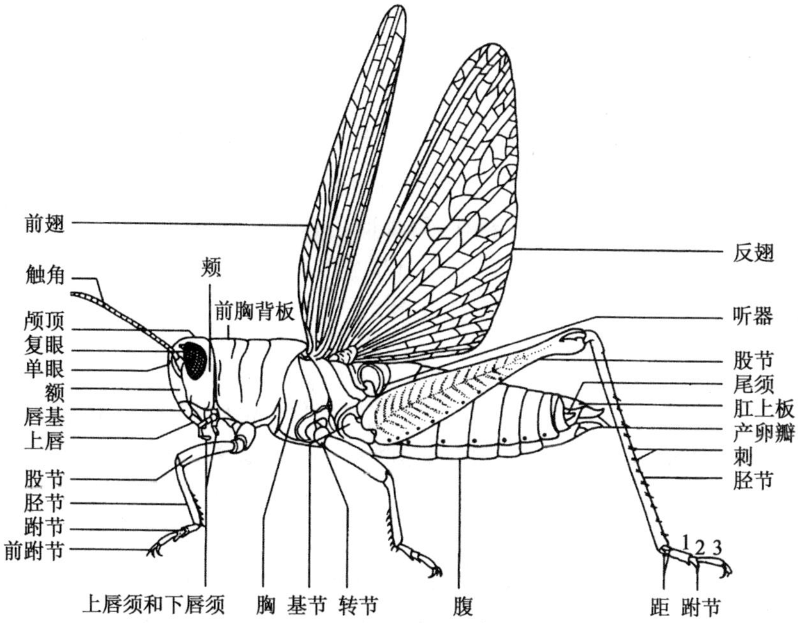

图 2-1-1 蝗虫成虫体躯侧面观

方向，可将昆虫的头部形式分为三大类(图 2-1-2)。

1. 下口式

口器向下，头部的纵轴与身体的纵轴几乎呈直角。多见于植食性昆虫，如蝗虫、螽斯、天牛、蝶蛾类幼虫等。

2. 前口式

口器向前，头部的纵轴与身体的纵轴接近平行。多见于潜食、钻蛀和捕食性昆虫，如蝼蛄、步甲、草蛉幼虫等。

3. 后口式

口器向后，头部的纵轴与身体的纵轴呈锐角，多为刺吸式口器昆虫，如蚱蝉、蚜虫、椿象等。

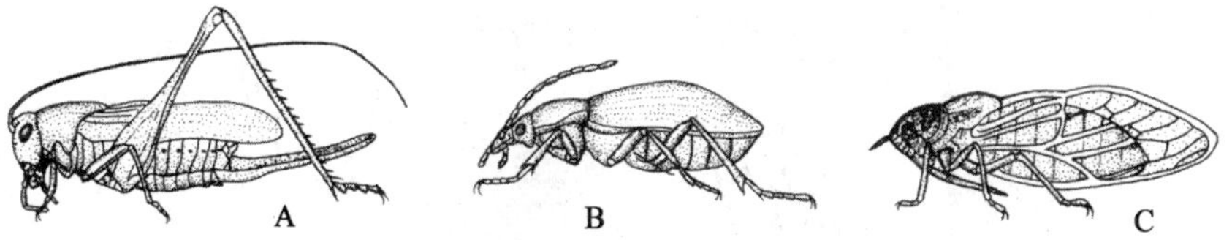

图 2-1-2 昆虫的头式

1. 下口式(螽斯) 2. 前口式(步甲) 3. 后口式(蝉)

(三)昆虫的触角

1. 触角的构造与功能

昆虫的触角着生于额的两侧。触角的基本构造可分为三个部分，即柄节、梗节和鞭节。柄节是连接头部的一节,通常粗而短。第二节是梗节,一般较细小。梗节以后的各小节统称为鞭节,鞭节通常又可分为若干亚节。在各类昆虫中,不仅鞭节的亚节数目有很大变化,而且形状也有很大的差异(图 2-1-3)。

昆虫触角的主要功能是嗅觉和触觉,在觅食、求偶和产卵活动中起着重要的作用。触角上分布有许多感觉器,其中以嗅觉器最发达,对外界环境中的化学物质具有十分敏锐的感觉能力,因此在一些昆虫中常具有明显的趋化性,两性间也具有强烈的性引诱能力。例如,小地老虎的成虫对糖醋液、雌性的小卷蛾在未交配时对雄蛾有明显的引诱能力。防治上常用糖醋液和性诱剂诱杀害虫。

2. 触角的类型

昆虫触角变化主要发生在鞭节,其形状因种类而变化,常见类型有以下几种(图 2-1-3):

(1)刚毛状　触角短小,基部两节稍粗,鞭节细缩呈刚毛状。如蚱蝉、蜻蜓的触角。

(2)丝(线)状　触角细长,基部 1～2 节稍粗。如蝗虫、蟋蟀的触角。

(3)念珠状　鞭节由近似圆珠形的小节组成,大小相似,像一串念珠。如白蚁的触角。

(4)锯齿状　鞭节各节向一侧作齿状突出,形似锯齿。如雄性叩头甲的触角。

(5)栉齿状　鞭节各节向一侧作枝状突出,形似梳子。如雄性芫菁的触角。

(6)羽毛状　鞭节各节向两侧伸出枝状突出,形似鸟羽。如毒蛾、大蚕蛾的触角。

(7)膝状　柄节特长,梗节短小,鞭节与柄节成膝状弯曲。如蜜蜂、胡蜂、象甲触角。

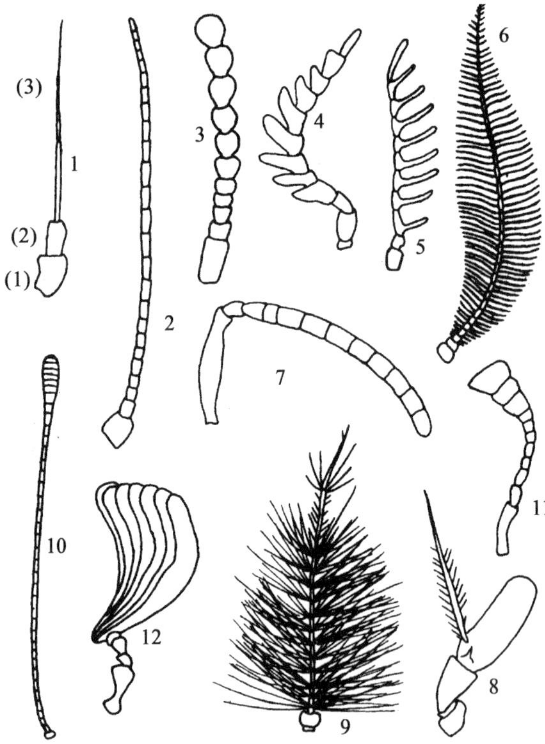

图 2-1-3　昆虫触角的类型

1. 刚毛状:(1)柄节(2)梗节(3)鞭节　2. 丝状　3. 念珠状　4. 锯齿状　5. 栉齿状　6. 羽毛状　7. 膝状　8. 具芒状　9. 环毛状　10. 球杆状　11. 锤状　12. 鳃片状

(8)具芒状 触角短,鞭节一节粗大,其上有一触角芒,似刚毛或芒状。如蝇类触角。

(9)环毛状 触角各亚节向四周生出环状毛。如雄蚊的触角。

(10)球杆(棍棒)状 触角细长如杆,近端部数节渐膨大,形似棒球杆。如蝶类触角。

(11)锤状 与球杆状相似,触角较短,末端数节显著膨大,形状似锤。如瓢虫的触角。

(12)鳃片状 触角端部数节呈片状,相叠一起形似鱼鳃。如金龟甲的触角。

(四)昆虫的眼

眼是昆虫的视觉器官,对于昆虫的取食、觅偶、群集、繁殖、避敌和决定行动方向等各种活动起着很重要的作用。

昆虫的眼有复眼和单眼之分。复眼着生在昆虫头部两侧,由许多小眼组成,昆虫复眼中小眼数目的多少与造像的清晰度呈正相关,如蜻蜓的复眼有20 000多个小眼,它的视力很强。复眼对光线的强弱、波长、颜色具有明显的分辨力。单眼一般为3个,呈倒三角形,排列在额区两复眼间。单眼只能分辨光线的强弱和方向,不能看清物体的形状。单眼的有无、数目、排列和着生的位置是鉴别昆虫的重要特征。

(五)昆虫的口器

口器是昆虫的取食器官,由于昆虫的种类、食性和取食方式不同,它们的口器在外形和构造上有各种不同的特化,形成各种不同的口器类型。但基本类型为咀嚼式和吸收式两大类,吸收式口器又因吸收方式不同分为刺吸式、虹吸式、舐吸式和锉吸式等。咀嚼式口器是比较原始的,其他口器类型都由它演化而来。

1. 咀嚼式口器

由上唇、上颚、下颚、下唇和舌五个部分组成(图2-1-4)。上唇为片状,位于口器上方,着生于唇基的前缘,具有味觉;上颚位于上唇下方两侧,为坚硬的齿状物,用以切断和磨碎食物;一对下颚位于上颚的后方,上生一对具有味觉作用的下颚须,是辅助上颚取食的机构;下唇片状,位于口器的底部,其上生有一对下唇须,具有味觉和托持食物的功能;舌为柔软的袋状,位于口腔中央,具有味觉和搅拌食物的作用。咀嚼式口器适于取食固体食物,一般食量较大,对植物造成的机械损伤明显。

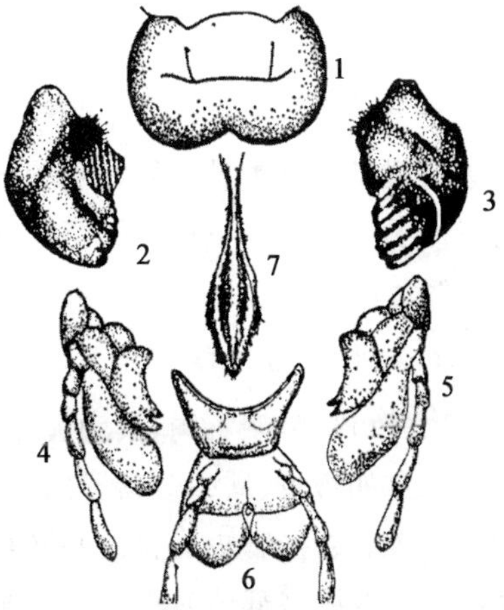

图2-1-4 蝗虫的咀嚼式口器

1.上唇 2~3.上颚 4~5.下颚 6.下唇 7.舌

2. 刺吸式口器

这种口器的构造特点是:下唇延长成为喙管,上、下颚特化成细长的口针,下颚针内侧有两根槽,两下颚针合并时形成两条细管,一条是排出唾液的唾液管,一条是吸取汁液的食物管。四根口针互相嵌合在一起,藏在喙内。上唇很短,盖在喙基部的前方。下颚须和下唇须均退化(图2-1-5)。刺吸式口器的昆虫取食时,以喙接触植物表面,其上颚口针交替刺入植物组织内加以固定,以下颚口针吸取植物的汁液,并分泌唾液,造成植物的病理性或生理性伤害,有些刺吸式口器的昆虫还可以传播病毒病,如蚜虫、叶蝉、飞虱等。

3. 虹吸式口器

为鳞翅目蝶蛾类成虫的口器,这种口器的特点是:上颚完全缺失,下颚十分发达,延长并互相嵌合成管状的喙,内部形成1个细长的食物道。喙不用时卷曲于头部下方,似钟表的发条,取食时可伸到花中吸食花蜜和外露的果汁及其他液体(图2-1-6)。具这种口器的昆虫,除部分吸果夜蛾可为害果实外,一般不造成危害。

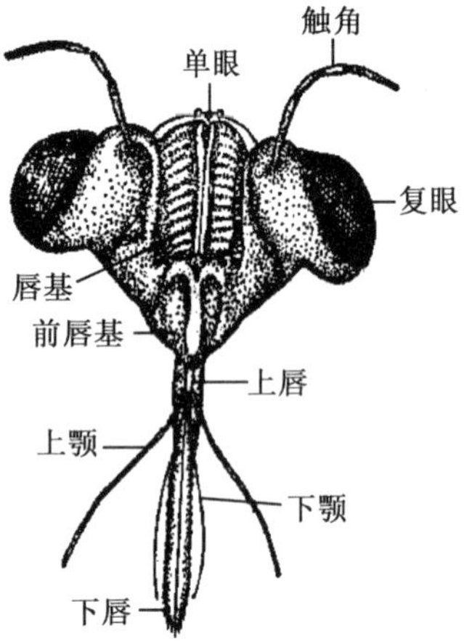

图 2-1-5 蚱蝉的刺吸式口器

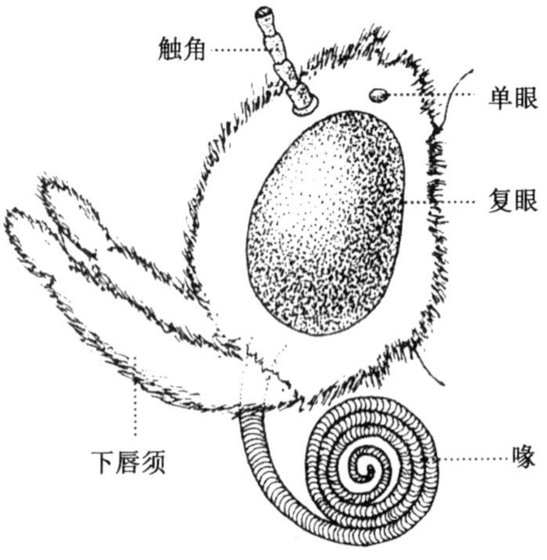

图 2-1-6 鳞翅目成虫的虹吸式口器(头部侧面观)

4. 锉吸式口器

为缨翅目蓟马类昆虫所特有。这种口器的特点是:上颚不对称,即右上颚退化或消失,口针是由左上颚和一对下颚口针特化而成,取食时先以左上颚锉破植物表皮,然后以头部向下的短喙吸吮汁液。

5. 口器类型与化学防治的关系

昆虫的口器类型不同,其为害特点不同,防治害虫的方法也不同。咀嚼式口器的害虫包括直翅目昆虫如蝗虫、蝼蛄等,鞘翅目昆虫如天牛、叶甲等,鳞翅目幼虫如刺蛾、蓑蛾等,膜翅目幼虫如叶蜂等。这些害虫为害的共同特点是直接取食园林植物的叶、花、果实、茎秆,造成植物组织残缺不全或受害部位破损。对于咀嚼式口器的害虫,应使用胃毒剂或触杀剂进行防治。但对蛀果、蛀干、卷叶、潜叶为害的害虫,要在钻蛀之前施药。

刺吸式口器的昆虫包括半翅目蝽类,同翅目蚜虫、蝉、介壳虫等。这类害虫为害的特点是刺吸植物的汁液,被害植物一般没有显著的破损,但受害部位出现各种褪色斑点,受害植株常形成萎蔫、卷曲、黄化、皱缩或畸形,甚至在叶、茎、根上形成虫瘿。多数刺吸式口器的昆虫,如蚜虫、叶蝉、飞虱等,还可以传播植物病害,特别是病毒病。对刺吸式口器的害虫,防治上应使用内吸剂、触杀剂或熏蒸剂,胃毒剂一般无效。

虹吸式口器的害虫只吸食暴露在植物表面的液体,因此可将胃毒剂制成液体,使其吸食中毒,如目前预测预报及防治上常用的糖酒醋诱杀液,可诱杀地老虎等成虫。

三、昆虫外部形态识别：胸部

胸部是昆虫身体的第二个体段，由前胸、中胸和后胸三个体节组成，每一胸节各具足一对，分别称为前足、中足和后足。大多数昆虫中胸和后胸上各具翅一对，分别称为前翅和后翅。足和翅是昆虫的运动器官，所以胸部是昆虫的运动中心。

（一）胸部的基本构造

昆虫的每一胸节，均由 4 块骨板组成，位于背面的称背板，两侧的称侧板，腹面的称腹板。这些胸板又根据所在的胸节而给予一定的名称，如前胸的背板称前胸背板，侧板称前胸侧板，腹板称前胸腹板。各胸板由若干骨片组成，这些骨片也各有名称，如盾片、小盾片等。

（二）胸足的构造及类型

1. 胸足的构造

昆虫的胸足着生在胸部每节两侧的下方，一般由 6 节组成，依次称为基节、转节、腿（股）节、胫节、跗节和前跗节（图 2-1-7）。和人的腿的结构和名称相似，便于记忆。

基节是连在胸部的一节，形状粗短；转节是足的第二节，较小，可使足的行动转变方向，少数昆虫转节为两节，如蜻蜓；腿节是足的第三节，常比其他各节粗大，在善跳的昆虫中，后足腿节特别发达；胫节是第四节，通常较细长，与腿节呈膝状弯曲，两侧常有成列的刺，端部常有能活动的距；跗节常由 2～5 个分节组成，其小节数常因种类而异，跗节的下方常有跗垫；前跗节是胸足最末端的一节，包括两个侧爪和一个中垫，中垫位于两爪之间，为膜质的圆瓣状突起物，用以握持和附着物体。

多数昆虫的跗节和爪垫表面生有丰富的感觉器官，极易接受外界的刺激，而触杀剂常常就从这里侵入虫体。只要害虫在喷过药剂的植物表面爬过，药剂就会进入害虫体内而引起其中毒死亡。

2. 胸足的类型

昆虫胸足的原始功能为行动器官，但由于昆虫的生活环境和生活方式不同，足的形状也发生了相应的变化，特化成许多不同功能的构造，常见足的类型有以下 8 种（图 2-1-7）。

（1）步行足（图 2-1-7A） 为昆虫中最常见的一类足，即便是某些特化类型的足有时亦能用于行走。步行足还有帮助捕食、清洁、抱握雌虫、攀缘等功能。有时还专门把虎甲、步甲、蜚蠊等能快跑的昆虫的足称为疾走足。

（2）跳跃足（图 2-1-7B） 股节特别发达，胫节一般细长，当股节肌肉收缩时，折在股节下的胫节又突然伸开而使虫体向前上方快速运动，如蝗虫、跳甲、跳蚤的后足。

（3）捕捉足（图 2-1-7C） 基节多延长，股节发达，股节与胫节上多有相对的齿或刺而形成一个捕捉机构，如螳螂、猎蝽等很多捕食性昆虫的足。有些猎蝽的足并不特化，但它们能用前足蘸以植物的胶黏捕猎物。

（4）开掘足（图 2-1-7D） 较宽扁，股节或胫节上具齿，适于挖土及拉断植物的细根。如蝼蛄、金龟甲、蝉的若虫等土栖昆虫的前足。

（5）游泳足（图 2-1-7E） 稍扁平，具较密缘毛，形若桨，适于划水。水生昆虫的足（除有些

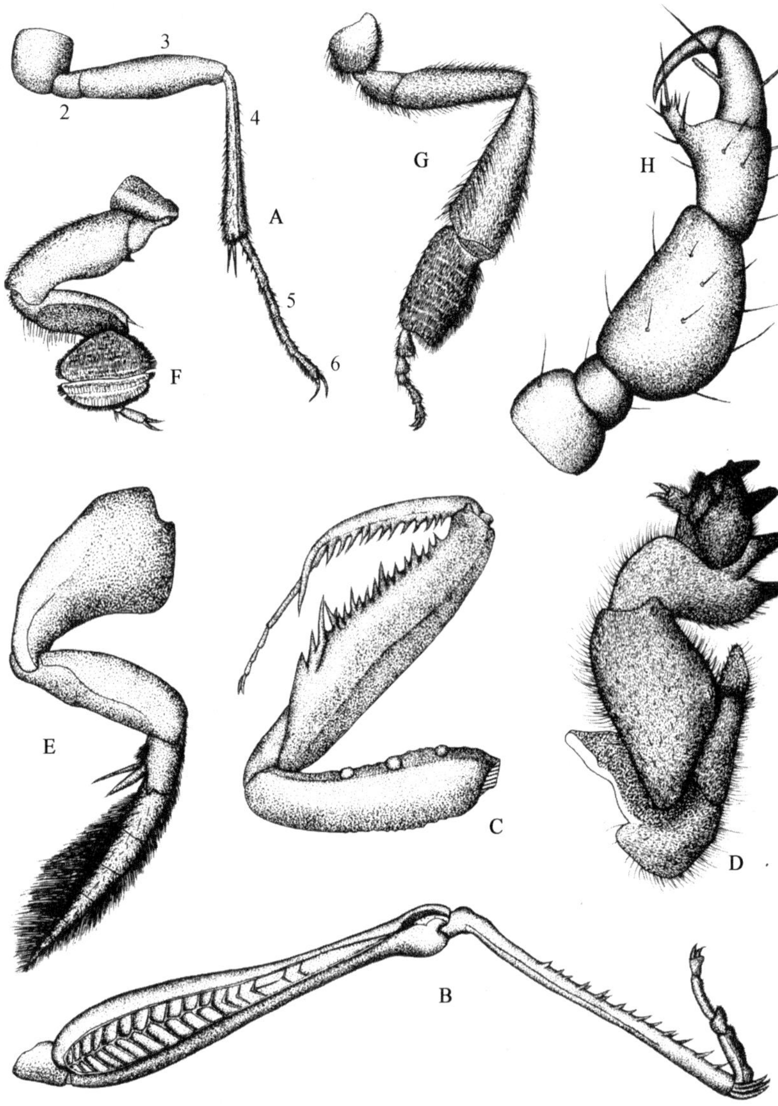

图 2-1-7　昆虫胸足的基本类型

A. 步行足(1. 基节　2. 转节　3. 腿节　4. 胫节　5. 跗节　6. 前跗节)

B. 跳跃足　C. 捕捉足　D. 开掘足　E. 游泳足　F. 抱握足　G. 携粉足　H. 攀握足

种类的前足外)均有不同程度的适应游泳的形态特化。

(6)抱握足(图 2-1-7F)　较短粗,跗节特别膨大,具吸盘状构造,在交配时能挟持雌虫,如龙虱雄虫的前足。

(7)携粉足(图 2-1-7G)　多毛,较宽扁,基跗节甚大,适于采集与携带花粉,如蜜蜂总科昆虫的后足。

(8)攀握足(图 2-1-7H)　又叫把握足、攀悬足、攀登足、攀缘足等,各节较短粗,胫节端部具一指状突,与跗节及呈弯爪状的前跗节构成一个钳状构造,能牢牢夹住人、畜的毛发等。如虱类的足。

(三)翅的构造及类型

昆虫是无脊椎动物中唯一能飞翔的,也是动物界中最早出现翅的类群。绝大多数昆虫有两对翅,但也有昆虫翅退化为一对或全部退化。翅的获得不仅有利于昆虫觅食、求偶和避敌等活动,更重要的是扩大了它们的活动范围和有利于种群的繁衍。

1. 翅的构造

昆虫的翅一般呈三角形,可分为三缘、三角、四区等。翅展开时其前面的边称为前缘,后面的边称为后缘或内缘,外面的边称为外缘。前缘与后缘间的角称为基角或肩角,前缘与外缘间的角称为顶角,外缘与后缘间的角称为臀角。由于翅的折叠可将翅面划分为臀前区(也称翅主区)和臀区,少数昆虫在臀区的后面还有一个轭区,翅的基部则称为腋区(图 2-1-8)。

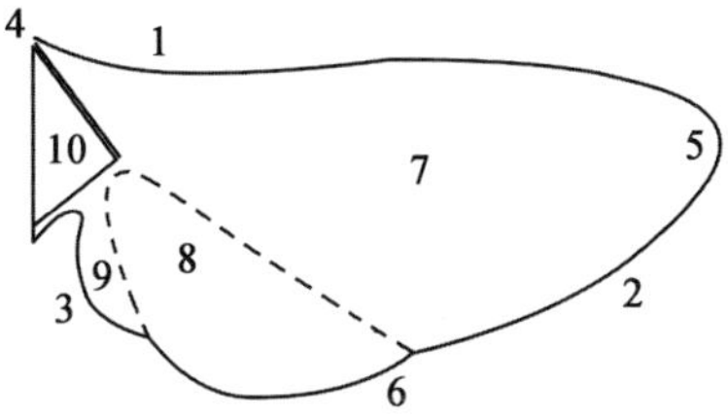

图 2-1-8　昆虫翅的基本构造

1. 前缘　2. 外缘　3. 后缘　4. 肩角　5. 顶角　6. 臀角　7. 臀前区　8. 臀区　9. 轭区　10. 腋区

2. 翅的类型

昆虫的翅一般为膜质,便于飞行。但有些昆虫由于特殊需要和功能,翅发生了质地和形状的各种变异,常见的有下列几种类型(图 2-1-9)。

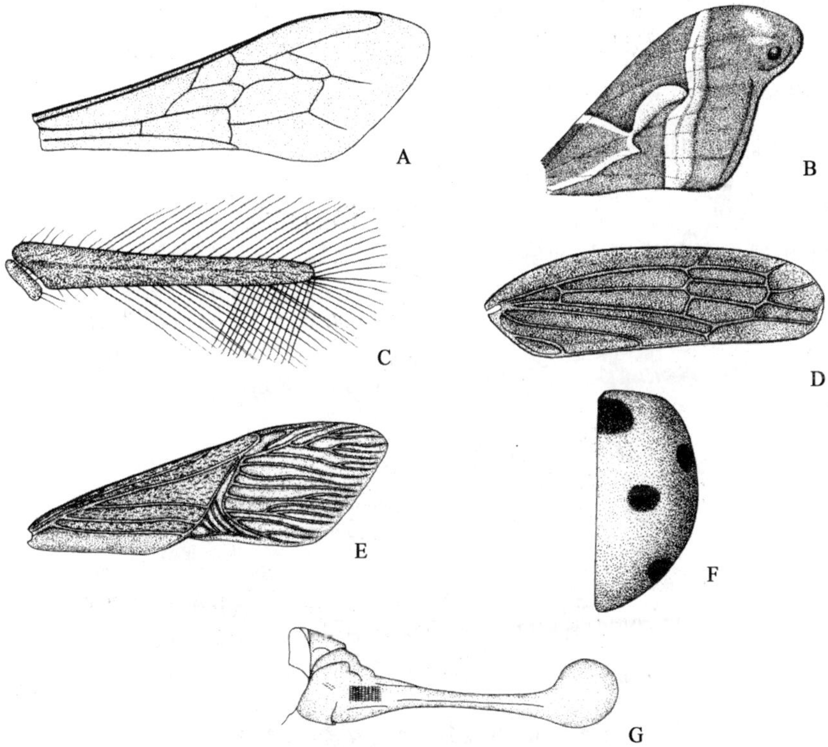

图 2-1-9　昆虫翅的基本类型

A. 膜翅　B. 鳞翅　C. 缨翅　D. 覆翅　E. 半鞘翅　F. 鞘翅　G. 棒翅

（1）膜翅　膜质，薄而透明，翅脉明显可见（图 2-1-9A）；为昆虫中最常见的一类翅，如蜻蜓、草蛉、蜂类的前后翅，蝗虫、甲虫、蝽类的后翅等。

（2）鳞翅　膜质，因密被鳞片外观多不透明（图 2-1-9B）；如蝶、蛾的翅。

（3）缨翅　膜质透明，脉退化，翅缘具缨状长毛（图 2-1-9C）；如蓟马的翅。

（4）覆翅　革质，多不透明或半透明，主要起保护后翅的作用（图 2-1-9D）；如蝗虫、叶蝉类的前翅。

（5）半鞘翅　又称半翅，其基部革质，端部膜质（图 2-1-9E）；如大多数蝽类的前翅。

（6）鞘翅　全部骨化，坚硬，主要用于保护后翅与背部（图 2-1-9F）；如鞘翅目昆虫的前翅。

（7）棒翅　或称平衡棒，呈棍棒状，能起感觉与平衡体躯的作用（图 2-1-9G）；如双翅目昆虫与雄蚧的后翅。

四、昆虫外部形态识别：腹部

腹部是昆虫身体的第三个体段，昆虫的大部分内脏器官在腹腔内，腹部末端有外生殖器，所以腹部是昆虫新陈代谢和生殖的中心。

（一）腹部基本构造

腹部一般由 9～11 节组成，腹部的体节只有背板和腹板，而无侧板，背板与腹板之间以侧膜相连。前后相邻的两腹节间，也有环状节间膜相连，使腹部可以自由扭转、伸缩活动，同时可促进气体交换、容纳体内大量卵的发育和进行产卵活动。腹部第 1～8 节两侧各有一对气门，用以呼吸。在腹部第 8 节或第 9 节上，着生有外生殖器。有些昆虫在第 10 节或第 11 节上着生有尾须，分节或不分节，长短不一，具有感觉作用。

（二）外生殖器的构造

1. 雌性外生殖器

雌性外生殖器为产卵的工具，故称为产卵器。产卵器由三对产卵瓣组成，分别称为腹产卵瓣、内产卵瓣和背产卵瓣，生殖孔位于第 8、9 腹节之间的腹面（图 2-1-10）。

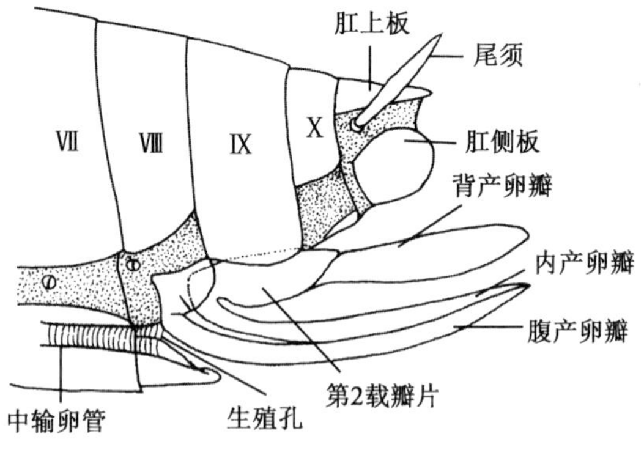

图 2-1-10　昆虫雌性外生殖器基本构造

由于昆虫的种类不同，适应的产卵环境不同，产卵器的构造和形状也有很大的变化。如蝗虫的产卵器短小呈瓣状；叶蝉的产卵器呈锯状，产卵时刺破植物组织将卵产入，给植物组织造成很大伤害；蟋蟀的产卵器为长矛状，产卵时将产卵器插入土中。有些昆虫无特化的产卵器，如蛾、蝶等，这类昆虫只能把卵产在植物表面。

2. 雄性外生殖器

雄性外生殖器用于与雌性交配，故称为交配器。交配器主要包括阳茎和抱握器两部分。阳茎多为管状，交配时用于将精液输入雌体。抱握器位于第 9 腹节腹面，一般比较坚硬，有的呈片状，有的似钳状，交配时用于抱握雌体(图 2-1-11)。

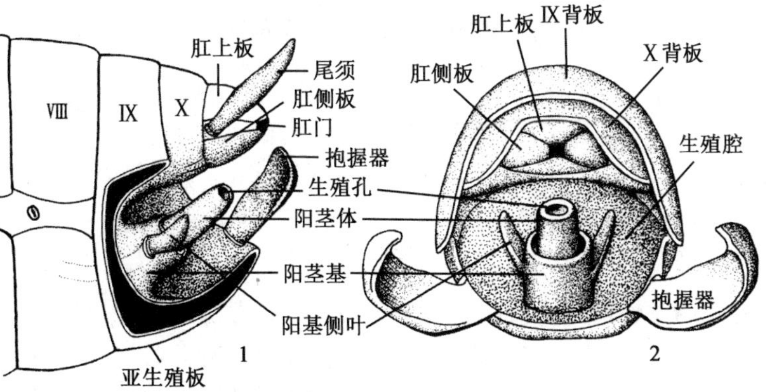

图 2-1-11 昆虫雄性外生殖器基本构造

1. 侧面观 2. 后面观

了解昆虫的外生殖器，一方面，可以鉴别昆虫的性别；另一方面，可以根据外生殖器(特别是雄性外生殖器)，鉴别昆虫的近缘种类。

五、昆虫外部形态识别：体壁

昆虫的体壁是包被在昆虫体躯最外层的组织，起着支撑身体和着生肌肉的作用，与高等动物的骨骼作用相似，又称为“外骨骼”。昆虫的体壁还具有保护内脏，防止体内水分过度蒸发和防止微生物及其他有害物质侵入的作用。同时体壁上还具有许多感觉器官，可与外界环境取得广泛联系。

昆虫的体壁可分为三个层次，由内向外依次为底膜、皮细胞层和表皮层(图 2-1-12)。

底膜是紧贴在皮细胞层下的一层薄膜，由表皮细胞分泌而成。皮细胞层是一层活的细胞，可形成新的表皮。昆虫体表的刚毛、鳞片、刺、距及各种分泌腺体都是由皮细胞特化而来。

表皮层是皮细胞层向外分泌的非细胞性物质，由里向外又分为内表皮、外表皮和上表皮三层。内表皮是表皮层中最厚的一层，无色而柔软，主要化学成分是蛋白质和几丁质，富有延展曲折性。外表皮是由内表皮的外层骨化而成，主要化学成分是几丁质、骨蛋白和脂类，是表皮层中最坚韧的一层。上表皮是表皮层最外的一层，很薄，厚度一般不超过 1 μm，但构造复杂，一般又分为角质精层、蜡层和护蜡层。角质精层的化学成分是脂类和蛋白质的复合物，蜡层的主要成分是蜡质，具有不透性，可防止体内水分蒸发和外来物质的侵入。

昆虫体壁表面的一些微细突起如刻点、脊纹、小疣、微毛等，是由表皮外长或内陷形成的，

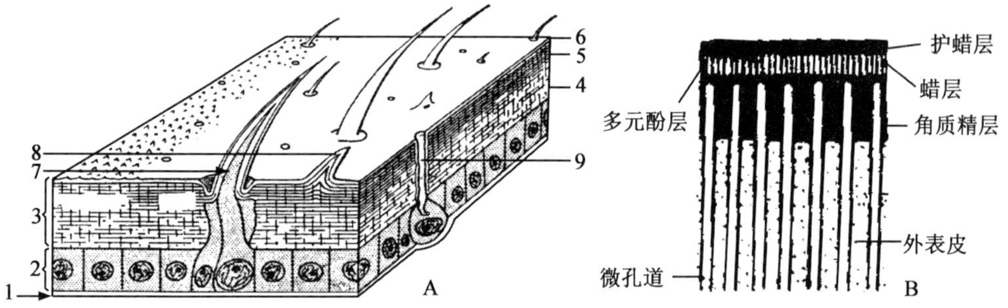

图 2-1-12　昆虫体壁的构造

A. 体壁的纵切面　B. 上表层的纵切面

1. 底膜　2. 皮细胞层　3. 表皮层　4. 内表皮　5. 外表皮　6. 上表皮　7. 刚毛　8. 表皮突起　9. 皮细胞腺

称为非细胞性突起；而一些较大的刚毛、毒毛、感觉毛、刺、距、鳞片等，则是由皮细胞向外突出而形成，又称为细胞性突起。体壁的一些皮细胞还可以特化成各种腺体，如唾腺、丝腺、蜡腺、毒腺和臭腺等。

昆虫的体壁结构及性能与害虫防治有密切联系。通常体壁柔软、蜡质较少的害虫较易被药剂杀灭；昆虫幼龄阶段由于体壁较薄，往往较老龄阶段抗药力弱，防治害虫掌握在三龄之前就是这个道理。油乳剂一般比可湿性粉剂杀虫效果好，其原因是油乳型的触杀剂一般属脂溶性，易于破坏疏水性的体壁蜡层而渗透入虫体，从而提高杀虫效果。农药中的灭幼脲能抑制昆虫表皮几丁质的合成，幼虫蜕皮时不能形成新表皮，变态受阻或造成畸形，最终导致死亡。农药中加入惰性粉能擦破昆虫表皮，使昆虫失水而死。

六、昆虫内部器官识别

昆虫的内部器官位于体壁所包围的体腔内，体腔内充满血液，因此称为血腔。纵贯体腔中央的是消化道；上方与其平行的是背血管，是血液循环的中枢；下方与其平行的是神经系统；两侧为呼吸系统的气管侧纵干；生殖器官通常在腹部末端数节的体腔内(图 2-1-13)。

【任务实施】

昆虫外部形态观察

一、实施场所

昆虫实验室、校内外实训基地。

二、实施目的及形式

昆虫外部形态

认识昆虫体躯外部形态的一般特征。了解昆虫成虫的头式、口器、触角、足、翅及外生殖器的基本构造及类型。

结合校内外采集观察和实验室观察，以班级为单位组织教学。教师通过园林植物害虫各种实物标本、图片、多媒体课件演示与讲授。每个学习小组学生利用为其提供的一套实物标本，借助放大镜、双目立体显微镜等工具观察实物并展开讨论，教师开展引导、指导和总结工作。

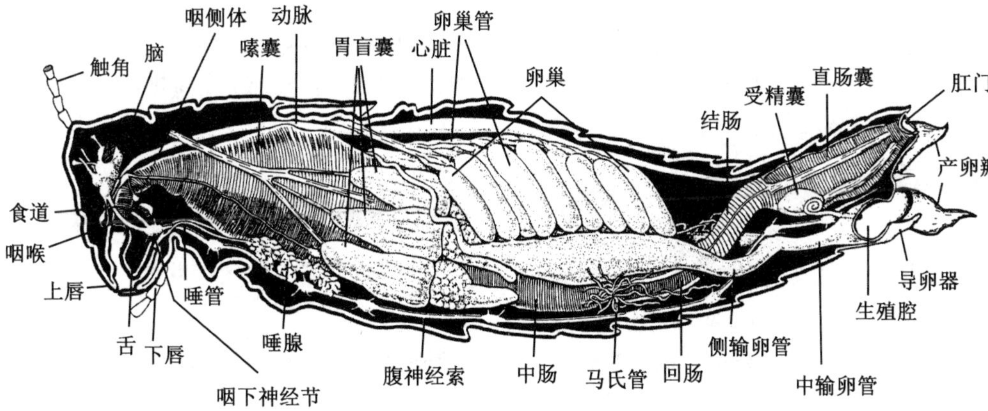

图 2-1-13　蝗虫腹部的纵剖面

三、材料与工具

材料：蝗虫盒装标本及浸渍标本；蝗虫、蝉、蛾类、蝶类、椿象、金龟甲、步行甲、蝇类的触角类型盒装标本；蝗虫、蝉、蝽类、蛾类、蝴蝶等口器类型盒装标本及浸渍标本；螳螂、龙虱、金龟甲、步行甲、蚜虫、蓟马、草蛉等足的类型盒装标本；蝗虫、蛾类、蜂类、草蛉、蝽类、金龟甲类、蝇类等翅的类型盒装标本。各种昆虫图片、多媒体课件。

用具：放大镜、立体显微镜、解剖镜、镊子、挑针、搪瓷盘、泡沫塑料板等。

四、实施过程

1. 昆虫体躯观察

用放大镜观察蝗虫体躯，注意体外包被的外骨骼，体躯分节情况和头、胸、腹三个体段的划分，触角、复眼、单眼、口器、足、翅以及气门、尾须、外生殖器着生位置和形态。

2. 昆虫触角的观察

用立体显微镜或放大镜观察蜜蜂触角的柄节、梗节、鞭节的构造。对比观察蝗虫、蝉、蛾类、蝶类、椿象、金龟甲、步行甲、蝇类的触角，以辨识触角的不同类型。

3. 昆虫口器的观察

(1)咀嚼式口器　用镊子取下蝗虫口器的上唇、上颚、下颚、下唇和舌观察咀嚼式口器的构造。

(2)刺吸式口器　在立体显微镜下用解剖针将蝉或椿象的口针挑出，分开上、下颚口针进行观察，注意各部分与咀嚼式口器的区别。

(3)虹吸式口器　观察蛾类昆虫示范标本。

(4)昆虫的口式　观察步行甲、蝗虫、椿象的口器，注意口器与身体纵轴的方向。

4. 昆虫胸足的观察

观察蝗虫足的基节、转节、腿节、胫节、跗节、爪和中垫的构造。对比观察蝼蛄的前足、步行甲足、蝗虫的后足、螳螂的前足、蜜蜂的后足、龙虱的后足，辨认昆虫足的类型及特点。

5. 昆虫翅的观察

观察蛾类成虫的前翅，了解昆虫翅的构造及分区。对比观察蝗虫、蛾类、蜂类、草蛉的前后翅，蝽类、金龟甲类的前翅，蝇类的后翅，在立体显微镜下观察蓟马类的前后翅，了解昆虫不同类型翅的质地和特征。

五、注意事项

(1)识别昆虫外部形态时，让学生能根据外部形态特征对昆虫种类进行正确鉴定。

(2)本任务实践性强，尽量让每位学生都能正确识别昆虫触角、口器、足、翅的类型。

六、作业

通过教师讲解、学生分组讨论、网络资源学习，学会对昆虫成虫的形态特征进行描述。选择不同类型标本，将其外部形态特征填入下表(表 2-1-1)，要求描述昆虫 15～20 种。

表 2-1-1　昆虫成虫外部形态特征识别记录表

序号	昆虫名称	头式	口器类型	触角类型	足类型	翅类型

【任务评价】

任务评价考察标准分为基本能力、职业能力、岗位专业能力三部分。

基本能力、职业能力方面的要求参考项目一。

岗位专业能力：针对本项工作任务的具体要求与实施来考察。以个人考核为主。

(1)昆虫特征及相似动物的观察识别。能正确理解昆虫的典型特征，并据此准确地从日常所见小动物中甄别出昆虫。特征描述与种类甄别欠准确者，酌情扣分。

(2)昆虫外部形态识别，即头部、胸部、腹部、体壁及其附属器官观察识别。能正确理解昆虫头部、胸部、腹部、体壁的特征，并能指明昆虫头部、胸部、腹部、体壁附器的类型、构造与功能。根据识别内容多少及准确程度酌情扣分。

【思考练习】

一、选择题

1. 口器属于后口式的昆虫是(　　)。

A. 蝗虫　　B. 步行虫　　C. 蝉　　D. 蟋蟀

2. 花上出现缺刻、孔洞等被害状，这种害虫的口器为(　　)。

A. 刺吸式　　B. 咀嚼式　　C. 虹吸式　　D. 锉吸式

3. 下列哪类昆虫的触角是膝状触角？(　　)

A. 蝶类　　B. 蜜蜂　　C. 叶蝉　　D. 蜻蜓类

4. 龙虱的后足是(　　)。

A. 跳跃足　B. 开掘足　C. 游泳足　D. 步行足

5. 蝶类昆虫的触角是(　　)。

A. 丝状　B. 羽状　C. 刚毛状　D. 球杆状

6. 昆虫的翅一般分为(　　)。

A. 两边、三角、四区　B. 三边、三角、四区

C. 三边、三角、三区　D. 三边、三角、两个区

7. 马氏管是昆虫的(　　)。

A. 神经系统　B. 循环系统　C. 排泄系统　D. 呼吸系统

二、简答题

1. 简述昆虫成虫的一般特征。

2. 如何根据昆虫不同口器类型开展害虫药剂防治?

3. 在实际园林植保防治工作中,如何突破昆虫体壁的层层阻隔进行有效防治?

【拓展资源】

如何区别昆虫与非昆虫

工作任务二　昆虫变态类型及不同发育阶段虫态识别

【技能目标】

①能正确识别昆虫卵、幼虫、蛹、成虫特征。

②能根据昆虫习性采用合理方式指导防治。

【任务提出】

在园林植物生长的环境或个体生长过程中,调查和了解昆虫繁殖方式、变态类型及个体发育期上的特点,充分了解昆虫的生活习性,为认识昆虫和防治昆虫打下基础。

昆虫发育虫态

【任务分析】

本任务从认识昆虫生殖方式开始,首先理解昆虫的生殖方式类型。然后,识别昆虫的变态及其类型,通过昆虫不同发育阶段的特点能够正确识别昆虫不同虫态的类型。最后,通过对昆虫世代和年生活史以及主要习性的学习,对昆虫来个"全息照像"。

【相关知识】

一、昆虫的生殖方式

昆虫的生殖方式大致有以下几种。

(一)两性生殖

两性生殖是昆虫中最普遍的生殖方式,即雌雄两性交配后,精子与卵子结合,由雌虫把受精卵产出体外,每粒卵发育成一个子代个体,这种繁殖方式又称为两性卵生。如蝗虫、刺蛾类等。这种生殖方式在昆虫纲中极为常见,为绝大多数昆虫所具有。

(二)孤雌生殖

孤雌生殖也称单性生殖,是指卵不经受精就能发育成新个体的现象。孤雌生殖对昆虫的分布有重要作用,因为即使只有一头雌虫被带到新区,如果环境适宜,就可能在这个地区繁衍起来。有的昆虫一个时期进行两性生殖,另一个时期进行孤雌生殖,两种生殖方式交替进行,称为异态交替,如蚜虫。有些昆虫可同时进行两性生殖和孤雌生殖,如蜜蜂。蜜蜂雌雄交配后,产下的卵有受精和不受精两种,凡受精卵皆孵化为雌虫,未受精卵皆孵化为雄虫。

(三)卵胎生

有些昆虫的胚胎发育是在母体内完成的,即卵在母体内已孵化,所产下的新个体不是卵而是幼虫。其胚胎发育只靠卵本身供给营养,这与哺乳动物由母体供给营养不同,如蚜虫。

(四)多胚生殖

多胚生殖是由一个卵发育成两个或更多个胚胎,最后每个胚胎都发育成一个新个体。这种生殖方式多见于膜翅目中的寄生蜂类,如赤眼蜂、茧蜂等。多胚生殖是对活体寄生的一种适应,因为寄生性昆虫常常不是所有的个体都能找到它相应的寄主,而多胚生殖可以保证它一旦找到寄主,就能产生较多的后代。

二、昆虫的变态类型识别

在昆虫从卵到成虫的个体发育过程中,从幼虫到成虫不仅体积增大,而且在外部形态、内部器官和生活习性等方面也会发生一系列改变,这种现象称为变态。昆虫在长期的演化过程中,形成了不同的变态类型,其中最常见的是不完全变态和完全变态(图 2-2-1)。

(一)不完全变态

不完全变态的昆虫,在个体发育过程中,只经过卵、若虫和成虫三个阶段。成虫特征随若虫生长发育而逐渐显现,因此成虫和若虫的形态差异不大,只是翅和性器官发育程度有差别,翅以翅芽的形式在体外发育。昆虫中的直翅目、半翅目属于不完全变态类,如蝗虫、蝉、蚜虫、蝽类等,它们的若虫不同于成虫的地方主要是翅未长成和性器官没有成熟,故称为渐变态。其若虫不仅在形态上类似成虫,而且在生活习性、栖息环境、取食的食物上都若似成虫,因此将其幼期称为若虫。

在缨翅目、同翅目粉虱科和雄性介壳虫中,在若虫向成虫转变时还要经过一个不食不动的

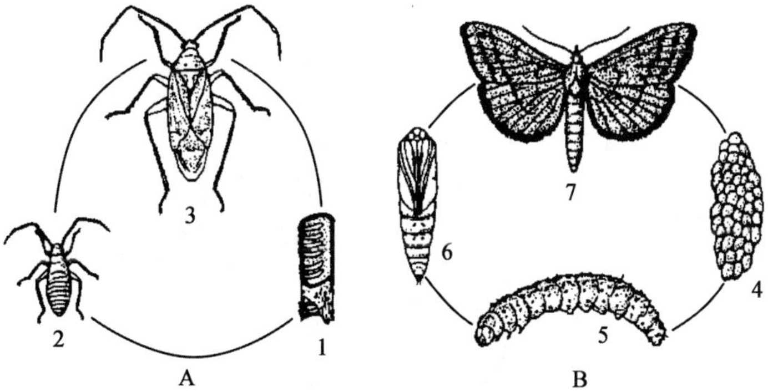

图 2-2-1 昆虫主要的变态类型

A.不完全变态(椿象) 1.产在植物组织内的卵 2.若虫 3.成虫
B.完全变态(螟蛾) 4.卵块 5.幼虫 6.蛹 7.成虫

类似蛹的虫龄,和完全变态不同的是翅是在体外发生的,这一变态被称为过渐变态。

(二)完全变态

完全变态的昆虫,在其个体发育过程中,要经过卵、幼虫、蛹和成虫四个阶段。昆虫中的鳞翅目、鞘翅目、膜翅目、双翅目、脉翅目等属于完全变态,如蝶蛾类、甲虫类、蜂类、蚊蝇类、草蛉类等,幼虫在形态上与成虫差异较大,因此必须经过一个蛹的阶段来完成形态的转变过程。幼虫与成虫的生活习性也不同,如鳞翅目幼虫多以植物的某部分为食,而成虫则以花蜜为食;鞘翅目的金龟子类,其幼虫为地下害虫,而成虫则取食植物的地上部分。由此可见,完全变态昆虫的幼虫与成虫因生活习性不同,对植物的为害情况也是不同的,有的仅以成虫为害,有的仅以幼虫为害,有的成虫和幼虫均为害,但为害程度常有差异。

三、昆虫个体发育

(一)卵的识别

卵从产下到孵化所经历的时期称为卵期。卵期是昆虫个体发育的第一个阶段。胚胎发育在卵内完成后,幼虫或若虫破卵壳而出的过程称为孵化。昆虫的卵通常很小,最小的只有0.02 mm(如卵寄生蜂),最大的有9～10 mm(如一种螽斯),平均在0.5～2.0 mm。卵是一个大细胞,卵内具有细胞质、卵黄和卵核,外面为一层坚硬的卵壳,卵壳顶端有1至数个小孔为精子进入卵的通道。卵壳的构造很复杂,具有高度的不透性,一般杀虫剂很难侵入。

昆虫的卵形态变化很大,常见的有球形、半球形、长卵形、袋形、桶形、长椭圆形、椭圆形、长茄形、馒头形、鱼篓形、炮弹形、有柄形等(图2-2-2)。不同的昆虫其产卵方式和产卵场所也常不同,有的单粒散产(如粉蝶类),有的集聚成块(如斑蛾类),有的产在暴露的地方(如天蛾类),有的产在植物组织内(如叶蝉),有的产在其他昆虫的卵、幼虫或蛹体内(如各种寄生蜂)。有的卵以卵鞘或雌成虫腹末的绒毛覆盖(前者如螳螂,后者如某些毒蛾)。了解昆虫卵的形状、产卵方式和场所,对识别害虫种类、进行田间调查、预测预报和防治害虫均有重要意义。

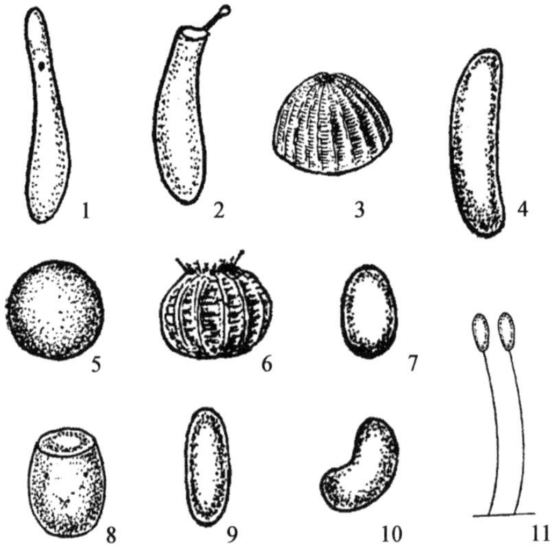

图 2-2-2　昆虫卵的类型

1.长茄形　2.袋形　3.半球形　4.长卵形　5.球形　6.篓形
7.椭圆形　8.桶形　9.长椭圆形　10.肾形　11.有柄形
(仿《作物病虫害防治》,张学哲,2005)

(二)幼虫的识别

幼虫期是昆虫一生中的主要取食为害阶段,也是防治的关键时期。完全变态昆虫自卵孵化为幼虫到变为蛹所经历的时期称为幼虫期;不完全变态昆虫自卵孵化为若虫到变为成虫所经历的时间称为若虫期。昆虫是外骨骼动物,其坚硬的体壁不能随着身体的增大而增长,因此,幼虫生长过程中必须将束缚体躯的旧表皮脱去,代之以形成的新表皮才能继续生长,这种现象称为蜕皮。昆虫每蜕 1 次皮,视为增长 1 龄,每两次蜕皮之间的历期称为龄期,计算虫龄则为蜕皮次数加 1。从卵孵化出来到第 1 次蜕皮称为第 1 龄期,此时期的幼虫称为 1 龄幼虫,第 1 次蜕皮与第 2 次蜕皮间的时期称为第 2 龄期,其幼虫称为 2 龄幼虫,依此类推。昆虫在刚蜕去旧皮、新表皮尚未形成之前,抵抗力很差,是施用触杀剂的较好时机。一般 2 龄前的幼虫活动范围小,取食少,抗药力差;幼虫生长后期,食量剧增,抗药力强。因此在害虫防治上,常要求将其消灭在 3 龄前或幼龄阶段。

不完全变态昆虫的若虫,口器、复眼、胸足与成虫相同,其翅芽随蜕皮逐渐发育长大。完全变态昆虫的幼虫,外形和成虫截然不同,没有复眼、翅等,而且有成虫期所没有的临时性器官,如腹足等。其幼虫形态主要有多足型、寡足型和无足型三种(图 2-2-3)。多足型幼虫有三对胸足和多对腹足。如鳞翅目蝶蛾类幼虫有 2～5 对腹足,膜翅目叶蜂类幼虫有 6～8 对腹足。寡足型幼虫只有 3 对发达的胸足,无腹足,如鞘翅目多数甲虫和脉翅目草蛉类幼虫。无足型幼虫完全无足,如双翅目蝇类幼虫、鞘翅目象甲类幼虫等。

(三)蛹的识别

蛹期是全变态类昆虫所特有的发育阶段,也是幼虫转变为成虫的过渡时期。完全变态昆虫的末龄幼虫老熟后寻找适当场所、身体缩短、不食不动，然后蜕去最后一层皮变为蛹，该过程称为化蛹。末龄幼虫在化蛹前的静止时期称为预蛹期。从化蛹时起至成虫羽化所经历的时期称为蛹期。

昆虫种类不同，蛹的形态也不同，常见的有离蛹、被蛹和围蛹三种(图 2-2-4)类型。离蛹的触角、足、翅等附肢不紧贴在蛹体上，可自由活动，也称裸蛹。如多数鞘翅目昆虫的蛹。被蛹的触角、足、翅等附肢均紧贴于蛹体上，不能自由活动，如鳞翅目蝶蛾类昆虫的蛹。围蛹实际是一种离蛹，只是由于幼虫最后脱下的皮包围于离蛹之外，形成了圆筒形的硬壳，如双翅目蝇类昆虫的蛹。

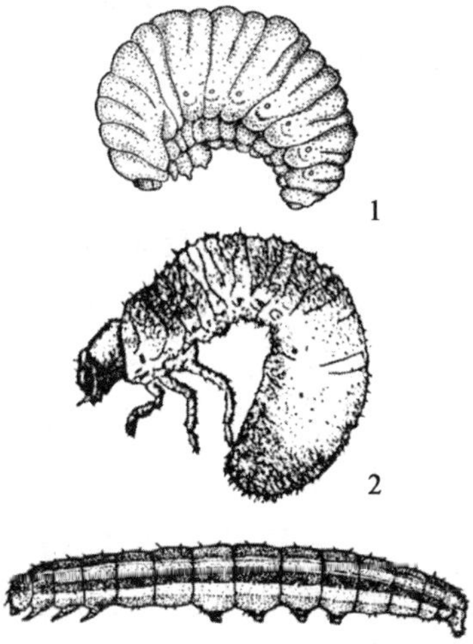

图 2-2-3　昆虫幼虫的类型

1.无足型　2.寡足型　3.多足型

(仿《作物病虫害防治》，张学哲，2005)

蛹期昆虫不食不动、表面静止，但内部却进行着激烈变化，一方面分解幼虫原有的内部器官；另一方面则形成成虫所具有的内部器官。蛹期是昆虫生命活动中的薄弱环节，对外界不良环境条件的抵抗力也较差，所以昆虫在化蛹前常寻找隐蔽场所，如在树皮裂缝中或土壤内做土室，或在卷叶内或植物组织内，甚至吐丝作茧，以免遭受敌害和气候变化的不良影响。了解蛹期的生物学特性，破坏其生态条件，是消灭害虫的一个途径。如施行翻耕晒土，可将害虫在土中的土室破坏或深埋，或使其暴晒致死，或增加天敌捕食机会。

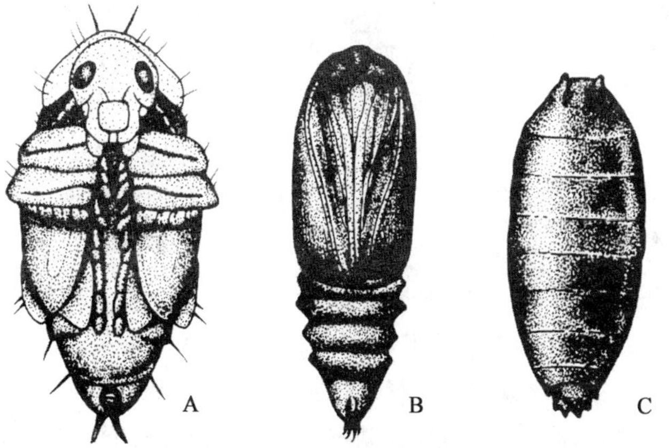

图 2-2-4　昆虫蛹的类型

A.离蛹　B.被蛹　C.围蛹

(四)成虫的识别

成虫是昆虫生命活动的最后一个阶段，其主要行为是交配和产卵，所以成虫期是昆虫繁殖的时期。

不完全变态昆虫的末龄若虫和完全变态昆虫的蛹，蜕去最后一次皮变为成虫的过程称为羽化。成虫从羽化到死亡所经历的时间称为成虫期。有些昆虫羽化时，性器官已发育成熟，不再取食便可交配、产卵，产卵后不久就死去，这类昆虫寿命往往很短，一般只有几天。而大多数昆虫的成虫羽化后，性器官并未同时成熟，需要继续取食，促使性器官成熟，才能交配产卵。这种成虫期对性成熟不可缺少的取食行为称为“补充营养”。补充营养对成虫生殖力影响很大，如以花蜜为食的成虫在蜜源植物丰富的地区或年份，产卵量显著增加。由于需要补充营养，这类昆虫不仅在幼虫期为害，而且成虫期往往也为害。因此，了解成虫补充营养的特性，对于预测预报、设置诱集器进行诱杀等都有重要意义。

成虫从羽化到产卵的间隔时期称为产卵前期，各类昆虫的产卵前期常有一定的时间，诱杀成虫应在产卵前期进行效果较好。从成虫第 1 次产卵到产卵终止的时期称为产卵期，产卵期短的有几天，长的可达几个月。昆虫的生殖能力是相当强的，一般每头雌虫可产卵数十粒至数百粒，很多蛾类产卵量可达千粒以上，如斜纹夜蛾可产卵 1 000～2 000 粒。各种昆虫对产卵场所有一定的选择性，一般情况下总是产在对幼虫取食有利的地方。如寄生蜂把卵产在寄主的体表或体内，植食性昆虫将卵产在植物的叶、茎、花、果等。有些昆虫的卵是散产，有些昆虫的卵是块产。有些种类还有分泌物形成的胶质卵囊或纤维状的覆盖物保护卵粒。

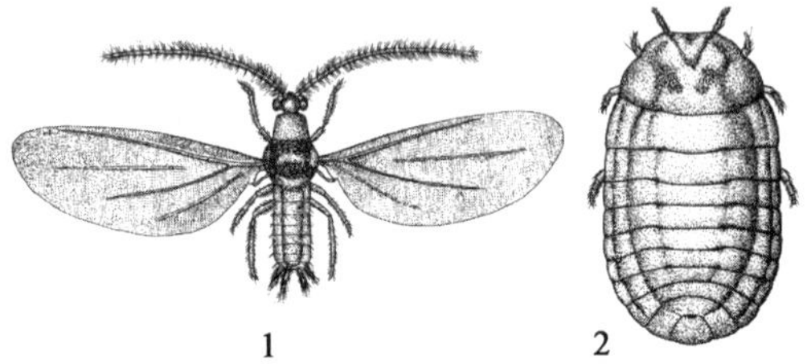

图 2-2-5　昆虫的性二型现象

1.吹绵蚧雄成虫　B.吹绵蚧雌成虫

一般昆虫的雌、雄个体外形相似，仅外生殖器不同，称为第一性征。有些昆虫雌、雄个体除第一性征外，在形态(如个体大小、体形、颜色等)上还有其他差异，称为第二性征。这种现象称为雌雄二型性或性二型(图 2-2-5)。如介壳虫雄虫有翅，雌虫则无翅；一些蛾类雌性触角为丝状，而雄性触角则为羽毛状。有些昆虫在同一个种群中，除了雌雄二型外，在同一性别中还有不同的类型，称为多型现象(图 2-2-6)。如蚜虫，雌性个体又有无翅雌蚜和有翅雌蚜之分。多型现象不仅出现在成虫期，也会出现在幼虫期，不仅可以表现为构造、颜色上的不同，而且在白蚁、蚂蚁、蜜蜂等社会性昆虫中，还有明显的行为上的差异，甚至社会分工。多型现象反映了环境变化与种群动态，对分析虫情及制订防治指标具有重要价值。

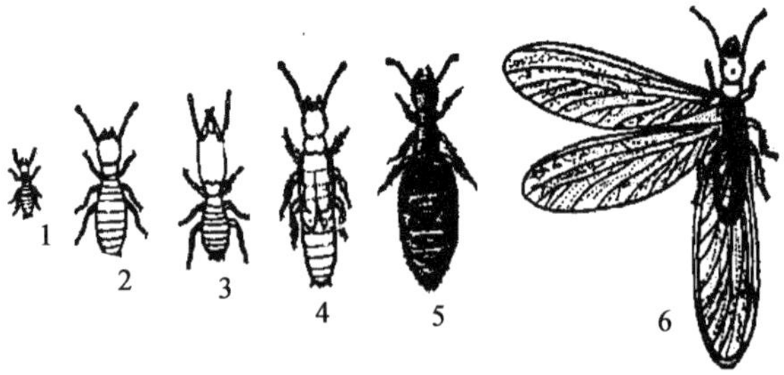

图 2-2-6　昆虫的多型现象

1.若蚁　2.工蚁　3.兵蚁

4.生殖蚁若蚁　5.蚁后　6.有翅蚁

四、昆虫的季节发育

(一)昆虫的世代和年生活史

昆虫自卵或幼体产下到成虫性成熟产生后代为止的个体发育史称为一个世代,简称一代。各种昆虫世代的长短和一年内的世代数各不相同,有的一年一代,如舞毒蛾;有的一年多代,如斜纹夜蛾;有的数年一代,如桑天牛等。昆虫世代的长短和在一年内的发生代数,受环境条件和昆虫遗传性的影响。很多昆虫世代多少和长短受气候条件(主要是温度)的影响,其分布地区越往南,一年发生的代数越多。昆虫在适温范围内,温度增高,发育加快,完成一代所需的时间就缩短。有些昆虫一年内世代的多少完全由遗传性决定,不受外界条件的影响,如天幕毛虫不论在南方、北方都是一年一代,即使气温适合也不再发生第二代。一年中昆虫代数的计算,从卵开始。越冬后出现的虫态称为越冬代,由越冬代成虫产下的卵,称为第一代卵。如以卵越冬,亦称为第一代卵,由此发育的幼虫、成虫,称为第一代幼虫、成虫,其产的卵则称为第二代卵。其他各代依此类推。一年发生多代的昆虫,往往因发生期参差不齐,成虫羽化期和产卵时间长,而造成上下世代间界限不清,出现前后几代混合发生、不同虫态相互并存的现象,称为世代重叠。也有的昆虫在一年中的若干世代间,存在着生殖方式或生活习性的明显差异,通常总是两性世代和若干代孤雌生殖世代相交替,称之为世代交替。

昆虫由当年越冬虫态开始活动起,到第二年越冬结束止的发育过程,称为年生活史。昆虫年生活史包括昆虫在一年中各代的发生期、生活习性和越冬虫态、场所等。研究昆虫的年生活史,目的是摸清昆虫在一年中的发生规律、活动和为害情况,针对昆虫生活的薄弱环节与防治有利时机,制订防治措施。昆虫的生活史,可用文字记载,也可用图表等形式来表示。

(二)昆虫的休眠和滞育

昆虫在一年的生长发育过程中,常出现暂时停止发育的现象,这种现象分为两大类,即休眠与滞育。

休眠是指由不良的环境条件直接引起的生长发育暂时停止现象,当不良环境消除时即可恢复生长发育。在温带及寒带地区,每年冬季严寒来临之前,随着气温下降,食物减少,各种昆虫都找寻适宜场所进行休眠,等到来年春天气候变暖,又开始活动。

滞育也是环境因子引起的,但常常不是不利的环境条件直接引起。当不利的环境条件还远未来临以前,昆虫就进入滞育了。而且一旦进入滞育,即使给以最适宜的条件,也不会马上恢复生长发育,必须经过较长时间的滞育期,并要求一定的低温刺激,才能重新恢复生长发育。它比休眠具有更为稳定的适应性,而且具备不同程度的遗传稳定性。影响昆虫滞育的主导因素是光周期的变化。凡有滞育特性的昆虫,都各有固定的滞育虫态。在幼虫期表现为生长发育的停止,在成虫期则表现为生殖的中止。

五、昆虫的主要习性

(一)食性

昆虫在长期进化过程中,对食物形成一定的选择性,即食性。根据昆虫对食物的选择情况,可将其分为不同的类型。

1. 按食物划分

按照食物的性质和来源，可将昆虫分为五类。

（1）植食性昆虫　以植物为食料，包括大多数的园艺植物害虫。如菜青虫、金龟子等。

（2）肉食性昆虫　主要以动物为食料，绝大多数是益虫。按照取食方式又可分为捕食性和寄生性。

（3）腐食性昆虫　以死亡的动植物组织及其腐败物质为食。如埋藏甲、蝇类幼虫。

（4）粪食性昆虫　以动物的粪便为食。如蜣螂。

（5）杂食性昆虫　既吃植物性食物，又吃动物性食物。如胡蜂、芫菁、蜚蠊等。

2. 按取食范围划分

按照昆虫取食范围宽窄，可分为三类。

（1）单食性昆虫　即只取食一种动物或植物的昆虫。如葡萄根瘤蚜、梧桐木虱等。

（2）寡食性昆虫　能取食同属、同科和近缘科的几种植物。如菜粉蝶、柑橘凤蝶等。

（3）多食性昆虫　能取食多科、多属的植物。如地老虎、棉铃虫等。

（二）假死性

假死性是指昆虫受到某种刺激或震动时，表现出停止活动、身体蜷曲，或从植株上坠落地面，一动不动，稍停片刻才又爬行或起飞的现象。这是昆虫逃避敌害的一种自卫反应。如金龟甲、象甲、瓢虫、叶甲等的成虫具有此特性，可据此进行人工捕杀和虫情调查。

（三）趋性

趋性是指昆虫对外界刺激（如光、温、湿、化学物质等）所产生的一种强迫性定向活动。趋向的活动称为正趋性，背向的活动称为负趋性。趋性可分为趋光性、趋化性、趋温性、趋湿性等。其中趋光性和趋化性在害虫防治上应用较广，如灯光诱杀、色板诱杀、食饵诱杀、性诱剂诱杀等。

（四）群集性和迁移性

群集性是指同种昆虫的大量个体高度密集在一起的习性。群集性分两种：一种是暂时性群集，发生在昆虫生活史的某一阶段，经一定时间后就分散，如榆蓝叶甲越夏时的群集、斜纹夜蛾三龄前幼虫的群集。另一种是长期群集，包括整个生活周期，群集形成后往往不再分散，如竹蝗、飞蝗等。了解昆虫的群集习性可在群集时进行挑治或人工捕杀。

迁移性是指昆虫为了满足食物和环境的需要，向周围扩散、蔓延的习性，如蚜虫。有的还能从一个发生地长距离地迁飞到另一个发生地，如飞蝗等。了解害虫迁飞习性，查明它的来龙去脉及扩散转移的时期，有利于开展害虫的测报和防治工作。

（五）拟态和保护色

一种动物"模拟"其他生物的姿态以保护自己的现象，称为拟态。这是动物在自然选择上朝着有利特性发展的结果。

保护色是指一些昆虫的体色与其周围环境的颜色相似的现象。如栖居于草地上的绿色蚱蜢，其体色或翅色与生境极为相似，不易为敌害发现，有利于保护自己。菜粉蝶蛹的颜色也因化蛹场所的背景不同而不同，在甘蓝叶上化蛹时常为绿色或黄绿色，而在篱笆或土墙上化蛹时，则多呈褐色。

有些昆虫既有保护色，又有与背景形成鲜明对照的体色，称为警戒色，更有利于保护自己。如蓝目天蛾，其前翅颜色与树皮相似，后翅颜色鲜明并有类似脊椎动物眼睛的斑纹，当遇到其他动物袭击时，前翅突然展开，露出后翅，将袭击者吓跑。

有些昆虫既有保护色，又能配合自己的体形和环境背景，保护自己。如一些尺蛾幼虫在树枝上栖息时，以末对腹足固定于树枝上，身体斜立，体色和姿态酷似枯枝；竹节虫多数种类形似竹枝；大部分枯叶蛾种类的成虫体色和体形与枯叶极为相似，因而不易被袭击者发现。

【任务实施】

昆虫变态类型及不同发育阶段虫态识别

一、实施场所

昆虫实验室、校内外实训基地。

二、实施目的及形式

了解昆虫变态类型，认识全变态和不全变态昆虫不同发育阶段虫态各种主要类型的形态特征，为田间识别昆虫和昆虫分类学习与识别打下基础。

昆虫虫态

结合校内外采集观察和实验室观察，以班级为单位组织教学。教师通过园林植物害虫各种实物标本、图片、多媒体课件进行演示与讲授。各学习小组利用为其提供的一套实物标本，借助放大镜、双目立体显微镜等工具观察实物并展开讨论，教师负责引导、指导和总结。

三、材料与工具

材料：粉蝶、天蛾、螟蛾、夜蛾、椿象、蝗虫、瓢虫、草蛉等的卵或卵块；蝗虫、有翅蚜虫、椿象类的若虫；瓢虫类、蛾类、蝶类、蝇类、金龟甲类、尺蠖类、叶蜂类、象甲类、寄生蜂类的成虫、幼虫和蛹；地老虎、蚜虫成虫性二型和多型性标本，完全变态和不全变态昆虫的生活史标本、浸渍标本、针插标本和有关挂图。

用具：放大镜、立体显微镜、解剖镜、镊子、挑针、搪瓷盘、泡沫塑料板等。

四、实施过程

1. 昆虫的变态和虫态观察

(1)变态类型的观察　比较完全变态和不完全变态昆虫的生活史标本的主要区别。

(2)卵的观察　观察供试昆虫的卵，注意观察各种不同类型昆虫卵的形态、大小、颜色及花纹；散产还是块产等；卵块的排列方式，有无保护物等。

(3)若虫形态的观察　观察比较蝗蝻、椿象、有翅蚜虫等若虫与成虫在形态上的异同，注意翅芽的形态。

(4)幼虫形态观察　观察瓢虫、蛾类、蝶类、金龟子、尺蠖类、叶蜂类、象甲类等的幼虫与成虫的显著区别，注意各种幼虫所属的类型及特征。注意观察腹足的有无、对数，区分开幼虫的类型。

(5)蛹的观察　观察蛾类、蝶类、金龟甲、蜂类、蝇类等蛹的形态，观察蛹的形状、大小、颜色、臀刺和斑纹，蛹外有无保护物等特征。注意各种蛹所属的类型及特征。

(6)成虫性二型和多型现象观察　观察蚜虫、介壳虫、尺蠖等成虫,注意形态上的变化。

2.昆虫生活史观察

观察昆虫生活史标本时,注意观察蓑蛾、草履蚧等昆虫的雌雄异型;白蚁的蚁王、蚁后、工蚁、兵蚁等多型现象;完全变态(如菜粉蝶)与不完全变态(如蝼蛄)的区别。

五、注意事项

(1)认真观察昆虫各个虫期特点,野外能正确识别昆虫的卵、幼虫、蛹、成虫的特征。

(2)多进行实践,尤其让学生多进行野外实践,针对园林植物害虫进行正确识别。

(3)干制标本观察时容易损坏,应谨慎操作。

(4)野外进行幼虫观察时,应该借助镊子等工具,不要用手触摸,避免对身体造成伤害。

(5)立体显微镜使用完毕,应及时降低镜体,取下载物台上的观察物,放入镜箱内,轻拿轻放。

(6)对较难鉴别种类的昆虫,应积极查阅资料并开展小组讨论。

六、作业

依据教师讲解、学生分组讨论、网络资源学习,学会对昆虫变态类型及不同发育阶段虫态进行识别和描述。选择不同类型标本,将其外部形态特征填入表2-2-1,要求描述10～15种昆虫。

表2-2-1　昆虫变态类型及不同发育阶段虫态识别记录表

序号	昆虫名称	卵类型	幼虫类型	蛹类型	变态类型

【任务评价】

任务评价考察标准分为基本能力、职业能力、岗位专业能力三部分。

基本能力、职业能力方面的要求参考项目一。

岗位专业能力:针对本项工作任务的具体要求与实施来考察。以个人考核为主。根据昆虫特征描述、识别多少及准确程度酌情扣分。

(1)昆虫的变态类型观察识别。能准确举例口述昆虫完全变态与不完全变态的区别。

(2)昆虫卵的观察识别。能准确口述昆虫卵的特点,并能指明常见昆虫卵的大小、形状、产卵方式及产卵场所。

(3)昆虫幼虫的观察识别。能准确口述昆虫幼虫的特点,并能指明常见昆虫幼虫的类型。

(4)昆虫蛹的观察识别。能准确口述昆虫蛹的特点,并能指明常见昆虫蛹的类型。

(5)昆虫的性二型与多型现象的观察识别。能准确口述昆虫成虫的特点,并能指明常见昆虫的性二型与多型现象的类型。

【思考练习】

一、选择题

1. 下列昆虫中，属于完全变态的是（　　）。

A. 蚜虫　　B 梨网蝽　　C. 大蓑蛾　　D. 非洲蝼蛄

2. 属于不完全变态的昆虫是（　　）。

A. 蝼蛄　　B. 蝶类　　C. 金龟子类　　D. 蝇类

3. 两性生殖是多数昆虫的繁殖方式，可不经两性生殖的昆虫是（　　）。

A. 大蓑蛾　　B. 刺蛾　　C. 天牛　　D. 蚜虫

4. 已经脱了一次皮的昆虫幼虫应是（　　）。

A. 1 龄　　B. 2 龄　　C. 3 龄　　D. 4 龄

5. 昆虫的致死高温区一般在（　　）。

A. 35 ℃以上　　B. 40 ℃以上　　C. 45 ℃以上　　D. 55 ℃以上

二、简答题

1. 举例说明不完全变态与完全变态有哪些主要区别。

2. 举例说明昆虫的卵、幼虫、蛹各属何种类型。

【拓展资源】

昆虫与环境的关系

案例分析

中牟老田养蝉的故事

近些年，一直耳闻中牟县官渡镇田庄村老田自己养蝉的故事，颇为好奇。前两年，笔者带领学生在课程实习期间到村里造访，才了解到其中的部分奥秘。老田每年秋、冬季节，取下树上的产卵枝条，扎成把，在院子里搭一个简易塑料小拱棚，将成把的枝条蘸上自配的“神秘液体”，埋到土里。等第二年春天取出来埋到村东头的杨树林里，可以提前 1～2 年孵出幼虫。同学们想多问一问其中的奥秘，老田笑而不语。但老田对蝉的生活规律、适宜树种等讲得头头是道。近几年，由于农村每年一到夏季就有人组织大量收购蝉的幼虫，老田说现在的产卵量少多了，也不易采到大量的产卵枝，所以他现在也不做这个事了，忙着在大棚里种植香椿了。同学们带着遗憾离开了田庄村。

思考：(1)老田养蝉成功的原因有哪些？

(2)老田为啥现在不养蝉了？

工作任务三　园林植物害虫主要目科特征识别

【技能目标】

①能正确识别园林植物昆虫重要目的区别特征。

②能正确识别昆虫重要目的主要类群。

③能正确识别各目昆虫的重要科特征及代表种。

④识别螨类、软体动物形态特征。

昆虫主要目科

【任务提出】

在园林植物生长的环境或个体生长发育过程中，我们常见到“形形色色”的昆虫，调查、学习、探索、比较不同昆虫种类的形态特征，便于更准确地认识昆虫和鉴别昆虫。

【任务分析】

本任务主要是引导学生理解并熟悉等翅目、直翅目、半翅目、同翅目、缨翅目、鞘翅目、鳞翅目、膜翅目、双翅目、脉翅目等的主要形态特征及各重要科的主要特征，引导学生识别螨类、软体动物及其他有害生物的形态特征，达到能正确识别园林植物主要害虫的目的，为认识昆虫和识别昆虫做准备。

【相关知识】

一、昆虫分类认识

自然界中种类繁多的昆虫有的对人类有益，有的有害，有的则与人类没有直接关系。要利用益虫和防治害虫，就必须识别它们。和其他生物一样，昆虫都是由低级到高级、由简单到复杂进化而来的。在大量的昆虫种类中，彼此之间存在着一定的亲缘关系，亲缘关系接近的，其形态特征也相似，对环境的要求、生活习性、发生规律也越接近。而昆虫分类就是建立在亲缘关系的基础上，运用对比分析与归纳的方法将昆虫进行分门别类。

（一）昆虫分类阶元

昆虫的分类和其他动物分类一样，包括界、门、纲、目、科、属、种 7 个等级。有时为了更精细确切地区分，常添加各种中间阶元如亚级、总级或类、群、部、组、族等。种是分类的基本单位，很多相近的种集合为属，很多相近的属集合为科，依次向上归纳为更高级的阶元，每一阶元代表一个类群。

昆虫的分类地位是动物界节肢动物门昆虫纲。昆虫纲以下分为目、科、属、种。以马尾松毛虫为例：

鳞翅目 Lepidoptera

　异角亚目 Heterocera

　　蚕蛾总科 Bombycoidea

　　　枯叶蛾科 Lasiocampidae

松毛虫属 *Dendrolimus*

马尾松毛虫 *Dendrolimus punctatus*

(二)昆虫的命名

昆虫的每一个种都有一个科学的名称,即学名,是国际上通用的。学名是用拉丁文表示的,每一学名第一个词为属名,第二个词为种名,最后是定名人姓氏。有时在种名后边还有一个亚种名。在书写上,属名和定名人的第一个字母必须大写,种名全部小写,种名和属名在印刷上排斜体。

学名举例:马尾松毛虫 *Dendrolimus punctatus* Walker

属名 种名 定名人

天幕毛虫 *Malacosoma neustria testacea* Motsch.

属名 种名 亚种名 定名人

(三)园林植物昆虫重要目

昆虫纲的分目根据翅的有无及其类型、变态的类型、口器的构造、触角的形状、跗节节数等进行,在昆虫纲中,与园林植物关系密切的目主要有等翅目、直翅目、半翅目、同翅目、缨翅目、鞘翅目、鳞翅目、膜翅目、双翅目、脉翅目等。

二、园林植物昆虫重要类群特征描述

(一)等翅目

通称白蚁。体小型至中型,体色大多为白色或淡黄色。触角念珠状,口器咀嚼式。有长翅、短翅和无翅类型,有翅者翅为两对、膜质、长形,前后翅大小、形状和脉纹均相似。翅基部有一条肩缝,翅常沿肩缝处脱落,而留下一个鳞状残翅称为翅鳞。足的跗节为4~5节。

白蚁为多型性营社会性的昆虫,有较复杂的社会分工。一个群体具有繁殖蚁和无翅、无生殖能力的兵蚁与工蚁,共同生活。蚁王、蚁后负责生殖。工蚁的职能是觅食、筑巢、饲育蚁王、蚁后、幼蚁和兵蚁等。兵蚁头部发达,上颚强大,其职能是守巢、警卫、战斗等。

变态类型为渐变态,生殖蚁包括雌雄两性,多具翅,每年春夏之交即达性成熟,在气候闷热或下雨前后,从巢内飞出,求偶交配繁殖新的群落。

白蚁主要分布在我国长江以南,主要危害树木或房屋建筑等,危害性较大的如家白蚁、黑胸散白蚁、土白蚁等。

(二)直翅目

体中型至大型。口器咀嚼式,触角丝状或剑状,前胸发达,前翅狭长为覆翅,革质;后翅膜质,常扇状折叠,翅脉多是直的。有的种类翅短或无翅。后足多发达,适于跳跃,或前足为开掘足。雌虫多具有发达的产卵器。腹部第10节有尾须一对。雄虫大多能发音,凡发音的种类都有听器。

本目昆虫属不完全变态,成虫多产卵于植物组织或土中,多以卵越冬。1年1代或2代,或2~3年1代。一般生活在地面上,有些生活在地下或树上。本目多数是植食性的种类,部分为肉食性或杂食性,如螽斯科(图2-3-1)。

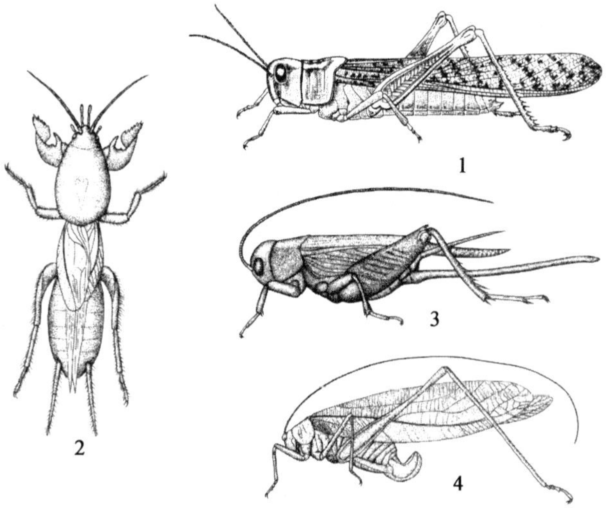

图 2-3-1　直翅目主要科代表

1.蝗科　2.蝼蛄科　3.蟋蟀科　4.螽斯科

1.蝗科

触角比体短，丝状或剑状。前胸背板发达，呈马鞍状。后足为跳跃足，胫节具有两排刺，跗节 3 节。听器位于第 1 腹节两侧。产卵器粗短，锥状。植食性。卵产于土中。园林植物重要害虫种类有黄脊竹蝗、短额负蝗等。

蝗虫

2.蝼蛄科

触角短，丝状。前翅短，后翅长，伸出腹末如尾状。前足为开掘足。听器位于前足胫节上。产卵器不发达。多为植食性，夜出活动咬食植物的根茎，为重要的地下害虫。卵产于土室中。园林植物重要害虫种类有华北蝼蛄、东方蝼蛄等。

蝼蛄

3.蟋蟀科

触角线状，比体长。后足为跳跃足。产卵器细长，剑状。尾须长。跗节 3 节。听器生于前足胫节上。雄虫发音器在前足近基部。夜出性昆虫，常发生于低洼或杂草丛中，喜取食植物近地面柔嫩部分，对幼苗造成危害。园林植物重要害虫种类有油葫芦、大蟋蟀等。

4.螽斯科

触角丝状，比体长，跗节 4 节，后足为跳跃足。产卵器刀状或剑状。听器位于前足胫节上。多产卵于植物枝条组织内或土中。园林植物害虫种类有为害桑枝条的绿螽斯等。

(三)半翅目

通称椿象，简称蝽。体小至中型，体壁坚硬而身体略扁平。刺吸式口器，着生于头的前端，不用时贴放在头胸的腹面。前胸背板发达，中胸有发达的小盾片。前翅基半部革质或角质，端半部膜质，称为半鞘翅，一般分为革区、爪区和膜区三部分，有的种类有楔区。很多种类胸部腹面常有臭腺，可散发出恶臭(图 2-3-2、图 2-3-3)。

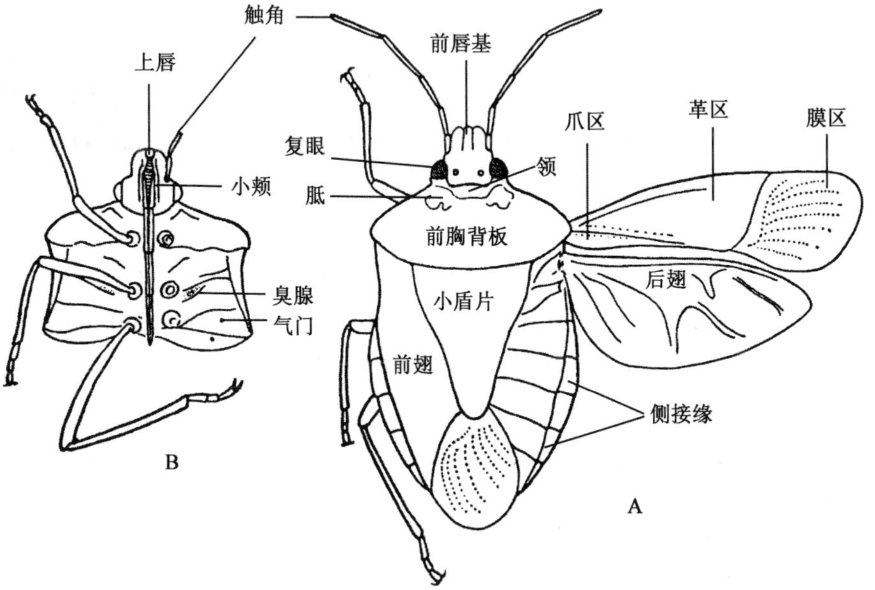

图 2-3-2 半翅目昆虫形态特征

A. 蝽的背面观 B. 头、胸腹面观

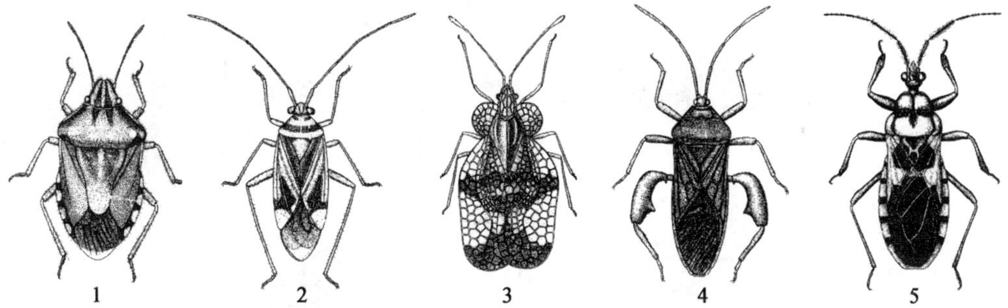

图 2-3-3 半翅目重要科代表

1. 蝽科 2. 盲蝽科 3. 网蝽科 4. 缘蝽科 5. 猎蝽科

本目昆虫属不完全变态。多为植食性，刺吸植物茎叶或果实的汁液，是重要的园林植物害虫；部分种类为捕食性，为天敌昆虫。卵多为鼓形或长卵形，产于植物表面或组织内。

1. 蝽科

触角 5 节，一般 2 个单眼，中胸小盾片很发达，三角形，超过前翅爪区的长度。前翅分为革区、爪区、膜区三部分，膜片上具有多条纵脉，发自于基部的一根横脉。卵多为鼓形，产于植物表面。为害园林植物的主要有荔枝蝽、麻皮蝽等。

2. 盲蝽科

触角 4 节，无单眼。前翅分为革区、爪区、楔区和膜区四个部分，膜区基部翅脉围成两个翅室，其余翅脉均消失。卵长卵形，产于植物组织内。园林植物重要害虫种类有绿盲蝽等，捕食性的有食蚜盲蝽等。

3. 网蝽科

小型、体扁。无单眼。触角 4 节，第 3 节最长，第 4 节膨大。前胸背板向后延伸盖住小盾片。前翅无革区和膜区之分，前胸背板及前翅均布有网状花纹。以成、若虫群集叶背刺吸汁液为主，为害园林植物的主要种类有梨网蝽、杜鹃冠网蝽等。

网蝽

4. 缘蝽科

体较狭长，两侧缘略平行。触角 4 节。中胸小盾片短于爪片。前翅分为革区、爪区和膜区三部分，膜片上的脉纹从一基横脉上分出多条分叉的纵脉。后足腿节扁粗，具瘤或刺状突起。植食性。园林植物害虫主要有为害观赏花木的红背安缘蝽等。

5. 猎蝽科

体中至大型，触角 4 节或 5 节。喙坚硬，基部不紧贴于头下，而弯曲成弧形。前翅分为革区、爪区和膜区三部分，膜区基部有两个翅室，从其上发出 2 条纵脉。多为肉食性，捕食各种昆虫等小型动物，如圆腹猎蝽等。

(四)同翅目

为小型至中型昆虫。触角刚毛状或丝状。口器刺吸式，从头的后方伸出，似出自前足基节之间。前翅革质或膜质，静止时平置于体背上呈屋脊状，有的种类无翅。多数种类有分泌蜡质或介壳状覆盖物的腺体(图 2-3-4)。

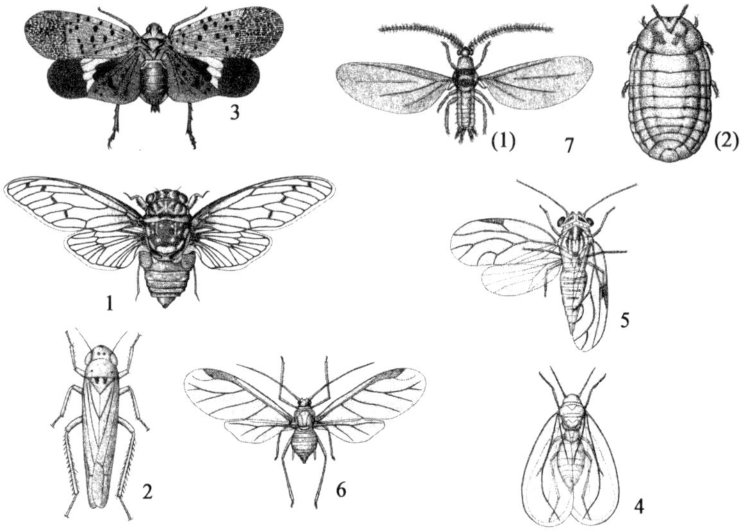

图 2-3-4　同翅目重要科

1. 蝉科　2. 叶蝉科　3. 蜡蝉科　4. 粉虱科　5. 木虱科
6. 蚜总科　7. 蚧总科：(1)雄成虫　(2)雌成虫

除粉虱及雄介壳虫属于过渐变态外，均为渐变态。两性生殖或孤雌生殖。植食性，多数为园林植物重要害虫，刺吸植物汁液，造成生理损伤，并可传播病毒或分泌蜜露引起煤污病。

1. 蝉科

中到大型。复眼发达，单眼 3 个。触角短，刚毛状。前足腿节膨大，下方有齿。前后翅膜质透明，脉纹粗。雄虫有发音器，位于腹部腹面。若虫在土中生活，成虫刺吸汁液和产卵为害果树枝条，若虫吸食根部汁液。为害观赏木本植物的种类主要有黑蚱蝉、蟪蛄等。

2. 叶蝉科

小型，狭长。触角刚毛状，位于两复眼之间。单眼 2 个，着生于头部前缘与颜面交界线上。后足胫节下方有 1～2 列短刺。产卵器锯状，多产卵于植物组织内。园林植物害虫重要种类有大青叶蝉、小绿叶蝉等。

3. 蜡蝉科

中至大型，体色美丽。额常向前延伸而多少呈象鼻状。触角基部两节明显膨大，鞭节刚毛状。前后翅发达，翅膜质，脉序呈网状。腹部通常大而扁。园林植物害虫常见的有斑衣蜡蝉、龙眼鸡等。

4. 粉虱科

小型，体翅均被蜡粉。单眼 2 个。触角线状 7 节，第 2 节膨大。翅短圆，前翅有翅脉两条，前一条弯曲，后翅仅有一条直脉。若虫、成虫腹末背面有皿状孔，是本科最显著特征。过渐变态。成、若虫吸食植物汁液。园林植物害虫常见的有为害温室花卉的温室白粉虱、黑刺粉虱等。

粉虱

5. 木虱科

小型，善跳。单眼 3 个。触角较长，9～10 节，基部两节膨大，末端有 2 条不等长的刚毛。前翅质地较厚，在基部有 1 条三分支的脉纹，每支再分叉。若虫常分泌蜡质盖在身体上，多为害木本植物。园林植物上主要有柑橘木虱、梧桐木虱、中国梨木虱等。

6. 蚜总科

体微小型，柔软。触角丝状，通常 6 节，末节中部突然变细，故又分为基部和鞭部两部分，第 3～6 节基部有圆形或椭圆形的感觉孔，它的数目和分布是分种的重要依据。有具翅和无翅两大类个体，具翅型翅 2 对，膜质，前翅大，后翅小。前翅近前缘有一条由纵脉合并而成的粗脉，端部为翅痣；后翅有一条纵脉。多数种类在腹部第六节背面生有一对管状突起称为腹管，腹管形态变异很大。腹部末端有一尾片，形状不一，均为分类的重要依据。

蚜虫

蚜虫生活史极复杂，两性生殖与孤雌生殖，一般春夏季进行孤雌生殖，秋冬时进行两性生殖。一般蚜虫都具有迁移习性，生活场所转换而产生季节迁移，从一个寄主迁往另一寄主。

本科昆虫植食性，以成、若蚜刺吸植物汁液，引起植物发育不良，分泌蜜露滋生霉菌和传播病毒病。如棉蚜、绣线菊蚜、桃蚜、月季长管蚜等。

7. 蚧总科

种类繁多，形态多样。雌雄异型，雌成虫无翅，虫体呈圆形、长形、球形、半球形或扁形等。身体分节不明显，虫体通常被介壳、蜡粉或蜡丝所覆盖，有的虫体固定在植物上不活动。口器位于前胸腹面，口针细长而卷曲，常超过身体几倍。触角丝状、念珠状、膝状或退化。胸足有或退化。雄成虫口器退化，仅有膜质的前翅一对，翅上有翅脉 1～2 条，后翅变成各种形状的平衡棒。不完全变态或过渐变态。卵产于雌虫体下、介壳下或雌虫分泌的卵囊内。

(1)盾蚧科　雌虫、若虫腹部末端几节不分节，愈合成一块完整的骨片。腹末具许多叶状突起，其介壳为前一龄虫蜕再加上其分泌物组成。雄虫无复眼，触角丝状，大多有翅；腹部末端无蜡丝。是园林上的重要害虫。如矢尖盾蚧、月季白轮盾蚧、梨圆蚧等。

(2)粉蚧科　体壁通常软，分节明显。雌虫卵圆形，少数长形或圆形，触角 9 节或退化；单眼 2 个；足发达，无腹气门。腹部末端具臀瓣，肛门具肛环和肛环刺。雄虫通常有翅，单眼 4～6 个；腹部末端有 1 对长蜡丝。如康氏粉蚧等。

(3)绵蚧科　多数小型。雄虫有复眼，触角 10 节，翅黑色或烟煤色。雌虫触角 11 节，胸、腹部分节明显。腹部背面有气门，无肛环及刺毛。口器和足发达，蜡丝特别发达。若虫触角 6 节，末端稍膨大。重要害虫有草履蚧、吹绵蚧等。

绵蚧

(五)缨翅目

通称为蓟马(图 2-3-5)。微小型，长约 1～2 mm。触角丝状或念珠状，6～9 节。口器锉吸式，左上颚发达，右上颚退化。前后翅狭长，膜质，翅脉稀少或消失，翅缘密生缨毛，故称缨翅目。足末端具泡状中垫，爪退化。雌虫产卵器锯状、柱状或无产卵器。

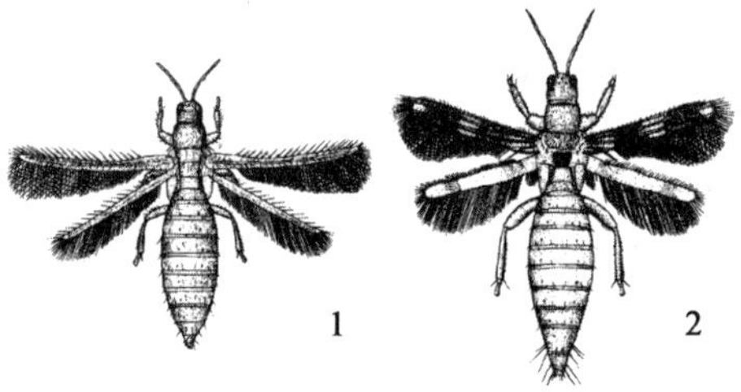

图 2-3-5　缨翅目重要科

1. 蓟马科　2. 纹蓟马科

过渐变态，雄虫少，大多数种类进行孤雌生殖。多为植食性，少数为捕食性。

1. 蓟马科

体扁，触角 6～8 节，末端两节形成端刺。翅狭而端部尖锐，前翅常有两条纵脉。雌虫腹末生有锯状产卵器，从侧面看其尖端向下弯曲。园林植物重要害虫主要有烟蓟马、温室蓟马、花蓟马等。

2. 纹蓟马科

体不扁，触角 9 节。前翅较宽，末端圆形，围有缘脉，翅上常有暗色斑纹。产卵器锯状，向上弯曲。常见种类有横纹蓟马，主要为害豆科植物，并捕食其他蓟马、螨和蚜虫等。

蓟马

(六)鞘翅目

鞘翅目昆虫统称为甲虫，是昆虫中最大的一个目。体坚硬，微小至大型。口器咀嚼式，触角 10～11 节，形状变化大。前翅为鞘翅，盖住中后胸和腹部，中胸小盾片多外露。后翅膜质，静止时折叠于前翅之下。跗节 4～5 节。完全变态。幼虫寡足型或无足型，口器咀嚼式。蛹多为裸蛹。多数种类为植食性，也有捕食性和寄生性种类，有的为腐食性。

鞘翅目分为肉食亚目和多食亚目(图 2-3-6)，肉食亚目的腹部第一节腹板被后足基节窝分开，多数为肉食性，常见的有步甲科和虎甲科。多食亚目的腹部第一节腹板不被后足基节窝分开，食性复杂，有水生和陆生两大类群（图 2-3-7）。

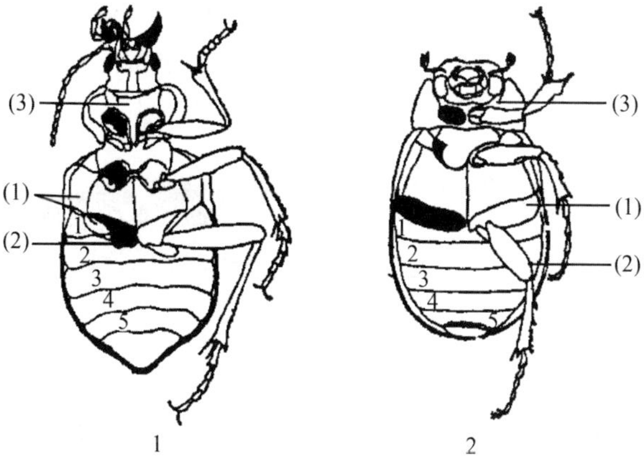

图 2-3-6　肉食亚目和多食亚目的特征

1. 肉食亚目　(1)后侧叶　(2)基节窝　(3)前胸腹板

2. 多食亚目　(1)基节　(2)腿节　(3)前胸腹板

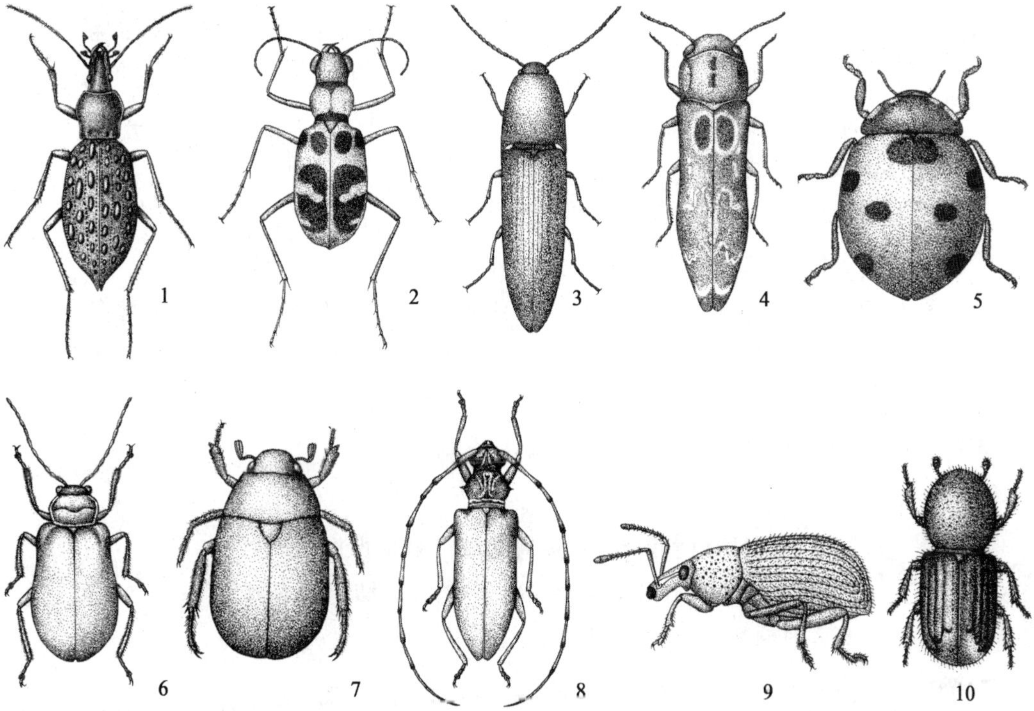

图 2-3-7　鞘翅目各科

1. 步甲科　2. 虎甲科　3. 叩甲科　4. 吉丁甲科　5. 瓢甲科

6. 叶甲科　7. 金龟科　8. 天牛科　9. 象甲科　10. 小蠹科

1. 步甲科

小至大型，多为黑色或褐色，带有金属光泽。头较前胸狭，前口式。触角丝状，着生于上唇基部与复眼之间。后翅常退化。跗节5节。成、幼虫捕食小型昆虫，常见的有金星步甲、中华广肩步甲等。

2. 虎甲科

中型，体形与步甲相似，具有鲜艳的色斑和金属光泽。头较前胸宽，下口式。复眼突出。触角丝状，11节。上颚大，锐齿状。跗节5节。成、幼虫捕食小型昆虫，常见种类有中华虎甲、星斑虎甲等。

3. 叩甲科

统称叩头虫。小至中型，触角锯齿状。前胸与中胸结合不紧密，能上下活动。前胸背板后侧角突出，前胸腹板后缘中央有一强大的突起向后延伸到中胸腹板的深凹窝内，可弹跳。跗节5节。幼虫体细长略扁，坚硬光滑，黄色或黄褐色，大多生活在土中，以植物的地下部分为食，统称为金针虫，为苗圃重要地下害虫。常见的有沟金针虫、细胸金针虫等。

4. 吉丁甲科

成虫与叩头甲体形相似，大多数具有美丽的金属光泽。体长形，末端尖削。头较小，嵌入前胸上。触角锯齿状，11节。前胸腹板也有大型的后突，嵌入中胸腹板的凹窝内，但前胸与后胸紧密相连，不能自由上下活动，前胸背板的后侧角不向后突出。幼虫体细长扁平，无足，前胸宽大扁阔。以幼虫钻蛀园林树木枝干为主。常见的有苹果小吉丁虫、杨十斑吉丁虫、六星吉丁虫等。

吉丁虫

5. 瓢甲科

小至中型，头小，触角锤状。体背隆起呈半球形或半卵形，似瓢状。鞘翅上常有红、黄、黑色斑纹。足短，跗节隐4节，第3节特别小。幼虫体上常生有枝刺、毛瘤、毛突等。大多数为捕食性益虫，可捕食蚜虫、介壳虫、螨类等，常见的有七星瓢虫、龟纹瓢虫、异色瓢虫等。少数为植食性害虫，如为害茄科植物的茄二十八星瓢虫等。

6. 叶甲科

又称金花虫。中小型，体色多鲜艳，具金属光泽。触角锯齿状或丝状，常短于体长。跗节隐5节，似为4节。幼虫体上常有肉质刺及瘤状突起。成、幼虫均为植食性，多取食植物叶片。园林植物上常见的有泡桐叶甲、榆蓝叶甲等。

7. 金龟科

中至大型，触角鳃叶状。前足开掘足，跗节5节。鞘翅短，腹部可见腹板5～6节。幼虫为蛴螬，体白色，圆筒形，胸足发达，腹部后端肥大，并向腹面弯曲呈"C"形。食性杂，多数为植食性，成虫取食园林植物的叶、花、果等部位，幼虫多土栖，为重要的地下害虫，取食植物幼苗的根茎部分，也有腐食性和粪食性的种类。常见种类有铜绿丽金龟、小青花金龟、红脚绿金龟等。

8. 天牛科

中至大型，体狭长。触角 11～12 节，常与体等长或超过身体。复眼肾形，环绕触角基部。跗节隐 5 节，似为 4 节。幼虫体肥胖，胸足很小或无。以幼虫钻蛀树干、树根或树枝为害为主，园林植物上常见的有星天牛、桑天牛、菊天牛等。

天牛

9. 象甲科

通称象鼻虫。小至大型，头部向前延伸成象鼻状突起，长短不一，末端着生有咀嚼式口器。触角多为膝状。跗节隐 5 节，似为 4 节。幼虫无足型，身体柔软弯曲。成虫和幼虫均为植食性，有食叶、蛀茎、蛀根及种子的，也有卷叶或潜叶的。园林植物上常见的有大灰象甲、绿鳞象甲、杨干象甲等。

10. 小蠹科

小型，圆筒形，触角锤状。前胸背板大，与鞘翅等宽，常长于体长的 1/3。前足第 1 跗节短于第 2、3、4 跗节之和。幼虫白色，粗短，头部发达，无足。成虫和幼虫蛀食树皮和木质部，形成不规则的坑道。常见种类有为害柳树、榆树的脐腹小蠹、为害松树的纵坑切梢小蠹等。

（七）鳞翅目

鳞翅目包括各种蝶类和蛾类，是昆虫纲的第二大目。体小至大型，触角细长，丝状、栉齿状、羽毛状或球杆状等。口器虹吸式。翅膜质，翅面上覆盖有鳞片，故称为鳞翅。前翅上的鳞片组成一定的斑纹，分线和斑两类，线和斑的命名和排序见插图（图 2-3-8）。

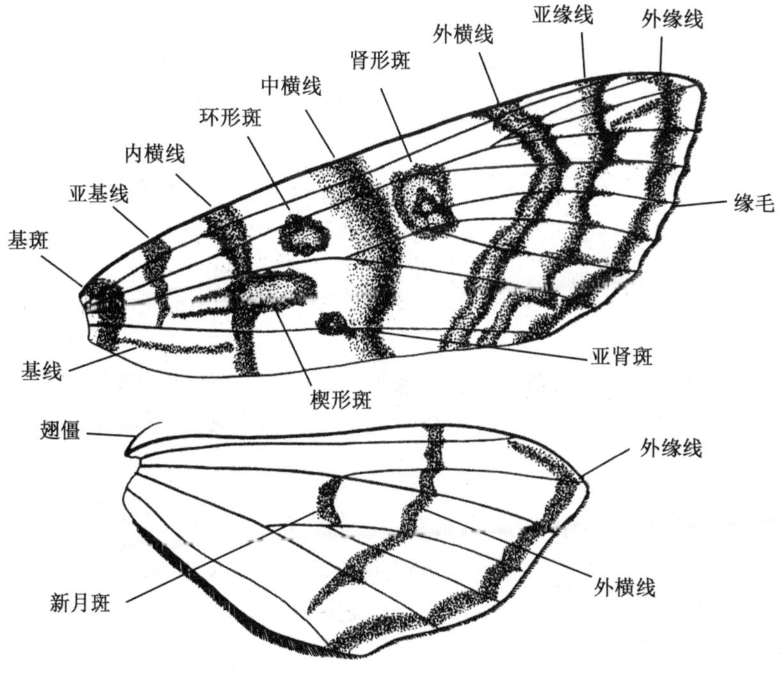

图 2-3-8 鳞翅目翅的翅面斑纹

完全变态，幼虫为多足型，除3对胸足外，一般有腹足5对，但腹足的对数常有不同的变化，末节上的1对可称为尾足或臀足。腹足底面有钩状刺，称为趾钩，趾钩依长度不同和排列形式分为序和带、环（图2-3-9）。幼虫体上常有斑线（图2-3-10）和毛。蛹为被蛹。成虫除少数种类外，一般不为害，但幼虫口器为咀嚼式，绝大多数为植食性，可取食植物的叶、花、芽，或钻蛀植物茎、根、果实，或卷叶、潜叶为害。

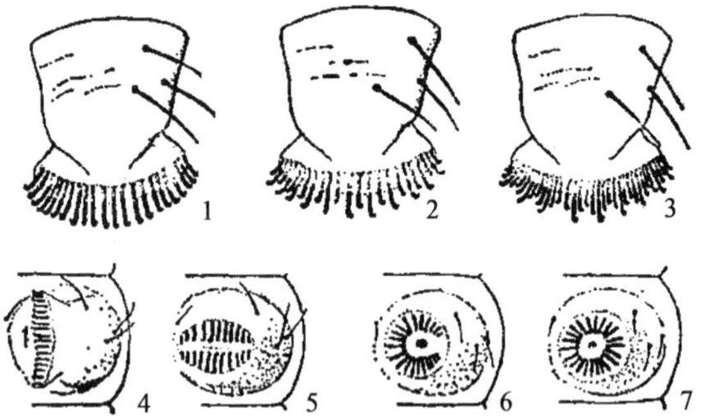

图2-3-9 鳞翅目幼虫的趾钩

1.单序 2.双序 3.三序 4.中带 5.二横带 6.缺环 7.环状

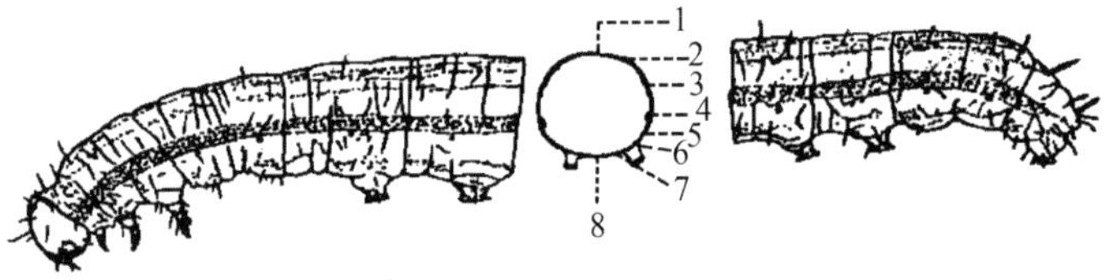

图2-3-10 鳞翅目幼虫胴部的线纹

1.背线 2.亚背线 3.气门上线 4.气门线 5.气门下线 6..基线 7.腹侧线 8.腹线

鳞翅目分为蝶亚目和蛾亚目（图2-3-11至图2-3-15），两个亚目的主要区别：蝶亚目昆虫白天活动，触角球杆状，休息时双翅竖立于体背，前后翅以翅抱型连接。蛾亚目昆虫夜间活动，触角多种多样，但非球杆状，休息时双翅平覆于体背，前后翅以翅缰型或翅轭型连接。

1.木蠹蛾科

中至大型，体粗壮，喙退化，触角栉齿状或羽毛状。前后翅中室内有分叉的脉纹。幼虫体粗壮肥胖，头部发达，多为红色、白色或黄色。幼虫蛀食林木枝干，常见的有柳乌蠹蛾等。

2.袋蛾科

又叫蓑蛾科，避债蛾科。中小型，触角双栉齿状，口器退化，雌雄异型，雄虫有翅，翅面鳞毛稀少，前后翅中室内有一简单的中脉主干。雌虫无翅。幼虫肥胖，胸足发达，腹足退化呈吸盘状，趾钩单序、缺环。幼虫食叶，并吐丝缀叶成袋状囊，一生在袋囊内。常见种类有大袋蛾、小袋蛾、茶袋蛾等。

3.透翅蛾科

中小型，体较光滑，色彩常似胡蜂，前翅较狭长，前后翅大部分透明，仅边缘及翅脉上有鳞

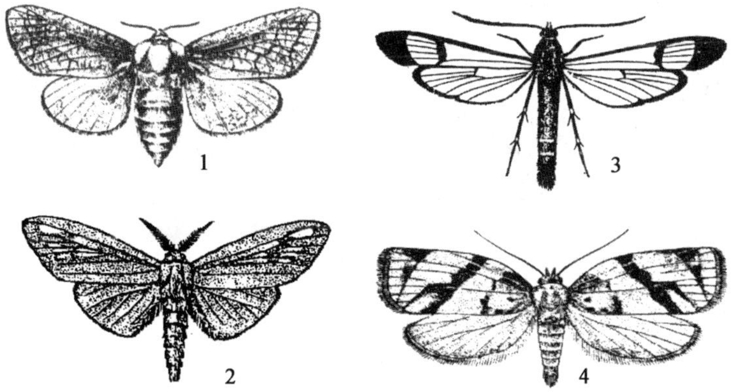

图 2-3-11　鳞翅目蛾类常见科(一)

1.木蠹蛾科　2.袋蛾科　3.透翅蛾科　4.卷蛾科

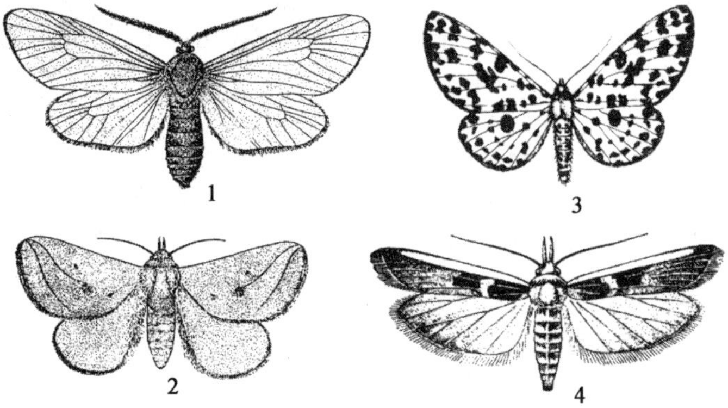

图 2-3-12　鳞翅目蛾类常见科(二)

1.斑蛾科　2.刺蛾科　3.尺蛾科　4.螟蛾科

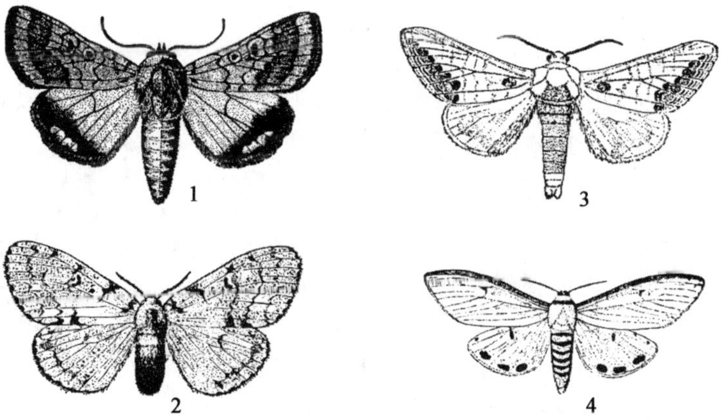

图 2-3-13　鳞翅目蛾类常见科(三)

1.夜蛾科　2.毒蛾科　3.舟蛾科　4.灯蛾科

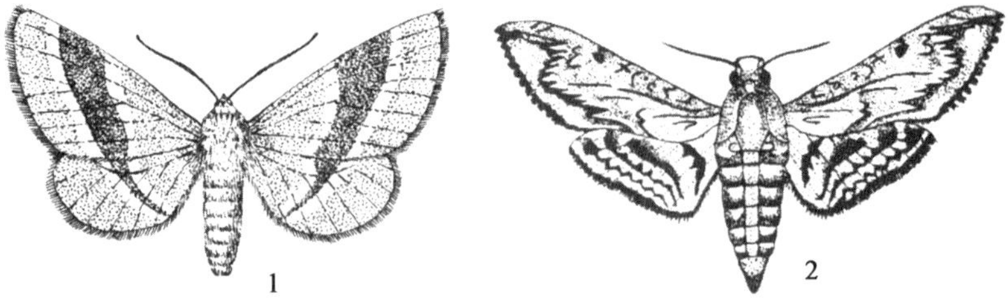

图 2-3-14　鳞翅目蛾类常见科(四)

1.枯叶蛾科　2.天蛾科

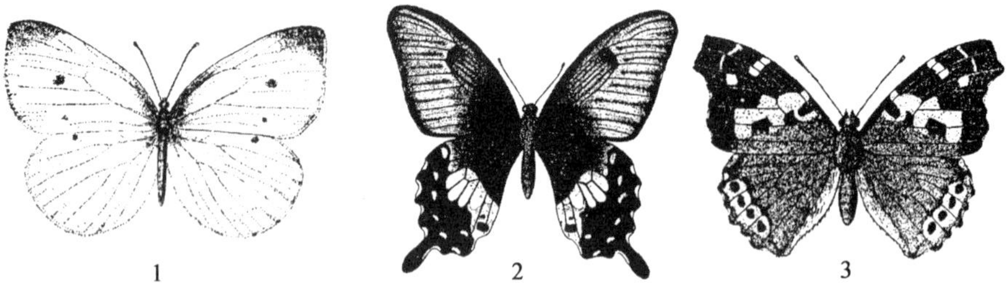

图 2-3-15　鳞翅目蝶类常见科

1.粉蝶科　2.凤蝶科　3.蛱蝶科

片。幼虫体多白色,气门椭圆形,腹部第 8 节气门距背中线近。幼虫常蛀食园林树木茎秆,常见种类有白杨透翅蛾、苹果透翅蛾等。

4.卷蛾科

小型,前翅近长方形,外缘平直,顶角常突出,静止时两翅合拢成吊钟形,有些种类前翅有前缘褶。幼虫多为绿色,趾钩环状。幼虫多卷叶为害,常见为害园林树木的种类有梨小食心虫、槐小卷蛾等。

5.斑蛾科

中大型,体较光滑,成虫多呈灰黑色,有的种类较鲜艳,口器发达。翅薄而鳞片稀少,翅中室内常有中脉主干。幼虫体粗短,头小,体有粗大毛瘤,上生短毛。幼虫多以卷叶为害。常见为害园林树木的种类有梨叶斑蛾、朱红毛斑蛾等。

6.刺蛾科

中型,体粗短,密毛,多为黄褐色或绿色,口器退化,雌性触角丝状,雄性双栉状。翅宽阔,生有密而厚的鳞片。幼虫俗称洋辣子,体短而胖,蛞蝓型,头小缩入前胸,胸足小或退化,腹足呈吸盘状,体上生有枝刺,有些刺有毒,茧为坚硬的雀卵形。幼虫食叶,为害多种观赏林木,常见的有黄刺蛾、绿刺蛾、桑褐刺蛾、丽绿刺蛾、扁刺蛾等。

刺蛾

7.尺蛾科

小至大型,体多细长,鳞片稀少,翅宽大薄弱;有些种类雌虫翅退化,臀脉只有 1 条。幼虫体细长，只在第 6 节、第 10 节上生有 2 对腹足，行走时，身体一屈一伸，似用尺量物，故称“尺蠖”“步曲”。以幼虫食叶为主，多食性，为害园林植物的种类主要有油桐尺蛾、丝棉木金星尺蛾、大造桥虫等。

8. 螟蛾科

中小型，细长柔弱，腹部末端尖削，鳞片细密，体光滑。下唇须长，伸出头的前方。翅三角形。幼虫细长光滑，趾钩缺环，少数为全环。为害园林植物的种类主要有棉大卷叶螟、黄杨绢野螟、竹织叶野螟等。

9. 夜蛾科

中大型，体粗壮，色多暗，鳞片稀疏而蓬松。前翅三角形，密被鳞片，形成色斑。幼虫体粗壮，光滑无毛，颜色深，趾钩单序中带式，如为缺环则缺口较大。幼虫可食叶、钻蛀果实或茎秆等，为害园林树木的种类有小地老虎、斜纹夜蛾、银纹夜蛾、玫瑰巾夜蛾、凤凰木夜蛾等。

10. 毒蛾科

与夜蛾科相似，中大型，体粗壮多毛，喙退化，雄虫触角双栉齿状。雌虫腹末有成簇的毛，静止时多毛的前足伸向体前方。幼虫体多毛，某些体节有成束而紧密的有毒毛簇，腹部第 6、7 腹节背面有翻缩腺，趾钩单序中带式。以幼虫食叶为主，为害园林树木和花卉的种类主要有舞毒蛾、黄尾毒蛾、金毛虫、乌桕毒蛾等。

11. 舟蛾科

又叫天社蛾科，与夜蛾科相似。中大型，口器退化，雄蛾触角多为双栉齿状，少数锯齿状，雄蛾多为丝状。幼虫胸部有峰突，静止时头尾翘起似“小舟”，故称舟蛾。以幼虫食叶为主，为害园林树木的种类主要有舟形毛虫、杨扇舟蛾等。

12. 灯蛾科

与夜蛾科相似。中型，色泽较鲜艳，多为白、黄、灰、橙色，有黑色斑，腹部各节背中央常有一黑点，触角丝状或双栉齿状。幼虫体上有突起，上生浓密的毛丝，其长短较一致。以幼虫食叶为主，为害园林植物及花木的主要种类有美国白蛾、红缘灯蛾等。

灯蛾

13. 枯叶蛾科

中大型，体粗壮而多毛，喙退化，雄虫触角双栉状；后翅无翅缰，肩角发达，有肩脉。幼虫粗壮，多长毛，前胸在足的上方有 1 或 2 对突起，腹足趾钩双序中带式。以幼虫食叶为主，为害园林树木的种类常见的有天幕毛虫、马尾松毛虫等。

14. 天蛾科

大型，体粗壮，纺锤形，腹末尖削；触角棒状，中部加粗，末端弯曲成小钩。前翅较狭长，外缘倾斜，呈三角形，后翅小，稍圆。幼虫大而粗壮，较光滑，胴部每节分为 6～8 个环节，第 8 节背面有一尾状突起，称“尾角”。以幼虫食叶为主，为害花卉植物的种类有豆天蛾、霜天蛾等。

15. 粉蝶科

体中型，白色或黄色，有黑色或红色斑。前翅三角形，后翅卵圆形，翅展时整个身体略呈正方形。前翅臀脉 1 条，后翅臀脉 2 条。幼虫体表有很多小突起及细毛，多为绿色或黄绿色，趾钩双序或三序，中带式。幼虫以食叶为主，常为害十字花科、豆科、蔷薇科植物，如菜粉蝶、山楂粉蝶等。

16. 凤蝶科

中大型，翅的颜色及斑纹多艳丽。前翅三角形，后翅外缘波状，臀角处有尾状突。幼虫体光滑无毛，后胸隆起最高，前胸背中央有一可翻出的分泌腺，“Y”形或“V”形，红色或黄色，受惊时可翻出，并散放臭气，又叫“臭角”。常见的有柑橘凤蝶等。

17. 蛱蝶科

中大型，翅上色斑鲜艳，前足退化，触角端部特别膨大。前翅中室闭式，后翅中室开式。幼虫头部常有突起，胴部常有枝刺。幼虫食叶，如为害杨、柳的紫闪蛱蝶等。

(八)膜翅目

包括蜂、蚁类昆虫。体微小至中型，色多暗淡，头大而前胸细小。口器咀嚼式，但蜜蜂类为嚼吸式。翅膜质，前翅大而后翅小，以翅钩列相连。腹部第一节常并入后胸，称“并胸腹节”，第二节常缩小变细，称为“腹柄”。雌虫产卵器发达，锯状或针状，有的变为螫刺，与毒囊相连(图2-3-16)。完全变态，幼虫食叶性的为伪蠋式(图2-3-17)，外形似鳞翅目幼虫，但有6～8对腹足，且无趾钩。蛀茎的种类足常退化，其他种类完全无足。蛹为裸蛹，茧外常有保护物。植食性或肉食性，肉食性者分为捕食性和寄生性。

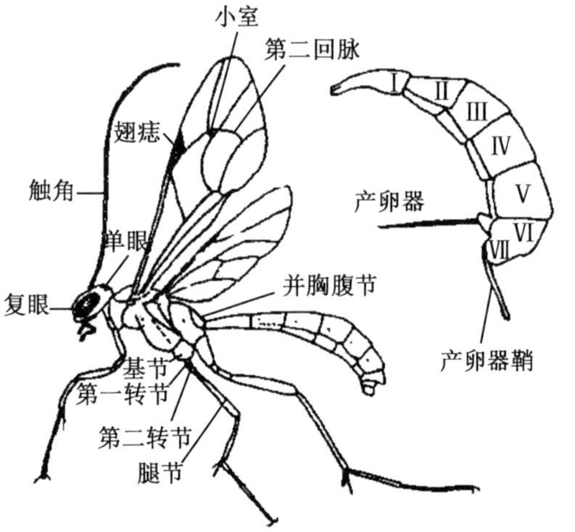

图2-3-16 膜翅目的形态特征(单色姬蜂)

左为雄性成虫侧面观，右为雌性成虫腹部

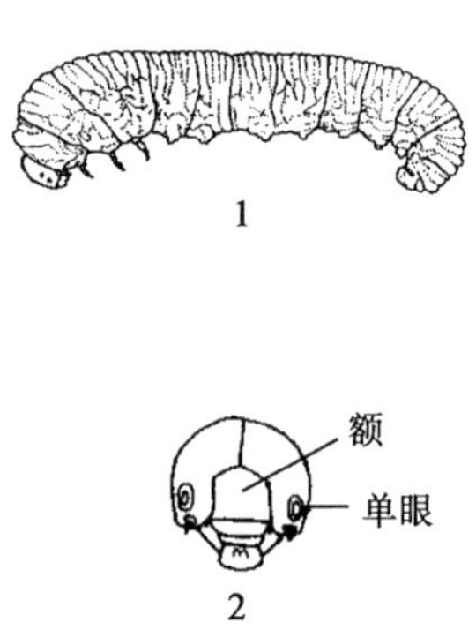

图2-3-17 膜翅目伪蠋式幼虫

1. 幼虫 2. 头部正面观

本目昆虫主要分为广腰亚目和细腰亚目。广腰亚目胸腹部广接，不收缩成腰状；植食性；包括叶蜂科、三节叶蜂科和茎蜂科(图2-3-18)。细腰亚目胸腹部连接处收缩，呈细腰状，腹末腹板纵裂，产卵器多露出腹末；多为寄生性种类，包括姬蜂科、茧蜂科、小蜂科、纹翅小蜂科(图2-3-19)。

1. 叶蜂科

体粗壮，前胸背板后缘弯曲，前足胫节有2个端距。幼虫伪蠋式，腹足6～8对，位于腹部第2～8节和第10节上，无趾钩，以幼虫食叶为主，有些种类可潜叶或形成虫瘿。常见种类有为害林木的樟叶蜂、为害花卉的月季叶蜂等。

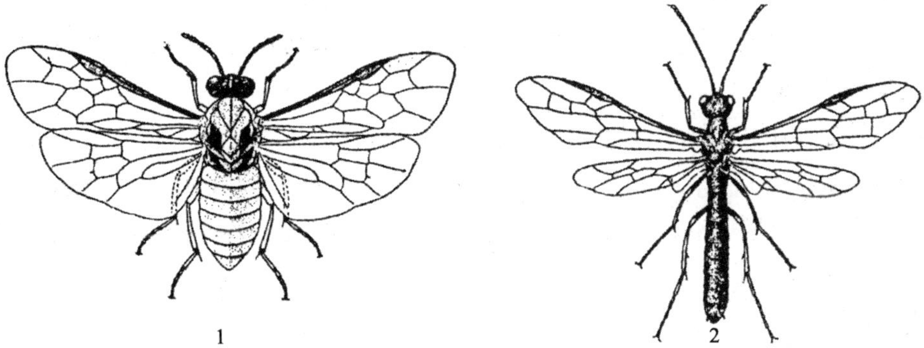

图 2-3-18 膜翅目广腰亚目重要科

1. 叶蜂科 2. 茎蜂科

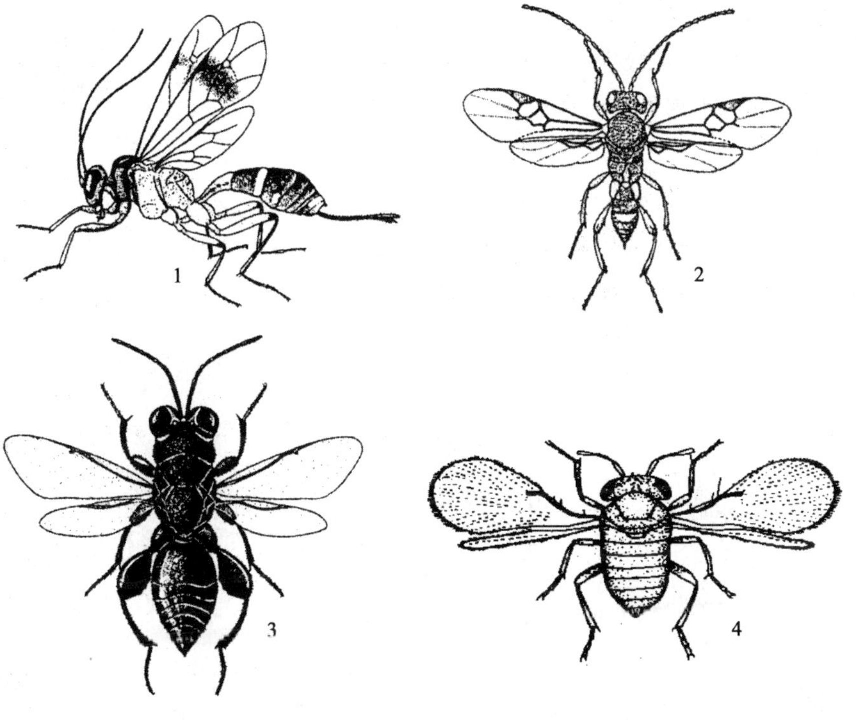

图 2-3-19 膜翅目细腰亚目重要科

1. 姬蜂科 2. 茧蜂科 3. 小蜂科 4. 纹翅小蜂科

2. 三节叶蜂科

体小而粗壮，触角 3 节，第 3 节最长。前足胫节有 2 个端距。幼虫腹足 2～8 对。以幼虫食叶为主，为害园林花卉的主要种类有杜鹃三节叶蜂、蔷薇三节叶蜂等。

3. 茎蜂科

小型，体细长，前胸背板后缘平直，前足胫节有 1 个端距。幼虫无足，白色，皮肤多皱纹，腹末有尾状突起。以幼虫蛀茎为害为主，如为害花卉的月季茎蜂等。

4. 姬蜂科

中小型，体细长，触角线形，15 节以上。前翅第 2 列翅室的中间一个特别小，多角形，称为“小室”，有回脉两条。主要寄生于鳞翅目昆虫，如寄生松毛虫的黑点瘤姬蜂等。

5. 茧蜂科

小至微小型，特征与姬蜂相似，其区别是没有第二回脉，“小室”多数无或不明显。以幼虫寄生于同翅目、鳞翅目或鞘翅目昆虫，常见的有寄生于蚜虫的蚜茧蜂、寄生于松毛虫、舞毒蛾的松毛虫绒茧蜂等。

6. 小蜂科

小型，头横阔，复眼大，触角多为膝状，翅脉简单，后足腿节膨大。寄生于鳞翅目、鞘翅目、双翅目昆虫的幼虫和蛹。常见的有广大腿小蜂等。

7. 纹翅小蜂科

又叫赤眼蜂科。体微小，复眼多为红色，触角膝状。翅宽，具长的缘毛，翅面上的微毛呈带状排列。寄生于多种昆虫的卵内，该科中的许多种已可用于人工饲养释放，如舟蛾赤眼蜂等。

赤眼蜂

(九)双翅目

包括蚊、蝇、虻等昆虫(2-3-20)。体小至中型，触角线状、念珠状或具芒状；口器刺吸式或舐吸式；只有一对膜质的前翅，后翅退化成平衡棒。雌虫腹部末端数节能伸缩，形成“伪产卵器”。完全变态，幼虫无足型，蛹为裸蛹，蝇类的蛹为围蛹。有植食性、捕食性、寄生性、粪食性、腐食性等。植食性者有潜叶、蛀茎、蛀根、蛀果等类群。

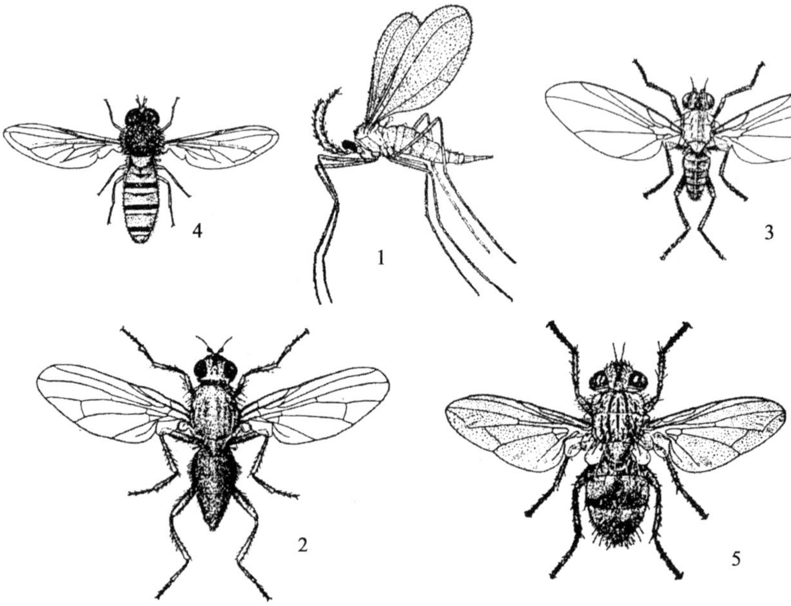

图 2-3-20　双翅目重要科代表

1. 瘿蚊科　2. 花蝇科　3. 潜蝇科　4. 食蚜蝇科　5. 寄蝇科

1. 瘿蚊科

外形似蚊。体纤弱，有细长足；触角念珠状，10～36 节，每节生有长毛。前翅阔，上生毛和鳞，翅脉简单，仅有 3～5 条纵脉。幼虫体纺锤形，或后端较钝，头部退化。植食性，可取食花、果、茎等，能形成虫瘿。重要种类有柳瘿蚊、柑橘花蕾蛆等。

2. 花蝇科

又叫种蝇科。中小型，体细长多毛，通常黑色、灰色或黄色。中胸背板有 1 条完整的盾间沟划分为前后两块；腋瓣大，翅脉全直，直达翅缘。幼虫蛆式，后端截形，有 6 对突起。植食性种类常见有为害竹类的毛笋泉蝇等。

3. 潜蝇科

小至微小型，翅前缘中部有一个折断处，中脉间有 2 个闭室，其后面无臀室。幼虫蛆式，潜叶为害，常见种类有为害草本花卉的美洲斑潜蝇等。

潜蝇

4. 食蚜蝇科

中型，外形似蜂，体上常有黄、黑相间斑纹，触角具芒状，外缘有 1 条与边缘平行的横脉。成虫善飞，可在空中静止飞行。幼虫蛆式，体表粗糙，主要捕食蚜虫、介壳虫、粉虱、叶蝉等。常见种类有大灰食蚜蝇等。

5. 寄蝇科

小至中型，外形似家蝇，体多毛，暗灰色，有褐色斑纹，触角芒光裸。在胸部小盾片下方有呈垫状隆起的后小盾片。幼虫多寄生于鳞翅目幼虫及蛹内，常见的如松毛虫狭颊寄蝇、地老虎寄蝇等。

（十）脉翅目

主要包括草蛉、粉蛉、蚁蛉、褐蛉、螳蛉等昆虫。小至大型，头很活动，触角丝状、念珠状、梳齿状或棒状。口器咀嚼式。前后翅膜质，大小和形状均相似，翅脉多，呈网状，在边缘处多分叉，少数种类翅脉少，常有翅痣。跗节 5 节。

完全变态，幼虫寡足型，行动活泼。成、幼虫均为捕食性，可捕食蚜虫、介壳虫、木虱、粉虱、叶蝉、蛾类幼虫及卵、叶螨等，多数为重要的益虫。

重要科为草蛉科（图 2-3-21），中型，体细长柔弱，草绿色、黄白色或黄灰色。复眼有金色的闪光，触角长，丝状。翅多无色透明，少数有褐斑。翅脉绿色或黄色。卵有长柄。幼虫纺锤形，上颚长而略弯，无齿。体两侧多有瘤突，丛生刚毛。喜捕食蚜虫，故称“蚜狮”。蛹包在白色圆形茧中。常见种类有大草蛉等。

三、螨类

螨类属于节肢动物门蛛形纲蜱螨目。它和蜘蛛、昆虫的主要区别见表 2-3-1。

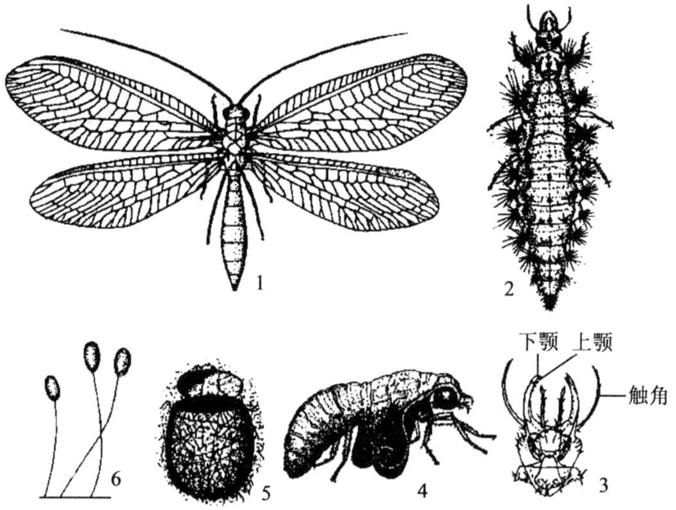

图 2-3-21　脉翅目主要科代表(草蛉科)

1. 成虫　2. 幼虫　3. 幼虫头部　4. 蛹　5. 茧　6. 卵

表 2-3-1　昆虫、蜘蛛、蜱螨外形主要区别

构造	昆虫	蜘蛛	蜱螨
体躯	头、胸、腹三部分	头胸部和腹部两部分	头、胸、腹愈合,不易区分
触角	有	无	无
足	3 对	4 对	4 对,少数 2 对
翅	多数有翅 1～2 对	无	无

体形微小,圆形或卵圆形,分节不明显,头胸部和腹部愈合。一般有 4 对足,少数种类只有 2 对足。一般分为 4 个体段:颚体段、前足体段、后足体段和末体段。颚体段即头部,由一对螯肢和一对须肢组成口器。口器分为刺吸式和咀嚼式两种,刺吸式口器的螯肢特化为针状,称为口针。咀嚼式口器的螯肢呈钳状,能活动,可咀嚼食物。前足体段着生前面 2 对足,后足体段着生后面 2 对足,合称为肢体段。末体段即腹部,肛门和生殖孔着生于其腹面(图 2-3-22)。

螨类一生分为卵、幼螨、若螨、成螨四个阶段。雌性的若螨又分为第一若螨和第二若螨两个时期。幼螨有足 3 对,若螨和成螨有足 4 对。多为两性生殖,个别为孤雌生殖。食性上有植食性、捕食性和寄生性等。常见科有叶螨科、瘿螨科等(图 2-3-23)。

1. 叶螨科

体形微小,梨形,雄螨腹末尖。体多为红色、暗红色、黄色或暗绿色,口器刺吸式。植食性,以成、若螨刺吸植物叶片汁液为主,有的能吐丝结网。主要种类有为害果树的山楂叶螨、柑橘全爪螨,二斑叶螨、果苔螨等,为害蔬菜及花卉的朱砂叶螨、茶黄螨、截形叶螨等。

叶螨

2. 瘿螨科

体形微小,狭长,蠕虫形,具环纹。仅有 2 对足,位于前肢体段。口器刺吸式。主要为害植

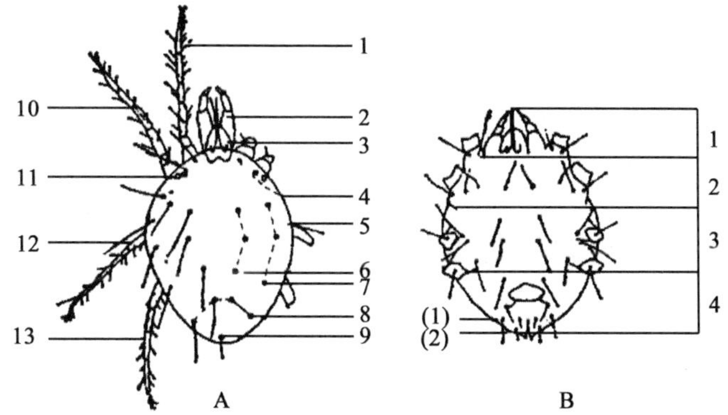

图 2-3-22 螨类的体躯结构

A. 雌螨背面：1. 第 1 对足 2. 须肢 3. 颚刺器 4. 前肢体段背毛 5. 肩毛
6. 后足体段背中毛 7. 后足体段背侧毛 8. 骶毛 9. 臀毛
10. 第 2 对足 11. 单眼 12. 第 3 对足 13. 第 4 对足
B. 雌螨腹面：1. 颚体段 2. 前足体段 3. 后足体段
4. 末体段：(1)肛侧毛 (2)肛毛

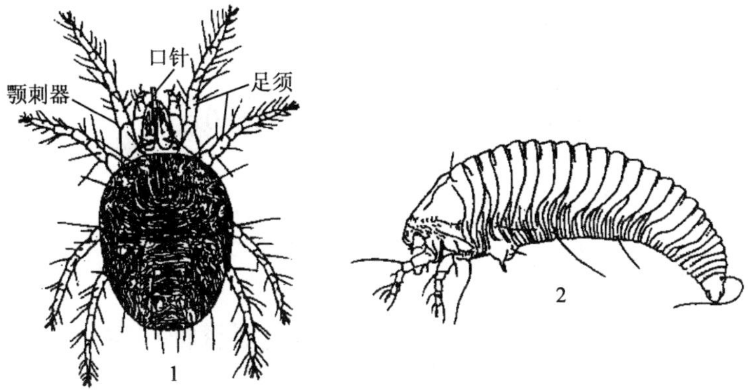

图 2-3-23 螨类重要科

1. 叶螨科 2. 瘿螨科

物叶片，为害果树的主要种类有葡萄瘿螨、柑橘瘿螨、毛白杨瘿螨等。

3. 跗线螨科

体形微小，须肢粗壮，分节不明显，躯体腹面具发达的表皮内突。雌螨较大，椭圆形，背部凸圆，雄螨较小，狭长，体末端具生殖乳突。植食性，以成、若螨刺吸植物嫩叶、嫩茎、花、果等汁液。为害林木、花卉的主要种类有侧多食跗线螨等。

四、软体动物

为害园林、园艺植物的软体动物主要是蜗牛和蛞蝓，它们是一类比昆虫低等的无脊椎动物，在分类地位上属于软体动物门中的腹足纲肺螺亚纲柄眼目。

软体动物

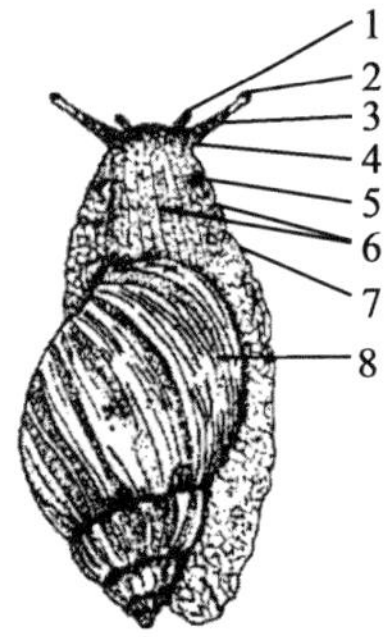

图 2-3-24　蜗牛外形

1.小触角　2.眼　3.大触角　4.头部　5.生殖孔　6.颈部　7.足部　8.贝壳

软体动物的主要特征(图 2-3-24):①体分为头、足和内脏囊三部分。②头部发达而长,有两对可翻转缩入的触角。前触角作嗅觉用,眼生于后触角顶端。③足位于身体的腹侧,左右对称,有广阔的蹠面,故称腹足纲。④通常有外套膜分泌形成的贝壳一枚,但有的退化或缺失。⑤口腔有腭片和发达的齿舌,不同的种类其形态差异很大。⑥无鳃,在外套膜壁密生血脉网,营呼吸,故称肺螺亚纲。绝大多数种类生活在陆地上。⑦雌雄同体,生殖孔为共同孔,生殖方式为卵生。

园林、园艺植物的蜗牛主要有同型巴蜗牛和灰巴蜗牛两种,均为植食性,可为害紫薇、芍药、海棠、玫瑰、月季、蔷薇、白蜡等花卉,也可为害豆科、十字花科、茄科及果树等多种植物。以食叶为主,初孵幼贝仅食叶肉,留下表皮,稍大后用齿舌刮食叶、茎,造成孔洞或缺刻,严重者可将幼苗咬断造成缺苗,是多种植物苗期害虫之一。

为害园林、园艺植物的蛞蝓主要是野蛞蝓(图 2-3-25),植食性,食性很广,可为害十字花科、茄科、豆科等多种蔬菜和花卉类植物。受害叶片被刮食,并被排留的粪便污染,导致菌类侵入,使菜叶腐烂,秋季大白菜常受其害,近年来在北方塑料大棚内常有发生。

图 2-3-25　野蛞蝓成体

【任务实施】

园林植物主要目昆虫及其主要特征观察

一、实施场所

昆虫实验室、校内外实训基地。

二、实施目的及形式

识别园林植物主要目昆虫及其主要特征,识别螨类、软体动物形态特征,为田间诊断和综合治理打基础。

昆虫主要目科特征

结合校内外采集观察和实验室观察,以班级为单位组织教学。教师通过园林植物害虫各种实物标本、图片、多媒体课件演示与讲授。每个学习小组的学生利用为其提供的一套实物标本,借助放大镜、双目立体显微镜等工具观察实物并展开讨论,教师开展引导、指导和总结。

三、材料与工具

材料:白蚁、蝗虫、蝼蛄、蟋蟀、螽斯、茶翅蝽、网蝽、猎蝽、盲蝽、蚱蝉、叶蝉、蜡蝉、蚜虫、粉虱、木虱、介壳虫、蓟马、步甲、虎甲、吉丁甲、叩头甲、金龟甲、瓢甲、叶甲、天牛、象甲、蠹甲、粉蝶、凤蝶、蛱蝶、木蠹蛾、螟蛾、夜蛾、卷蛾、尺蛾、斑蛾、刺蛾、舟蛾、毒蛾、灯蛾、枯叶蛾、天蛾、透翅蛾、蓑蛾、潜蛾、月季叶蜂、月季茎蜂、姬蜂、茧蜂、纹翅小蜂、瘿蚊、种蝇、美洲斑潜蝇、食蚜蝇、寄蝇、草蛉等针插标本、玻片标本、浸渍标本、盒装生活史标本和有关挂图。叶螨、蜗牛、蛞蝓、蜘蛛等标本和有关挂图。

用具：立体显微镜、放大镜、镊子、挑针、载玻片、培养皿等。

四、实施过程

1. 等翅目形态观察

以白蚁为代表观察等翅目昆虫的基本特征，注意触角形状、口器类型、前后翅的特点等，观察生活史标本，注意变态类型、雌虫与雄虫的区别等。

2. 直翅目及其代表科的观察

观察蝗虫、蝼蛄、蟋蟀和螽斯，注意听器的位置、形状，触角的类型、口器的类型、前后翅、足的类型、产卵器的形状等，将这些特征进行比较，找出本目的共同特征及代表科之间的异同点。

3. 半翅目及其代表科的观察

以椿象为代表观察半翅目昆虫的基本特征，注意头式、喙的着生位置和形状，触角的类型，前翅的分区及翅脉的变化等，并对比观察蝽科、网蝽科、盲蝽科、猎蝽科、缘蝽科等代表科的形态特征。

4. 同翅目及其代表科的观察

以蚱蝉为代表观察同翅目昆虫的基本特征，注意头式、喙的着生位置，触角的形状，前翅的质地，产卵器的形状与雌雄辨别，足的特点等，并对比观察蝉科、蜡蝉科、叶蝉科、蚜虫科、粉虱科、木虱科、介壳虫科的识别要点。

5. 缨翅目及其代表科的观察

观察蓟马玻片标本或新鲜实物标本，注意体形、大小，翅的形状、类型、翅脉，产卵器等，并对比观察蓟马科和纹蓟马科的区别特征。

6. 鞘翅目及其主要科的观察

以步甲与金龟甲为代表，观察鞘翅目及其两亚目的基本特征，对比观察步甲与虎甲，叩头甲与吉丁甲，瓢甲、叶甲与天牛，金龟甲、象甲、小蠹等科的成虫、幼虫的基本特征及其相互区分。

7. 鳞翅目及其主要科的观察

以天蛾和凤蝶为代表，观察鳞翅目及其两亚目的基本特征，对比观察粉蝶、蛱蝶与凤蝶的区别，螟蛾、夜蛾、舟蛾、灯蛾、毒蛾、斑蛾、刺蛾、尺蛾、蓑蛾、透翅蛾等的区别，木蠹蛾、天蛾、枯叶蛾科等成虫、幼虫的基本特征及区别。

8. 膜翅目及其主要科的观察

以月季叶蜂和姬蜂为代表，观察膜翅目及两亚目的基本特征，对比观察叶蜂与茎蜂，姬蜂与茧蜂、小蜂与纹翅小蜂科的形态特征及其相互区分。

9. 双翅目及其主要科的观察

以食蚜蝇为代表，观察双翅目昆虫的基本特征，对比观察瘿蚊与食蚜蝇，种蝇、潜蝇与寄蝇科的形态特征和相互区别。

10. 脉翅目及其主要科的观察

以草蛉为代表，观察脉翅目的基本特征，观察草蛉科的生活史标本或成、幼虫标本，注意观察成虫前后翅大小、翅型与脉纹。

11. 蛛形纲蜱螨目的观察

以蜘蛛和叶螨为代表，观察蛛形纲蜘蛛和蜱螨的基本特征，注意昆虫与蜘蛛、蜘蛛与蜱螨的区别。在光学显微镜或立体显微镜下观察柑橘红蜘蛛、朱砂叶螨、山楂叶螨和柑橘锈壁虱、毛白杨瘿螨等害虫，注意比较它们的形态特点。

12. 蜗牛、蛞蝓的观察

观察蜗牛、蛞蝓的基本特征。对同型巴蜗牛、灰巴蜗牛、双线嗜黏液蛞蝓、野蛞蝓等害虫进行观察，并注意比较它们的形态特征及与昆虫的主要区别。

五、注意事项

(1)掌握昆虫主要科特征，要抓住重点特征进行识别。

(2)教师应熟练掌握多媒体使用技术，多展示图片和视频等资源，在课堂上，让学生对不同科昆虫有直观认识。

(3)尽量让学生多进行标本观察，或走进野外，观察园林植物常见害虫并识别。

(4)螨类、软体动物要抓住重点特征进行识别。螨类害虫虫体较小，有些种类如瘿螨，肉眼不易识别，有的叶螨种类颜色并非红色或红褐色，而是与被害部位的颜色近似，应注意仔细观察，必要时借助放大镜或立体显微镜。

(5)软体动物类害虫喜阴湿、怕惊吓，观察该类害虫时，应寻找阴暗潮湿的场所，并注意小心操作。

(6)立体显微镜使用完毕，应及时降低镜体，取下载物台上的观察物，轻拿轻放。

(7)对疑难种类的害虫，应该积极查阅资料并开展小组讨论，达成共识。

【任务评价】

任务评价考察标准分为基本能力、职业能力、岗位专业能力三部分。

基本能力、职业能力方面的要求参考项目一。

岗位专业能力：针对本项工作任务的具体要求与实施来考察。以个人考核为主。

(1)园林植物昆虫主要目特征观察识别。结合课程实习，能准确举例描述昆虫主要目的特征。根据特征描述与举例准确度酌情扣分。要求至少说出 2 个目的特征。

(2)园林植物昆虫各目主要科特征观察识别。结合课程实习，能准确举例描述昆虫各目主要科的特征。根据特征描述与举例准确度酌情扣分。要求至少说出 1 个科的特征。

(3)螨类特征的观察识别。

(4)软体动物特征的观察识别。能准确举例描述蜗牛、蛞蝓类的特征。

【思考练习】

一、选择题

1. 下列哪个目的昆虫只具有一对翅？(　　)

A. 双翅目　　B. 直翅目　　C. 缨翅目　　D. 脉翅目

2. 同翅目昆虫的口器为(　　)。

A. 咀嚼式口器　B. 锉吸式口器　C. 虹吸式口器　D. 刺吸式口器

3. 属于同翅目昆虫的为(　　)。

A. 东亚飞蝗　B. 梨二叉蚜　C. 蝼蛄　D. 绿盲蝽

4. 具有开掘足的昆虫是(　　)。

A. 蝼蛄　B. 蝗虫　C. 蝇类　D. 步行虫

5. (　　)的主要形态特征是，体长筒形，触角丝状，着生在额的突起上，常超过体长，复眼肾形，位于触角基部。

A. 金龟子科　B. 蚜虫科　C. 吉丁虫科　D. 天牛科

6. 以下哪种昆虫具有腹管和尾片？(　　)

A. 蚜科　B. 叶蜂科　C. 蝉科　D. 蝽科

7. 蝗虫的口器为(　　)。

A. 咀嚼式口器　B. 锉吸式口器　C. 虹吸式口器　D 刺吸式口器

8. 金龟甲的触角为(　　)。

A. 刚毛状　B. 丝状　C. 鳃叶状　D. 膝状

二、简答题(结合实验操作进行)

1. 列表比较等翅目、直翅目、半翅目、同翅目、缨翅目、鞘翅目、鳞翅目、膜翅目、双翅目、脉翅目的主要形态特征。

2. 列表比较直翅目蝗科、蟋蟀科、螽斯科、蝼蛄科的主要特征。

3. 列表比较半翅目蝽科、网蝽科、盲蝽科、猎蝽科、缘蝽科的主要特征。

4. 列表比较同翅目蝉科、蜡蝉科、叶蝉科、蚜虫科、粉虱科、木虱科、蚧科的主要特征。

5. 列表比较鞘翅目吉丁甲科、叩头甲科、金龟甲科、瓢甲科、叶甲科、天牛科、象甲科、蠹甲科成虫的主要区别特征(1～2 条)。

6. 列表比较鳞翅目粉蝶科、凤蝶科、夜蛾科、螟蛾科、尺蛾科、刺蛾科、斑蛾科、舟蛾科、蓑蛾科、灯蛾科、天蛾科、枯叶蛾科成虫主要识别特征(1～2 条)。

7. 列表比较膜翅目叶蜂科、茎蜂科、姬蜂科、茧蜂科、小蜂科、纹翅小蜂科成虫的主要区别特征(1～2 条)。

8. 列表比较双翅目瘿蚊科、种蝇科、潜蝇科、食蚜蝇科成虫主要识别特征(1～2 条)。

9. 列表比较昆虫、蜘蛛、螨类的形态特征。

10. 如何识别蜗牛和蛞蝓？

【拓展资源】

世界十大常见害虫

如何区别同型巴蜗牛与灰巴蜗牛

案例分析

加入协会有必要吗?

这两年,高校每到新生开学军训后的10月份左右,各个协会都要拉上横幅"招兵买马"。有一次,我转到一个协会前,突然被眼前的东西吸引住了:蓝蝴蝶!太漂亮了!我一看,昆虫协会正在吸收新会员。会长介绍说协会主要开展的工作有:一块儿出去采集标本、制作标本,交流经验,交流图片,网上销售等。

问题:参加协会有必要吗?学好课程不就可以了吗?

工作任务四 园林植物昆虫标本采集、制作与保存技术

【技能目标】

①学会园林植物昆虫标本的采集方法。

②熟练掌握园林植物昆虫标本的制作方法。

③学会园林植物昆虫标本的保存方法。

④学习昆虫标本的鉴定技术,理解并学会辨别当地常见园林植物昆虫种类的主要识别特征。

昆虫标本

【任务提出】

结合课程实习,通过校内外实地调查,在初步了解园林植物昆虫在实际现场的发生情况以后,如何识别和鉴定当地园林植物主要的昆虫种类及识别特点,需要我们学习和运用标本采集、制作与保存技术。

【任务分析】

本工作任务就是给同学们讲解和总结以前园林植物昆虫标本是如何采集、制作与保存的。通过初步划分昆虫类型,一一讲解不同昆虫种类的采集、制作方法,引导学生亲自动手操作,熟悉园林植物昆虫常见类群及标本的采集、制作与保存方法,从而为园林植物昆虫的诊断和防治奠定基础。

【相关知识】

一、昆虫标本的采集

(一)昆虫标本的采集用具

主要有捕虫网、吸虫管、毒瓶、指形管、三角纸包、采集盒、采集袋、镊子、枝剪等。

(1)捕虫网　按用途可分为气网、扫网和水网三种,均由网框、网袋和网柄三部分组成。气网用于采集空中飞行的昆虫。扫网用来扫捕杂草或树丛中隐藏的昆虫,因而网袋要用白布或亚麻布制作,通常网袋底端开一小孔,使用时扎紧或套一个塑料管,便于取虫。水网用来捞取水生昆虫,网袋常用透水性良好的铜纱或尼龙筛网等制作(图2-4-1)。

(2)吸虫管　用来采集身体脆弱不易拿取的微小昆虫,如飞虱、蓟马、蜂等。常用的吸虫管是直径 40 mm、长 130 mm 的有底玻璃管,在软木塞的盖上穿两根细玻璃管,其中一根玻璃管的外端,接上胶皮管并安上吸气球,瓶内的一端捆上纱布;另一根玻璃管弯成直角,使用时对准要采集的小虫,按动吸气球将小虫吸入瓶中(图 2-4-2)。

(3)毒瓶　用来迅速杀死采集的昆虫。可用严密封盖的广口瓶做成。可用棉球蘸上乙醚、氯仿或敌敌畏置于瓶内,上用带孔的硬纸板或泡沫塑料隔开,制成临时用毒瓶(图 2-4-3)。由教师做示范,并讲解使用方法和注意事项。

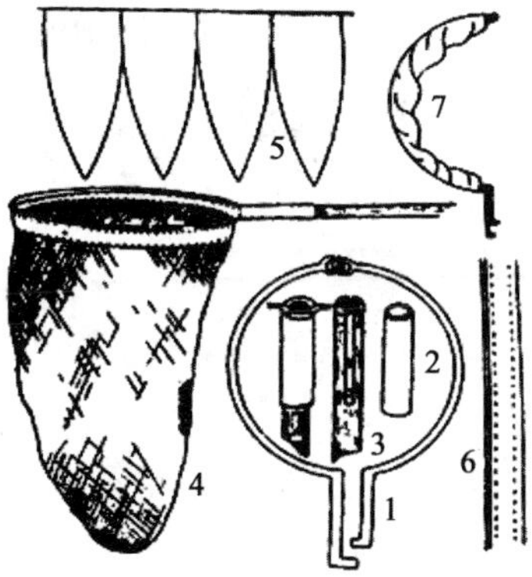

图 2-4-1　气网的构造

1.网框　2.铁皮网箍　3.网柄　4.网袋

5.网袋剪裁形状　6.网袋布边　7.卷折网袋

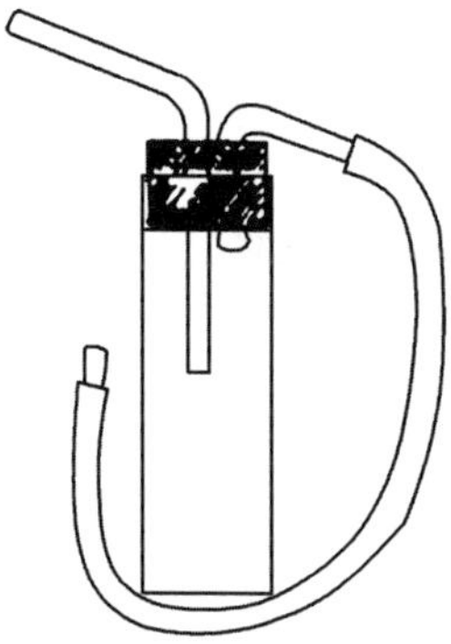

图 2-4-2　吸虫管

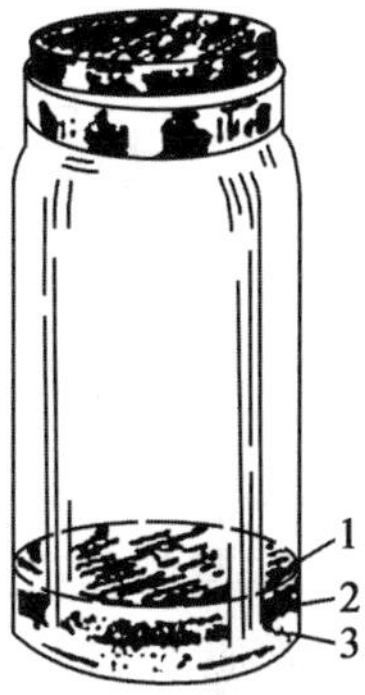

图 2-4-3　毒瓶

1.石膏　2.锯末

3.熏蒸剂

(4)三角纸包　用来包装野外采集和暂时保存或毒死的蝴蝶标本。用优质、光滑、半透明的薄纸,裁成 3∶2 的长方形纸片,将中部按 45°斜折,再将两端回折,制成三角形纸包,可多备几种不同大小的纸包(图 2-4-4)。

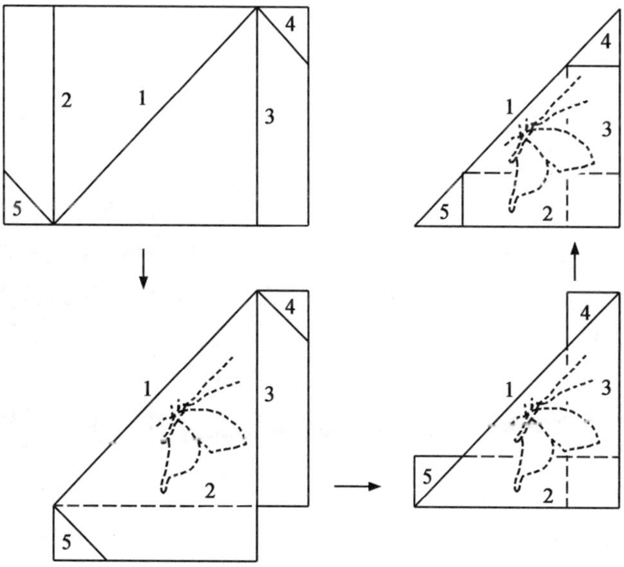

图 2-4-4　三角纸的用法

数字代表使用的顺序

(5)指形管　用来盛放各种活的或已毒死的小虫。指形管和小瓶要配以合适的软木塞或橡皮塞,可根据需要选用。废弃的抗生素类小瓶也可替代使用。

(6)活虫采集盒　用来盛放需带回饲养的活虫,以及需制作成浸渍标本的卵、幼虫、蛹等。可用铁皮、铝等制成,盖上装一块透气的铜纱和一带活盖的孔(图 2-4-5)。

(7)采集盒　盛装包有蝴蝶等怕压三角纸包等,可用硬性纸盒和铝制饭盒代替(图 2-4-6)。

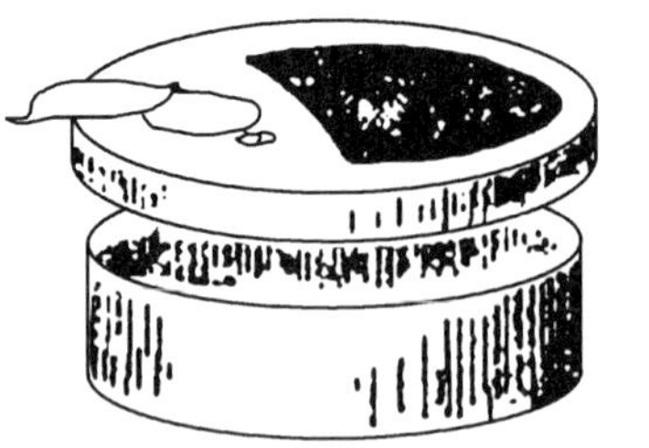

图 2-4-5　活虫采集盒

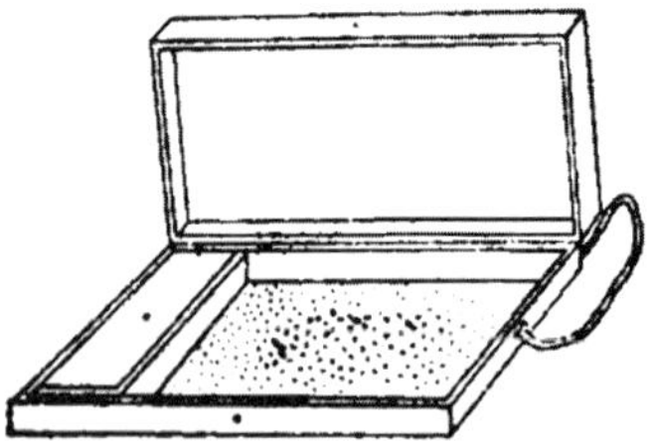

图 2-4-6　采集盒

(8)采集袋　用于盛装毒瓶、指形管、放大镜、镊子、剪刀、三角纸包等小用具的特制挂包,采集袋内有许多大小不一的袋格,具体形式可按要求自行设计。

(9)其他用具　如采集具有假死性昆虫的采集伞、诱集具有趋光性昆虫的诱虫灯、诱集具有趋化性昆虫的诱蛾器等。此外,镊子、砍刀、枝剪、手锯、手持放大镜、毛笔、铅笔、记录本等都是必不可少的用品。

(二)采集方法

(1)网捕　主要用来捕捉能飞善跳的昆虫。对于能飞的昆虫,可用气网迎头捕捉或从旁掠取,并立即摆动网柄,将网袋下部连同昆虫一并甩到网框上。如果捕到大型蝶蛾,可由网外用手捏压胸部,使之失去活动能力,然后放入毒瓶或直接包于三角纸袋中;如果捕获的是一些中小型昆虫,可抖动网袋,使虫集中于网底部,放入毒瓶中,待虫毒死后再取出分拣,装入指形管中。栖息于草丛或灌木丛中的昆虫,要用扫网边走边扫捕。

(2)振落　摇动或敲打植株、树枝,昆虫假死坠地或吐丝下垂,再加以捕捉;或受惊起飞,暴露了目标,便于网捕。

(3)搜索　仔细搜索昆虫活动痕迹,如植物被害状、昆虫分泌物、粪便等,特别注意在朽木中、树皮下、树洞中、枯枝落叶下、花果中、砖石下、泥土中和动物粪便中仔细搜索。

(4)诱集　即利用昆虫趋性和栖息场所等习性来诱集,如灯光诱集(黑光灯诱虫)、食物诱集(糖醋酒液诱虫)、色板诱集(黄色粘虫板诱蚜)、潜所诱集(草把、树枝把诱集夜蛾成虫)和性诱剂诱集等。

昆虫标本采到后,要做好采集记录,内容包括编号、采集日期、地点、采集人、采集环境、寄主及为害情况等。

二、昆虫标本的制作

(一)昆虫标本的制作工具

主要有昆虫针、三级台、展翅板、整姿台、台纸、粘虫胶、回软器,以及镊子、剪刀、大头针、透明纸条等。

(1)昆虫针　用于固定昆虫，为不锈钢针，长度为 38.45 mm，按粗细分为 00、0、1、2、3、4、5 七个型号，号越大，针越粗，用于针插大小不同的虫体。

(2)三级台　可使昆虫标本、标签在昆虫针上的高度一致，保存方便，整体美观。可用木料或塑料做成，长 75 mm、宽 30 mm、高 24 mm，分为三级，每级高 8 mm，中间有一小孔(图 2-4-7)。

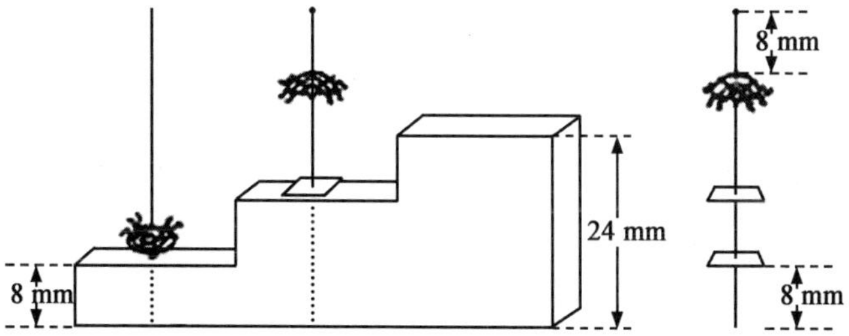

图 2-4-7　三级台

(3)展翅板　用于伸展昆虫的翅。用软木做成，长约 330 mm，宽约 80 mm，底部为一整块木板，上面装上两个宽约 30 mm 的木板，略微向内倾斜，其中一块木板可活动，以便调节木板间缝隙的宽度。板缝底部装有软木条或泡沫塑料条。目前多用泡沫板来代替，注意厚度要在 20 mm 左右，中央刻一沟槽即成(图 2-4-8)。

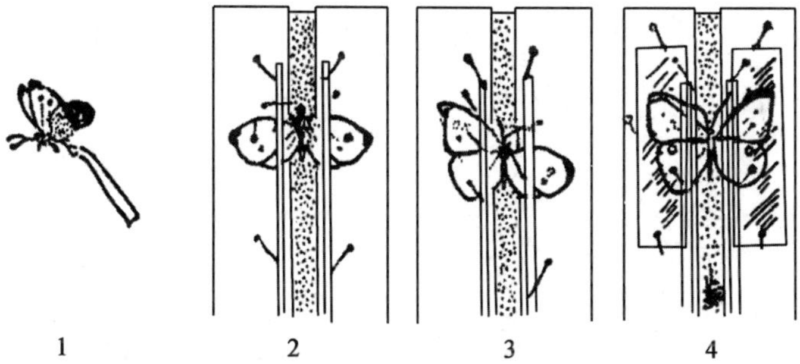

图 2-4-8　展翅的步骤

(4)整姿台　用于整理昆虫附肢的姿势。用松软木材泡沫板做成长 280 mm、宽 150 mm、厚 20 mm 的木板，两头各钉上一块高 30 mm、宽 20 mm 的木条作支柱，板上有孔。现多用厚约 20 mm 的泡沫板代替(图 2-4-9)。

(5)台纸　制作小型昆虫标本用。用硬的白纸，剪成小三角形(底 3 mm，高 12 mm)或长方形(12 mm×4 mm)的纸片。

(6)粘虫胶　用于修补昆虫标本的虫胶或万能胶。

(7)还软器　用于软化已经干燥的昆虫标本的一种玻璃器皿，中间有托板，放置待还软的标本，底部放洁净的湿沙并加几滴苯酚，防止生霉，加盖密封(图 2-4-10)。

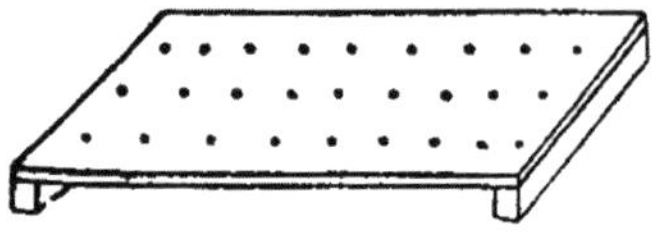

图 2-4-9 整姿台

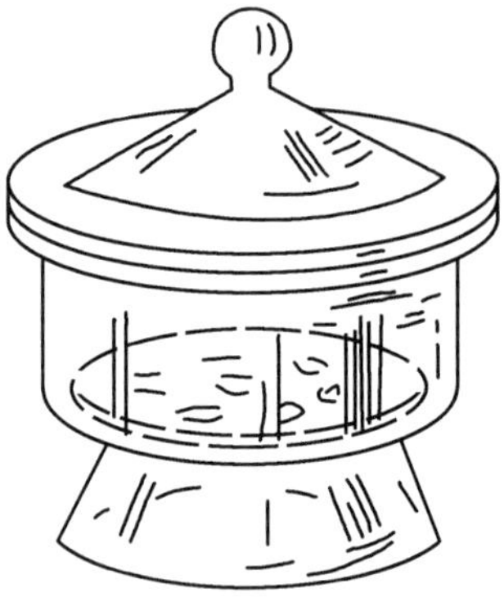

图 2-4-10 干燥器(作还软器使用)

(二)昆虫标本的制作方法

1. 针插标本的制作

(1)昆虫标本的插针　除幼虫、蛹和小型个体外,均可制成针插标本,装盒保存。插针时,依标本大小选择适当昆虫针。夜蛾类一般用 3 号针,天蛾用 4 号或 5 号针,盲蝽、叶蝉、小蛾类则用 1 号或 2 号针。虫体上针插位置有统一要求(图 2-4-11),如鞘翅目从右翅基部约 1/4 处插入;半翅目从中胸小盾片中央偏右插入;直翅目从前胸背板右面稍后处插入;同翅目、双翅目等从中胸背面中间偏右插入;鳞翅目、膜翅目等从中胸背面正中央插入。

微小昆虫,如跳甲、米象、飞虱等,先用微针一端插入标本腹部,另一端插在软木板上、与台纸大小类似的软木片上、或用粘虫胶直接粘在台纸上,再用 2 号针插在软木片或台纸的另一端,虫体在左侧,头部向前(图 2-4-12)。

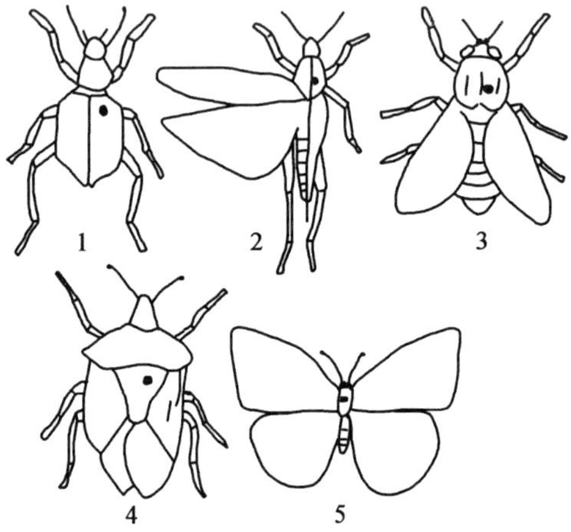

图 2-4-11 各种昆虫的插针位置

1. 甲虫类　2. 直翅类　3. 蚊蝇类　4. 蝽类　5. 蛾蝶类

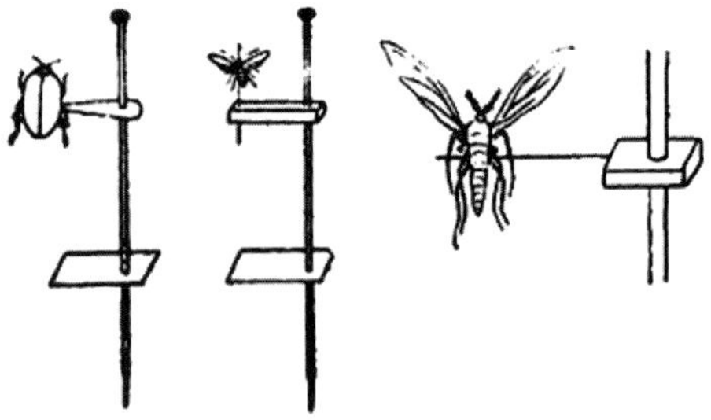

图 2-4-12 微针及小三角纸的使用方法

(2)昆虫标本定高　插针后用三级台定高,中小型昆虫可直接从三级台最高级小孔中插至底部，大型昆虫可将针倒过来，放入三级板第一级小孔中，使虫体背部紧贴台面，其上部留针长度是 8 mm。插在软木板和粘在台纸上的微小昆虫，参照中小型昆虫针插标本定高。

(3)整姿和展翅　甲虫、蝗虫、蝼蛄、椿象等昆虫，经插针后移到整姿台上，将附肢的姿势加以整理。通常是前足向前，中、后足向后；触角短的伸向前方，长的伸向背侧面，使之对称、整齐、自然、美观。整好后，用大头针固定，以待干燥。蝶蛾、蜻蜓、蜂、蝇等昆虫，插针后需要展翅。即把已插针定高后的标本移到展翅板的槽内软木上，使虫体背面与两侧木板相平，然后用昆虫针轻拔较粗的翅脉，或用扁平镊子夹住将前翅前拉。蝶蛾、蜻蜓等以两个前翅后缘与虫体纵轴保持直角，草蛉等脉翅目昆虫则以后翅的前缘与虫体纵轴成一直角；蜂、蝇等昆虫以前翅的顶角与头相齐为准。后翅左右对称、压于前翅后缘下，再用透明光滑纸条压住翅膀以大头针固定。把昆虫的头摆正；触角平伸前侧方；腹部易下垂的种类，可用硬纸片或虫针交叉支持在腹部下面，或展翅前将腹部侧膜区剪一小口，取出内脏，塞入脱脂棉再针插整姿保存。

(4)插上采集标签和装盒　自然状况干燥一周或在 50 ℃左右的温箱中干燥 12 h 即可除去整姿和展翅固定。将标本取出，插上采集标签，再用三级台给采集标签定高，其高度为三级台第二级的高度，然后再将标本插入针插标本盒中。每一个标本都必须附有采集标签，没有采集标签的标本为不规范的标本。

2. 浸渍标本的制作

昆虫的卵、幼虫、蛹以及体软的成虫和螨类都可制成浸渍标本。活的昆虫，特别是幼虫在浸渍前，要饥饿一至数天，然后放在开水中煮一下，使虫体伸直稍硬，再投入浸渍液内保存。常用的浸渍液有酒精液、福尔马林液和醋酸、白糖液等。

酒精液常用浓度为 75%，或加入 0.5%～1%的甘油。小型或软体的昆虫，可先用低浓度酒精浸渍 24 h 后，再移入 75%酒精液中保存。酒精液在浸渍大量标本后的半个月，应更换一次，以保持其标准浓度。

福尔马林液是用福尔马林(含甲醛 40%)1 份和水 17～19 份配制而成。用于保存昆虫卵。

醋酸、白糖液的配比是用冰醋酸 5 mL、白糖 5 g、福尔马林 5 mL、蒸馏水 100 mL 混合配制而成。对于绿色、黄色、红色的昆虫在一定时间内有保护作用，但浸渍前不能用水煮。

3. 生活史标本的制作

生活史标本供教学、展览用。通过观察生活史标本，能够认识害虫的各个虫态，了解其为害情况。制作时，先要通过收集或饲养得到昆虫的各个虫态(卵，各龄幼虫，蛹，雌、雄成虫)、植物被害状、天敌等。成虫需要整姿或展翅，干后备用。各龄幼虫和蛹需保存在封口的指形管中。按昆虫的发育顺序，安装在一个标本盒中，贴上标签即可。

4. 玻片标本的制作

微小昆虫和螨类，必须制成玻片标本，放在显微镜下才能看清楚其特征。为了观察昆虫身体的某些细微部分，如蛾、蝶、甲虫等鉴定工作中作为鉴定依据的雌、雄外生殖器，也常制成玻片标本。一般采用阿拉伯胶封片法。胶液的配方是：阿拉伯胶 12 g、冰醋酸 5 mL、水合氯醛 20 g、50%葡萄糖水溶液 5 mL、蒸馏水 30 mL。步骤如下：

(1)固定　将采集的微小昆虫放在 70%的酒精中固定几小时。

(2)透明　将虫体放入 8%～15%氢氧化钾(钠)溶液中，在水浴或烘箱(80～90 ℃)中加热

（微小昆虫），或直接加热（外生殖器）。加热时间以材料基本透明为准。

（3）清洗　透明后的材料用蒸馏水清洗数次。

（4）染色　一般材料用0.5%～5.0%酸性品红染色。

（5）脱水　染色后将材料放入75%、85%、95%酒精中各5 min左右，再放入100%酒精中10 min，取出材料置于载玻片上，连续滴加二甲苯7份和无水酒精3份的混合液进行脱水，用吸水纸吸取混合液，再滴加丁香油，同时在油中进行整姿。

（6）封固　用吸水纸吸取多余的丁香油，用解剖针蘸取极少量树胶将材料粘在载玻片上，置干燥器内干燥。待胶干燥后，再滴加适量的加拿大树胶，将盖玻片轻轻盖在载玻片材料上，干燥数天即可。

三、昆虫标本的保存

昆虫标本保存过程中易受虫蛀或发生霉变，其次是光照褪色、灰尘污染及鼠害等。通常针插标本应放进密闭标本盒里，盒内放上四氯化碳或樟脑等防虫药品；玻片标本放入玻片标本盒内。标本盒应放入标本橱里，橱门应严密，以防标本虫进入，橱下应有抽屉，放置吸湿剂和熏杀剂。小抽屉后部与全橱上下贯通，以便内部气体流通。三角纸包保存标本放在存放箱内。

标本室要定期用敌敌畏等药物在橱内和室内喷洒。如果发现橱内个别标本受虫蛀，应立即用药剂熏蒸；如标本发霉，应更换或添加吸湿剂，对个别生霉的标本，可用软性毛笔蘸上酒精刷去霉物或滴加二甲苯处理。

四、昆虫标本的鉴定

借助手持放大镜和立体显微镜，根据相关教科书、专著的检索表，以及各主要目科的描述进行鉴定，常见种类根据教科书及相关专著鉴定属、种，并附上鉴定标签。鉴定标签要求写上中文名、学名、鉴定人、鉴定时间。最后将鉴定标签插于采集标签下，并用三级台的第一级定高。疑难标本可寄送有关专家鉴定和审定。

【任务实施】

园林植物昆虫标本采集、制作与保存

一、实施场所

昆虫实验室、校内外实训基地。

昆虫标本制作

二、实施目的及形式

学会并熟练运用园林植物昆虫常见类群标本采集、制作与保存方法，了解当地园林昆虫主要目科和优势种，天敌昆虫及其生活环境和习性，为园林植物害虫的诊断和综合治理奠定基础。

结合校内外采集观察和实验室观察，以班级为单位组织教学。教师通过园林植物害虫各种实物标本、图片、多媒体课件进行演示与讲授。每个学习小组学生利用实验室实物标本或采集标本，借助放大镜、双目立体显微镜等工具观察并展开讨论，教师开展引导、指导和总结。

三、材料与工具

捕虫网、吸虫管、毒瓶、指形管、三角纸包、采集盒、采集袋、镊子、枝剪、三角纸袋、昆虫针、展翅板、三级台、还软器、整姿台、台纸、回软器、剪刀、大头针、透明纸条、直尺、刀片、三角铁架、石棉网、酒精灯等用具；粘虫胶、酸性品红溶液、甘油、福尔马林（甲醛）、冰醋酸、酒精液、二甲苯、阿拉伯胶、丁香油、水合氯醛、葡萄糖水溶液、氢氧化钠（钾）液、蒸馏水等材料。

四、实施过程

在实施过程前，教师根据工作任务目标，制订指导性操作方案和实施方案，并可根据以往学生实习情况，提供优秀参考范本。

（1）教师在室内用多媒体为学生详细讲解标本的采集、制作和保存方法。

（2）学生分小组进行野外标本采集。

（3）学生分小组到实验室进行标本制作及保存，教师现场指导，纠正学生不规范操作方法。

（4）教师对每组制作标本进行点评。

（5）布置作业或技能测试，检验学生对任务的掌握程度。

（6）将作业或测试成绩反馈给学生，全面提高学生技能水平。

五、注意事项

（1）采集昆虫标本时应注意标本个体的完整性。

（2）采集过程中注意毒瓶的使用方法和保存方法，如果毒瓶破损，应妥善处理。

六、作业

（1）每人采集制作昆虫针插标本15～20种，浸渍标本、生活史标本、玻片标本各2种。

（2）每人写一份昆虫标本采集、制作的实训总结报告。

【任务评价】

任务评价考察标准分为基本能力、职业能力、岗位专业能力三部分。

基本能力、职业能力方面的要求参考项目一。

岗位专业能力：结合课程实习，针对本项工作任务的具体要求与实施来考察。以个人考核为主。能够根据要求，按照标准对害虫标本进行采集、制作和保存，并做好记录。根据操作完成情况和规范程度酌情扣分。

（1）昆虫标本的采集。

（2）昆虫标本的制作。

（3）昆虫标本的保存。以小组为单位考核。

【思考练习】

简答题

1. 捕虫网可采集哪些昆虫？
2. 昆虫针插标本制作时有哪些标准？
3. 浸渍标本如何制作浸渍液？
4. 昆虫标本保存时有哪些注意事项？

项目小结

昆虫特征识别。昆虫成虫的外部主要特征是身体分为头、胸、腹3段,头部有触角、复眼、单眼、口器,胸部有3对足和2对翅,与其他节肢动物的主要区别是昆虫具有6足4翅。昆虫的内部器官主要有消化道(中央)、背血管(上方)、神经系统(下方)、气管气门(两侧)、生殖器官(腹部末端数节),分布在充满血液的体腔内。昆虫的体壁一般具有坚韧的外骨骼(成虫)或较柔软的皮层(幼虫或若虫)。了解昆虫特征与各部位主要功能,对害虫的种类识别、分类与防治具有重要指导意义。

昆虫变态类型识别。昆虫繁殖速度快,繁殖方式多样,种群密度大,是害虫大发生的内在因素。不同昆虫变态类型不同,其防治方法也不相同。完全变态昆虫发育过程经历卵、幼虫、蛹、成虫4个虫期,不完全变态昆虫有卵、若虫、成虫3个虫期。幼虫期和若虫期是害虫主要为害时期,也是防治关键时期。昆虫具有各种各样习性,可利用这些习性来防治害虫。

识别昆虫目、科特征,并学会鉴定到科。昆虫家族目、科众多,与园林植物关系密切的主要有10个目、近60个科及100多个重要种。螨类与软体动物种类尽管不多,但作为两类性质特殊的生物,其在外部形态、生物学特性及用药选择上与昆虫截然不同。

园林植物害虫标本采集、制作与保存。能够熟练地运用采集工具采集各种害虫标本,会配制各类浸渍液,制作针插标本、浸渍标本、生活史标本、玻片标本,并掌握害虫标本保存技术。同时,通过学习掌握操作技能,实际应用到害虫调查、昆虫鉴定及综合防治中。

项目三　园林植物病害识别

素质目标：

培养发现问题、分析问题、解决问题的能力，培养团结合作的精神，培养任务驱动学习良好习惯的形成。

技能目标：

①能正确识别园林植物病害的症状类型，并能根据病害表现分清病状和病征类型。②能正确识别园林植物病原真菌的主要类群。能识别各类病原所致病害的典型症状。③学会识别和区别侵染性病害与非侵染性病害，并能找出发病原因。④能正确使用显微镜观察植物病害病原玻片标本。⑤学会园林植物病害诊断方法，并能模拟诊断。⑥能利用手机等照相工具拍摄植物病害照片，并借助微信、QQ、抖音等平台进行交流比较。

知识目标：

①理解园林植物病害的概念。②熟记园林植物病害的症状类型。③熟悉并理解真菌各亚门的分类依据。④熟记各类病原所致病害的典型症状。⑤熟悉园林植物病害的侵染程序、侵染循环和流行条件。⑥熟记园林植物病害诊断方法与诊断要点。

知 识 点：

①植物病害、症状、病状、病征、病原、侵染性病原、非侵染性病原、侵染性病害、非侵染性病害、侵染程序、侵染循环、病害流行、病害诊断。②病害标本、采集、制作、保存、干制标本、浸渍标本、玻片标本。

工作任务一　园林植物病害症状识别

【技能目标】

①能识别常见病害病状类型的典型特征。

②能识别常见病害病征类型的典型特征。

③掌握病害拍摄技术。

病害症状

【任务提出】

通过野外实地调查或标本观察,我们会提出疑问:哪些现象是病害?哪些不是病害?为什么?植物病害能像中医一样根据"望、闻、问、切"来认识和诊断吗?如何对症状进行分类?

【任务分析】

结合对本地病害的初步调查、观察和感官体会(望、闻),通过花农的介绍(问),能根据病理程序的有无区别病害和非病害。熟悉并能识别常见病害病状类型的典型特征,熟悉并能识别常见病害病征类型的典型特征,培养初步的诊断能力。

【相关知识】

一、园林植物病害的基本概念与病原

(一)园林植物病害的基本概念

园林植物在长期的自然条件和人工选择下,形成了各种不同的自然群体,对周围环境变化有一定的适应范围,并与其他生物形成相互依存、相互制约的生态平衡关系。当环境条件的变化超出一定范围,或打破它与其他生物的生态平衡关系时,就会在生理上、组织结构上、外部形态上发生一系列不正常的变化,造成一定的社会、经济、生态损失,我们把这一现象称为园林植物病害。

园林植物病害的发生有一定的病理变化过程,简称为病理程序。如果园林植物在短时间内受到外界因素(虫咬、机械伤以及雹害、风害)袭击造成的伤害,受害植物在生理上没有发生病理程序,不能称为病害,而称为伤害或损害。伤害可削弱生长势,伤口往往成为病原物入侵的门户,诱发病害。

园林植物病害是对人类生产和经济损益而言的。如平时我们食用的"茭白",是其叶原基受黑粉菌侵染后,生长畸形,其肿胀部分肥厚鲜嫩,提高了其经济价值,人们并不认为这是一种病害。观赏植物碎锦郁金香、羽衣甘蓝等也是一种病态表现,但人们将这些"病态"植株视为名花珍品,提高了其经济价值,故不能称之为病害。

(二)园林植物病害发生的原因

引起园林植物病害的原因是非常复杂的。病害一般是多种因素综合作用的结果。这里所说的病原,是指病害发生过程中直接作用的主导因素,而其他对病害发生和发展仅起促进或延缓作用的因素,只能称作诱因或发病条件。能够引起植物病害的病原种类很多,依据性质不同,可分为两大类,即非侵染性病原和侵染性病原。

侵染性病原(生物性病原)主要是以植物为寄生对象的有害生物,包括真菌、原核生物(主要是细菌和菌原体)、病毒、线虫、寄生性植物、藻类、原生动物等,统称为病原生物,简称病原物。病原物都是寄生物,被寄生的植物叫寄主,也可惯称为寄主植物。凡是由生物性病原引起的植物病害都能相互传染,所以称侵染性病害或传染性病害,也叫寄生性病害。

环境中某些超出了园林植物适应范围的非生物因素,又称非生物性病原、非侵染性病原,会对园林植物产生危害,使其表现不正常。这些不利的环境因素引起的病害是不能相互传染的,故称为非侵染性病害,亦称生理病害。引发原因多,症状复杂,一般包括营养失调病、温度与光照失调病、水分失调病、药害及有害物质中毒症等。如植物缺镁引起缺绿病(黄化病、白化病等)；缺铁引起黄化病；缺锌引起小叶病等；高温引起灼伤，霜冻、冻拔是常见的低温伤害；早期干旱后突然多水会引起块根、果实开裂或落花落蕾等。土壤中的水污染和有毒物质常影响园林植物根系生长，影响水分吸收，同时还能引起叶片褪绿，甚至造成死亡。

二、园林植物病害的症状观察

园林植物感病后发病的顺序，首先是生理病变(如呼吸作用和蒸腾作用加强，同化作用降低，酶活性改变，以及水分和养分吸收与运转异常等)，继而是组织变化(如叶绿体或其他色素增加或减少，细胞体积和数目增减，维管束堵塞，细胞壁加厚，以及细胞和组织坏死)，最后是形态变化(如根、茎、叶、花、果坏死、腐烂、畸形等)。发病植物经过一定的病理程序，最后表现出的病态特征称为病害的症状。对某些生物病原引起的病害来说，病害症状包括寄主植物的病变特征和病原物在寄主植物发病部位上产生的营养体和繁殖体两方面的特征。发病园林植物在外部形态上发生的病变特征称为病状，病原物在寄主植物发病部位上产生的繁殖体和营养体等结构称为病征。所有的园林植物病害都有病状，但并非都有病征。由于病害的病原不同，对园林植物的影响也各不相同，园林植物的症状也千差万别，有的是病征显著，有的是病状显著。根据其主要特征，可粗略进行划分。

(一)病状

病状是寄主植物感病后，寄主植物本身所表现出的种种不正常状态(图 3-1-1)，大致归纳为以下几种类型：

(1)变色　园林植物病部细胞内叶绿素的形成受到抑制或被破坏，其他色素形成过多，从而表现出不正常的颜色，细胞并未死亡。主要包括以下几种。①花叶：叶绿素减少，不均匀变色。②褪色：叶绿素减少，均匀变色，变浅。③黄化：叶绿素减少，均匀变色，变黄。如缺铁引起的栀子黄化病(黄化是园林植物病毒病害和植原体病害的主要病状)。④斑驳：变色部分的轮廓不清，呈现黄绿相间或浓绿与浅绿相间。⑤条纹、条斑、条点：单子叶植物的花叶。⑥红叶：叶绿素消失后，花青素形成过剩，叶片变紫或变红。⑦白化苗：不形成叶绿素，属遗传病害。

(2)坏死　园林植物病部细胞和组织死亡，但不解体，称为坏死，常表现为有斑点、叶枯、溃疡、枯梢、疮痂、立枯和猝倒等。主要包括以下几种。①斑点：最常见的病状，主要发生在茎、叶、果实等器官上。根据颜色不同，斑点一般分褐斑、黑斑、灰斑、白斑、黄斑、紫斑、红斑和锈斑等；根据形状分为圆斑、角斑、条斑、环斑、轮纹斑和不规则斑等。②叶枯：叶片较大面积坏死，边缘不清。③叶烧：叶尖或叶缘枯死。④猝倒、立枯：幼苗茎基部的坏死，

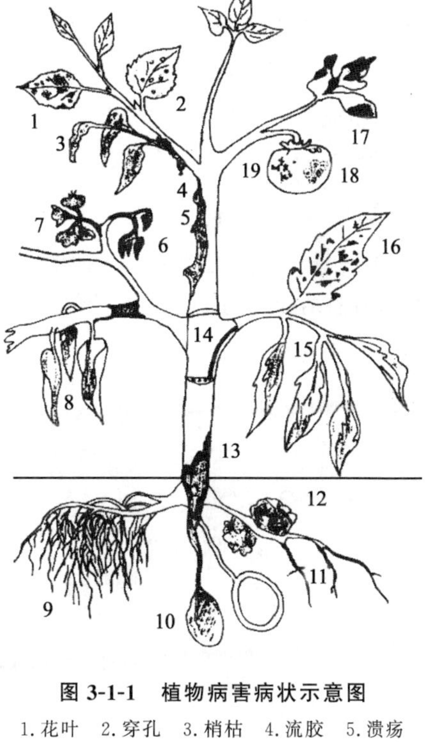

图 3-1-1　植物病害病状示意图

1.花叶　2.穿孔　3.梢枯　4.流胶　5.溃疡　6.芽枯　7.花腐　8.枝枯　9.发根　10.软腐　11.根腐　12.肿瘤　13.黑脚(胫)　14.维管束褐变　15.萎蔫　16.角斑　17.叶枯(疫)　18.环斑　19.疮痂斑

前者倒伏(腐霉菌所致),后者死而不倒(丝核菌所致)。⑤溃疡:树干皮层下陷坏死。

为了与变色区别,对于植物病部细胞和组织坏死引起的一系列颜色变化,我们称之为色变。以植物叶部坏死病斑引起的色变为例,细胞和组织开始呈现正常的绿色,受到病原侵染以后引起中毒,呈现黄色,随着病部细胞和组织死亡,黄色变成褐色,严重时病部细胞和组织崩解,呈现灰白色。腐烂等也引起色变。一般坏死引起的色变都是不可逆的。

(3)腐烂　病组织的细胞坏死并解体,原生质被破坏以致组织溃烂称为腐烂。如根腐、茎腐、果腐、块腐和块根腐烂等。根据病组织的质地不同,有湿腐(软腐)、干腐之分。①干腐:死亡慢,水分快速及时失去。②湿腐:死亡快,水分未能及时散失。③软腐:病组织中胶层被破坏,细胞离析。

(4)萎蔫　萎蔫是园林植物缺水而使枝叶凋萎下垂的现象。根部和茎部的腐烂都能引起萎蔫,但典型的萎蔫是指植物茎部或根部的维管束组织受害后,大量菌体或病菌分泌的毒素堵塞或破坏导管,使水分运输受阻而引起植物凋萎枯死的现象。主要包括青枯、枯萎和黄萎三种类型。

(5)畸形　植物受病原物产生的激素类物质的刺激而表现的异常生长现象,有四种类型。①增生型:病组织的薄壁细胞分裂加快,数量迅速增多,局部组织出现肿瘤或癌肿、丛枝、发根等。②增大型:病组织的局部细胞体积增大(产生巨型细胞),但细胞数量并不增多。如根结、徒长、恶苗等。③减生型:病部细胞分裂受到抑制,发育不良,造成植株矮缩、矮化、小叶、小果、卷叶等。④变态(变形):花变叶、叶变花、叶片扭曲、蕨叶、花器变菌瘿等。

(6)其他　指不明原因或复合原因引起的特殊类型。如流胶或流脂是由感病植物细胞分解为树脂或树胶自树皮流出,常称之为流脂病或流胶病,如桃树流胶病、针叶树流脂病。该类病病原复杂,有生理性因素,又有侵染性因素,或是两类因素综合作用的结果。

(二)病征

病征是病原物在植物病部表面的特征,主要是病原菌的营养体或繁殖体的结构物(图 3-1-2)。但病征往往在病害发展过程中的某一阶段才出现;有些病害不表现病征,如生理性病害。常见的有以下类型:

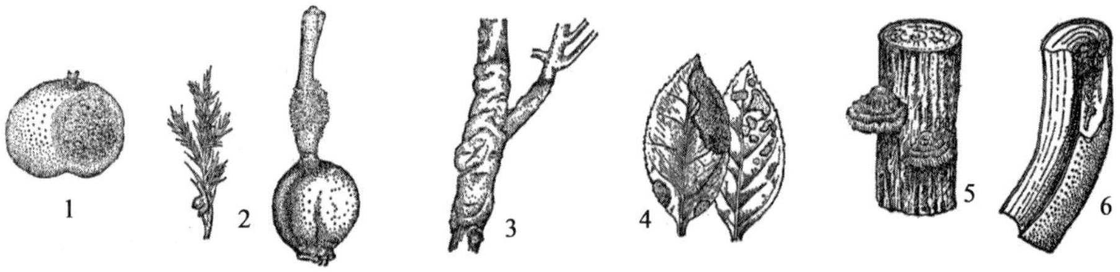

图 3-1-2　几种常见的病征类型

1.霉状物　2.锈状物　3.膜状物　4.粒状物　5.菌伞　6.细菌在病组织上的溢脓

(1)霉状物　病原真菌的菌丝、各种孢子梗和孢子在植物表面形成的肉眼可见的特征。一般来说,霉状物由真菌的菌丝、分生孢子或孢囊梗及孢子囊等组成。根据霉层的质地分为霜霉、绵霉和霉层。①霜霉:霉层呈白色至紫灰色霜状。②绵霉:在病部产生大量白色、疏松、棉絮状霉状物。③霉层:指除霜霉和绵霉以外的其他产生于任何部位的霉状物,根据霉层的颜色可分为青霉、灰霉、赤霉、黑霉、绿霉等。

（2）粉状物　病原真菌在受害部位产生的各种颜色的孢子密集在一起的特征，分白粉、黑粉、锈粉、白锈等。如黄栌白粉病。

（3）点状物　病原真菌在病部产生的不同大小、形状、色泽、排列的点状物，半埋或埋藏在组织表皮下，不易与组织分离，如柑橘炭疽病；也有全部暴露在病部表面的，易从病组织上脱落。点状物一般是病原真菌的繁殖器官，包括分生孢子盘、分生孢子器、子囊壳、闭囊壳等。

（4）颗粒状物　主要是病原真菌的菌核，是病原真菌的菌丝扭结成的休眠结构。

（5）脓状物　是细菌病害在病部溢出的含细菌菌体的脓状黏液，露珠状，空气干燥时，脓状物风干后呈黄褐色胶粒或菌膜。

（6）其他　在植物病部产生的索状物、伞状物、马蹄状物、膜状物均属病征，菟丝子等寄生性种子植物在植物病部产生的寄生植物体也属病征。

【任务实施】

园林植物病害症状识别

一、实施场所

植物病害实验室、校内外实训基地。

症状识别

二、实施目的及形式

初步理解主要病害的症状表现及其特点，学会比较分析植物病害症状类型，为病害诊断奠定基础。

结合校内外采集观察和实验室观察，以班级为单位组织教学。教师通过园林植物病害实物标本、图片、多媒体课件演示与讲授相结合，使学生理解植物病害的概念，掌握病害的症状类型，在此基础上，每个学习小组的学生利用为其提供的一套实物标本，借助放大镜等工具观察实物并展开讨论，教师开展引导、指导和总结。

三、材料及用具

材料：白粉病、霜霉病、锈病、黑穗病、煤污病、灰霉病、炭疽病、花叶病、黄化病、斑点病、溃疡病、立枯病、猝倒病、腐烂病、腐朽病、肿瘤病、丛枝病、枯萎病、细菌性软腐病、根癌病、流脂流胶病、畸形病等各类病害的供试标本，各种症状挂图、多媒体课件。

用具：显微镜、放大镜、镊子、挑针、搪瓷盘等。

四、实施过程

用肉眼或放大镜观察每种病害的症状，即仔细观察各种病害的典型病状和病征，认识各类症状特点及其所属类型。

（一）病状类型观察

1. 变色

主要类型有：

（1）褪绿与黄化　整株或局部叶片均匀褪绿。观察栀子黄化病、香樟黄化病等。

（2）花叶与斑驳　整株或局部叶片颜色深浅不均，浓绿和黄绿互相间杂，有时出现红、紫斑块。观察一串红花叶病、大丽花花叶病等。

2. 坏死

主要类型有：

(1)斑点　多发生在叶片和果实上，其形状和颜色不一，可区分为角斑、圆斑、轮斑、不规则形斑或黑斑、褐斑、灰斑、漆斑等，病斑后期常有霉层或小黑点出现。观察桂花褐斑病、杜鹃角斑病、菊花黑斑病等。

(2)炭疽　症状与斑点相似。病斑上常有轮状排列的小黑点，有时还产生粉红色黏液状物。观察兰花炭疽病、荷花炭疽病等。

(3)穿孔　病斑周围木栓化，中间的坏死组织脱落而形成空洞。观察桃树细菌性穿孔病、樱花穿孔病等。

(4)溃疡　枝干皮层、果实等部位局部组织坏死，病斑周围隆起，中央凹陷，后期开裂，并在坏死的皮层上出现黑色的小颗粒或小型的盘状物。观察槐树溃疡病、樟树溃疡病等。

(5)疮痂　发生在叶片、果实和枝条上。局部细胞增生而稍微突起，形成木栓化的组织。观察大叶黄杨疮痂病、柑橘疮痂病等。

(6)猝倒与立枯　幼苗近土表的茎组织坏死。观察松、杉木苗立枯病和猝倒病。

(7)色变　真菌病害在坏死过程中，组织颜色发生渐进的变化，且一般不可逆。如各种叶斑病的颜色变化。

3. 腐烂

发生在根、干、花、果上，病部组织细胞的破坏与分解。枝干皮层腐烂与溃疡症状相似，但病斑范围较大，边缘隆起不显著，常带有酒糟味。

(1)湿腐　观察柑橘青霉病、杨树腐烂病等。

(2)干腐　观察桃褐腐病。

(3)流胶　观察桃树流胶病等。

(4)流脂　观察松脂。

4. 畸形

主要类型有：

(1)肿瘤　枝干和根上的局部细胞增生，形成各种不同形状和大小的瘤状物。如月季癌肿病、松瘤锈病等。

(2)丛枝　顶芽生长受抑制，侧芽、腋芽迅速生长，或不定芽大量发生，发育成小枝，由于小枝多次分枝，叶片变小，节间变短，枝叶密集，形成扫帚状。如泡桐丛枝病、竹丛枝病等。

(3)矮缩　植物各器官的生长成比例地受到抑制，植株比正常植株矮小得多。观察桑矮缩病。

(4)变态　正常的组织和器官失去原有的形状。观察杜鹃叶肿病。

5. 萎蔫

病株根部维管束被侵染，导致整株萎蔫枯死。

(1)青枯　病株迅速萎蔫，叶色尚青就失水凋萎所致。观察菊花青枯病。

(2)枯萎　病株萎蔫较慢，叶片不能保持绿色。观察鸡冠花枯萎病、百日草枯萎病。

(二)病征类型观察

1. 粉状物

(1)白粉　病部表面有一层白色的粉状物，后期在白粉层上散生许多针头大小的黑色颗粒状物。观察大叶黄杨白粉病、月季白粉病、紫薇白粉病、凤仙花白粉病等。

(2)煤污　病部覆盖一层煤烟状物。观察小叶女贞煤污病、山茶煤污病等。

(3)锈粉　病部产生锈黄色粉状物，或内含黄粉的疱状物或毛状物。观察玫瑰锈病、萱草锈病等。

2. 霉状物

病部产生各种颜色的霉状物。观察仙客来灰霉病、二月兰霜霉病、草坪禾本科杂草霜霉病(或葡萄霜霉病)、柑橘青霉病。

3. 点状物

病原真菌在植物病部产生的黑色、褐色小点或颗粒状结构。观察兰花炭疽病、腐烂病、山茶灰斑病、大叶黄杨叶斑病等。

4. 颗粒状物

观察矢车菊、桂竹香(或油菜)菌核病等标本，识别菌核的大小、颜色、形状等。

5. 脓状物

细菌性病害常从病部溢出灰白色、蜜黄色的液滴，干后结成菌膜或小块状物。观察女贞细菌性叶斑病、柑橘溃疡病等。

6. 伞状物

观察花木根朽病。

(三)操作要点

(1)在观察标本时，注意区分病状与病征。

(2)在观察白粉病、炭疽病、腐烂病等标本时，分辨病部的黑色小点、小颗粒。

(3)在观察细菌菌脓时，新鲜标本常从病部溢出灰白色、蜜黄色的液滴，干后就结成菌膜或小块状物。

(4)在观察斑点病时，注意区分黑斑、褐斑、灰斑、漆斑或角斑、圆斑、轮斑、不规则斑等症状，病斑后期常有霉点或小黑点出现。

(5)在观察花叶病时注意，整株或局部叶片颜色深浅不均，浓绿和黄绿间杂，有时出现红、紫斑块。注意分清变色病状与色变病状的区别。

五、注意事项

(1)干制标本观察时容易被破坏，应该谨慎操作。

(2)显微镜使用完毕，应及时取下载物台上的观察物，将显微镜放入镜箱内，轻拿轻放。

(3)对疑难的病害症状，应积极查阅资料并开展小组讨论，达成共识。

六、作业

将植物病害症状标本观察结果填入表 3-1-1。要求不少于 10 个。

表 3-1-1 园林植物病害症状识别记录表

序号	寄主名称	病害名称	发病部位	病状类型	病征类型

【任务评价】

任务评价考察标准分为基本能力、职业能力、岗位专业能力三部分。

基本能力、职业能力方面的要求参考项目一。

岗位专业能力:针对本项工作任务的具体要求与实施来考察。以个人考核为主。能够根据所提供的病害标本,准确地确定其所属的病状或病征类型。判断欠准确者,酌情扣分。

(1)园林植物病害病状识别。

(2)园林植物病害病征识别。

【思考练习】

一、判断题

1. 生物性病原是指以园林植物为寄生对象的一些有害生物。主要有真菌、细菌、病毒、类菌质体、类病毒、寄生性种子植物、线虫、寄生藻类、螨类等。通常将这类病原称为侵染性病原。（　　）

2. 凡由非生物因子引起的植物病害都没有传染性,没有病理程序,称为非侵染性病害。（　　）

3. 风折属于非侵染性病害。（　　）

4. 所有的病害都有病征。（　　）

二、选择题

1. 园林植物病害大多数是由病原菌引起的,下列完全属于病原菌的是（　　）。

A. 真菌、蚜虫、气候因子　　B. 细菌、四足螨、寄生性种子植物

C. 真菌、木虱、有毒物质　　D. 真菌、细菌

2. 不属于园林植物病害的是（　　）。

A. 杨树烂皮病　　B. 丁香白粉病　　C. 郁金香碎色病　　D. 丁香花叶病

3. 植物病害的症状可分为病状和病征,属于病征特点的是（　　）。

A. 丁香白粉病病部出现一层白色粉状物和许多黑色小颗粒状物

B. 杨树根癌病,病部根茎肿大,形状为大小不等的瘤状物

C. 丁香花斑病,叶病部为坏死的褐色花斑或轮状圆斑

D. 果腐病表现为病部腐烂,果实畸形

4. 非侵染性病害是因环境条件不适宜所致，属于非侵染性病害的是（　　）。

A. 植物缺素症、冻拔、毛白杨破腹病　　B. 杨树腐烂病、螨类病害

C. 动物咬伤、机械损伤、菟丝子　　D. 害虫刺伤，风害

5. 完全属于非侵染性病原的是（　　）。

A. 寄生性种子植物、线虫、土壤、营养

B. 气候因子、有害化学物质、土壤、营养

C. 刺吸性害虫、螨类、有害化学物质

三、简答题

1. 园林植物病害的含义是什么？
2. 园林植物侵染性病害是怎样发生的（如何理解病害三因素的关系）？
3. 园林植物病害的症状类型有哪些？
4. 如何区分侵染性病害和非侵染性病害？
5. 非侵染性病害的发病因素有哪些？怎样控制非侵染性病害的发生和发展？

【拓展资源】

自然植物病害系统

案例分析

变色与坏死都引起颜色变化吗？

同学们在讨论变色类型与坏死类型时总是产生疑惑，百思不得其解。为啥变色与坏死不好区别，二者不都是引起植物叶部等组织颜色变化吗？如何区分它们呢？

工作任务二　园林植物病原真菌识别

【技能目标】

①学会识别真菌各亚门病原的形态特征。能通过显微镜初步判别。

②识别真菌各亚门重要属病原菌引起代表性病害的病征特点。

③学会病原物玻片的一般制作方法。

④能初步诊断真菌病害。

真菌识别

【任务提出】

通过仔细观察，区分哪些病害是真菌病害，识别病征特点，了解真菌病害类群及病原特征。

【任务分析】

结合对本地病害的初步调查，熟悉常见真菌病害类群及病原形态特征，培养初步的诊断能力。

【相关知识】

一、真菌的一般形态观察

真菌属于菌物界,是一类具有真正细胞核,没有叶绿素,能产生孢子的异养生物。它们一般都能进行有性和无性繁殖,并常有分枝的丝状营养体,还有含几丁质或纤维素或两者皆有的细胞壁。真菌在生长发育过程中,常常表现出各种形态特征。一般而言,都以在功能上没有分工的菌丝为营养体,以形态复杂的不同孢子为繁殖体的基本单位。

(一)真菌的基本形态

1. 真菌的营养体

真菌进行营养生长的菌体部分称为营养体。真菌的营养体除极少数是原生质团或单细胞外,一般是极细小的丝状体,每一根丝状体称为菌丝。组成真菌菌体的一团菌丝称为菌丝体。菌丝通常呈圆管状,有分枝,粗细均匀,直径一般为 5～10 μm,菌丝生长的长度是无限的。多数菌丝无色透明,有的老龄菌丝常呈现各种不同的颜色。菌丝的管壁即细胞壁,主要由几丁质(甲壳质)组成,少数为纤维素,偶尔也有两者同时存在的真菌细胞壁。细胞内含原生质、细胞核、线粒体、内质网、液泡、脂肪及糖原等成分。低等真菌的菌丝一般无隔膜,是一个多核的单细胞。高等真菌的菌丝有隔膜,因此是多细胞,每个细胞内可含 1 个、2 个或多个细胞核(图 3-2-1)。菌丝一般由孢子萌发后延伸生长形成,它以顶端伸长的方式生长,但它的每一部分都有潜在的生长能力,任何一段微小的片段都能生长并发育成新的个体。

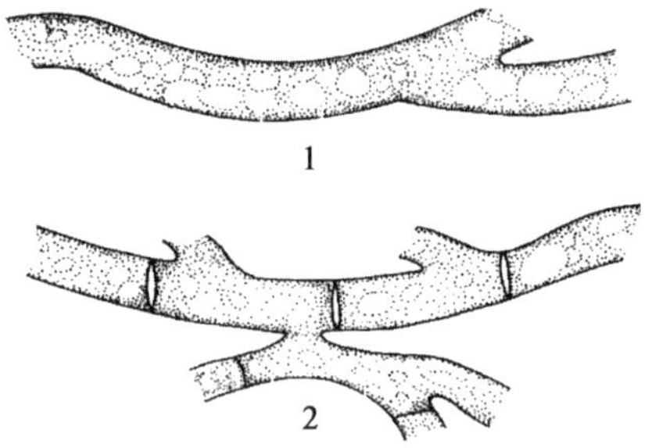

图 3-2-1　真菌的菌丝

1. 无隔菌丝　2. 有隔菌丝

菌丝是真菌获得养分的结构。真菌侵入寄主体内后,菌丝在寄主细胞内或细胞间生长蔓延。生长在寄主细胞内的真菌,由菌丝细胞壁与寄主原生质接触后,因渗透压的作用直接吸收养分;生长在寄主细胞间隙的真菌,以菌丝上形成的特殊器官——吸器,伸入寄主细胞内吸收养分。吸器的形状有小球形、掌状、分枝状等。

真菌的变态结构除吸器外,在一定条件下还可形成菌核、子座、菌索、假根等,这些菌丝体的变态结构在真菌的繁殖和传播,以及对不良环境的抵抗方面有着重要的作用。

菌核是由许多菌丝紧密交结而成的一种休眠体,形状、大小、色泽不一,多为圆形或不规则形,小的如菜籽,大的如拳头。菌核内贮藏有较丰富的养分,对高温、低温和干燥的条件有较强的适应能力,因此它既是真菌的营养贮藏器官,又是渡过不良环境的休眠体。在适宜的条件下,菌核可以萌发产生菌丝体或繁殖器官。

子座是由菌丝组成的,或由菌丝体与部分寄主组织结合形成,一般为垫状,也有球状或其他形状。子座的上部或内部常常产生繁殖体。因此,子座是真菌从营养体到繁殖体的一种过渡形式,有渡过不良环境的作用。

菌索是由菌丝平行组织而成的,形似绳索状物。高度发达的菌索形似植物的根,称根状菌索。它有一个坚实的外层和一个生长的尖端,不仅能抵抗不良环境条件,而且有蔓延和侵染寄主的作用。

假根是真菌菌丝上长出的短细分枝，外形似根，如根霉菌。它伸入寄主基质内吸收养料并支撑上部的菌丝体。

2. 真菌的繁殖体

真菌的繁殖器官多由营养器官转变而来。营养体生长到一定时期后，即转入繁殖阶段，产生的繁殖器官称为繁殖体。真菌的繁殖方式分无性繁殖和有性繁殖两种，它们繁殖时产生各种类型的孢子，作为繁殖单位。

(1)无性繁殖　是指不经过两个性细胞或性器官结合，而产生新个体的繁殖方式。真菌以无性繁殖的方式产生的孢子称为无性孢子，这类孢子是直接在真菌的营养体及其分化的特殊结构上产生的。真菌的无性孢子有下列几种(图 3-2-2)：

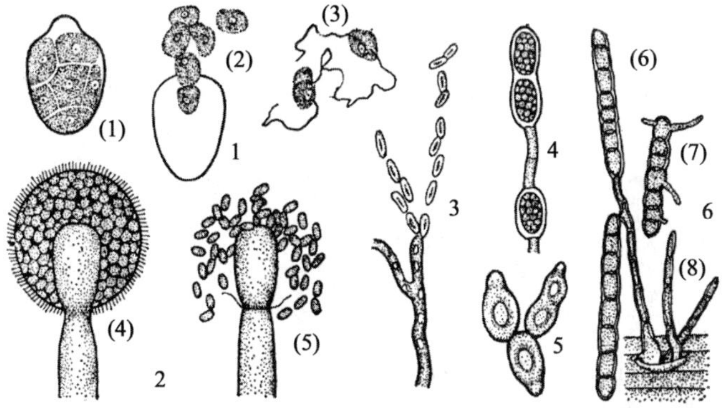

图 3-2-2　真菌无性孢子类型

1. 游动孢子：(1)孢子囊　(2)孢子囊萌发　(3)游动孢子
2. 孢囊孢子：(4)孢子囊及孢囊梗　(5)孢子囊破裂并释放出孢囊孢子
3. 粉孢子　4. 厚垣孢子　5. 芽孢子　6. 分生孢子：(6)分生孢子
(7)分生孢子萌发　(8)分生孢子梗

①孢囊孢子　形成于菌丝顶端或孢囊梗顶端膨大的孢囊内，由囊中原生质分割成许多小块，然后每块原生质形成一个圆形的孢子。有细胞壁，无鞭毛，成熟后，孢子囊破裂散出孢囊孢子；有的孢子囊内产生的孢子无细胞壁，但具有 1～2 根鞭毛，能游动，称游动孢子。

②分生孢子　产生于由菌丝分化形成的分生孢子梗上。分生孢子着生于梗的顶端或侧方。孢子形状、大小、细胞数目及颜色多种多样，成熟后易从孢子梗上脱落，是真菌中最常见的一种无性孢子。分生孢子包括以菌丝细胞成段断裂的粉孢子及以发芽繁殖的芽孢子等。有些真菌的分生孢子产生在特异的盘状或球状的结构中，这种结构分别称为分生孢子盘和分生孢子器。有些真菌的分生孢子梗直接伸出寄主表面，散生、丛生或呈束状。

③厚垣孢子　是由菌丝体的个别细胞原生质浓缩，细胞壁加厚形成的一种休眠孢子，呈圆形或长方形，它产生于菌丝的中间或菌丝分枝的顶端，其寿命较长，能抵抗不良环境的影响。

真菌的无性孢子多发生在植物的生长季节，常可循环多次，主要起着迅速繁殖和传播蔓延的作用，对植物造成危害。

(2)有性繁殖　是指通过两个性细胞或性器官的结合进行繁殖的一种方式，经过两个性细胞的质配、核配和减数分裂 3 个阶段完成。有性繁殖产生的孢子称有性孢子。真菌经过营养阶段和无性繁殖后，多数转入有性繁殖阶段。常见的有性孢子有以下几种(图 3-2-3)：

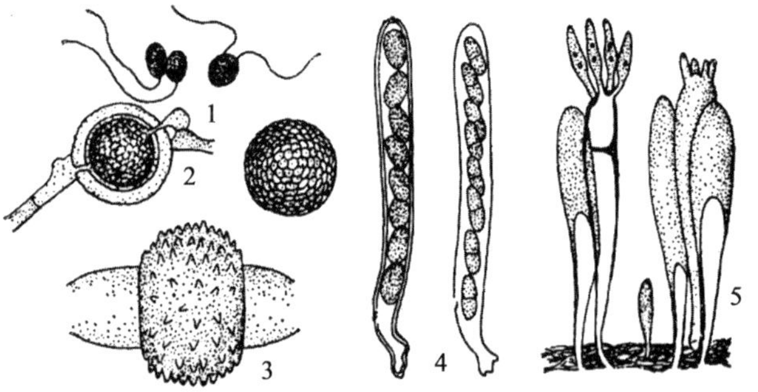

图 3-2-3　真菌有性孢子类型

1.接合子　2.卵孢子　3.接合孢子　4.子囊孢子　5.担孢子

①卵孢子　由两个异型配子囊(藏卵器与雄器)相结合,经过质配和核配发育形成的厚壁孢子。

②接合孢子　由两个同形配子囊相结合,接触处的细胞壁溶解,两个细胞的内含物融合,形成厚壁、球形、双倍体的休眠孢子,称接合孢子。

③子囊孢子　由两个异型配子囊(雄器和造囊器)相结合后发育成子囊,随后子囊内的两性细胞核结合后分裂形成子囊孢子。

④担孢子　由性别不同的两条菌丝相结合产生双核菌丝,其顶端细胞膨大成棍棒状的担子;担子内的两性细胞核经核配和减数分裂后,在担子的顶端或侧上方形成担孢子。

有性孢子一般在真菌生长季节末期形成。往往 1 年只发生 1 次,常用来渡过不良环境,是许多病原真菌的初侵染来源。

真菌产生孢子的结构,无论是无性繁殖或有性繁殖,结构形式简单或复杂,统称为子实体。真菌的无性孢子和有性孢子及产生这些孢子的子实体的形态是真菌分类的重要依据之一。

(二)真菌的生活史

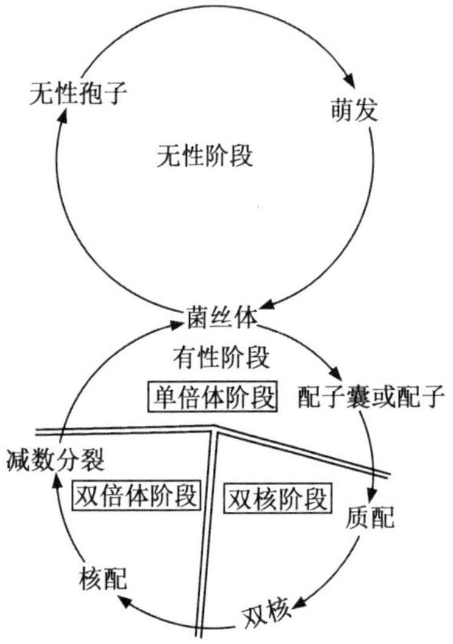

图 3-2-4　真菌典型生活史图解

真菌从一种孢子萌发开始,经过生长和发育阶段,最后又产生同一种孢子的过程称为真菌的生活史或发育循环。典型的真菌生活史包括无性阶段和有性阶段。

真菌的营养菌丝体在适宜条件下萌发,产生芽管,伸长后,发展成菌丝体,在寄主细胞间或细胞内吸取养分,生长蔓延,经过一定的营养生长后,产生无性孢子飞散传播,无性孢子再萌发又成新的菌丝体,并扩展繁殖,这就是无性阶段。无性孢子的繁殖力强,在一个生长季节中可发生多次,产孢的数量又大,常成为园林植物病害发生流行的重要原因,但无性孢子对不良环境的抵抗力弱,寿命短。当环境条件不适宜或生长后期,真菌就进行有性繁殖。从菌丝体上形成配子囊或配子,经质配进入双核阶段,再核配形成双倍体的细胞核,又减数分裂形成含有单倍体细胞核的有性孢子,这就是有性阶段。有性孢子一般一年只产生一次，数量较少，对不良环境的抵抗力强，常是休眠孢子，经过越冬或越夏后，次年再行萌发，成为初次侵染的来源。

一种真菌的生活史只在一种寄主上完成称单主寄生；同一种真菌需两种以上的寄主才能完成生活史的称转主寄生。

综上所述，真菌的生活史，是真菌的个体发育和系统发育的过程。研究真菌的生活史，在园林植物病虫害防治中有着重要的意义。

二、真菌的主要类群

真菌的分类，是以真菌的形态、生理、生化、生态、遗传等综合特征为根据，其中有性繁殖阶段的形态特征是分类的重要依据。本书采用较多人接受和采用的 Ainsworth(1973)分类系统。他将真菌立为真菌界，下设黏菌门和真菌门。真菌门分为 5 个亚门：鞭毛菌亚门、接合菌亚门、子囊菌亚门、担子菌亚门和半知菌亚门(表 3-2-1)。真菌的命名与其他生物一样采用双名法。

表 3-2-1　真菌门各亚门主要特征

亚门	营养体	无性繁殖	有性生殖
鞭毛菌	原生质团或无隔菌丝体	游动孢子	休眠孢子或卵孢子
接合菌	无隔菌丝体	孢囊孢子	接合孢子
子囊菌	单细胞或有隔菌丝体	分生孢子	子囊孢子
担子菌	有隔菌丝体	罕见	担孢子
半知菌	单细胞或有隔菌丝体	分生孢子	无或暂未发现

(一)鞭毛菌亚门真菌及所致病害的特点

鞭毛菌是一类最低等的真菌。它们的营养体是单细胞的，有的不形成菌丝体，较高等的鞭毛菌有发达的菌丝体。菌丝无隔膜，多核。无性繁殖产生游动孢子，产生游动孢子的器官称游动孢子囊或孢子囊，着生在孢囊梗或菌丝顶端，少数在菌丝中间。有的形状和营养体无显著区别，有的呈球形、棒形、梨状等，与营养体区别显著。有性繁殖产生卵孢子。

这类真菌多数生于水中，少数为两栖或陆生，潮湿环境有利于其生长发育。该亚门真菌引起园林植物病害的症状有腐烂、斑点、猝倒、流胶等。果实上造成的腐烂使果实变褐色，呈软腐状，病部表面有白色棉毛状物或灰白色霜状霉层；茎基和根部被害使皮层变褐色腐烂；叶片上的斑点，若由疫霉引起，一般病斑较大，暗褐色，圆形，水渍状；由霜霉引起的斑点，通常较小，黄色至褐色，边缘不明显，病斑常受叶脉的限制而呈多角形，后期在病斑上长出白色至灰白色霜状霉层。一般在低温多雨，潮湿多雾，昼夜温差大的气候条件下，病害容易流行。

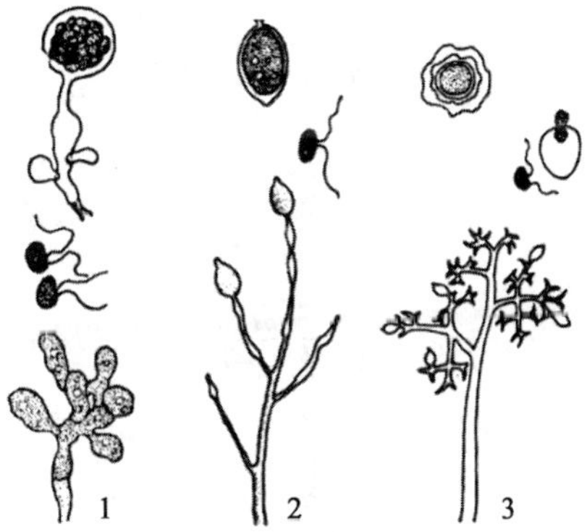

图 3-2-5　鞭毛菌亚门

1. 腐霉属　2. 疫霉属　3. 单轴霉属

(1)腐霉属　菌丝发达，孢子囊着生于菌丝的顶端或中间，圆筒形，近球形或不规则形并有分枝，孢囊梗与菌丝无明显区别(图 3-2-5)。多生活在水中或潮湿的土壤中。为害植物的幼根、幼茎基部及果实等，引起幼苗猝倒、根腐和果腐。

(2)疫霉属　孢子囊椭圆形或柠檬形,其他形态和习性基本与腐霉菌相同(图 3-2-5)。为害园林植物的根、茎基部,少数为害地上部分。如山茶根腐病,牡丹疫腐病等。

霜霉病

(3)单轴霉属　孢囊梗单轴式分枝,分枝与主轴成直角,分枝末端较钝。孢子囊卵形,有乳突(图 3-2-5)。为害叶片,引起叶斑,如葡萄霜霉病。

(4)白锈属　高等卵菌,菌丝在寄主细胞间蔓延,以吸器伸入寄主细胞内,为专性寄生菌。菌丝分枝的顶端产生排列成栅栏状的、棍棒形的孢囊梗,孢囊梗顶端串生球形或椭圆形的孢子囊。如牵牛花白锈病菌引起牵牛花白锈病。

(二)接合菌亚门真菌及所致病害特点

该亚门的真菌有发达的菌丝体,菌丝多为无隔多核。无性繁殖在孢子囊内产生孢囊孢子。有性繁殖产生接合孢子(图 3-2-6)。接合菌广泛分布于土壤和粪肥及其他无生命的有机物上,少数为弱寄生物,能引起植物贮藏器官的霉烂,还有些寄生在昆虫体上。与园林植物病害有关的是根霉。

根霉病

根霉属菌丝发达,分布在基物上和基物内,有匍匐丝和假根。孢囊梗从匍匐丝上长出,顶端形成孢子囊,其内产生孢囊孢子。孢子囊壁易破裂,散出孢囊孢子,通过气流传播。有性繁殖产生接合孢子,但不常见。引起的病害有百合鳞茎软腐病等。

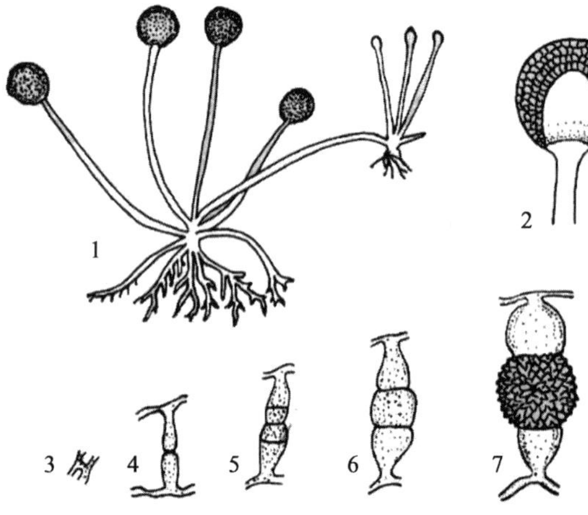

图 3-2-6　接合菌亚门代表——根霉属

1.孢囊梗、孢子囊、假根、匍匐丝　2.放大的孢子囊　3～7.接合孢子的形成

(三)子囊菌亚门真菌及所致病害特点

该亚门是真菌中最大的类群,种类多,形态变化大,陆生,多数腐生,营养体除酵母菌为单细胞外,均为有隔发达菌丝。无性繁殖发达,少数以菌丝体芽殖形成芽孢子,多数产生分生孢子,此外,还形成分生孢子梗束、分生孢子座、分生孢子盘及分生孢子器等无性子实体,其上着生分生孢子,在不良环境下形成厚垣孢子。有性繁殖产生子囊和子囊孢子。大多数子囊菌的子囊产生在子囊果中,但也有子囊裸生的。子囊果有四种类型:子囊果的包被是完全封闭的,

无固定的孔口称作闭囊壳；子囊果的包被有固定的孔口，称作子囊壳；子囊果呈盘状的称作子囊盘；子囊产生在子座内溶的空腔中，子囊周围不另外形成真正的子囊果壁，这种内生子囊的子座称作子囊座(图 3-2-7)。

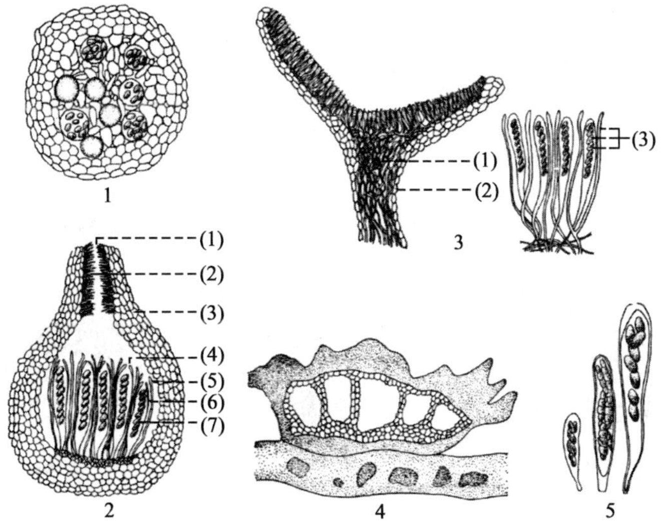

图 3-2-7　子囊果的类型

1.闭囊壳和散生的子囊　2.子囊壳：(1)孔口　(2)缘丝　(3)子囊壳壁　(4)子囊孔　(5)侧丝　(6)子囊　(7)子囊孢子　3.子囊盘：(1)囊层基　(2)囊盘被　(3)子囊、侧丝及子囊孢子　4.典型的子囊座　5.双层壁的子囊

(1)外囊菌属　这类真菌无子囊果，子囊平行排列在寄主表面，呈栅栏状，子囊长圆筒形，其内一般有 8 个子囊孢子，子囊孢子单细胞，椭圆形或圆形。无性繁殖不发达，子囊孢子可在子囊内或子囊外进行芽殖，产生孢子。外囊菌引起的病害呈现畸形症状，如桃缩叶病、樱桃丛枝病。

(2)白粉菌属　都是高等植物的专性寄生菌，菌丝着生在寄主表面，外观呈白粉状，故称白粉病。这类菌以吸器伸入寄主表层细胞中吸取养料。无性繁殖能力极强，产生大量的分生孢子，串生或单生于分生孢子梗上，有性繁殖产生闭囊壳(图 3-2-8)。

(3)小煤炱属　子囊束生于黑色闭囊壳基部；子囊孢子椭圆形(图 3-2-9)。高等植物的专性寄生菌，寄生专化性相当强，一般的寄主范围不广。引起多种植物的煤污病，如山茶煤污病、竹类煤污病。

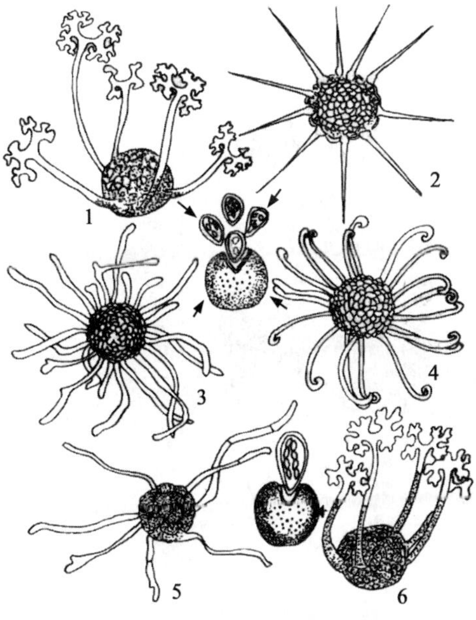

图 3-2-8　白粉菌主要属的特征

1.叉丝壳属　2.球针壳属　3.白粉菌属　4.钩丝壳属　5.单囊壳属　6.叉丝单囊壳属

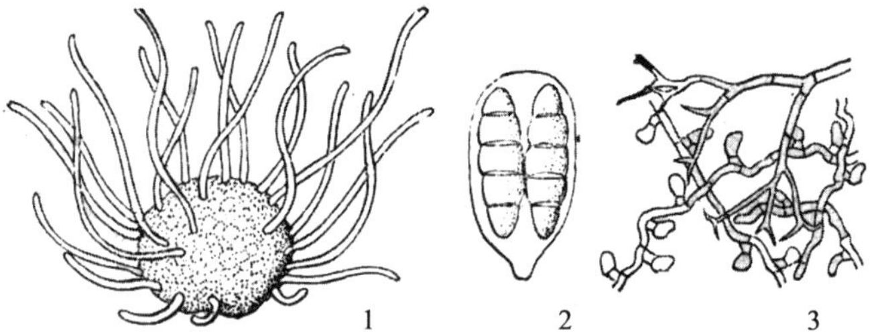

图 3-2-9 小煤炱属

1～2. 巴特勒小煤炱的闭囊壳、子囊和子囊孢子

3. 木荷生小煤炱菌丝体，上面具分叉的、顶端尖的刚毛和双细胞的附着枝

白粉病　　煤污病　　腐烂病

(4)小丛壳属　子囊壳丛生在不发达的子座上或埋生于子座内，瓶形，有细颈。子囊棍棒形无柄，子囊孢子椭圆形(图 3-2-10)。引起多种园林植物的炭疽病，如梅花炭疽病、米兰炭疽病。

(5)黑腐皮壳属　子囊壳球形，具长柄，成群地呈环状深埋在寄主组织中的假子座内。假子座与寄主组织间无明显界限。子囊棍棒形或圆筒形，子囊孢子弯曲呈香蕉形(图 3-2-11)。主要发生在木本植物的皮上，引起树干的腐烂，是一类弱寄生菌。如杨树腐烂病。

(6)球腔菌属　子囊座球形，散生在寄主的表皮下。子囊圆筒形或棍棒形，束生，子囊孢子椭圆形。引起多种花木叶斑病。

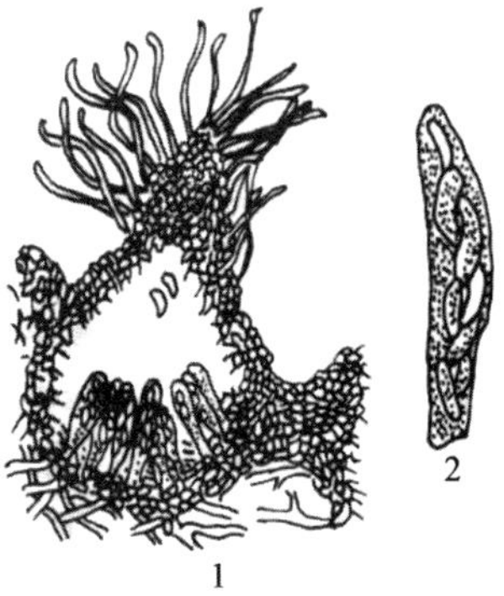

图 3-2-10 小丛壳属

1. 子囊壳　2. 子囊和子囊孢子

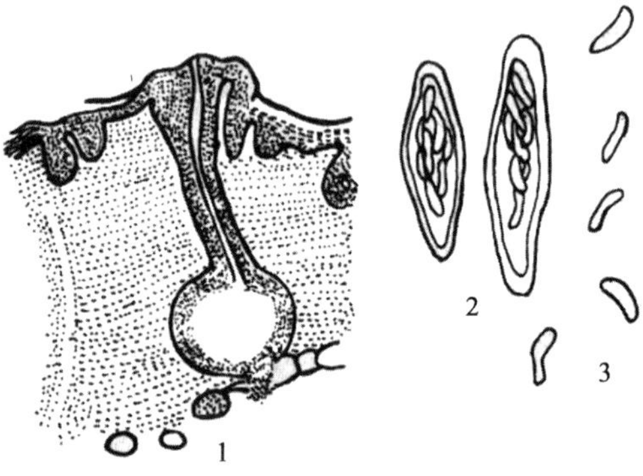

图 3-2-11 黑腐皮壳属

1. 着生在子座内的子囊壳　2. 子囊　3. 子囊孢子

(7)散斑壳属　子座椭圆形，内含一个子囊盘，借纵裂缝开口。子囊狭棍棒形到椭圆形，子囊孢子丝状(图 3-2-12)。本属真菌均为弱寄生菌，引起漆斑病。

(8)核盘菌属　菌丝体能形成菌核，菌核在寄主表面或组织内，鼠粪状，黑色。由菌核产生子囊盘，杯状或盘状，子囊孢子椭圆形(图 3-2-13)。不产生分生孢子。引起病害，如各种菌核病。

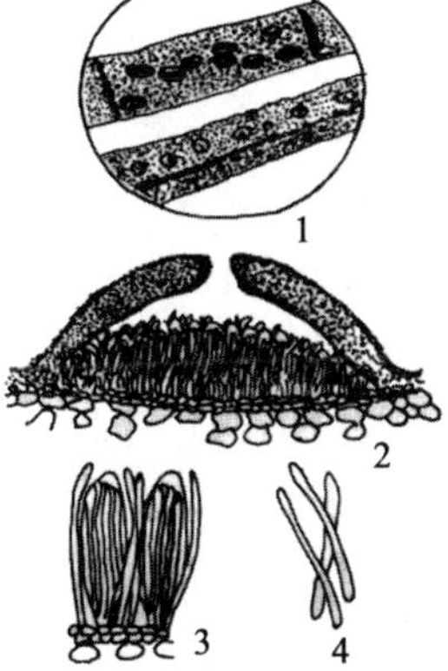

图 3-2-12 散斑壳属

1. 病叶上的子囊盘 2. 子囊盘横切面
3. 子囊和侧丝 4. 子囊孢子

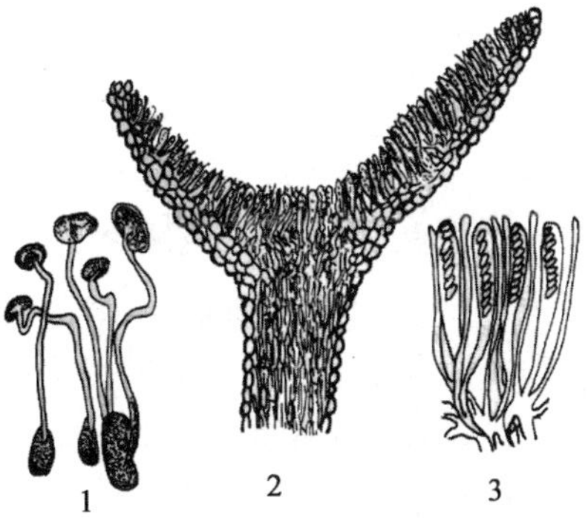

图 3-2-13 核盘菌属

1. 菌核上的子囊盘 2. 子囊盘剖面
3. 子囊、子囊孢子和侧丝

(四)担子菌亚门真菌及其所致病害特点

该亚门是真菌中最高等的亚门,全部陆生。菌丝体很发达,有隔膜。菌丝有两种,即单核的初生菌丝和双核的次生菌丝。担子菌中除锈菌和少数黑粉菌产生无性孢子外,大多数担子菌不产生无性孢子。有性繁殖产生担子和担孢子。担子棍棒状,每个担子上一般生 4 个担孢子。大多数担子菌的担子都着生在高度组织化的各种类型的子实体内,亦称担子果,形状多种多样,有伞状、贝壳状、马蹄状等(图 3-2-14)。有的担子菌不形成担子果。担子菌中有些是营养丰富的食用菌,如香菇、口蘑、平菇等,有些有一定的药用价值。引起园林植物病害的重要病原主要有锈菌目的柄锈菌属、多孢锈菌属、柱锈菌属和栅锈菌属;黑粉菌目的黑粉菌属;外担子菌目的外担子属。

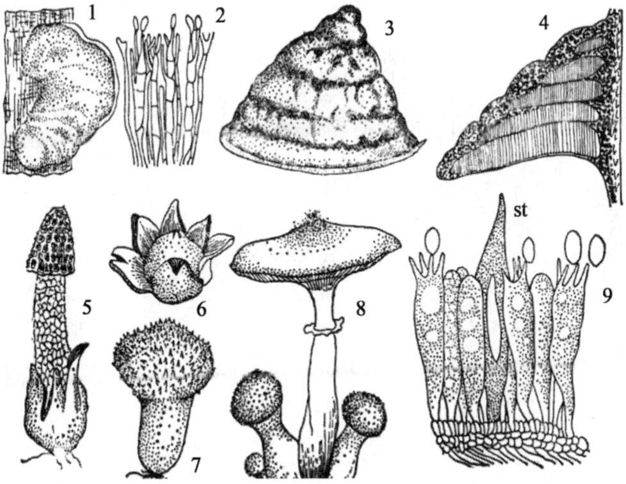

图 3-2-14 担子果及担子的子实层

1~2. 木耳及担子子实层 3~4. 多孔菌子实层及剖面
5. 鬼笔菌 6. 地星 7. 马勃 8. 伞菌子实体 9. 担子子实层

(1)锈菌目　锈菌不形成担子果。生活史较复杂，典型的锈菌生活史可分为5个阶段，顺序产生5种类型的孢子，即性孢子、锈孢子、夏孢子、冬孢子和担孢子。

锈菌种类很多，并非所有的锈菌都能产生5种类型的孢子(图3-2-15)，一般可分为三类：①全型锈菌：5个发育阶段(5种孢子)都有的，如松芍柱锈菌；②半型锈菌：无夏孢子阶段，如梨胶锈菌、报春花单孢锈菌；③短型锈菌：缺少锈孢子和夏孢子阶段，如锦葵柄锈菌。此外，在有些锈菌的生活史中，未发现或缺少冬孢子，一般称其为不完全锈菌，如女贞锈孢锈菌。锈菌全是活养生物，对寄主有高度的专化性。有的锈菌全部生活史可以在同一寄主上完成，也有不少锈菌必须在两种亲缘关系很远的寄主上完成全部生活史。前者称同主寄生或单主寄生，后者称转主寄生。转主寄生是锈菌特有的一种现象。

锈病

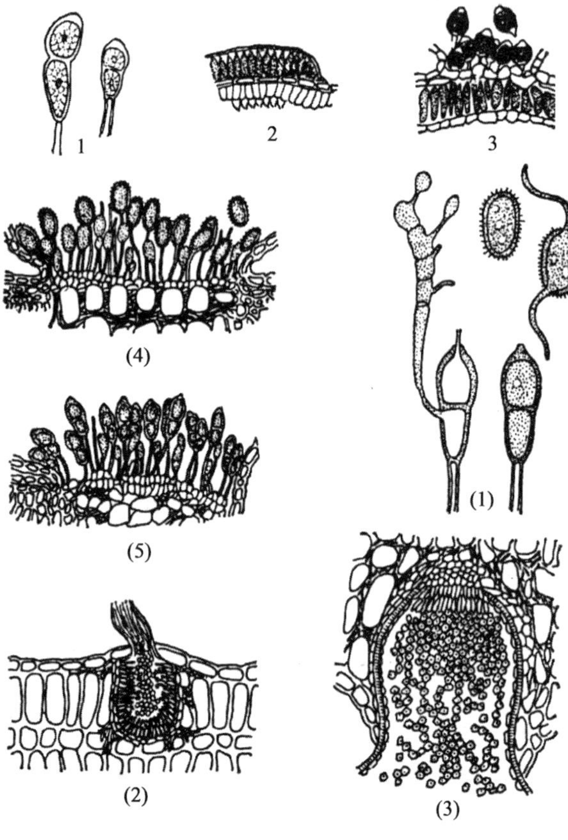

图3-2-15　锈菌的五种孢子类型

1.柄锈菌属　2.栅锈菌属　3.单孢锈菌属

(1)夏孢子及冬孢子萌发(示担子及担孢子)　(2)性孢子器及性孢子　(3)锈子腔及锈孢子

(4)夏孢子堆及夏孢子　(5)冬孢子堆及冬孢子

锈菌寄生在植物的叶、果、枝干等部位，在受害部位表现出鲜黄色或锈色粉堆、疱状物、毛状物等显著的病征；引起叶片枯斑，甚至落叶，枝干形成肿瘤、丛枝、曲枝等畸形现象。因锈菌引起的病害病征多呈锈黄色粉堆，故称为锈病。锈菌目分类的主要依据是冬孢子的形态特征和排列方式。

（2）黑粉菌目　黑粉菌因其形成大量的粉状孢子而得名。黑粉菌无性繁殖，通常由菌丝体上生出小孢子梗，其上着生分生孢子，或由担孢子和分生孢子以芽殖方式产生大量子细胞。有性繁殖产生圆形厚壁的冬孢子，因冬孢子形成的方式有些像厚垣孢子，故也称厚垣孢子。冬孢子群集成团产生，可出现在寄主的花器、叶片、茎或根等部位。被黑粉菌寄生的植物均在受害部位出现黑色粉堆或团。最常见的是寄生在花器上，使其不能授粉或不结实，植物幼嫩组织受害后形成菌瘿，叶片和茎受害后其上发生条斑和黑粉堆，少数黑粉菌能侵害植物根部使它膨大成块瘿或瘤。如银莲花条黑粉病、石竹花药黑粉病。

黑粉病

黑粉菌属的孢子堆外面没有膜包围，冬孢子散生，萌发时产生芽管（图 3-2-16），如多年生黑麦草黑粉病。

（3）外担子菌属　不形成担子果，担子裸生在寄主表面，形成担子子实层。引起茶科、杜鹃科植物的叶、花、果、幼梢变形肿胀，如杜鹃和山楂的饼病。

（4）隔担菌属　担子果平伏，蜡质至壳质，担子圆筒形。担子果伏在树皮上很像膏药（图 3-2-17），如多种阔叶园林植物膏药病。

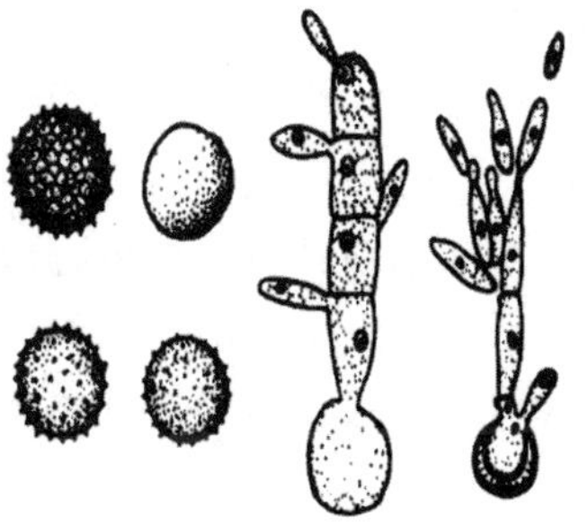

图 3-2-16　黑粉菌属

（冬孢子和冬孢子萌发）

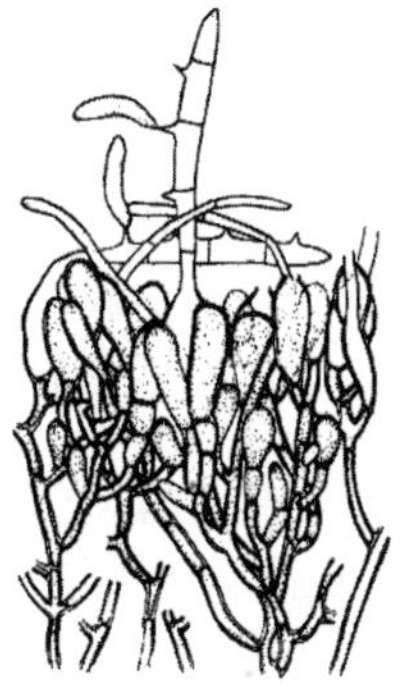

图 3-2-17　隔担菌属

（担子及担孢子）

（五）半知菌亚门真菌及其所致病害特点

真菌的分类，主要是以有性阶段的形态特征为依据，但在自然界中，有很多真菌在个体发育中，只发现其无性阶段，有性阶段尚未了解或根本不存在，这类真菌通称为半知菌，并暂时把它们放在半知菌亚门。已经发现有性态的，大多数属于子囊菌，极少数属于担子菌，个别属于接合菌。所以半知菌与子囊菌有着密切的关系。

植物真菌病害，约有一半是半知菌引起的。半知菌营养体多数为发达的有隔菌丝体，菌丝体可以形成菌核、子座等结构。无性繁殖是从营养菌丝上产生分生孢子梗，分生孢子梗上着生分生孢子。半知菌分生孢子梗、分生孢子的形状和颜色等是多种多样的。分生孢子梗散生或聚生在一定形状的无性子实体上。按分生孢子梗着生的形式，其无性繁殖的子实体分为四类，即分生孢子梗束、分生孢子座、分生孢子器、分生孢子盘（图 3-2-18）。

园林植物病害的病原真菌，约有半数是半知菌。它们为害园林植物的叶、花、果、茎干和根部，引起局部坏死和腐烂、畸形及萎蔫等症状。

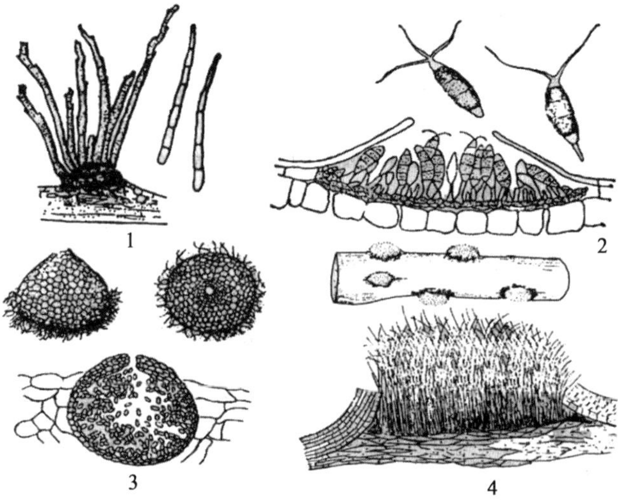

图 3-2-18　半知菌亚门子实体类型

1.分生孢子梗束　2.分生孢子盘　3.分生孢子器　4.分生孢子座

白粉病

(1)粉孢属　菌丝表生于寄主上，以吸器伸入寄主细胞内，外表呈白色粉层。菌丝白色分枝，分生孢子梗顶生椭圆形分生孢子(图 3-2-19)。为白粉菌的无性阶段，如蔷薇、月季白粉病等。

(2)青霉属　分生孢子梗直立，顶端一至多次分枝，分枝顶端产生瓶状小梗，小梗顶端串生分生孢子(图 3-2-20)，如柑橘青霉病。

(3)轮枝孢属　分生孢子梗轮状分枝，分生孢子单细胞，卵圆形至椭圆形，单生或聚生(图 3-2-21)。引起黄栌黄萎病。

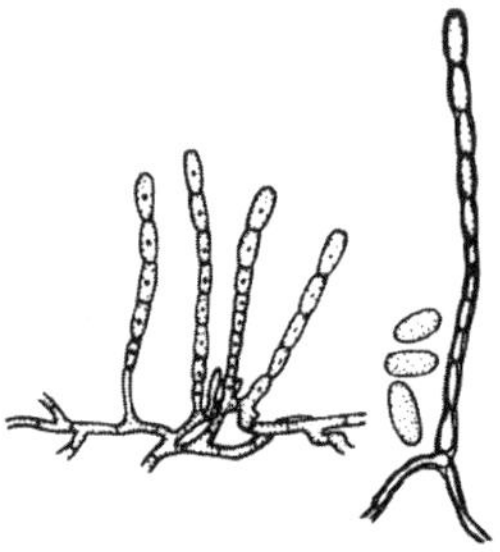

图 3-2-19　粉孢属

(分生孢子梗和分生孢子)

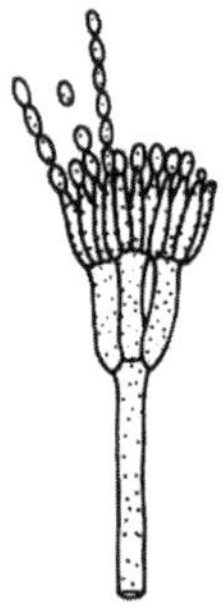

图 3-2-20　青霉属

(分生孢子梗和分生孢子)

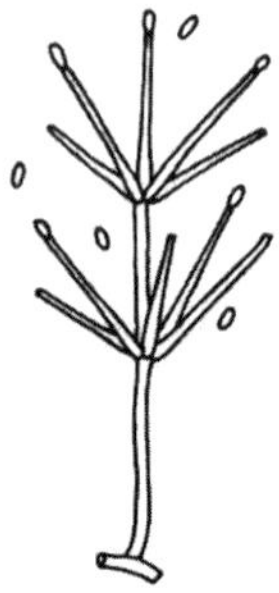

图 3-2-21　轮枝孢属

(分生孢子梗和分生孢子)

(4)葡萄孢属　分生孢子梗无色，顶端细胞膨大呈球形，上面有许多小梗，分生孢子椭圆形，着生小梗上聚成葡萄穗状。常产生不规则状的黑色小菌核(图 3-2-22)，引起多种植物幼苗、果实及贮藏器官的猝倒、落叶、花腐、烂果及烂窖，如香石竹、月季、牡丹灰霉病。

灰霉病

(5)尾孢属　屈膝状的分生孢子梗常生于小型子座上，分生孢子线形、鞭形至蠕虫形(图 3-2-23)。引起桂花枯斑病。

(6)链格孢属　分生孢子有纵横隔膜(图 3-2-24)，如香石竹黑斑病。

(7)镰刀菌属　分生孢子梗单生或集成分生孢子座，或产生轮辐状排列的瓶形小梗。分生孢子有大小两型：大型孢子镰刀形；小型孢子长圆形(图 3-2-25)。引起多种树木枯萎病和苗木立枯病。

枯萎病

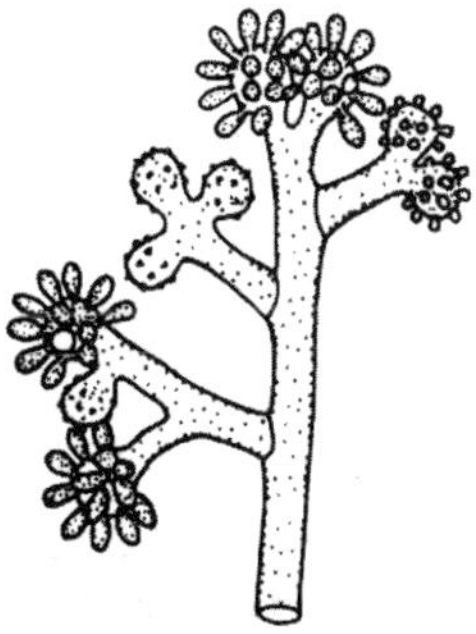

图 3-2-22　葡萄孢属

(分生孢子梗和分生孢子)

图 3-2-23　尾孢属

(分生孢子梗和分生孢子)

图 3-2-24　链格孢属

(分生孢子梗和分生孢子)

(8)炭疽菌属　分生孢子盘垫状或盘状，分生孢子梗不分枝，分生孢子呈椭圆、不规则圆筒形或弯月形，常发生粉红色黏质团，分生孢子萌发产生附着孢(图 3-2-26)。有性世代属小丛壳属，引起园林植物炭疽病。

炭疽病

图 3-2-25　镰孢菌属

1. 分生孢子梗及大型分生孢子

2. 小型分生孢子及分生孢子梗

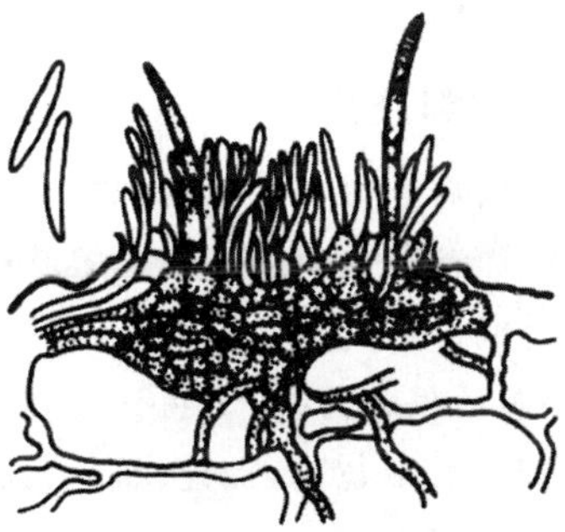

图 3-2-26　炭疽菌属

(分生孢子盘及分生孢子)

(9)拟盘多毛孢属　分生孢子盘黑色，初埋生在寄主组织中，后外露，孢子堆胶漆状。分生孢子多细胞，是一种弱寄生菌。如松针赤枯病。

(10)大茎点属　分生孢子器黑色，圆形。分生孢子梗单生，短或细长。分生孢子卵形到宽圆筒形(图 3-2-27)。为害叶片和枝干，如茶枝枯病。

(11)丝核属　菌丝褐色，在分枝处略缢缩，离此不远处形成隔膜。菌核由菌丝体交结而成(图 3-2-28)，是引起苗木猝倒病的病原之一。

图 3-2-27　大茎点菌属

(分生孢子梗及分生孢子)

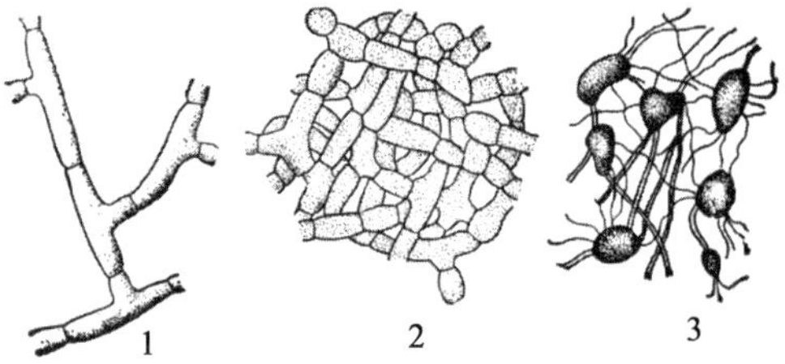

图 3-2-28　丝核菌属

1.直角状分枝的菌丝　2.菌核纠结的菌组织　3.菌核

【任务实施】

园林植物病原真菌形态及所致病害识别

一、实施场所

植物病害实训室、校内外实训基地。

真菌形态识别

二、实施目的及形式

了解真菌的一般形态，初步掌握显微镜观察、制片、绘图技术；识别鞭毛菌亚门、接合菌亚门、子囊菌亚门、担子菌亚门、半知菌亚门各代表属的形态特征及其所致病害的症状特点，为诊断病害打好基础。

以学习小组为单位组织教学。教师通过玻片标本、新鲜材料、多媒体课件演示与讲授相结合，让学生认识园林植物病原真菌的营养体及其变态类型，辨别真菌有性繁殖体、无性繁殖体及其产生的各种类型孢子，能熟练识别各亚门真菌。通过显微绘图和临时玻片的制作方法，让学生掌握病原微生物观察方法。

三、材料及用具

材料：瓜果腐霉病、甘薯软腐病、紫纹羽病菌索、兰花白绢病菌核、马铃薯或番茄晚疫病、葡萄霜霉病、油菜白锈病、月季白粉病、苹果黑星病、葡萄黑痘病、海棠(苹果)腐烂病、女贞煤污病、梨锈病、禾草黑粉病、牡丹灰霉病、香石竹枯萎病、菊花褐斑病、兰花炭疽病、苗木猝倒病等各类病害的供试标本，真菌营养体、繁殖体等玻片标本。

用具：显微镜、放大镜、镊子、挑针、载玻片、盖玻片、擦镜纸、刀片、蒸馏水滴瓶、纱布等，挂图、多媒体课件。

四、实施过程

(一)植物病原真菌形态观察

以显微镜检验方法为主，以放大镜和肉眼观察为辅。

练习玻片标本制作，取清洁载玻片，中央滴蒸馏水 1 滴，用挑针挑取少许瓜果腐霉病菌的白色棉毛状菌丝放入水滴中，用两支挑针轻轻拨开过于密集的菌丝，然后自水滴一侧用挑针支持，慢慢加盖玻片即成。注意加盖玻片时不宜太快，以防形成大量气泡，影响观察或将欲观察的病原物冲溅到玻片外。

在进行镜检之前，应先制作玻片。具体方法是，取洁净的载玻片，在载玻片中央滴一滴蒸馏水或乳酚油，用挑针从纯培养的菌落上或直接从病组织上挑取少量病菌放入蒸馏水或乳酚油中，盖上盖玻片，即成待检玻片。镜检时先用低倍镜找到目标，然后需要放大时再转入高倍镜下观察。

1.观察真菌的营养体

(1)无隔菌丝　低等真菌的菌丝是单细胞、带分枝的丝状长管。观察黑根霉的营养物，见培养基上生长着疏松的棉丝状菌丝体，用解剖针挑取少许菌丝制成待检玻片，镜下观察无隔菌丝的形态特征。也可以直接观察无隔菌丝玻片。

(2)有隔菌丝　高等真菌的菌丝是多细胞、有分隔的长管。挑取少许炭疽菌的营养物制成待检玻片，镜下观察有隔菌丝的形态特征。也可以直接观察有隔菌丝玻片。

(3)吸器　吸器常为球形、洋梨形，也有指状分枝的。观察白粉病菌的吸器玻片。

(4)菌核　菌核外层为拟薄壁组织，内层为疏丝组织。利用玻片标本观察苗木茎腐病菌核切片的形态特征。

(5)子座　利用玻片标本观察大叶黄杨叶斑病菌子座的形态特征。

2.观察真菌的繁殖体

(1)无性繁殖体，产生无性孢子。

①厚垣孢子　由菌丝或分生孢子个别细胞原生质浓缩形成。观察镰孢菌厚垣孢子玻片。

②游动孢子　产生在孢子囊中，有1～2根鞭毛，能在水中游动。观察腐霉菌玻片。

③孢囊孢子　产生在孢子囊中，没有鞭毛。观察黑根霉永久玻片或制片观察。

④分生孢子　产生在由菌丝特化而成的分生孢子梗上。观察链格孢属、青霉菌玻片。

(2)有性繁殖体，产生有性孢子。

①卵孢子　观察腐霉菌玻片，在藏卵器内形成卵孢子。

②接合孢子　观察黑根霉玻片，注意接合孢子形态。

③子囊孢子　观察盘菌切片，注意每个子囊中长椭圆形的子囊孢子。

④担孢子　观察伞菌切片，子实体中有棒状担子，担子顶端有小柄，上生担孢子。

(二)植物病原真菌主要类别观察

认识鞭毛菌亚门、接合菌亚门、子囊菌亚门、担子菌亚门、半知菌亚门的菌丝结构，无性孢子和有性孢子及其子实体的形态特征，为病害诊断奠定基础。

以显微镜检验方法为主，以借助放大镜观察和肉眼观察为辅。

1.鞭毛菌亚门

(1)腐霉菌　从腐霉菌纯培养菌落中挑起少许菌丝，制片，镜检，观察其菌丝、游动孢子囊、游动孢子及卵孢子形态特点。

(2)疫霉菌　取疫霉属玻片标本观察其菌丝、游动孢子囊、游动孢子及卵孢子形态特点。并注意与腐霉属的区别。

(3)霜霉菌　取霜霉属玻片标本观察其孢囊梗分枝方式、孢子囊及卵孢子形态特点。从葡萄霜霉病病部挑起少许菌丝，制片，镜检，观察。

2.接合菌亚门

根霉菌　从根霉菌纯培养菌落中挑起少许菌丝，制片，镜检，观察其假根、孢囊梗、孢子囊及孢囊孢子的着生方式与形态特点。

3.子囊菌亚门

(1)外囊菌　取桃缩叶病菌玻片标本观察子囊形态与着生方式以及子囊孢子的形态特点。

(2)白粉菌　从桑或梨白粉病、玫瑰或木芙蓉白粉病、槐树或葡萄白粉病病部挑起病原少许,制片镜检。观察其菌丝、闭囊壳、附属丝、子囊、子囊孢子的形态特点。

(3)煤污菌　取小煤炱属的玻片标本,或从山茶煤污病的病部挑起病原少许,制片,镜检。观察其菌丝、附着枝、刚毛、闭囊壳、子囊以及子囊孢子的形态特点。

(4)炭疽菌　取小丛壳属的玻片标本,观察其子囊壳、子囊和子囊孢子的形态特点。

(5)核盘菌　取核盘菌属的玻片标本,观察其子囊盘、子囊、侧丝和子囊孢子的形态特点。

4.担子菌亚门

(1)锈菌　从梨锈病和桧柏锈病的病部挑起少许病原,制片,镜检。观察其冬孢子、性孢子器、锈孢子器及锈孢子的形态特点。从玫瑰锈病的病部挑起病原少许,制片,镜检。观察其冬孢子堆、冬孢子的形态特点。再取多胞锈菌属玻片观察其冬孢子堆、冬孢子、夏孢子堆、夏孢子、性孢子、锈孢子的形态特点。取柄锈菌、松瘤锈病、枣锈病或葡萄锈病玻片,观察其冬孢子堆、冬孢子、夏孢子堆、夏孢子、性孢子、锈孢子的形态特点。

(2)黑粉菌　可直接从病部挑黑粉制片镜检。观察冬孢子或冬孢子堆的形态。观察草坪草秆黑粉病标本,并从病部挑取黑粉制片,观察冬孢子是否呈球形?观察草坪禾本科杂草黑粉病,从病部挑取黑粉制片,观察冬孢子是否一至数个集结成团?外围是否有浅色不孕细胞?

(3)外担子菌　取杜鹃饼病菌的玻片观察其菌丝、担子层的着生方式与着生部位,担子的形态以及担孢子的形态与数量。

5.半知菌亚门

(1)丝核菌　从菊花、一串红或松苗猝倒病和立枯病的病组织挑起病原少许,制片,镜检。观察其菌丝的形态与分枝特点。

(2)镰孢菌　取苗木立枯病菌的玻片观察其分生孢子座着生方式。分生孢子有两种,观察大、小两型分生孢子的形态特点。

(3)粉孢菌　从凤仙花白粉病病部挑起病原少许,制片,镜检。观察其分生孢子梗与分生孢子(粉孢子)的形态特点。

(4)链格孢菌　取菊花叶斑病菌或马尾松叶斑病菌的玻片,观察其分生孢子梗的形态,分生孢子的形态与着生方式。

(5)尾孢菌　取大叶黄杨叶斑病菌或苦楝褐斑病菌的玻片,观察其分生孢子梗的形态,分生孢子的形态与着生方式。

(6)葡萄孢菌　从苗木灰霉病菌的玻片,观察其分生孢子梗的形态、分枝方式,分生孢子的形态与着生方式。

(7)炭疽菌　取炭疽菌属的玻片,观察其分生孢子盘的形态,刚毛、分生孢子梗和分生孢子的形态特点。

(8)大茎点菌　取大茎点菌属的玻片,观察其分生孢子器形态,分生孢子梗和分生孢子的形态特点。

五、注意事项

(1)病原菌比较微观,观察困难,即使有的同学找到目标,也不知观察哪一部分,可利用显微投影仪示范讲解,同时配备真菌各种孢子类型的示范镜以便同学们对照观察。

(2)显微镜使用完毕,应及时取下载物台面上的观察物,放入镜箱内,轻拿轻放。

(3)对有疑问的现象,应积极查阅资料并开展小组讨论,达成共识。

六、作业

(1)根据观察结果,绘制有隔菌丝和无隔菌丝图。

(2)根据观察结果,绘制霜霉菌的孢囊梗及孢子囊、白粉菌的分生孢子、黑腐皮壳菌属子囊壳图。

(3)绘胶锈菌属、柄锈菌属、条黑粉菌属、黑粉菌属病原菌的形态图。

(4)绘示范装片的分生孢子梗束、分生孢子座、分生孢子盘、分生孢子器的形态图。

(5)绘粉孢属、尾孢属、镰刀菌属、链格孢属病菌形态图。

(6)学会用手机拍摄病原切片。

【任务评价】

任务评价考察标准分为基本能力、职业能力、岗位专业能力三部分。

基本能力、职业能力方面的要求参考项目一。

岗位专业能力根据本项工作任务的具体要求与实施来考察。以个人考核为主。

(1)园林植物病原真菌一般形态识别。能根据所提供标本,准确识别菌丝与孢子的类型。识别欠准确者,酌情扣分。

(2)园林植物真菌主要类群识别。能根据所提供标本,准确识别病原真菌的亚门及所在的属。识别欠准确者,酌情扣分。

【思考练习】

一、判断题

1.真菌的发育可分为营养体与繁殖体两个阶段。(　　)

2.真菌典型的营养体是菌丝体,繁殖体是种子。(　　)

3.真菌菌丝分为两种类型:一种是低等真菌菌丝,为无隔菌丝;另一种是高等真菌菌丝,为有隔菌丝。(　　)

4.典型的真菌生活史包括有性阶段和无性阶段。(　　)

5.鞭毛菌亚门是一类最低等的真菌,它们的营养体是无隔菌丝体。(　　)

6.霜霉目真菌引起的花木病害有腐霉、疫霉、白粉和霜霉。(　　)

7.接合菌亚门真菌的营养体是无隔菌丝,无性繁殖产生子囊,有性繁殖产生接合孢子。(　　)

8.子囊菌亚门真菌无性繁殖产生各种类型的游动孢子,有性繁殖产生子囊孢子。(　　)

9.子囊果的类型主要有闭囊壳、子囊壳、子囊盘三种。(　　)

10.子囊菌亚门真菌的分类依据是是否形成子囊果和子囊果的类型。(　　)

11.白粉菌的分类依据是闭囊壳内子囊的数目与闭囊壳外附属丝的形态。(　　)

12.植物白粉病所表现的病征是白粉,是由白锈菌引起的。(　　)

13. 白粉菌的菌丝体和分生孢子为白色，寄生在植物的叶片、嫩梢、花器和果实和体表上形成一层白粉状物，故引起的病害通称白粉病。(　　)

14. 锈菌目引起植物锈病，病征多呈锈黄色粉堆。(　　)

15. 有的锈菌需经过两种完全不同的植物才能完成其生活史，此现象称为转主寄生。(　　)

16. 半知菌包含子囊菌和担子菌的无性阶段。(　　)

17. 半知菌所致植物病害病征主要是霉状物、粉状物和小黑点。(　　)

二、选择题

1. 真菌具有真正的(　　)。
　A. 细胞核　B. 质粒　C. 荚膜　D. 胚乳

2. 真菌的营养方式是(　　)。
　A. 自养型　B. 异养型　C. 好氧型　D. 咀嚼式

3. 真菌的营养体是(　　)。
　A. 菌丝　B. 胞间连丝　C. 鞭毛　D. 菟丝子

4. 真菌菌丝体的变态类型是(　　)。
　A. 菌核、子座　B. 孢囊梗与孢束　C. 子囊果　D. 分生孢子器

5. 真菌的繁殖方式为(　　)。
　A. 裂殖　B. 复制　C. 二均分裂　D. 无性和有性繁殖

6. 霜霉菌侵染葡萄叶背时在病部出现一层(　　)。
　A. 黄色粉状物　B. 灰色霉层　C. 白色霜状物　D. 白色粉状物

7. (　　)营养体为无隔菌丝。
　A. 白粉菌　B. 锈菌　C. 霜霉菌　D. 半知菌

8. 子囊和孢子囊(　　)。
　A. 都属于同一亚门　B. 都可称为子实体
　C. 其内都形成无性孢子　D. 其内都形成有性孢子

9. 子囊果的形态有(　　)类型。
　A. 1 种　B. 3 种　C. 4 种　D. 5 种

10. 子囊菌的分类依据是(　　)。
　A. 是否形成子囊果及子囊果的类型　B. 营养体的类型
　C. 子囊数量的多少　D. 子囊及子囊孢子着生部位

11. 樱桃袋果病的病原物为(　　)。
　A. 白粉菌　B. 霜霉菌　C. 外囊菌　D. 座囊菌

12. 子囊裸生在寄主表面，呈栅栏状排列，不形成子囊果，引起桃枝缩叶病，该菌为(　　)。
　A. 外担菌　B. 外囊菌　C. 球壳菌　D. 白粉菌

13. 某种菌丝无色，子囊果为闭囊壳，外壁生有不同形状的附属丝，引起阔叶枝白粉病，该菌为(　　)。
　A. 小煤炱菌　B. 锈菌　C. 白粉菌　D. 座囊菌

14. 白粉菌的分类依据是(　　)。
　A. 附属丝的形状，闭囊壳内子囊数目的多少　B. 附属丝的形状，菌丝的颜色
　C. 菌丝和闭囊壳的颜色　D. 分生孢子产生的数量及着生位置

15. 菌丝体及闭囊壳为暗色，似煤烟，寄生在寄主表面，引起阔叶树煤污病，该菌为（　　）。

A. 黑腐皮壳属　B. 煤炱属　C. 小煤炱属　D. 斑痣菌属

16. 白粉菌引起阔叶树植物的白粉病，其病征为（　　）。

A. 白色粉状物和小黑颗粒　B. 霜霉状物　C. 白色丝状物　D. 小黑点

17. 黑腐皮壳属的子囊果为（　　）类型。

A. 子囊腔　B. 子囊壳　C. 子囊盘　D. 闭囊壳

18. 每个子囊内一般含子囊（　　）个。

A. 2　B. 4　C. 6　D. 8

19. 着生担子和担孢子的结构体称为（　　）。

A. 担子果　B. 孢子囊　C. 子囊果　D. 配子囊

20. 锈菌生活史中出现多种类型孢子，最多有（　　）。

A. 4 种　B. 6 种　C. 5 种　D. 3 种

21. 锈菌中的（　　）在一个生长季节发生多次，其作用相当于子囊菌的无性阶段分生孢子。

A. 锈孢子　B. 夏孢子　C. 性孢子　D. 冬孢子

22. 锈菌需经过两种亲缘关系不同的寄主才能完成其生活史，称为（　　）。

A. 单主寄生　B. 活体寄生　C. 转主寄生　D. 兼性寄生

23. 锈菌引起的植物锈病，在锈孢子或夏孢子阶段病斑所表现的病征多呈（　　）。

A. 黑粉状物　B. 灰色霉层　C. 锈黄色粉堆　D. 颗粒状物

24. 自然界有很多真菌只发现无性态，而有性态还没有发现，这类真菌称为（　　）。

A. 接合菌　B. 鞭毛菌　C. 子囊菌　D. 半知菌

25. 半知菌无性繁殖产生（　　）。

A. 游动孢子　B. 分生孢子　C. 子囊孢子　D. 接合孢子

26. 园林植物真菌病害的主要典型病征是（　　）。

A. 菌脓、枯萎、小叶、缩叶　B. 猝倒、立枯、腐烂、枯枝

C. 粉状物、霉状物、疱状物、毛状物、盘状物、粒状物、点状物

D. 肿瘤、萎蔫、溃疡、花叶、畸形

工作任务三　园林植物病原原核生物、病毒、线虫及寄生性种子植物识别

【技能目标】

①能初步诊断细菌、植原体、病毒、线虫、寄生性种子植物引起的病害。

②能识别常见细菌、植原体、病毒、线虫、寄生性种子植物病害病原的形态特征。

③学会病原物玻片的一般制作方法。

④学习细菌革兰氏染色法。

细菌等识别

【任务提出】

通过野外实地调查或标本观察，区分细菌、植原体、病毒、线虫或寄生性种子植物引起的病害。

【任务分析】

结合对本地病害的初步调查，熟悉常见原核生物（细菌、植原体）、病毒、线虫、寄生性种子植物病害类群及病原形态特征以及引起的常见病害类型，并培养初步的诊断能力。

【相关知识】

一、园林植物病原细菌、植原体

细菌病

（一）园林植物病原细菌

1. 细菌的一般性状

细菌属原核生物界，是单细胞生物，具有细胞壁，但无真正的细胞核（仅有核质而无核膜）（图 3-3-1）。有些细菌细胞壁外有一层胶状的黏液层，通常称为荚膜，其厚度因菌而异。细菌的形状有球状、杆状和螺旋状。植物病原细菌都是杆状菌，一般大小为 1～3 μm×0.5～0.8 μm；一般没有荚膜，也不形成芽孢；绝大多数植物病原细菌从细胞膜长出细长的鞭毛，伸出细胞壁外，它是细胞运动的工具。鞭毛通常 3～7 根，最少为 1 根（图 3-3-2）。生在菌体一端或两端的称极毛，着生在菌体周围的称周毛。鞭毛的有无、着生位置和数目是细菌分类的重要依据。

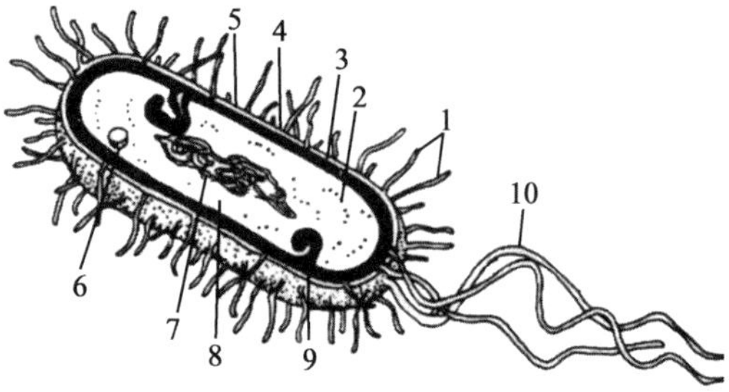

图 3-3-1　细菌结构示意图

1. 菌毛　2. 核糖体　3. 细胞膜　4. 细胞壁　5. 荚膜　6. 内含物　7. 原核　8. 细胞质　9. 间体　10. 鞭毛

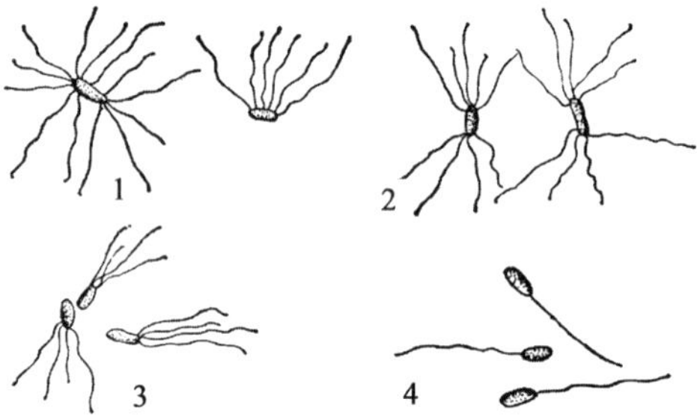

图 3-3-2　细菌鞭毛着生方式

1. 周生 2、3. 极生 4. 单极生

细菌一般是以裂殖的方式进行繁殖的，即细菌的细胞生长到一定限度时，在菌体中部产生隔膜，随后分裂成 2 个基本相同的新个体。细菌繁殖的速度很快，在适宜的条件下，每小时可分裂 1 次至数次，一个细菌一昼夜可繁殖至数十亿个，这是细菌性病害发生迅速且严重的原因。

植物病原细菌都能在人工培养基上生长繁殖，培养基以中性或微碱为宜。细菌种类不同，在固体培养基上的菌落形状和颜色也不同，常有圆形、不规则形，白色、黄色或灰色。培养适温为 26～30 ℃，在 50 ℃下处理 10 min 后多数会死亡。病原细菌大多是好氧的。

细菌个体很小，形态简单，观察和鉴别细菌必须经过染色才能在光学显微镜下观察到。在细菌染色的方法中，以革兰氏染色法最为重要。具体方法是：在一个涂有细菌的干涂片上用结晶紫染色，染色后用稀碘液处理，再用酒精脱色，最后用碱性品红复染。经酒精洗脱能保留紫色的，称为革兰氏阳性反应(G^{+})；紫色被酒精洗脱，复染后呈红色的，则称为革兰氏阴性反应(G^{-})。

对于植物病原细菌的分类，现在一般采用伯杰氏分类系统。将主要的病原细菌分别归入5个属。

(1)棒形杆菌属　菌体杆状，直或稍弯曲，有时呈棒状。一般没有鞭毛，仅个别种有极生单鞭毛，无荚膜。G^{+}，对营养要求严格，在培养基上生长较慢。寄生于植物时主要造成萎蔫症状，如马铃薯环腐病菌。

(2)假单胞杆菌属　菌体单生，杆状，具数根极生鞭毛，无荚膜。G^{-}，对营养要求不高，供给简单的有机碳源一般都能生长，严格好氧性。寄生植物时主要引起植物叶枯病或叶斑病，个别引起萎蔫、腐烂和肿瘤。如丁香细菌性疫病菌。

(3)黄单胞杆菌属　菌体单生、杆状，仅有一根极生鞭毛，无荚膜。G^{-}，对营养要求不高，供给有机碳源及无机盐均能生长良好，严格好氧性。寄生植物后引起叶斑和叶枯症状，少数引起萎蔫和腐烂，如水稻白叶枯病菌。

(4)土壤杆菌属　菌体杆状，具1～4根周生鞭毛，仅有一根鞭毛的多为侧生，有荚膜。G^{-}，对营养要求不高，但需供给氨基酸或生长素，严格好氧性。多为植物病原细菌，引起肿瘤，如根癌土壤杆菌引起多种蔷薇科植物根癌病。

(5)欧氏杆菌属　菌体单生、杆状，周生鞭毛，无荚膜。G^{-}，对营养要求严格，需要特殊的生长物质或供给有机氮，好氧或兼性厌氧。主要引起软腐症状，如胡萝卜欧氏杆菌能侵染十字花科、禾本科、茄科等20多科的数百种果树、蔬菜和大田作物，引起软腐病。

2. 细菌病害的侵染循环

植物病原细菌没有直接穿透寄主表皮而侵入的能力，它们主要通过寄主体表的自然孔口和伤口侵入。假单胞杆菌多从自然孔口侵入，也能从伤口侵入，而棒杆菌、土壤杆菌(野杆菌)和欧氏杆菌则多从伤口侵入植物。细菌主要在薄壁细胞组织和维管束组织中繁殖和扩展。分以下三种情况：①在寄主薄壁细胞组织扩展的，引起叶斑(叶枯)、腐烂，如黄单胞杆菌属、欧氏杆菌属。②在寄主维管束导管内扩展的，引起植物萎蔫，如假单胞杆菌属。③侵入寄主后分泌生长激素，刺激寄主细胞过度分裂形成肿瘤，如土壤杆菌属。

植物病原细菌的田间传播主要是通过雨水飞溅、灌溉水、介体昆虫和线虫等，有些细菌还可通过田间作业活动，如嫁接刀具传播。有些则随着种子、球根、苗木等繁殖材料的调运而远距离传播。植物病原细菌没有特殊的越冬结构，必须依附于感病植物，不能离开感病植物而独立存活。因此，感病植物是病原细菌越冬的重要场所。病株残体、种子、球根等繁殖材料，以及杂草都是细菌越冬场所，也是初侵染的重要来源。一般细菌在土壤内不能存活很久，当植物残体分解后，它们也渐趋死亡。

一般高温、多雨，尤其在暴风雨后，湿度大、施氮肥过多等环境因素，均有利于细菌病害的发生和流行。

植原体病

(二)园林植物病原植原体

植原体形态结构介于细菌与病毒之间，它没有细胞壁，但有一个分为3层的单位膜，厚度为8～12 μm。细胞内含有大量呈双链的脱氧核糖核

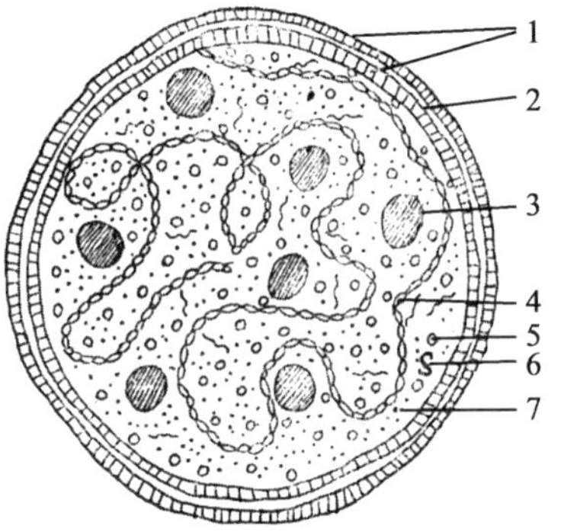

图 3-3-3　植原体结构模式图

1. 蛋白质膜　2. 脂肪膜　3. 核糖体
4. 脱氧核糖核酸　5. 可溶性蛋白质
6. 可溶性核糖核酸　7. 代谢产物

酸细链，这种脱氧核糖核酸呈环状，细胞内还含有类似核糖的蛋白质颗粒，中部有些纤维状结构(图 3-3-3)。

植原体的形态多种多样，最常见的有圆形、椭圆形或不规则形等。也可变为杆状、哑铃形或丝状，80～1 000 nm。它的繁殖方式不同于病毒，是通过二均分裂、出芽生殖和形成小体后再释放出来三种形式繁殖的。植原体与病毒的另一重要区别是，它们能在人工培养基上培养。

植原体只存在于韧皮部组织中或传毒昆虫体内，通过嫁接或菟丝子、叶蝉、飞虱、木虱等传毒。引起的病害属黄化型系统性病害，对青霉素的抵抗能力很强，而对四环素族抗生素敏感。

植原体引起病害的主要特点表现为系统侵染。它们侵入寄主后，大多数分布限于感病植株韧皮部的筛管细胞中，但有时也在韧皮部的薄壁细胞和管胞中发现，或偶见于表皮薄壁细胞中。植原体在病株内的移动，主要是通过筛管细胞上筛板孔进行的。它们可随着植物体内营养液的流动，被运送到植物的其他部位。该类病害主要症状为：叶、茎褪绿黄化，丛枝、花变叶，萎缩和畸形等。在花卉和绿化树种中，由植原体引起的病害已有几十种，如翠菊和常春藤的黄化病；泡桐、刺槐、天竺葵、荷花、牡丹等丛枝病；月季、菊花、丁香的绿变病；桑树的矮缩病；枣疯病等。其中泡桐丛枝病曾给我国绿化和林木生产造成严重损失，迄今仍为泡桐栽培中的严重问题。

二、园林植物病原病毒

病毒病

(一)病毒的一般性状

病毒是一类不具细胞结构的寄生物，体积极小，只有在电子显微镜下才能观察到。病毒粒子结构简单，是由蛋白质外壳和核酸内芯两部分组成，此外病毒粒体还含有水分、矿物质和脂类物质。病毒的蛋白质外壳是由多种氨基酸形成的多肽链构成，在核酸外起保护作用；核酸由多核苷酸链构成，有单链和双链两种结构，而核酸又有核糖核酸(RNA)和脱氧核糖核酸(DNA)两种类型。植物病毒的核酸绝大部分为单链RNA(图 3-3-4)。

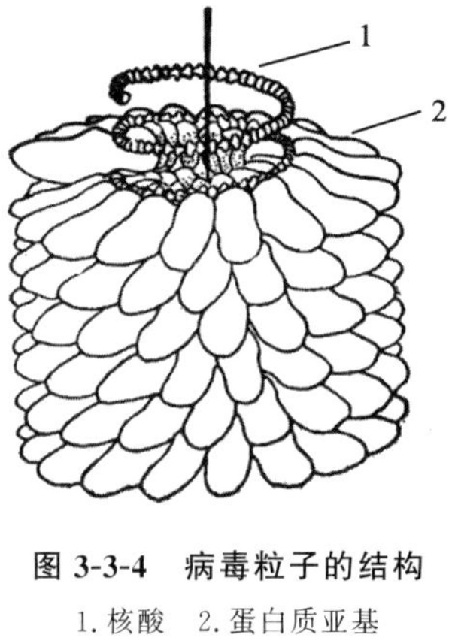

图 3-3-4　病毒粒子的结构

1. 核酸　2. 蛋白质亚基

植物病毒的核酸有传染性，并携带着病毒的遗传信息。一定数量具有控制病毒某种遗传性状的核苷酸序列所构成的核酸链的小段，称为病毒的基因组。绝大多数植物病毒粒体具有相同的形状，也具有相同的基因组。但也有几种病毒可以具有两种不同的形态。形态不同的粒体可能具有不同的遗传分工。只有当不同形态的粒体共同进入寄主时，才能表现出病毒的全部侵染力、致病性及其他遗传特性。

病毒是活养生物，只存在于活体细胞中，迄今还没有发现能培养病毒的合成培养基。病毒具有很高的增殖能力，它的增殖方式显然不同于细胞的繁殖，而是采取核酸模板复制的方式。首先是病毒本身的核酸与蛋白质衣壳分离，在寄主细胞内可以分别复制出与它本身在结构上相对应的蛋白质和核酸，然后核酸进入蛋白质衣壳内形成新的病毒粒体。病毒在增殖的同时，也破坏了寄主正常的生理程序，从而使植物表现症状。

不同的病毒对外界环境条件变化的影响所呈现的稳定性不同。因此，这种特性可作为鉴定病毒的依据之一。①致死温度，即把病株组织的榨出液在不同温度下处理 10 min，在 10 min 内使病毒失去传染力的处理温度称为该病毒的致死温度。②稀释终点，即将病株组织的榨出液用无菌水稀释，超过一定限度时，便失去传染力，这个最大稀释度称为稀释终点。③体外保毒期，即病株组织的榨出液在室温(20～30 ℃)下能保持其侵染力的最长时间称为病毒的体外保毒期。

(二)园林植物病毒病的传播和侵染

病毒是活养生物，它不能在植物活细胞以外生存，这一特点决定了它的传播方式既不能像其他病原生物依靠自身的主动力量传播，也不能借气流、雨水和流水帮助传播。病毒的传播可分为非介体传播和介体传播两大类。非介体传播是指通过感病植物或带毒体本身的无性繁殖材料或有性繁殖材料来完成的。介体传播是指由带毒的或本身受感染的其他生物介体来完成的传播方式。

(1)机械传播　在自然界，通过病株与健株枝叶接触时相互摩擦，或人为的摩擦而产生轻微伤口，带有病毒的病株汁液从伤口流出而传入健株。接触过病株的手、工具也能间接将病毒传染给健株，所以又称汁液传播。这类传播作用通常只发生在病毒存在于表皮薄壁细胞里的花叶型病毒病上。机械传播方法在病毒研究工作中是一种重要的手段。

(2)植物无性繁殖器官的传播　病毒是系统性侵染的，在被侵染的植株各部位都可能含有病毒，包括鳞茎、球茎、根系、接穗和插条。由这些繁殖材料产生的新植株也将被病毒感染，同时，病毒可随着这些无性繁殖材料通过人们的栽培和贸易活动传到世界各地，这对常用无性繁殖的园林植物来讲，是危害很大的。

(3)种子和花粉传播　有些病毒可以进入种子和花粉。过去曾经认为，由种子传染的病毒不多，实际上，据统计，迄今由种子传染的病毒已有 100 多种，并且有些带毒率很高。能以种子传播的以花叶病毒为多。花粉传播的植物病害至少有 11 种以上，如桃环斑病毒，但在自然界对植物的危害并不大。

(4)介体传播　传播植物病毒的介体中最重要的是昆虫，其次是线虫、螨类、真菌，还有菟丝子。昆虫介体中以蚜虫最重要，其次为叶蝉，此外，还有飞虱、粉虱、粉蚧、蓟马等。植物病毒对介体的专化性很强，通常由一种介体传播的病毒就不能由另外一种介体传播。据此，介体生物的种类在植物病毒的鉴定上具有重要的意义。

病毒侵入植物时，必须从植物表面轻微的伤口侵入。这种伤口必须既能造成细胞壁的破坏，为病毒的侵入打开门户，又不导致细胞死亡，这样病毒侵入后才能在活细胞中繁殖，然后侵染逐渐扩展到周围的细胞。病毒进入韧皮部以后，多在筛管内移动，随着植物同化产物运输，先被带至植物根部，后向地上部分移动，病毒便扩展到植物全株，使植物表现症状，因此病毒病多为系统性侵染。

三、园林植物病原线虫

线虫病

(一)线虫的一般性状

线虫是一种低等动物，属于线形动物门线虫纲，在自然界中分布广，种类多。线虫体呈圆筒形，细长，两头稍尖，体长差异较大，最大的是生活于海洋中的线虫，有几米长。而所有寄生在植物上的线虫都是非常微小的，一般体长在 0.5～2 mm，宽为 0.03～0.05 mm。大部分线虫两性异体同形。少数线虫两性异形，雌虫发育近球形或梨形，体壁常无色透明或呈乳白色(图 3-3-5)。

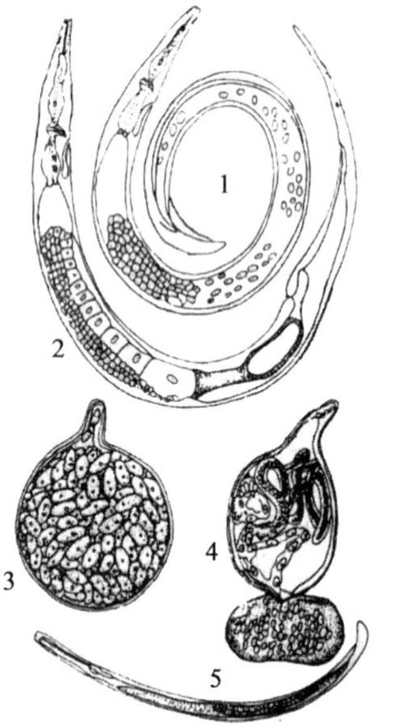

图 3-3-5　线虫的形态

1.雄线虫　2.雌线虫　3.胞囊线虫属雌虫　4.根结线虫属雌虫　5.根结线虫属雄虫

线虫的生活史分为卵、幼虫、成虫三个发育阶段。除少数可营孤雌生殖外，绝大多数是产卵繁殖。一个成熟的雌虫一生可产卵 500～3 000 个。卵孵化为幼虫，幼虫形态与成虫相似，只是体形较小，生殖系统发育不完全。不易区别雌雄。幼虫经 3～4 次蜕皮后发育为成虫。每蜕皮 1 次增加一龄。从卵孵化到再产卵为一代。各种线虫完成生活史的时间不同，有的仅几天，有的几周。

植物寄生线虫大部分生活在土壤耕作层。最适于线虫发育和孵化的温度为 20～30 ℃，最高温度 40～45 ℃，最低为 10～15 ℃。最适宜的土壤温度为 10～17 ℃。在适宜的温湿度条件下有利于线虫的生长和繁殖，多数线虫在沙壤土中容易繁殖和侵染植物。线虫一般以卵和幼虫在植物组织内或土壤中越冬。线虫在田间的传播主要通过灌溉、水、土壤、人的操作活动等，而远距离传播则是依靠种子、球根及花木的调运实现的。

植物病原线虫大多数为活养生物，少数为半活养生物。根据其取食习惯，常将线虫分为外寄生型和内寄生型两大类。外寄生型的线虫在植物体外生活，仅以吻针刺穿植物组织取食。线虫对植物的致病作用，不单是用吻针刺伤寄主，虫体在植物组织内穿行所造成的机械损伤，更主要的是线虫食道分泌的唾液对植物造成影响，其唾液中可能含有各种酶和其他致病物质，它们可以分解植物细胞间的中胶层或细胞壁，能抑制或刺激细胞分裂，造成各种病变。

(二)园林植物寄生线虫的主要类群

线虫纲的分类，是根据侧尾腺口的有无，分为侧尾腺口亚纲和无侧尾腺口亚纲两大类。园林植物寄生线虫主要属于侧尾腺口亚纲中的垫刃目。为害园林植物的线虫，常见的有以下几类。

1.根结线虫属

根结线虫属的成虫为雌雄异形，雌虫体长 0.8 mm，宽 0.5 mm，有一个明显的颈；卵产于尾部的尾囊中。雄虫线形，体长 1.0～2.0 mm；幼虫长 0.5 mm。根结线虫为内寄生型。以 2 龄幼虫侵入植物根部为害。当虫体到达取食部位后就不再移动，称为定居性。由于线虫的刺激，根部肿大，呈瘤状，称为根结或虫瘿。幼虫在虫瘿中发育为成虫。虫瘿中可含 1 至数个雌虫。植物根部的虫瘿是根结线虫为害的典型症状。植株的地上部分则表现为生长停滞，叶片变黄早落，甚至植株枯萎死亡。若将根部虫瘿剖开，可以看到白色小颗粒状物，即为雌虫，用显微镜检查，有时能同时看到雌虫、卵和幼虫。除根结线虫外，有些其他属的线虫也可引起根结症状，因此要做出正确的诊断还应该取出线虫用显微镜观察和鉴定。我国常见的有仙客来、四季海棠、鸡冠花、牡丹、栀子、月季、桂花、法桐、梓树、泡桐及柳树等多种花木的根结线虫病。

2. 孢囊线虫属

与根结线虫属近似，其不同点是雌虫成熟后所产的卵留在体腔内，体壁最后变成一个褐色的保护壳，即孢囊；当雌虫虫体迅速发育膨大时，便撑破根的表皮，虫体外露，但头颈部仍留在皮内。它引起的根结不如根结线虫的明显。

3. 茎线虫属

茎线虫属的两性成虫均呈线形，体长可达到 2 mm；雌虫体形极肥胖。本属为内寄生型，可为害茎（包括球茎、鳞茎）、叶和花等器官。引起组织坏死、腐烂或植株短化变形。病鳞茎横断面有褐色环斑。常见的有水仙、郁金香、福禄考等茎线虫病。本属个别为外寄生型，如水稻茎线虫。

4. 滑刃线虫属

本属雌、雄成虫均为细长的蠕虫状。多为内寄生型，也有外寄生型，为害观赏植物的主要是内寄生型。本属线虫主要侵害植物的叶片，引起枯斑和凋萎；也能侵染花，引起花朵干枯或畸形。个别种为害植物的根和茎，使植物外形萎缩。由本属线虫引起的花卉线虫病，常见的有菊花、珠兰、翠菊、大丽花等叶线虫病；唐菖蒲、水仙、扶桑、杜鹃等多种花木线虫病。

5. 短体线虫属

本属亦称根腐线虫属。两性成虫均为圆筒形，蠕虫状，体长不超过 1 mm，是广泛存在于土壤中的小型线虫。该属线虫在植物根内取食和繁殖。在细胞间可以移动，为迁移性内寄生虫。主要为害植物的根部，引起细胞坏死。根外部症状表现为褐色，出现不规则的长形病斑，症状因寄主不同而有所差异。本属虽为典型的根寄生线虫，但有时也为害植物的其他部分，如块茎、鳞茎，花生的果柄、果壳以及桃花心木树皮及内部木材。园林植物中常见的有百合、水仙、金鱼草、蔷薇、樱花、鹅掌楸及仁果、核果类等多种花卉和树木根腐线虫病。

四、寄生性种子植物

种子植物大多数为自养生物，其中有少数因缺乏叶绿素或某些器官的退化而成为异养生物，在其他植物上营寄生生活。根据其对寄主的依赖程度，可以分为半寄生性种子植物和全寄生性种子植物两大类。前者有叶绿素，能进行光合作用，自制养分，但无真正的根，以吸器伸入寄主木质部，与寄主的导管相连，吸取寄主体内的水分和无机盐。后者无叶，或叶片退化成鳞片状，没有足够的叶绿素，不能自营光合作用，也没有根，以吸器伸入寄主体内，并与寄主的导管和筛管相连，以吸取寄主植物的无机盐类、水分和有机营养物质。寄生性种子植物都是双子叶植物（图 3-3-6）。

1. 桑寄生属

多为常绿灌木，少数为落叶性的。茎褐色，圆筒形，有匍匐茎。叶全缘，对生或互生。两性

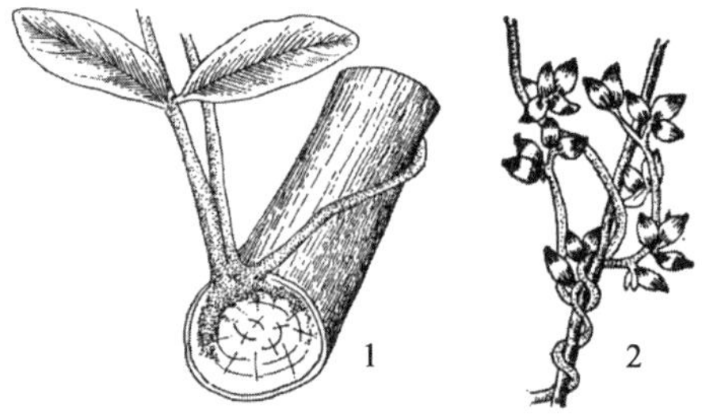

图 3-3-6 常见寄生性种子植物
1.桑寄生 2.菟丝子

花,紫红色,花被4~6枚,浆果。寄生于柑、橙、柚、柠檬、龙眼、梨、桃、李、梅、枣、油茶、板栗、油桐等园林植物上。主要分布在热带、亚热带。

2.槲寄生属

常绿灌木,叶革质,对生或互生,小茎叉状分枝,不产生匍匐茎。花极小,单性花,雌雄异株,果实为浆果。寄生于柑、柚、龙眼、石榴、柿等园林植物上。主要分布在热带、亚热带。

鸟类喜欢啄食桑寄生和槲寄生的浆果,但种子不能被消化,鸟吐出或经消化道排出的种子黏附在树皮上,在适宜条件下萌发,先长吸器,后产生吸根,侵入寄主枝条,发育成绿色丛枝状枝叶。

菟丝子

3.菟丝子属

约有170种,广泛分布于暖温带地区。菟丝子缠绕寄生于寄主植物上,没有根和叶,或叶片退化为鳞片状,无叶绿素。藤茎丝状,黄白色或稍带紫红色。花小,白色或黄色,球状花序。果为开裂的蒴果,内有种子2~4枚。

我国发现的10多种菟丝子中,以中国菟丝子和日本菟丝子最常见。中国菟丝子的茎细,花少,种子小,为害草本植物,以豆科植物为主;日本菟丝子的茎稍粗,花多,种子大,为害木本植物,如梨、杧果、龙眼、柚等。

寄生性种子植物的识别比较简单,不论是全寄生还是半寄生性种子植物均与寄主植物有显著的形态区别。危害寄主植物时,营半寄生的种子植物都是常绿的,能开花结果。当寄主植物落叶后,很明显树干上有几簇丛生的小枝梢。营全寄生的菟丝子类具金黄色或略带紫红色丝状藤茎,常缠绕寄主的部分枝条,甚至整个树冠,一眼就可看到。

防治寄生性种子植物,勤检查、勤清除是最有效的手段;用“鲁保一号”菌剂、五氯酚钠,防治效果较好。

【任务实施】

园林植物病原形态及其所致病害识别

一、实施场所

植物病害实训室、校内外实训基地。

二、实施目的及形式

细菌病毒等识别

学会细菌革兰氏染色法,观察细菌的形态结构和原核生物病害(细菌病害、植原体病害)特点,认识病原线虫及所致病害和寄生性种子植物的形态特征,为诊断、识别和防治打基础。

以学习小组为单位组织教学。教师通过玻片标本、新鲜材料、多媒体课件,演示与讲授相结合,让学生认识园林植物病原细菌、植原体、病毒、线虫、寄生性种子植物的形态特征及主要类群。通过显微绘图和临时玻片制作，让学生掌握病原微生物观察方法。

三、材料及用具

材料：桃细菌性穿孔病、果树细菌性根癌病、柑橘溃疡病、白菜软腐病、烟草花叶病、木瓜花叶病、大豆病毒病、花生根结线虫病、菟丝子、桑寄生等病害标本。

用具：显微镜、载玻片、盖玻片、擦镜纸、蒸馏水滴瓶、酒精灯、移菌环、吸水纸、香柏油、纱布、龙胆紫、95%酒精、碘液、碱性品红、二甲苯等，挂图、多媒体课件。

四、实施过程

以显微镜检验方法为主，以放大镜和肉眼观察为辅。

(一)病原细菌的观察

1. 细菌病害的溢脓现象

切取一块大小约 0.5 cm^2 的柑橘溃疡病或杉木细菌性叶斑病的病叶，放于滴有水滴的载玻片中央，1～3 min 后，盖上另一块载玻片，然后对光慢慢挤压，观察切口处，若是细菌病害，切口处有浑浊液流出，或将材料放在显微镜下观察，切口处也可看到浑浊液溢出。也可剪掉病叶尖端，然后插在装有湿沙的烧杯中，经过一段时间后观察，剪口处有菌脓溢出。

2. 细菌的染色观察

(1)简单染色法

①涂片　在洁净的载玻片上加一小滴蒸馏水，用灭菌的移菌环挑起少许菌，在水滴中充分混合。

②干燥　让涂片自然干燥，或微微加热促使其干燥。

③固定　将干燥的涂片在酒精灯火焰上，慢慢地通过 2～3 次。

④染色　在固定的涂片上涂上 1 滴苯酚番红液，染色 1～2 min。

⑤冲洗　用自来水或清水小心地冲洗玻片，直至冲下的水洁净无色为止。注意冲洗水流不宜过急、过大，水由玻片上端流下，避免直接冲在涂片处。冲洗后，将标本晾干。

⑥油镜观察　细菌的菌体较小，要用油镜才能观察到。油镜观察方法如下：加一滴香柏油于载玻片上，然后将载玻片置于镜台上。油镜头移至油滴中，并与载玻片稍微接触为止，然后将油镜头慢慢移上，调准焦点，即可观察。使用油镜时，镜台要保持水平，要防止油滴移动，光线应尽量调亮一些，油镜使用后要擦油镜头，可先用擦镜纸擦去镜头上的油，再用擦镜纸蘸一些二甲苯擦洗镜头，最后用擦镜纸擦去镜头上剩余的二甲苯。

(2)革兰氏染色　革兰氏染色可把细菌分为阴性菌和阳性菌两大类，步骤如下：

①涂片、干燥及固定　方法同简单染色法。所用材料为棒状杆菌和欧文氏杆菌。也可用菌脓制片。

②初染　加结晶紫或龙胆紫染色液，染色约 1 min，然后倾去多余的染色液，水洗。

③媒染　滴加碘液冲去残水，并覆盖约 1 min，水洗。

④脱色　将载玻片上的水甩净，用 95%的酒精滴洗至流出的酒精不出现紫色为止，需 20～30 s，并立即用水冲净酒精。

⑤复染　用番红染液复染 1～2 min，水洗，让其自然干燥。

⑥油镜观察　革兰氏阳性菌呈紫色，革兰氏阴性菌呈红色。

(二)病毒内含体的染色观察

寄主细胞感染病毒以后,最突出的变化之一就是形成内含体,在光学显微镜下观察可见不定形体和结晶体两种内含体,它们都是由大量的病毒颗粒组成的。

用镊子将一串红花叶病病株表皮或叶脉上的表皮撕下,置于载玻片上,加一滴碘液进行染色,在显微镜下观察,细胞核被染成鲜黄色,内含体被染成黄褐色,另用同样方法处理健康叶作为对照。

(三)病原线虫的观察

取根结线虫属玻片观察其雌、雄成虫的形态特点。

(四)寄生性种子植物观察

(1)菟丝子　取菟丝子玻片,观察吸盘侵入寄主后的特征。

(2)桑寄生　取桑寄生标本,观察其特征。

五、注意事项

(1)观察细菌时必须用油镜观察,镜检完毕后,必须用擦镜纸蘸少许二甲苯轻拭镜头,除去镜头上的香柏油。镜检时先用低倍镜找到目标,然后需要放大时再转入高倍镜下观察。

(2)病原菌比较微观,观察困难,即使有的同学找到目标,也不知观察哪一部分,可利用显微投影仪示范讲解,同时配备示范镜以便同学对照观察。

(3)显微镜使用完毕,应及时取下载物台面上的观察物,放入镜箱内,轻拿轻放。

(4)对有疑问的现象,应该积极查阅资料并开展小组讨论,达成共识。

六、作业

(1)绘细菌形态图。

(2)绘线虫、菟丝子形态图。

【任务评价】

任务评价考察标准分为基本能力、职业能力、岗位专业能力三部分。

基本能力、职业能力方面的要求参考项目一。

岗位专业能力:针对本项工作任务的具体要求与实施来考察。以个人考核为主。能根据所提供标本,准确识别病原类型。识别欠准确者,酌情扣分。

(1)园林植物病原细菌一般形态识别及所致病害识别。

(2)园林植物病原植原体所致病害识别。

(3)园林植物病原病毒所致病害识别。

(4)园林植物病原线虫一般形态及所致病害识别。

(5)园林植物寄生性种子植物一般形态识别。

【思考练习】

一、选择题

1. 植物病原细菌都为(　　)。

A. 球状　　B. 螺旋状　　C. 杆状　　D. 短杆状

2. 植物细菌病害的病征是(　　)。

A. 菌脓状物　　B. 霉状物　　C. 粉状物　　D. 粒状物

3. 植物病原细菌最主要的传播途径是（　　）。

A. 空气　　B. 昆虫　　C. 雨水　　D. 本身的游动

4. 病毒的繁殖方式是（　　）。

A. 裂殖　　B. 芽殖　　C. 复制　　D. 两性生殖

5. 花叶病是由（　　）引起的。

A. 植原体　　B. 病毒　　C. 螺旋体　　D. 类病毒

6. 植物病毒的主要传播媒介是（　　）。

A. 雨水　　B. 空气　　C. 昆虫　　D. 鸟类

7. 植原体所引起植物病害典型症状是（　　）。

A. 丛枝　　B. 肿瘤　　C. 袋果　　D. 叶斑

8. 阔叶树叶部毛毡病是由（　　）引起。

A. 子囊菌　　B. 霜霉菌　　C. 刺吸性昆虫　　D. 螨类

9. 植物寄生线虫都是（　　）。

A. 专性腐生　　B. 死养生物　　C. 自养生物　　D. 专性寄生物

二、简答题

1. 园林植物病毒有哪些传染方式？
2. 怎样区分病毒病和非侵染性病害？
3. 简述病毒、植原体及类病毒病害如何防治。
4. 简述园林植物细菌病害症状主要类型。各举一例病害。
5. 园林植物细菌病害的特点是什么？
6. 寄生性种子植物有些是全寄生，有的是半寄生，它们有什么不同？举例说明。

【拓展资源】

园林植物病原细菌的分离培养

工作任务四　园林植物病害诊断技术

【技能目标】

①学习园林植物病害的诊断思路，培养初步的诊断和鉴别病害的能力。

②学习园林植物非侵染性病害诊断方法。培养区分侵染性病害与非侵染性病害的能力。

③初步具备根据实地调查病害病状和病征特点鉴别真菌病害、细菌病害、病毒病害、线虫病害的能力。

④学习验证性试验和印证鉴定。

病害诊断

【任务提出】

通过实施调查、室内鉴定等一系列步骤，准确诊断出一种植物病害的病害类型。

【任务分析】

结合对本地病害的初步调查，熟悉病害诊断步骤，根据诊断要点进行推断，培养初步的诊断能力，形成清晰的诊断意识，根据诊断步骤和诊断要点构建起诊断思路。

【相关知识】

一、园林植物病害的诊断步骤

(一)园林植物病害的实地观察

根据区域植物生长实际、群众反映和实地调查，初步判断为害症状特点，区别是虫害、伤害还是病害，进一步区别是侵染性病害或非侵染性病害。侵染性病害在生长区域可看到由点到面逐步扩大蔓延的趋势。虫害、伤害没有病理变化过程，而园林植物病害却有病理变化过程。注意调查和了解病株在生长区域的分布，病害的发生与气候、地形、地势、土质、肥水、农药及管理的关系。

(二)园林植物病害的症状观察

症状观察是首要的诊断依据，虽然简单，但需在比较熟悉病害的基础上才能进行。诊断的准确性取决于症状的典型性和诊断人的经验。观察症状时，注意是点发性症状还是散发性症状；病斑的部位、大小、长短、色泽和气味；病部组织的特点。许多病害有明显的病状，当出现病征时就能确诊，如白粉病。有些病害外表看不见病征，但只要认识其典型症状也能确诊，如病毒病。

(三)园林植物侵染性病害的室内鉴定

许多病害单凭病状是不能确诊的，因为不同的病原可产生相似病状，病害的症状也可因寄主和环境条件的变化而变化，因此有时需进行室内病原鉴定才能确诊。一般说来，病原室内鉴定是借助放大镜、显微镜、电子显微镜、保湿、保温器械设备等，根据不同病原的特性，采取不同手段，进一步观察病原物的形态、特征特性、生理生化等特点。新病害还须请分类专家确诊病原。

(四)园林植物侵染性病原生物的分离培养和接种

有些病害在病部表面不一定能找到病原物，同时，即使检查到微生物，也可能是组织死亡后长出的腐生物，因此，病原物分离培养和接种是园林植物病害诊断中最科学最可靠的方法。接种鉴定又叫印证鉴定，就是通过接种使健康的园林植物产生相同症状，以明确病原。尤其对新病害或疑难病害的确诊很重要。

(五)提出诊断结论

根据上述各步骤的观察鉴定结果进行综合分析，提出诊断结论，并根据诊断结论提出防治建议。

二、园林植物病害的诊断要点

植物病害的诊断，首先要区分是侵染性病害还是非侵染性病害。许多植物病害的症状都有很明显的特点，这些典型症状可以成为植物病害的诊断要点。

（一）非侵染性病害的诊断要点

非侵染性病害除了植物遗传性疾病之外，主要是由不良的环境因子所引起的。若在病植物上看不到任何病征，也分离不到病原物，且往往大面积同时发生同一病状，没有逐步传染扩散的现象，则大体上可考虑为非侵染性病害。大体上可从发病范围、病害特点和病史几方面分析来确定病因。

(1)病害突然大面积同时发生　发病时间短，只有几天。大多是由于大气污染、三废污染或气候因子异常引起的病害，例如冻害、干热风、日灼。

(2)病害只限某一品种发生　有生长不良或系统性症状一致表现，多为遗传性障碍所致。

(3)有明显的枯斑或灼伤　枯斑或灼伤多集中在植株某一部分的叶或芽上，无既往病史。大多是农药或化肥使用不当所致。

（二）侵染性病害的诊断要点

侵染性病害常分散发生，有时还可观察到发病中心及其向周围传播、扩散的趋势，侵染性病害大多有病征（尤其是真菌、细菌性病害）。有些真菌和细菌病害及所有的病毒病害，在植物表面无病征，但有一些明显的症状特点，可作为诊断的依据。

1.真菌病害

许多真菌病害，如锈病、黑穗（粉）病、白粉病、霜霉病、灰霉病以及白锈病等，常在病部产生典型的病征。病状一般表现为色变、坏死、腐烂、萎蔫等。依照这些特征和病征上的子实体形态，即可进行病害诊断。对病部不易产生病征的真菌病害，可以用保湿培养镜检法缩短诊断过程，即摘取植物的病器官，用清水洗净，于保湿器皿内，适温（22～28 ℃）培养 1～2 d，促使真菌产生子实体，然后进行镜检，对病原体进行鉴定。有些病原真菌在植物病部的植物内产生子实体，从表面不易观察，需用徒手切片法，切下病部组织镜检。必要时，则应进行病原的分离、培养及接种实验，才能做出准确的诊断。目前基因诊断是科研院所常用的诊断方法，快速准确。

2.细菌病害

植物受细菌侵染后可产生各种类型的病状，如腐烂、斑点、萎蔫、溃疡和畸形等；病征表现为有的病斑上有菌脓外溢。一些产生局部坏死病斑细菌性病害，初期多呈水渍状、半透明病斑。腐烂型细菌病害，一个重要特点是腐烂组织黏滑，且有臭味。萎蔫型细菌病害，剖开病茎，可见维管束变褐色，或切断病茎，用手挤压，可出现浑浊液体。所有这些特征，都有助于细菌性病害的诊断。切片镜检有无“喷菌现象”是简单易行、又可靠的诊断技术，即剪取一小块（4 mm^2）新鲜的病健交界处组织，平放在载玻片上，加蒸馏水一滴，盖上盖玻片后，立即在低倍镜下观察。如果是细菌病害，则在切口处可看到大量细菌涌出，呈云雾状。在田间，用放大镜或肉眼对光观察夹在玻片中的病组织，也能看到云雾状细菌溢出。此外，革兰氏染色、血清学检验和噬菌体反应等也是细菌病害诊断和鉴定中常用的快速方法。

3.植原体病害

植原体病害的病状特点是植株矮缩、丛枝或扁枝、小叶与黄化，少数出现花变叶或花变绿。一般看不到病征，只有在电镜下才能看到植原体。注射四环素以后，初期病害的症状可以隐退消失或减轻，但对青霉素不敏感。

4.病毒病害

病毒病的症状特点一般表现为有病状而没有病征。病状多呈花叶、黄化、丛枝、矮化等。但潜隐性病毒无明显典型病状，一般表现植株生长衰退，如苹果潜隐性病毒病。撕去表皮镜检，有时可见内含体。在电镜下可见到病毒粒体和内含体。感病植株多为全株性发病，少数为局部性发病。田间病株多分散，零星发生，无规律性。如果是接触传染或昆虫传播的病毒，分布较集中。病毒病病状有些类似于非侵染性病害，诊断时要仔细观察和调查，必要时还需采用枝叶摩擦接种、嫁接传染或昆虫传毒等接种实验，以证实其传染性，这是诊断病毒病的常用方法。此外，血清学诊断技术等可快速做出正确的诊断。

5.线虫病害

线虫病害表现虫瘿或根结、孢囊、茎（芽、叶）坏死、植株矮化、黄化或类似缺肥的病状。病征一般有虫瘿、孢囊、线虫等。鉴定时，可剖切虫瘿或肿瘤部分，用针挑取线虫制片或用清水浸渍病组织，或做病组织切片镜检。有些植物线虫不产生虫瘿和根结，可通过漏斗分离法或叶片染色法检查。必要时可用虫瘿、病株种子、病田土壤等进行人工接种。

6.寄生性种子植物病害

寄生性种子植物对寄主植物的影响是抑制生长，病状表现为植株个体衰老状、缺素状。草本植物受害主要表现为植株矮小、黄化，木本植物受害主要表现为生长受到抑制、生长迟缓等。病征就是寄生性种子植物本身。

7.生理性病害

生理性病害又称为非侵染性病害，是环境条件不能满足园林植物的生长要求造成的，引发原因多，症状复杂。没有病征，病状一般表现为变色、坏死、畸形、生长不良等。常见有缺素症、日灼、冻害、药害、中毒等。

三、园林植物病害诊断注意事项

园林植物病害的症状是复杂的，每种病害虽然都有固定的典型的特征性症状，但也有易变性。因此，诊断病害时，要注意如下几个问题：

（1）不同的病原可导致相似的症状，如萎蔫性病害可由真菌、细菌、线虫等病原引起。相同的病原在不同的寄主植物上表现不同的症状。

（2）相同的病原在同一寄主植物的不同发育期及不同发病部位表现的症状不同，如炭疽病在苗期表现为猝倒，在成熟期为害茎、叶、果，为斑点型。

（3）环境条件可影响病害症状，如腐烂病潮湿时为湿腐型，干燥时为干腐型。

（4）缺素症、黄化症等生理性病害与病毒、植原体引起的病害症状类似。

（5）在病部的坏死组织上，可能有腐生菌，容易因混淆病原而误诊。

（6）注意虫害、螨害和病害的区别。

（7）注意并发病和继发病。

（8）验证性试验和印证鉴定。应用印证鉴定方法，首先将病原物分离培养，然后通过接种使健康的园林植物产生相同症状，以明确病原。应用验证性试验方法，在判别侵染性病害与非侵染性病害时，可对植株个体采取破坏性试验，用“肥”或“药”，在短时间内验证推断，以挽回巨大损失。此法应在教师或管理人员指导下谨慎应用。

【任务实施】

园林植物病害诊断

一、实施场所

植物病害实训室、校内外实训基地。

病害诊断技术

二、实施目的及形式

通过课程实训操作识别园林植物病害的症状特点，理解并学会各类园林植物病害的诊断方法，为田间病害调查、预测预报及防治提供依据。

以学习小组为单位组织教学。教师通过实物标本、图片、多媒体课件演示与讲授相结合，使学生了解植物病害的发生规律，掌握植物病害的诊断方法及注意事项。在此基础上，每个学习小组学生利用课余时间到校内、校外实训基地进行实地观察，按步骤诊断所见病害。

三、材料及用具

显微镜、放大镜、标本夹、记载本、PDA 培养基、载玻片、盖玻片、挑针、镊子、刀片、蒸馏水、滴瓶、纱布等。

四、实施过程

（一）非侵染性病害的田间诊断

现场观察非侵染性病害的症状及田间分布特点。非侵染性病害是由不良的环境条件引起的，并与气候、地势、土质、施肥、灌溉、喷药等有关。常造成植物变色、枯死、落花、落果、畸形、生长不良等病状，无病征出现。病害不传染，在田间分布比较均匀，成片发生，没有明显的发病中心。

（二）真菌性病害的田间诊断

田间观察真菌性病害的病状：坏死型、腐烂型、萎蔫型和畸形特点。大多数真菌性病害都在发病部位产生病征。主要病征有各种色泽的霉、粉、锈、黑点、黑粒、菌索、菌核等。可根据病状特点，用放大镜观察病部的病征类型，确定病害种类。

（三）细菌性病害的田间诊断

细菌所致病害病状主要有斑点、条斑、溃疡、萎蔫、腐烂、畸形等类型，病斑多表现急性坏死型，多数叶斑受叶脉限制呈多角形或近圆形斑。病斑初期呈半透明水渍状，边缘常有褪绿的黄晕圈。对于细菌性病害出现的症状，与真菌性病害相似，容易混淆，有些不能作为诊断的主要根据。但多数细菌病害有一个共同特点：发病后期，气候潮湿时，从病部的气孔、水孔、皮孔及伤口处溢出细菌的脓状物，即菌脓（病征）。

（四）病毒病害的田间诊断

病毒病害病状多呈花叶、黄化、丛枝、矮化、畸形、坏死等。无病征。感病植株多为全株性发病，少数为局部性发病。田间病株多分散，零星发生，无规律性。如果是接触传染或昆虫传播的病毒，分布较集中。

（五）植物线虫病害的田间诊断

线虫多数引起植物地下部发病，病害是缓慢的衰退病状，很少有急性发病。通常表现的病状是病部产生肿瘤、茎叶畸形、叶尖干枯、须根丛生及植物生长衰弱，类似营养缺乏症状。虫瘿、孢囊、线虫等一般为病征特征。

(六)寄生性种子植物的田间诊断

观察菟丝子、桑寄生、槲寄生、列当标本的形态。仔细比较哪种仍具有绿色叶片,哪种叶片已完全退化,它们的寄生性有何不同,观察其与寄主接触的特点。

(七)植物病原真菌的分离培养及鉴定

(1)选择材料及处理　选取典型症状的植株,洗净晾干,从病健交界处切3～5 mm见方的植物组织。材料先用70%酒精漂洗2～3 s至几分钟,再用无菌水漂洗3～4次,用无菌滤纸吸干材料上的水。

(2)制作平板培养基　将三角瓶中的PDA培养基融化,无菌操作将培养基倒入已灭菌的培养皿中,厚度2～3 mm。

(3)移入、培养　在无菌操作下用镊子将材料移入PDA培养基上,标明日期、材料等,置培养箱中在温室、阴暗条件下培养2～3 d,检查结果并做出鉴定。

(4)转管保藏　如果分离成功,在菌落边缘挑取小块菌组织,移入试管斜面PDA培养基上,菌丝长满后,放入冰箱中,低温保藏。

(八)植物病原细菌的分离培养及鉴定

(1)材料处理　植物组织先用漂白粉溶液处理3～5 min,或次氯酸钠溶液处理2 min,再用无菌水冲洗。

(2)制备细菌悬液　在灭菌培养皿中滴几滴无菌水,切取4 mm见方的病组织,经表面消毒,无菌水冲洗3次,放入水滴中,用灭菌玻璃棒将组织研碎,静置10～15 min。

(3)划线分离　用接种环蘸取菌悬液在肉汁培养基上划线,分离。

(4)培养、观察、鉴定　标明时间和材料等,培养基翻转置恒温培养箱中适温培养24～48 h,观察结果并做出鉴定。

五、注意事项

(1)注意症状的稳定性和复杂性。植物病害症状虽有一定的稳定性,但还表现有一定的变异性和复杂性,即在病害发生初期和后期症状往往不同。由于植物种类、生长环境和栽培管理的不同,症状的表现也不尽相同。有时不同的病原物在同一寄主也表现相似症状。

(2)病原物的分离培养应选用新鲜的标本,标本不能放在塑料袋中保湿,以免滋生细菌。

(3)为避免污染,应该在无菌室内的超净工作台上严格按照无菌操作要求进行。

(4)所有的接种工具都必须经高温灭菌或灼烧。操作时,应该在酒精灯火焰附近进行,以保证管口、瓶口等所处空间无菌。所有操作动作要快,避免杂菌污染。

(5)注意病原菌与腐生菌的区别;注意病害与虫害、伤害的区别;注意侵染性病害和非侵染性病害的区别。

(6)田间诊断园林植物叶部及枝干病害时,应结合园林植物管护水平全面进行,甚至还要留意气候、土壤、环境等方面内容。根部病害的诊断还要重视土壤湿度、温度、质地、前作、污染情况及其他植物的生长情况等内容。

【任务评价】

任务评价考察标准分为基本能力、职业能力、岗位专业能力三部分。

基本能力、职业能力方面的要求参考项目一。

岗位专业能力:针对本项工作任务的具体要求与实施来考察。以个人考核为主。根据病害的一般诊断步骤与注意要点，能准确诊断病害。根据诊断准确程度酌情扣分。

(1)园林植物非侵染性病害的诊断。

(2)园林植物真菌性病害的诊断。

(3)园林植物细菌、植原体病害的诊断。

(4)园林植物病毒病害的诊断。

(5)园林植物线虫病害的诊断。

(6)寄生性种子植物的诊断。

【思考练习】

简答题

1. 园林植物侵染病害的诊断方法主要有哪些？

2. 如何区分侵染性病害和非侵染性病害？

3 简述园林植物真菌性病害的特点。

4. 植物病害的诊断应注意哪些问题？

【拓展资源】

园林植物病害的侵染循环

案例分析

案例 1：2009 年 5 月，在山西省太原市晋祠博物馆成片种植的月季出现生长不良、叶片发黄、纤弱，症状特征与缺素症吻合，技术员采取相应措施，但结果很不理想。6 月开始出现病死植株。后邀请专家实地考察，结果发现是月季细菌性根癌病。挖出的病根表皮粗糙，组织木栓化，有许多大大小小的黄白色到黑褐色肿瘤，症状十分明显。

案例 2：2012 年 7 月，笔者应邀去河南省封丘县查看树莓生长情况。在城关乡树莓专业合作社的地里，合作社技术员指着几株生长不良的树莓说："这几株已经有两年了，叶片变小变黄，植株矮小，果实变小，产量明显下降，每年还往外扩展，不知啥原因。"通过询问种植和管理情况，比较健株和病株生长势，初步判定问题在根部。而且从外部看很像线虫病、根癌病或沤根这一类的问题。剖根观察，树莓根颈部有褐色突起，质地变硬，表面粗糙，凹凸不平，小的仅皮层一点突起，大的如鸡蛋，形状不规则，症状十分明显。（封丘树莓，中国国家地理标志产品，2014 年封丘被授予"中国树莓之乡"称号。）

两个案例共同问题：①如何区分侵染性病害与非侵染性病害？②如何排除线虫病、根癌病或沤根等的可能性？③防治思路有哪些？

工作任务五　园林植物病害标本采集、制作与保存技术

病害标本

【技能目标】

①结合课程实习，学会园林植物病害标本的采集、制作、保存方法。

②结合课程实习，学习病害标本的鉴定技术，掌握当地常见园林植物病害种类的主要识别特征。

【任务提出】

通过校内外实地调查，在初步了解园林植物病害在实际生产现场的发生情况以后，学习园林植物病害标本采集、制作与保存技术，为识别和鉴定当地园林植物主要的病害种类及症状特点打下基础。

【任务分析】

本工作任务结合课程实习进行园林植物病害标本的采集、制作与保存。通过课程实习，引导学生亲自动手操作，熟悉园林植物病害常见类群及标本的采集、制作与保存方法，从而为园林植物病害的诊断和防治奠定基础。

【相关内容】

一、病害标本的采集

（一）采集用具

（1）标本夹　用来采集、翻晒和压制病害标本，由2块对称的木条栅状板和1条细绳组成。

（2）标本纸　一般采用草纸、麻纸或旧报纸，用来吸收标本水分。

此外，还需要采集箱、修枝剪、手锯、手持放大镜、镊子、记载本、标签等用具。

（二）采集方法与要求

（1）掌握适当的采集时期，症状要典型，真菌病害应采有子实体的；新病害要有不同阶段的症状表现（无性态和有性态应齐全）。采集时要将病部连同部分健康组织一起采下，以利于病害的诊断。

（2）转主寄生的病害要采集两种寄主上的症状。

（3）每一种标本上只能有一种病害，不能有多种病害混发，以便正确鉴定和使用。

（4）采集标本的同时应进行田间记录，包括寄主名称、发病情况、环境条件以及采集地点、采集日期、采集人等。

（三）采集注意事项

为保证标本完整，以利于标本的制作和鉴定。采集时应注意以下几点：

（1）对病菌孢子容易飞散脱落的标本，用塑料袋或光滑清洁的纸将病部包好，然后放入采集箱内。

（2）腐烂的果实标本、柔软的肉质类标本必须用纸袋分装或用纸包好后，放入采集箱内并

防止挤压。

(3)体形较小或易碎的标本，如种子、干枯的病叶等，采集后放入纸袋或广口瓶内。

(4)适于干制的标本，应随采随压于标本夹中，尤其是容易干燥蜷缩的标本，更应注意立即压制，否则叶片失水卷缩后无保存价值。

(5)对于不熟识的寄主植物，应将花、叶及果实等一并采回，以便于鉴定。

(6)各种标本应采集一定份数(5 份以上)，以便于鉴定、保存和交换。

二、病害标本的制作

一般植物病害的标本主要有干制和浸渍两种制作方法。干制法简单、经济，应用最广；浸渍法可保存标本的原形和原色，特别是果实病害的标本，用浸渍法制作效果较好。此外，用切片法制作玻片标本，用以保存并建立病原物档案。

(一)干制标本的制作

叶、茎、果等水分不多、较小的标本，可分层夹于标本夹内的吸水纸中压制。标本纸每层 3～4 张，以利吸收标本中的水分。然后将标本夹捆紧置于室内通风干燥处。标本干燥越快，保持原色的效果越好。在压制过程中，必须勤换纸、勤翻动，以防标本发霉色变，特别是在高温高湿天气。通常前几天，每天换纸 1～2 次，此时由于标本变软，应注意整理使其既美观又便于观察，以后每 2～3 d 换 1 次纸，直到全干为止。较大枝干和坚果类病害标本以及高等担子菌的子实体，可直接晒干、烤干或风干。肉质多水的病害标本，应迅速晒干、烤干或放在 30～45 ℃的烘箱中烘干。另外，对于某些容易变褐的叶片标本(如梨叶)，可平放在阳光照射的热沙中，使其迅速干燥，达到保持原色的目的。

(二)浸渍标本的制作

一些不适于干制的病害标本，如水果、伞菌子实体、幼苗和嫩枝叶等，为保存原有色泽、形状、症状等，可放在装有浸渍液的标本瓶内。现将常用的浸渍液及其使用方法介绍如下：

1. 普通防腐浸渍液

只防腐不保色。其配方如下：甲醛 50 mL、酒精(95%)300 mL、水 2 000 mL。此浸渍液亦可简化成 5%甲醛溶液或 70%酒精液。

2. 绿色标本浸渍液

(1)醋酸铜－甲醛溶液浸渍法　将醋酸铜渐渐加入 50%的醋酸中配成饱和溶液(大约 1 000 mL 50%的醋酸加 15 g 醋酸铜)，此为原液，使用时需加水稀释 3～4 倍。用此浸渍液制作标本，分热处理和冷处理两种方法：

①热处理法　将稀释后的醋酸铜溶液加热至沸，投入标本，标本绿色初被漂去，经数分钟，待标本恢复原来的绿色时，立即取出，用清水漂洗净后投入 5%的甲醛溶液中保存，或压制成干燥标本也可。

②冷处理法　对于不能煮制的标本，如葡萄等果实适用冷处理法。即将标本投入 2～3 倍的醋酸铜稀释液冷浸 72 h，待标本恢复原来的绿色后，取出用清水漂洗干净，保存于 5%甲醛溶液中。

(2)硫酸铜－亚硫酸浸渍法　将标本先投入 5%硫酸铜液中冷浸 6～24 h，待转色后，取出用清水冲洗，然后保存于亚硫酸溶液中(含 5%～6%二氧化硫的亚硫酸溶液 45 mL 加水

1 000 mL 配成）。此法保存叶片效果好，但应注意密封瓶口，必要时可每年换一次亚硫酸浸渍液。

3. 红色标本浸渍液

（1）将硼酸 45 g 溶解于 2 000 mL 水中，等硼酸全部溶解后，再加入 95%酒精 280 mL。静置沉淀后，用其上部澄清液。因红色是由花青素形成的，花青素能溶解于水和酒精，上述浸渍液难以长期保存红色标本。

（2）瓦查红色浸渍液　此浸渍液可以长期保存红色标本，其配方为：硝酸亚钴 15 g，福尔马林 25 g，氯化锡 10 g，水 2 000 mL。

将洗净的标本先浸渍在上述配制的溶液中，约两星期后，取出保存于下列方法配制成的浸渍液中：甲醛（37%）10 mL，亚硫酸（饱和溶液）30～50 mL，酒精（95%）10 mL，水 1 000 mL。

4. 黄色和橘红色标本浸渍液

保存杏、梨、柿、黄苹果和柑橘等果实标本，宜用亚硫酸作浸渍液。但亚硫酸有漂白作用，使用浓度一定要注意。一般市场出售的亚硫酸（含 SO_2 5%～6%的水溶液），在使用时应配成 4%～10%的稀释溶液（含 SO_2 0.2%～0.5%）。

5. 标本瓶的封口

存放标本的浸渍液，多用具有挥发性或易于氧化的药品制成，必须严密封闭，才能长久保持浸渍液的效用。

（1）暂时封口法　取蜂蜡及松香各 1 份，分别溶化，然后混合，再加入少量凡士林，调成胶状物即成。或以明胶 4 份在水中浸 4 h，将水滤去，加热熔化，拌入 1 份石蜡，熔化混合后成为胶状物，趁热使用。

（2）永久封口法　用酪胶及消石灰等量加水调成糊状，封口，保存。或用明胶 28 g 在水中浸数小时，将水滤去加热熔化，再加入 0.324 g 的重铬酸钾，并加入适量的热石膏调成糊状，即可使用。标本密封后，贴上标签，放于阴凉避光处保存。

（三）显微切片的制作

1. 载玻片和盖玻片的清洁

（1）铬酸洗涤液的配制（表 3-5-1）

表 3-5-1　铬酸洗涤液配方

类型	浓铬酸洗液	稀铬酸洗液
重铬酸钾	60 g	60 g
浓硫酸	460 mL	60 mL
水	300 mL	1 000 mL

以温水溶解重铬酸钾，冷却后，缓缓加入浓硫酸，边加边搅拌即成。

（2）洗涤

①污浊玻片　将载玻片及盖玻片用清水洗涤后，置浓铬酸洗涤液中浸数小时或在稀铬酸洗涤液中煮沸 0.5 h，然后取出用清水冲净，以脱脂的干净纱布擦干。如果玻片粘有油脂或加

拿大胶，应先用肥皂水煮，并经清水冲净后，再按上法处理。如果是经过染色和加拿大胶封藏的玻片，用浓偏硅酸钠溶液煮沸，经冲净后，再按上法处理。

②不太污浊的玻片　可用毛刷蘸去污粉，在玻片上湿擦，然后用水冲净，以净纱布擦干。为保持玻片的清洁，可将洗净的玻片保存在酸化的酒精(95%酒精 100 mL 加浓盐酸数滴)中，用时取出擦干或用火将酒精烧去。

2. 制片的方法

病害标本在镜检前，必须制成显微切片。制作显微切片的方法有很多，常见的有徒手切片法、石蜡切片法、刮涂法等。其中徒手切片法简单易行，简介如下：

(1)切片工具　剃刀、双面刀片、井式徒手切片机。

(2)被切材料准备　木质或较坚硬的材料，可修成长 7～8 cm，直径不小于 1 mm，直接拿在手里切；细小而较柔软的组织，需夹在通草、红萝卜、马铃薯或向日葵茎髓之间切。通草平时浸泡在 50%酒精中，用时以清水冲洗。

(3)切片方法　徒手切片，刀口应从外向内，从左向右拉动；使用井式徒手切片机，将材料夹在持物中，装入井圈中夹住，左手握住机体，右手持剃刀切割，每切 1 片后，调节机上刻度使材料上升，再行切割。切下的薄片，为防止干燥，应放在盛有清水的培养皿中。

(4)染色　在染色器皿中进行。常用番红－固绿二重染色法和铁矾－苏木精染色法。

(5)制片　用挑针选取 2～3 个最薄的染色和不染色的切片放在载玻片中央的水滴中，盖上盖玻片(小心操作，以免产生水泡)，然后用显微镜观察。

对于表生的霉层、白粉、锈粉、霉污等材料，可直接挑取或刮取病原物，置于载玻片中央的水滴中涂抹均匀，然后封片观察。

此外，病原特征典型的切片，需长期保存时，可用甘油明胶作浮载剂，待水分蒸发后，再用加拿大胶封固，即可长期保存。甘油明胶的配法是：先将 1 份明胶溶于 6 份水中，加热至 35 ℃，溶化后加入 7 份甘油，然后每 100 mL 甘油明胶中加入 1 g 苯酚，搅拌均匀，趁热用纱布过滤即成。

三、病害标本的保存

1. 干制标本的保存

干燥后的标本经选择制作后，连同采集记载一并放入牛皮纸袋中或标本盒中，贴上鉴定标签，然后分类存放于标本橱中。

(1)纸制标本盒　盒底纸制，盒面嵌有玻璃。可将经过压制的标本用线或胶固定在盒内底部。盒外贴上标签。

(2)牛皮纸袋　先把标本缝固在油光纸夹中，然后将其置于牛皮纸袋中，并在袋外贴上标签。

(3)标本橱　用来保存标本盒、牛皮纸袋和玻片标本盒。一般按寄主种类归类排列，也可按病原分类系统排列存放。

2. 浸渍标本的保存

将制好的浸渍标本瓶、缸等，贴好标签，直接放入专用标本橱内即可。

3.玻片标本的保存

排列于玻片标本盒内，然后将标本盒分类存放于标本橱中。各类标本的保存要有专人负责，干制标本和浸渍标本必须分橱存放，定期检查，如发现问题应及时处理。标本室的环境应阴凉干燥，定期通风。标本室的玻璃要加深色防光窗帘，如发现标本室有危害标本的害虫应立即采取熏蒸措施。

【任务实施】

园林植物病害标本采集、制作与保存

病害标本制作

一、实施场所

植物病害实训室、校内外实训基地。

二、实施目的及形式

学会并熟练运用园林植物常见病害标本的采集、制作与保存方法，了解当地园林病害的主要种类和生活环境，从而为园林植物病害的诊断和综合治理奠定基础。

以班级为单位组织教学。教师通过将附近园林植物病害实物、标本、图片、多媒体课件演示与讲授相结合，使学生熟悉园林植物病害类型、采集方法、制作方法，在此基础上，每个学习小组进行病害标本的采集、制作，教师给予点拨指导。

三、材料及用具

标本夹、标本纸、采集箱、绳、修枝剪、小刀、小锯、手持放大镜、纸袋、塑料袋、镊子、小玻璃管、记载本、铅笔、标签等。

四、实施过程

教师根据工作任务目标，制订指导性操作方案和实施方案，并可根据以往学生实习情况，提供优秀参考范本。

(1)检查病害标本采集工具，制订采集方案。

(2)采集的病害标本要具有典型病状，采集过程中要做好记录。记录内容包括寄主名称、采集日期、采集地点、采集人、生态条件等。

(3)病害标本的采集和制作可以同步进行，注意寄主植物的各部分器官(根、茎、叶、花、果)、病状、病征以及病害不同发病阶段的完整性。

(4)按照病害标本制作的操作规范，定时更换吸水纸和浸渍液，确保标本的制作质量，以免发霉和虫蛀。

(5)将压制好的干制标本及时装盒或上台纸，浸渍标本及时封存，标签内容填写完整。

(6)针对病害标本的采集、制作过程进行讨论，分析操作过程中的基本要领与注意事项。

五、注意事项

(1)真菌病害的标本具有有性和无性两个阶段，应在不同时期分别采集。

(2)对于典型病害症状，采集前可先进行拍摄，记录真实状况，然后按标本的性质和使用目的制成标本。

(3)有条件的地区可以将病害标本的采集任务分解，根据园林植物的生长特性，选择不同季节分别采集。

【任务评价】

任务评价考察标准分为基本能力、职业能力、岗位专业能力三部分。

基本能力、职业能力方面的要求参考项目一。

岗位专业能力：针对本项工作任务的具体要求与实施来考察。以个人考核为主。要求能正确完成病害标本的现场采集、制作、保存操作，并做好记录。采集欠规范者，酌情扣分。以小组为单位考核。

(1)病害标本的采集。

(2)病害标本的制作。

(3)病害标本的保存。

【思考练习】

简答题

1. 采集病害标本时应注意哪些事项？

2. 干制病害标本怎样制作？

3. 如何保存病害标本？

项目小结

园林植物病害的相关概念及特点理解。园林植物病害的病征、病状，病原真菌及其他侵染性病原的主要类群的形态特征及致病特点，侵染性病害和非侵染性病害的识别要点，病害诊断的方法，为制订有效的防治措施提供依据。

园林植物侵染性病原及其引起的病害症状识别。园林植物侵染性病原有真菌、细菌、病毒、植原体、线虫、寄生性种子植物，不同病原引起的病害症状各有特点。园林植物的非侵染性病原有营养失调、土壤水分失调、温度不适宜、有毒物质的污染等。

园林植物病害诊断。园林植物病害的诊断分5步进行：田间观察、症状观察、室内鉴定、分离培养与接种、提出诊断结论。侵染性病害和非侵染性病害的诊断各有特点。

园林植物侵染性病害的发展过程。园林植物侵染性病害的发展过程包括越冬、接触、侵入、潜育、发病、传播和再侵染等各环节，其中接触、侵入、潜育、发病4个时期是病害一次发生的全过程，称为侵染程序，简称病程。而病原物的越冬和越夏、初侵染和再侵染、传播3个环节称为侵染循环。病害流行的条件包括大量侵染力强的病原物、大量易感寄主、适宜的环境条件。

园林植物病害标本的采集、制作与保存技术学习。结合课程实习，能够熟练地使用采集工具采集各种病害标本，会配制各类浸渍液，能够制作各类干制标本、浸渍标本、玻片标本，掌握病害标本保存技术。并能将这些能力实际应用到病害调查、病害鉴定、病害诊断及综合防治等内容的学习实践中去。

项目四　园林植物病虫害调查与预测预报

素质目标：

培养发现问题、分析问题、解决问题的能力，培养团结合作的精神，培养任务驱动学习的良好习惯，做好病虫害调查与预测预报工作。

技能目标：

①能对不同类型病虫害开展全面调查。②初步学习病虫害的预测预报及数据整理。③能对病虫害的为害程度做出分析。④能根据调查结果制订科学合理的综合防治方案。

知识目标：

①理解、熟悉园林植物病虫害调查的基本方法，熟悉踏查及取样方法。②理解病虫害为害程度的表示方法及不同类型病虫害的调查方法。③理解病虫害的预测预报及数据整理技术。

知 识 点：

病虫害调查、预测预报、资料整理、标准、虫口密度、有虫株率、发病率、病情指数。

工作任务一　园林植物病虫害调查与预报

【技能目标】

①学会园林植物一般田间调查方法及根据调查资料进行统计。

②能够正确记载、计量病虫害的为害程度。

【任务提出】

了解园林植物病虫害调查的目的，思考怎么样正确选择取样方法、取样数量和取样单位。

【任务分析】

本次任务主要是学会园林植物病虫害的调查取样方法及数据统计方法，理解和提高熟练运用各种调查取样方法的能力和技能。

【相关知识】

病虫害调查是开展园林植物病虫害研究、预测预报、统计和防治工作的基础和前提。开展园林植物病虫害调查，是为了摸清某一区域内病虫害的种类、数量、为害程度、发生发展规律、在时间和空间上的分布类型及天敌、寄主等情况，为病虫害的预测预报和制订正确的防治方案提供科学依据，也是检查防治药效的必要技术手段。

一、园林植物病虫害的田间调查

(1)一般调查　当一个地区或某一种园林植物病虫发生情况的资料很少时，如调查害虫种类、发生时期、为害程度、防治情况，应先做一般调查。调查面积较大，内容广泛，有代表性，但不要求精确，一般在植物病虫发生盛期调查1～2次，可为确定防治对象和防治适期提供依据。

(2)重点调查　重点调查又称专题调查，对一个地区的园林植物大致了解后，对某些发生较为普遍或严重的病虫害可做进一步的调查。调查次数要比一般调查多，调查内容详细和深入，如分布情况、发病率、损失率、损失程度、对环境的影响、防治方法、防治效果等。

(3)调查研究　调查研究是对某种病虫害的某一问题进行的深入调查，如寄主范围、侵染循环、发生代数、生活习性、防治方法等。有时需要定时、定点、定量调查，强调数据的规范性和可比性，以便能够系统观察病虫害的累进变化，研究某一病虫害的盛衰、消长的年变化或季节性变化，通过调查逐步提高对病虫害的认知水平。

二、田间调查的内容

1.发生和为害情况的调查

普查一个地区一定时间内病虫害的种类、发生时期、发生数量和为害情况等。对于一般调查，主要了解当地的病虫害种类、发生时期与发生量及为害程度等，以田间调查为主；对于当地常发性或暴发性病虫害，则应详细调查，记录病虫害的始发期、盛发期、盛末期及数量消长情况或病害由发病中心向全田扩展的增长趋势及严重程度等，为确定防治适期和防治对象提供依据。

2.病虫、天敌发生规律的调查

详细调查某种病害、虫害或天敌的地理分布及不同分布区的数量对比，如调查寄主范围、发生世代、越冬虫态、主要习性及在不同的条件下数量的变化情况等，为制定防治措施和保护利用天敌，开展预测预报提供依据。

3.越冬情况的调查

调查病虫越冬场所、越冬基数、越冬虫态和病原越冬方式等，为制订病虫防治计划和开展预测预报提供依据。

4.防治效果的调查

病虫害发生前后的对比调查；防治区与不防治区的发生程度的对比调查；不同的防治措施、时间、次数的对比调查，为选择有效的防治措施提供依据。

三、田间调查方法

病虫的田间分布因病虫种类、虫期、发生时期的不同而发生变化，还受地形、土壤、寄主种类、栽培方式、农田小气候等多种环境因素的影响，因此，进行病虫害的田间调查取样，必须根据不同的田间分布型选择相适应的取样方法，可使取样具有代表性。常见的病虫害田间分布型有以下三种。

(一)昆虫种群的田间分布型

1. 随机分布型

通常是稀疏的分布，昆虫种群内每个个体是相对独立的，个体间的距离不等，但分布均匀，调查取样时每个个体出现的概率相等(图 4-1-1)。由于取样数量少，因此每个点取样可稍大些。对角线、棋盘式取样均适用于这种分布型的昆虫。

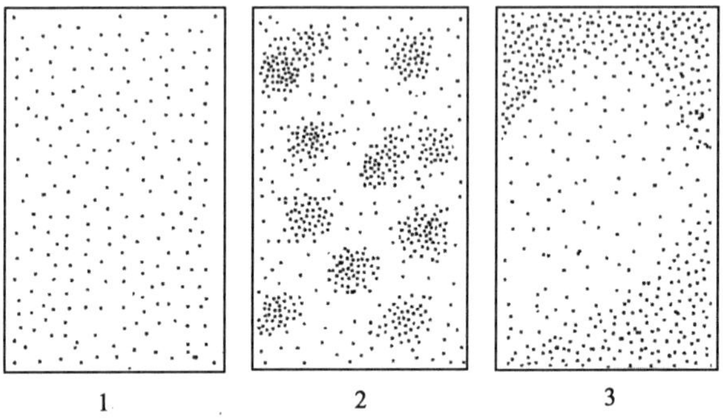

图 4-1-1　昆虫种群田间分布型

1. 随机分布　2. 核心分布　3. 嵌纹分布

2. 核心分布型

昆虫在田间的分布是不均匀的，即昆虫在田间分布呈多个小集团或核心，并向四周放射状扩展蔓延，核心是随机分布的。这种分布型往往是由昆虫成虫以卵块产卵，或幼虫有群集习性造成的，因此，取样点数量可多一些，取样点可小一些，抽行式取样、棋盘式取样适用于此种分布型的昆虫。

3. 嵌纹分布型

昆虫在田间的分布也是不均匀的，昆虫在田间分布疏密互间，密集程度极不均匀。此种分布型通常由很多密度不同的随机分布型混合而成，或由核心分布型的几个核心联合而成，调查取样时取样个体在各取样单位中出现机会不相等。因此，取样点数量应多一些，每个取样点可小一些，“Z”形取样法适用于此种分布型的昆虫。

(二)调查取样方法

1. 调查时期和次数

调查时期根据调查目的来确定。对于病虫害发生和危害情况，一般在发生盛期调查，若一次调查多种植物或一种植物上的多种病虫害时，可选择适当的时期进行。

调查次数也根据调查目的确定。若了解一般病虫害的危害情况，进行 1 次调查即可，但如果要了解病虫害的发生发展及被害后的症状变化，应在一年四季的不同发育阶段进行系统调查。

2. 取样方法

由于时间和人力受限，不能对每一个田块逐一调查，需要从中抽取一定的样本作为代表来推测总体。取样的好坏，将影响调查结果的可靠性。取样代表应反映实际田间情况。常用的调查方法有对角线式取样、棋盘式取样、分段式取样、平行线式取样和"Z"形式取样(图 4-1-2)。

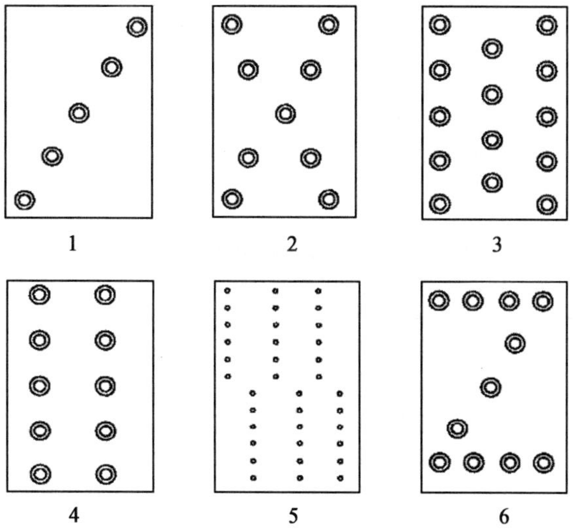

图 4-1-2　常见的取样方法

1. 单对角线式　2. 双对角线式　3. 棋盘式　4. 分段式　5. 平行线式　6. "Z"形式

3. 取样单位

应随园林植物的种类和病虫害的特点而异，常用的单位有：

(1)面积　常用于调查地下害虫或苗圃中的病虫害，一般以平方米为单位。

(2)长度　一般调查枝干上病虫害数量和受害程度，如调查的枝干害虫在树干上垂直分布时，则在植株的上、中、下各取 20～50 cm，统计害虫种类、数量、虫态，求出平均虫口密度。

(3)体积　适用于地下害虫或蛀干害虫，以立方米为单位。

(4)时间　常用于调查比较活泼的害虫，以单位时间内捕获的或目测到的虫数来表示。

(5)植株的整体或植株的某一部分　调查某些病虫害时，可以以株为单位，如立枯病或地下害虫为害的幼苗以植株为单位；但很多病虫害在植株上有一定的为害部位，也可以叶片、果实等为单位。

(6)其他　根据害虫的特性，以设计特殊的调查统计器械为单位。如用黑光灯、捕虫网、诱蛾器、草把等时，统计单位器械诱得的虫量。

4. 取样数量

为保证田间调查取样的代表性，最大限度地缩小误差，同时减少人力与时间，需要确定取样数量。在植株少、生长整齐及病虫害分布均匀、发生密度大的情况下，取样点可适当少些，反之多些。一般每个样点的取样数量为：全株性病虫 100～200 株，叶部病虫 10～20 片叶，梢(蕾)部病虫 100～200 个梢(蕾)。在检查病虫的发育进度时，一般活虫数不少于 20 头。

四、调查资料的记录

调查资料的记录是园林病虫害调查的重要工作，可以保存大量的数据和资料，便于以后整理和分析，因此，记录要求准确、简要、具体，有统一标准，特殊情况要加以说明。调查记录的内容根据调查目的和对象而定，一般多采用表格形式，对于专题调查，记录的内容更为详细。

普查（踏查）又称概括调查，是较大范围内进行的调查（表 4-1-1），目的在于了解病虫害种类、数量、分布、危害程度（表 4-1-2）、危害面积、蔓延趋势及导致病虫害发生的一般原因。

普查除了现场调查外，对于历史情况和观察不到的情况，可通过采访、调查或查阅有关单位的记录资料，保证调查资料的准确。

表 4-1-1　园林植物病虫害普查记录表

调查人：　　　　调查地点：　　　　调查日期：

园圃绿地概况									
调查总面积									
受害面积									
卫生状况									
园林植物种类	品种	被害面积	危害部位	危害程度	分布状态	寄主情况	天敌种类	数量及寄生率	备注

注：①园圃或绿地概况包括园林植物种类及品种组成，平均高度、栽植密度、生长期、长势及地形、地貌等。

②分布状态为单株分布（单株发生病虫害）、簇状分布（被害株 3～10 株成团）、团状分布（被害株呈块状分布）、片状分布（被害面积达 50～100 m^2）、大片分布（被害面积超过 100 m^2）等。

③危害程度常分为轻微、中等、严重三级，分别用“＋”“＋＋”“＋＋＋”表示。

表 4-1-2　危害程度划分标准表

危害部位	病虫害类别	受害程度		
		轻微（＋）	中等（＋＋）	严重（＋＋＋）
种实	虫害	5%以下	5%～15%	15%以上
	病害	10%以下	15%～25%	25%以上
叶部	虫害	15%以下	15%～30%	30%以上
	病害	10%以下	15%～25%	25%以上
枝梢	虫害	10%以下	10%～25%	25%以上
	病害	15%以下	15%～25%	25%以上
根部、茎干	虫害	5%以下	5%～10%	10%以上
	病害	10%以下	10%～25%	25%以上

五、病虫害的预测预报

(一)虫害预测预报

虫害预测预报是通过实际调查取得数据,根据害虫发生规律,并结合当地有关历史资料,进行综合分析后,对害虫未来发展动态做出判断,并及时发出预报,用以指导防治前的各项准备工作。

1. 发生期预测

预测害虫某一虫期或虫龄的发生和为害的关键时期,从而确定防治适期。在发生期预测中可将各虫态的发生时期分为始见期、始盛期、高峰期、盛末期和终见期,常用始盛期(出现某虫期总量的16%)、高峰期(出现某虫期总量的50%)、盛末期(出现某虫期总量的84%)。

常用的几种方法:物候法、有效积温预测法、形态构造预测法、物理法、相关分析法、计算机预测法等。

2. 发生量预测

发生量的预测是预测害虫的发生程度和发生数量,确定是否防治。害虫的发生程度或为害程度一般分为轻、中偏轻、中、中偏重、大发生和特大发生6级。

常用5种预测方法分别是:有效虫口基数预测法、气候图预测法、形态指标预测法、生命表预测法、相关分析预测法。

3. 发生区测报

发生区测报包括害虫发生地点、范围及面积的测报,有些害虫具有扩散迁移习性,应对迁移方向、距离、降落地点进行测报。测报内容有扩散迁移的测报和发生地点与范围的测报。

(二)病害预测预报

病害的预测预报是根据病害的流行规律,利用经验或系统模拟的方法估计一定时间之后的病害流行状况。按照预测内容和预报量的不同可分为流行程度预测、病害发生期预测和作物损失预测等。按照预测时限分为长期预测、中期预测和短期预测等。预测因子由寄主、病原物和环境因子中选取。菌量、气候条件、栽培条件、寄主植物的抗病性与生育状况等是最重要的预测依据。

1. 数理统计预测法

运用统计学回归分析的方法,在多年试验、调查历史资料的基础上建立数学模型,用于预测病害,找出影响病害流行的各主要因素,即寄主植物的感病性、发病数量、品种、环境因子(温度、湿度、土壤)等与病害流行程度之间的数量关系。在回归方程中,以上述某个因子为自变量,流行程度为因变量,建立回归方程后,直接输入调查数据即可预测病害发生情况。

2. 试验生态生物学预测法

这种预测法是运用生态学、生物学和生理学的方法,通过预测圃观察、绿地调查、孢子捕捉和人工培养等手段,来预测病害的发生期、发生量及危害程度的一种方法。此法较烦琐,但准确性高,是目前病害预测常用的方法。

(1)预测圃观察法　预测圃观察法是在某病的流行地区,栽植一定数量的感病植物或固定一块圃地,经常观察病害的发生发展情况。根据预测圃植物发病情况,可推测病害发生期,便于及时组织防治工作。

(2)绿地(林地)调查　在绿地(林地)内选有代表性的地段进行定点、定株和定期调查,了解病害的发生情况,分析病害发生的条件,通过调查,可对病害未来发生情况做出准确的预估。

(3)孢子捕捉　对于季节性比较强,靠气流传播的病害可以采用孢子捕捉法预测病害发生情况。在病害发生前,用一定大小的玻璃片,涂上一层凡士林,放在容易接收孢子的地方,迎风或平放于一定的高度,定期取回镜检计数,进行统计分析,可推测病害发生时期和发生程度。

(4)人工培养　在病害发生前,将容易感病或可疑的有病部分进行保湿培养,逐日记载发病情况,统计已显症状的发病组织所占的比例,从而预测在自然情况下病害可能发生的情况。

六、调查资料的统计与整理

(一)调查资料的统计

园林植物病虫害调查所获得的大量资料必须经过整理、计算,用数字说明病虫害发生数量和危害程度,通常采用算数平均数计算法和加权平均数计算法,公式分别为:

公式中 $\bar{x}$ 为算数平均数,

n 为抽样单位数

$$\bar{x}=\frac{x_1+x_2+x_3+\cdots+x_n}{n}=\frac{\sum x}{n}$$

$x_1+x_2+x_3+\cdots+x_n$ 为 1～n 个取样单位的数据。

平均数的加权计算法计算公式:

$$\bar{x}=\frac{f_1x_1+f_2x_2+f_3x_3+\cdots+f_nx_n}{\sum f}=\frac{\sum fx}{n}$$

公式中 f 为权数;权数是衡量轻重的指标,是指数值相同的各数据的比重。如统计绿地害虫平均虫口密度或危害率时,需用此方法计算。

(二)调查资料的整理

(1)害虫名称和病原种类的鉴定。

(2)资料汇总。

(3)调查报告。

①调查地区的概况　包括自然地理环境、社会经济情况、绿地概况、园林绿化生产和管理情况及园林植物病虫害发生情况。

②调查结果的综述　包括调查病虫害的种类、形态特征、发生数量、危害程度、分布范围、主要病虫害的发生规律及分布规律、天敌资源、检疫对象及疫区等。

③病虫害综合治理措施和建议。

④附录　包括调查地区病虫害种类名录、天敌名录、主要病虫害发生面积汇总表、主要害虫分布图、检疫对象所在疫区面积汇总表等。

(4)调查原始资料装订。园林植物病虫害调查与预报、归档及标本的整理、制作、保存。

【任务实施】

园林植物病虫害调查与预报模拟

一、实施场所

教室、实验(训)室,校内、外实训基地。

二、实施目的及形式

根据病虫害类型或调查目的选择不同的取样方法,为预测预报打好基础。

以小组为单位组织教学,通过教师讲解、资料查找、小组讨论,让学生掌握不同的园林植物病虫害的调查取样方法、危害程度判定等,模拟现场调查,熟悉调查过程。

三、材料与工具

捕虫网、毒瓶、记载本、铅笔、放大镜及其他标本采集用具、多媒体设备、当地害虫历年发生情况资料、当地气象资料、相关图书、PPT、视频资料等资源。

四、实施过程

(1)根据工作任务,课堂讲授、查阅资料与搜集网络资源相结合,学习园林植物病虫害调查的相关知识。

(2)教师给出当地普遍发生的病虫害的相关资料,进行模拟调查训练,并写出调查报告。

五、注意事项

(1)根据病虫害类型或调查目的选择不同的取样方法,切忌生搬硬套。

(2)教师应熟练掌握多媒体使用,在有限课堂讲授时间内,让学生尽可能多练习。

(3)模拟练习需要了解病虫害的形态(症状)、为害特点、发生发展规律等相关知识。

【任务评价】

任务评价考察标准分为基本能力、职业能力、岗位专业能力三部分。

基本能力、职业能力方面的要求参考项目一。

岗位专业能力:针对本项工作任务的具体要求与实施来考察。以个人考核为主。

能够根据岗位任务要求,模拟进行病虫害调查,并将基本资料、数据进行综合分析,能够对病虫害进行检测、资料整理。根据学生完成情况酌情扣分。

【思考练习】

简答题

1. 为什么要进行田间调查?
2. 园林植物病虫害调查取样应注意哪些问题?
3. 园林植物病虫害调查有哪些取样方法?各有何特点?

工作任务二　园林植物害虫调查

【技能目标】

①结合调查,学会对当地主要园林植物害虫种类、发生为害情况进行全面调查。

②学会田间调查方法及根据调查资料进行统计。

③能够正确记载、计量和统计害虫为害程度。熟悉害虫分级标准。

【任务提出】

田间调查时，根据害虫的为害特征进行现场调查并统计为害程度。

【任务分析】

本次任务主要是了解不同害虫的为害特征并进行现场调查，识别害虫种类，灵活应用不同的取样方法并统计害虫的为害程度。

【相关知识】

一、园林植物害虫调查的基本内容

1.虫口密度与有虫株率

根据调查对象的特点，按照一定的方法选取样地上的植株，逐地逐株进行调查，统计一定取样单位内出现的数量，凡是可数性状，调查后折算成一定单位内的虫数或受害数。可用虫口密度和有虫株率表示。虫口密度是单位面积或植株上害虫的平均数量，表示害虫发生的严重程度，也可用百株虫量表示；有虫株率是有虫株数占调查总株数的百分比，表示害虫在园内分布的均匀程度。当数量不易统计时，可划分出等级，粗略估计虫数，以等级表示。如棉蚜蚜情划分等级为：0 级为每百叶 0 头；1 级为 1～10 头；2 级为 11～50 头；3 级为 50 头以上。虫口密度是指单位面积或每个植株上害虫的平均数量，表明害虫在园内的分布均匀程度。公式为：

$$\text{单位面积虫口密度}=\frac{\text{调查总活虫数}}{\text{调查面积}}$$

$$\text{百株虫数}=\frac{\text{调查总活虫数}}{\text{调查总株数}}$$

$$\text{有虫株率}=\frac{\text{有虫株数}}{\text{调查总株数}}\times 100\%$$

2.被害率、被害指数及损失率

通常用被害率和被害指数来表示植株的受害情况。

(1)被害率　表示植株的株、叶、秆、花、果实等受害的普遍程度，但不考虑每株(叶、秆、花、果)的受害程度，计数时同等对待。

$$\text{被害率}=\frac{\text{被害株(叶、秆、花、果)数}}{\text{调查总株数(叶、秆、花、果)数}}\times 100\%$$

(2)被害指数　由于植株间受害轻重程度不同，许多害虫为害对植物的品质影响不大，用被害率并不能说明受害的实际情况，因此常用被害指数表示。调查前，先按受害轻重分成不同的等级，然后分级计数，进行计算。

$$\text{被害指数}=\frac{\sum[\text{各级值}\times\text{各级病(叶、枝、花、果)数}]}{\text{调查总(叶、枝、花、果)数}\times\text{最高级值}}\times 100\%$$

对害虫的为害情况可按植株受害轻重程度进行分级，再用被害指数反映害虫的为害程度。

地下害虫为害后易出现缺苗断垄现象，可将缺苗率或单位面积害虫数量分为不同的等级，来表示地下害虫的为害程度。食叶害虫一般按照叶片被取食的面积目测划分为 5 个等级，从 1 级到 5 级分别表示叶片被取食的面积为 5%、5%～25%、25%～50%、50%～75%和 75%以上。钻蛀性害虫分级应依据虫口、被害株数、虫口的多少及长短进行估计。吸汁类害虫根据虫口密度或被害状进行分级，见表 4-2-1。

表 4-2-1　蚜虫分级标准

等级	分级标准
0 级	无蚜虫，全部叶片正常
1 级	有蚜虫，全部叶片无蚜害异常现象
2 级	有蚜虫，受害最重叶片出现皱缩不展
3 级	有蚜虫，受害最重叶片出现皱缩半卷，超过半圆形
4 级	有蚜虫，受害最重叶片皱缩全卷，呈圆形

(3)损失率　被害指数只能表示受害轻重程度，不能直接反映产量损失。产量损失用损失率表示(此项指标可根据实际情况选用)。

$$损失率=\frac{受害田平均产量}{未受害田平均产量}\times 100\%$$

二、食叶害虫调查

食叶害虫危害园圃或绿地时，首先在受害地选定样方，样方可随机选定，也可逐株调查或采用对角线取样，选出 10～20 株样株进行调查，调查主要害虫种类、虫态等并填入表 4-2-2。若样株矮小(一般不超过 2m)可全株统计害虫数量；若植株高大，可分别从树冠的上、中、下部及不同方位取样调查。对于落叶和表土层中越冬的幼虫、蛹或茧的虫口密度的调查，可在样株下树冠投影范围内设置 0.5 m×2 m 的样方(0.5 m 长的一边靠近树干)，统计 20 cm 深的土层内主要害虫的虫口密度。

表 4-2-2　食叶害虫调查表

调查人：　　　　　　　　　　调查地点：　　　　　　　　　　调查时间：

<table>
<tr><th rowspan="2">样地号</th><th rowspan="2">园圃及绿地概况</th><th rowspan="2">样株号</th><th rowspan="2">害虫名称</th><th rowspan="2">虫态</th><th colspan="6">害虫数量</th><th rowspan="2">为害情况</th><th rowspan="2">备注</th></tr>
<tr><th>健康</th><th>死亡</th><th>被寄生</th><th>其他</th><th>总计</th><th>虫口密度</th></tr>
<tr><td></td><td></td><td></td><td></td><td></td><td></td><td></td><td></td><td></td><td></td><td></td><td></td><td></td></tr>
<tr><td></td><td></td><td></td><td></td><td></td><td></td><td></td><td></td><td></td><td></td><td></td><td></td><td></td></tr>
<tr><td></td><td></td><td></td><td></td><td></td><td></td><td></td><td></td><td></td><td></td><td></td><td></td><td></td></tr>
</table>

三、枝梢害虫调查

在枝梢害虫为害地选含 50 株以上的样方，逐株调查健株，主梢受害、侧梢健壮株数等；从被害株中选出5～10株，调查害虫名称、虫口数等。对于蚜、蚧等虫体小、数量多的害虫，可在上、中、下部各选出取样枝，查清虫口密度，求出平均每10 cm长的样枝段的虫口密度，填入表4-2-3、表4-2-4。

表4-2-3　园圃枝梢害虫调查表

调查人：　　　　　　　　调查地点：　　　　　　　　调查时间：

样地号	调查株数	被害株数	被害率	害虫名称	虫态	主梢受害、侧梢健壮株数	主梢健壮、侧梢受害株数	主侧梢均受害株数	备注

表4-2-4　园圃枝梢害虫样株调查表

调查人：　　　　　　　　调查地点：　　　　　　　　调查时间：

样地号	样株调查										备注
	样株号	株高	胸径及根径	树龄	总梢数	被害梢数	被害率	害虫名称	虫态	虫口密度	

四、种实害虫调查

种实害虫调查包括虫果率和虫口密度的调查，方法是样地内选样株5～10株，调查样株上的种实（按不同部位采集同等数量的果实，果实大的调查20个，果实小的调查20个以上），将调查结果填入表4-2-5。

表4-2-5　园圃种实害虫调查表

调查人：　　　　　　　　调查地点：　　　　　　　　调查时间：

样株号	调查种实数	受害种实数	受害种实百分率	害虫名称	每一种实平均虫（孔）数	不同种实虫果率	总平均虫果率	备注

五、蛀干害虫调查

选具有50株以上发生蛀干害虫的园圃进行调查，调查健康树、衰弱树、濒死树和枯立树各占的百分率。蛀干害虫为害程度的调查方法是从被害数中选3～5株，伐倒，测量树高、胸径，从干基到树梢剥一条10 cm宽的树皮，调查各部位害虫的种类，并统计虫口密度，方法是树干南北方向及上、中、下部及虫害部位中央截取20 cm×50 cm的样方，调查害虫种类、数量等，并统计每平方米和单株虫口密度，将调查结果填入表4-2-6、表4-2-7。

表4-2-6 园圃蛀干害虫调查表

调查人： 调查地点： 调查时间：

样方树	总株数	健康树		害虫名称	虫态	衰弱树		枯立树		濒死树		备注
		株数	百分率			株数	百分率	株数	百分率	株数	百分率	

表4-2-7 园圃蛀干害虫为害程度调查表

调查人： 调查地点： 调查时间：

样树号	树高	胸径	树龄	害虫名称	虫口密度（每1 000 cm^2）				备注
					成虫	幼虫	蛹	虫道	

六、地下害虫调查

园圃在进行播种前或定植前，要进行地下害虫的调查，可采用棋盘式或对角线式取样，根据圃地大小，选择一定面积的样坑，分层取样，调查后填入表4-2-8。

表4-2-8 园圃地下害虫调查表

调查人： 调查地点： 调查时间：

土壤植被状况	样坑号	样坑深度	害虫名称	虫态	害虫数量	被害株数	受害率	备注

【任务实施】

园林植物害虫调查

一、实施场所

教室、实验(训)室,校内、外实训基地。

二、实施目的及形式

根据虫害类型或调查目的选择不同的取样方法,为预测预报做准备。

以小组为单位组织教学,对圃地害虫的识别、为害特点进行现场调查,使学生学会调查取样方法、为害程度、虫口密度、有虫株率等统计方法。

三、材料与工具

卷尺、挖掘工具、剪枝工具、捕虫网、毒瓶、记载本、铅笔、放大镜、诱虫灯等其他标本采集用具、多媒体设备、相关图书、教材、PPT 等。

四、实施过程

(1)根据工作任务,采取课堂讲授、实训室识别与实训基地调查相结合的方式,通过查阅资料与网络资源的利用,获得园林植物害虫调查的相关知识。

(2)通过校内外实训基地,对园林植物害虫的发生、发展情况进行调查,同时采集害虫、被害状的标本,记录数据,拍摄图片。

(3)采集标本带回实训室鉴定,对数据进行统计。

(4)室内鉴定:通过综合分析,利用各种材料与工具进一步鉴定,并熟悉害虫的发生规律。

(5)对任务进行详细记载,并制定 1 份当地园林植物害虫调查报告。

五、注意事项

(1)调查中需要一定量的样本和保证重复性。

(2)根据害虫类型或调查目的选择不同的取样方法。

(3)调查数据应真实可靠。

(4)对于不能识别的害虫应鉴定后方可调查。

【任务评价】

任务评价考察标准分为基本能力、职业能力、岗位专业能力三部分。

基本能力、职业能力方面的要求参考项目一。

岗位专业能力:针对本项工作任务的具体要求与实施来考察。以个人考核为主。

能够根据岗位任务要求,对食叶害虫、枝梢害虫、种实害虫、蛀干害虫、地下害虫进行现场调查,并做好原始记录,根据学生调查规范情况酌情扣分。

【思考练习】

简答题

如何正确选择园林植物害虫的田间取样方法、取样单位和取样数量,试举例说明。

工作任务三　园林植物病害调查

【技能目标】

①结合实习，学会对当地主要园林植物病害种类、发生规律和为害程度进行全面调查。

②学会不同类型园林植物病害的调查方法及根据调查资料进行统计。

③能够正确记载、计量和统计病害的为害程度，熟悉病害分级标准。

【任务提出】

当开展田间调查时，根据病害的为害特征进行现场调查，并统计为害程度。

【任务分析】

本次任务主要是识别不同病害的症状并对当地病害的种类、发生规律、为害程度进行全面调查。

【相关知识】

一、园林植物病害调查的基本内容

园林植物病害调查需要选取样地及一定数量的样株，逐地逐株调查病害的发生程度，一般全株性病害或被害后损失很大的，用发病率表示。

1. 发病率（普遍率）

发病植株个体占调查总数的百分率，表示病害发生的普遍程度。

$$发病率=\frac{感病数}{调查总数}\times 100\%$$

由于病株与病器官间发病程度可能存在相当大的差异，发病率相同时用严重度指标，严重度用分级法表示，即根据一定的标准，将发病的严重程度由轻到重划分出等级，分别用各级代表值或发病面积百分率表示。调查时可按照表 4-3-1、表 4-3-2、表 4-3-3 中分级标准划分等级，进行实践操作。

表 4-3-1　叶部病害的分级标准

代表值	分级标准
0	叶片上无病斑
1	叶片上有个别病斑
2	病斑面积占叶面积的 1/3 以下
3	病斑面积占叶面积的 1/3～1/2
4	病斑面积占叶面积的 1/2 以上或叶柄有病斑

表 4-3-2　果实病害的分级标准

代表值	分级标准
0	果实上无病斑
1	果实表面有个别病斑
2	病斑面积占果实面积的 1/4 以下
3	病斑面积占果实面积的 1/4～1/3
4	病斑面积占果实面积的 1/3 以上

表 4-3-3 枝干病害分级标准

代表值	分级标准
0	枝干上无病斑,健康
1	树体上有几个小块病斑或1～2个较大病斑(15 cm左右),枝干齐全,对树势无明显影响,病斑的横向长度占树干周长的1/5以下
2	树体有多块病斑或在粗大枝干部位上有3～4个较大病斑,枝干基本齐全,对树势有些影响,病斑的横向长度占树干周长的1/5～3/5
3	树体病斑较多或粗大枝干部位有几个大病斑(20 cm以上),已锯除1～2个主枝或中心枝,树势及产量受到明显影响,病斑的横向长度占树干周长的3/5以上
4	树体遍布病斑或粗大枝干病斑很大或很多,枝干残缺不全,树势极度衰弱

2.病情指数(感病指数)

表明病害发生的严重程度,计算公式为:

$$\text{病情指数}=\frac{\sum \text{各级代表值}\times\text{各级病(叶、枝、果、花)数}}{\text{调查总(叶、村、果、花)数}\times\text{最高级值}}\times 100$$

病情指数越大,病情越重;指数越小,病情越轻。发病最重时病情指数为100;没有发病的为0。

二、苗木病害调查

在苗床上设置样方,样方总面积不少于被害面积的0.3%,大小为$1m^2$,在样方上对所有苗木进行统计或按照对角线取样法进行统计,记录健株、病株、枯死株的数量并填入表4-3-4。

表 4-3-4 苗木病害调查表

调查人: 调查地点: 调查时间:

样方号	植物名称	病害名称	健株	病株	枯死株	合计	发病率	死亡率	备注

三、叶部病害调查

按照病害的分布和被害情况,从样方内选取5%～10%的样株,每株从不同的部位调查100～200个叶片,统计后填入表4-3-5。

表 4-3-5 叶部病害调查表

调查人：　　　　　　　　　　调查地点：　　　　　　　　调查时间：

样方号	植物名称	样株号	病害名称	总株数	病叶数	发病率	病害分级					病情指数	备注
							0	1	2	3	4		

四、枝干病害调查

选取不少于 100 株的园圃，调查已发生枝干病害的苗木，统计发病率及病情指数，填入表 4-3-6。

表 4-3-6 枝干病害调查表

调查人：　　　　　　　　　　调查地点：　　　　　　　　调查时间：

样方号	植物名称	病害名称	总株数	感病株数	发病率	病害分级					病情指数	备注
						0	1	2	3	4		

五、种实病害调查

每种植物选取 5%～10%的样株，每株顶端按不同部位、方向选取 100～200 个种实进行调查，或采集后的种实堆中随机取样大于 500 个进行调查，统计后填入表 4-3-7。

表 4-3-7 种实病害调查表

调查人：　　　　　　　　　　调查地点：　　　　　　　　调查时间：

植物名称	病害名称	种实数	感病株数	发病种实数	发病率	病害分级					病情指数	备注
						0	1	2	3	4		

【任务实施】

园林植物病害调查

一、实施场所

教室、实验(训)室,校内、外实训基地。

二、实施目的及形式

根据园林植物病害类型或调查目的选择不同的取样方法,为预测预报做准备。

以小组为单位组织教学,通过对圃地病害症状的识别、室内镜检、现场调查,学生学会病害的调查取样方法,对为害程度、发病率、病情指数进行统计。

三、材料与工具

卷尺、挖掘工具、记载本、铅笔、放大镜、显微镜等其他标本采集用具、多媒体设备、各类教学参考书、教材、PPT、病害彩色图谱及其他材料(病害种类、分布与发生发展情况,当地气象资料,园林植物病害调查的历史资料等)。

四、实施过程

(1)根据工作任务,采取课堂讲授、实训室识别与实训基地调查相结合的方式,通过查阅资料与利用网络资源,获得园林植物病害调查的相关知识。

(2)在校内外实训基地,对园林植物病害的发生、发展情况进行调查,同时采集不同病害症状的标本,记录数据,拍摄图片。

(3)采集标本带回实训室镜检鉴定,对数据进行统计,并综合分析。

(4)对任务进行详细记载,并制定1份当地园林植物病害调查报告。

五、注意事项

(1)调查中需要一定量的样本数量和保证重复性。

(2)根据病害类型或调查目的选择不同的取样方法。

(3)调查数据应真实可靠。

(4)对于不能识别的病害应鉴定后方可调查。

【任务评价】

任务评价考察标准分为基本能力、职业能力、岗位专业能力三部分。

基本能力、职业能力方面的要求参考项目一。

岗位专业能力:针对本项工作任务的具体要求与实施来考察。以个人考核为主。

能根据岗位任务要求,正确进行苗木病害、叶部病害、枝干病害、种实病害的调查,并做好原始记录,按照学生调查规范情况酌情扣分。

【思考练习】

简答题

什么是病情指数？病情指数怎样表示？

项目小结

田间调查方法及统计方法的理解与运用。本项目主要利用园林植物病虫害调查的基本方法，对不同类型的病虫害开展全面调查，明确病虫害的种类、数量、分布、为害、发生规律等。

害虫调查内容与方法的理解与运用。害虫调查的基本内容包括食叶害虫调查、枝梢害虫调查、种实害虫调查、蛀干害虫调查、地下害虫调查、天敌调查。

病害调查内容与方法的理解与运用。病害调查的基本内容包括苗木病害调查、枝干病害调查、叶部病害调查、种实病害调查；最后对调查结果进行科学分析，为制订科学合理的综合防治方案打下基础。

项目五　园林植物病虫害综合防治

素质目标：

培养发现问题、分析问题、解决问题的能力，培养团结合作的精神，理解和贯彻“预防为主，综合治理”理念，敬重自然，尊重生态，尊重法律法规，建立自然生态调控为主、人为干预控制为辅的园林植物病虫害综合治理体系。

技能目标：

①学习植物检疫、园林防治、物理防治、生物防治、化学防治的基本技能与方法，能根据实际发生的园林植物病虫害情况，制订切实有效的单个或多个相应防治技术措施，并结合实际试验运用。②能根据实际发生的园林植物病虫害情况，制订切实有效的综合防治方案，并付诸实施。③学习模拟制订某个绿地、校园、生态园区或某个城镇的园林植物病虫害防治规程。

知识目标：

①理解园林植物病虫害综合防治的含义和综合防治方案的制订原则。②理解植物检疫的法律法规和一般知识。③理解并熟悉园林防治、物理防治、生物防治、化学防治的基本知识、基本技能与方法。④熟悉园林植物病虫害综合防治方案制订的内容、思路和技术要点。

知 识 点：

综合防治、经济阈值、植物检疫、检疫对象、园林技术防治、物理防治、捕杀法、诱杀法、阻隔法、生物防治、天敌、有益微生物、生物农药、化学防治。

工作任务　园林植物病虫害综合防治理念建立与方案制订

综合防治

【技能目标】

①学习植物检疫、园林防治、物理防治、生物防治、化学防治的基本技能与方法，能根据实际发生的园林植物病虫害情况，制订切实有效的单个或多个相应防治技术措施，并结合实际试验运用。

②能根据实际发生的园林植物病虫害情况，制订切实有效的综合防治方案，并付诸实施。

【任务提出】

在园林植物栽培与管理过程中，结合当地园林绿地养护与花木生产实际，在发现园林植物病虫害防治过程中存在的问题的前提下，建立起“预防为主，防治结合，分类管理，综合治理”和“治早治小治了”的防控理念，探索制定合理而又科学的植物检疫、园林技术防治、物理防治、生物防治、化学防治方案并付诸实施。

【任务分析】

本次任务是结合当地园林绿地养护与花木生产实际过程，理解综合治理的原则，调查并熟悉植物检疫、园林技术防治、物理防治、生物防治、化学防治基本知识，并探索相应的基本防治方法。

【相关知识】

一、园林植物病虫害综合防治的概念

在从古代到现代，人们在进行病虫害防治的过程中，产生和创造了不同的防治方法和防治理念，其内涵和外延不断丰富，极大地推动着植保事业向着健康、和谐、绿色、无污染的方向发展，病虫害综合防治已经成为普遍推荐的一种策略。

人们把从事农业生产或生态美化等的过程中，与人类目标植物竞争营养的生物，称为有害生物。1966 年，联合国粮食及农业组织（FAO）及国际生物防治组织（IOBC）在意大利罗马召开会议，提出了害虫综合防治（integrated pest control，IPC）的概念。1972 年，美国环境质量委员会发布了害虫综合治理报告，决定将害虫综合防治改为害虫综合治理（integrated pest management，IPM），并一直沿用至今。这一概念后来被延伸为有害生物综合治理。

联合国粮食与农业组织（FAO）定义：害虫综合防治（IPC）是一套害虫治理系统，这个系统根据害虫的种群动态及其有关环境，利用所有适当的方法与技术，以尽可能互相配合的方式，把害虫种群控制在经济受害水平之下。这一定义表明：①要用经济阈值决定是否防治害虫，即只要降低害虫种群数量，而不要求彻底消灭害虫。②害虫防治要根据害虫种群动态及其有关环境，充分考虑自然环境所起的作用。③各种防治方法应协调配合。

有害生物综合治理是对有害生物进行科学管理的体系。它从农业生态系统总体出发，根据有害生物和环境之间的相互关系，充分发挥自然控制因素的作用，因地制宜，协调应用必要的措施。将有害生物控制在经济受害允许水平之下，以获得最佳的经济、生态、社会效益。

我国于 1974 年提出“预防为主，综合防治”植保方针。1986 年 11 月，第二次全国农作物病虫害综合防治学术讨论会修订了综合防治的概念。综合防治是对病虫害进行科学管理的体系。它从农业生态的总体出发，根据病虫害和环境之间的相互关系，充分发挥自然控制因素的作用，因地制宜协调应用必要的措施，将病虫害控制在经济受害允许水平以下，以获得最佳的经济、生态和社会效益。2006 年全国植物保护工作会议上提出了公共植保和绿色植保的概念。公共植保就是把植保作为农业和农村工作的重要组成部分，将重大病虫害防治作为政府行为，制订防控应急预案，增强财政支持力度，形成有效的植保应急工作体系。绿色植保就是把植保工作作为人与自然和谐相处的重要组成部分，突出其对高产、优质、高效、生态、安全农业的保障和支撑作用。

在“坚持生态优先、绿色发展”的理念下，2015 年农业部通过《到 2020 年农药使用量零增长行动方案》,促使人们建立绿色防控理念。2018 年 5 月在北京召开的首届国际生物防治大会主题为“生物防治与全球健康”。绿色发展、生态发展是现代农业发展的内在要求,是生态文明建设的重要组成部分,是全球人类共同的需求。

尽管人们对害虫综合治理(IPM)的定义以及对其具体含义的理解不尽一致,但综合防治策略包含的观点却是公认的。它包含了生态观、经济观和一体观。

1. 生态观

生态观是指把病虫综合治理这一环节放入整个园林生态系统中来考虑。以生态学的原则作为指导,把病虫害看作园林生态系统中的重要组成部分,病虫害的防治不是孤立的,要从园林生态系统的整体出发,在防治措施的选择、运用和协调上,必须考虑生态系统的平衡和稳定。在使用化学防治时,要做到合理用药和安全用药。实现既能有效地控制病虫害,同时有针对性地调节和操纵生态系统里某些组分,以创造一个有利于植物和病虫天敌生存,不利于病虫发生发展的环境条件,从而预防或减轻病虫害的发生与危害。既保证其当前安全无毒害,又能保证长远的安全,符合环保的原则。

2. 经济观

在采取防治措施时要考虑成本问题。综合治理是要将病虫害种群数量控制在经济损失允许水平(指植物能够忍受病虫害的最高数量和受害程度,在此数量下,防治收益等于防治成本)之下,而不是将其消灭;不足以造成经济损害的低水平害虫种群的存在,对维持生态系统的稳定是有益的。为此,必须根据病虫害的发生数量、植物本身的经济价值和抵抗或补偿能力、天敌的控制效应,以及病虫害对植物产量所造成的损失等,制订科学的经济阈值或防治指标(防止病虫草害达到经济损失允许水平前的种群密度和病情指数,也即采取防治措施时的虫口密度和病情指数),作为防治决策的依据。

3. 一体观

园林植物病虫害综合治理是一个控制病虫的系统工程,是一个管理体系。从园林植物的规划配置到园林植物栽培、养护管理等整个过程都要有计划地应用综合治理的策略和措施,才能保障园林植物的可持续发展。在一体观下,各种防治方法都有其局限性,没有一种防治措施是万能的,在实际防治中综合考虑治理对象,必须综合应用各种防治方法,取长补短、相互协调、持续治理,才能达到控制病虫为害的目的。应特别重视自然控制因素的运用,所有人为防治措施应与自然控制因素相协调。

二、园林植物病虫害综合防治理念与策略

随着全球化水平和科学水平提高,从局部的、个体的病虫害防治,到“害虫综合防治”,再到“害虫综合治理”,上升到“有害生物综合治理”。从“预防为主,综合防治”植保方针到人们提出“公共植保与绿色植保”的概念,从“可持续发展”理念到“全球健康”理念的提出,无不彰显出人类认识水平的不断提高,逐步考虑到“人类命运共同体”的高度。

有害生物综合治理是一个管理系统。

(1)有害生物综合治理就是从生态系统的整体观点出发,在制订防治措施时,全面考虑病虫害、天敌和园林植物,充分考虑生态系统的整体观念。其目标是将有害生物的种群数量控制在经济损失允许水平之下。在 IPM 系统中,许多有效的技术多年来一直在应用。

(2)在制订防治方案时,要充分考虑对环境和生态系统的影响,充分发挥自然控制因素的作用。

(3)有机协调应用各种措施的优点,人为防治措施要与自然控制因素相协调。所采用的措施必须有利于维护生态平衡,避免破坏生态平衡及造成环境污染;所采用的防治措施必须符合社会公德及伦理道德,避免对人、畜的健康造成损害。协调运用与环境及其他有益物种的生存和发展相和谐的措施,将病虫害控制在生态、社会和经济效益可允许的水平,并在时空上达到可持续控制的效果,实现经济效益、社会效益及生态效益的统一。

加大对园林历史文化的研究与总结,加大对园林有害生物防治领域特别是成灾机理、抗性品种培育、园林控制技术、生态修复技术、外来有害生物入侵防控技术、快速检验检测技术、空中和地面相结合的立体监测技术等的理论研究和应用研究,注重低毒低残留农药、生物农药、高效防治器械及其运用技术的开发和研究。加快以企业为主体、产学研协同开展防治技术创新和推广工作,大力开展防治减灾教育宣传和科普工作。加强与有关国家、国际组织的交流合作,学习借鉴国际先进技术和管理经验。

三、园林植物病虫害综合防治方案制订

园林植物保护工作者要以"预防为主、综合防治"为指导思想,认真研究当地园林植物病虫害的种类、为害程度、发生发展规律以及当地环境条件、管理水平等情况,从生态系统的整体观出发,设计和制订防治方案。设计和制订防治方案时,要充分发挥生态系统的自我调控作用。在防治上,要从生态学观点出发,以搞好植物检疫为前提,以养护管理为基础,积极开展生物防治、物理防治,合理使用化学农药,协调各种防治方法。提高自然的控制能力,维持园林生态稳定。重视经济阈值,在此基础上综合、协调、灵活应用各种防治措施,将病虫害种群数量控制在经济损失允许水平之下。

(一)制订园林植物病虫害综合防治方案的基本要求

要掌握当地园林植物病虫的种类组成、为害程度、发生发展规律,主要天敌类群的发生规律、种群数量变动规律、相互作用及与各种环境因子的关系,主要防治对象的防治指标,园林病虫管理水平等状况。

制订的综合防治措施,要符合"安全、有效、经济、简便"的原则。"安全"是指所采取的措施对植物、人、畜等生物和环境无不良影响;"有效"是指减轻危害或将病虫种群数量降低到经济损失水平之下;"经济"是指投入所带来的收益较大;"简便"是指方法简单易行、便于掌握。

大区域综合治理方案的确定,还需要考虑自然、社会、经济等各方面的因素,并且在实施过程中不断加以补充和修改。在大范围的实施过程中,仍要不断进行总结、提高,使之逐步完整。综合治理方案要求有一定的伸缩性和应变能力,应避免制订那些不能随着不同空间和时间的特点而调整的方案。

(二)综合防治方案的主要类型

(1)以一种病虫害为对象,针对单种病虫害(如黄褐天幕毛虫或月季黑斑病)的综合防治方案。

(2)以一种园林植物所发生的主要病虫害为对象,针对单种园林植物主要病虫害(如对泡桐病虫害)的综合防治方案。

(3)以某个区域为对象,针对区域植物(如绿化小区、街道绿化带、公园、植物园、园林苗圃、生态园区等)主要病虫害的综合防治方案。

四、植物检疫

植物检疫又称法规防治,是指一个国家或地方政府用法律、法规的形式,禁止或限制危险性病、虫及杂草人为地传入或传出,或对已传入的危险性病、虫、杂草,采取有效措施,消灭或控制其扩大蔓延。植物检疫的特点:①具有强制性,任何集体和个人不得违规;②具有战略性,不计局部地区当时的利益得失,而主要考虑全局和长远利益;③采取一切必要措施,防止危险性有害生物进入或将其控制在一定范围内或彻底消灭。植物检疫是一项根本的预防性措施,应注意与生物入侵、引种相区别。

生物入侵指生物由原生存地经自然的或人为的途径侵入到另一个新的环境,对入侵地的生物多样性、农林牧渔生产以及人类健康造成经济损失或生态灾难的过程。

外来物种引进是与生物入侵密切联系的一个概念。任何生物物种,总是先形成于某一特定地点,随后通过迁移或引入,逐渐适应迁移地或引入地的自然生存环境并逐渐扩大其生存范围,这一过程即被称为外来物种引进(简称引种)。

(一)植物检疫的重要性

随着我国与世界各国签订自贸协议和世界经济一体化发展,植物检疫工作越发重要。

首先是保护农林作物安全生产。病虫害的分布具有明显的区域性,但有可能扩大其分布范围。某一种虫害或病害在其原发地,往往由于天敌的制约、植物的抗性和长期积累起来的防治经验等原因,不至于造成严重的经济损失,但当某些危险性的病、虫、杂草传入新的区域以后,由于缺乏上述控制因素,有可能生存下来,当环境条件适宜时则会在新的区域大量繁殖,迅速扩展,给农林生产造成巨大损失,甚至酿成灾难。如著名的榆树荷兰病传入欧美,使行道树大量死亡,1975 年英国榆树枯死 190 万株,美国榆树每年枯死 40 万株;又如 1979 年传入我国辽宁省的美国白蛾,1984 年在陕西武功猖獗成灾,造成大片园林植物及农作物被毁,目前已经分布在辽宁、陕西、山东、河北、北京、天津等省市,给当地园林植物造成严重损害。因此,实行国内外检疫,防止危险性病虫的传播是十分必要的。

其次是促进对外贸易。目前,农产品国际贸易日益频繁,危险性病、虫、草害传播的概率越来越大,植物检疫工作显得尤为重要。只有在做好植物检疫工作的基础上,才能使进出口农产品不携带危险性病、虫、杂草,才能保证农产品国际贸易顺利进行,促进对外贸易。

(二)植物检疫的任务及措施

1. 对外检疫和对内检疫

植物检疫包括对外检疫和对内检疫两部分。

对外检疫的任务是禁止危险性病、虫及杂草随着植物及产品由国外输入或从国内输出。对外检疫是国家在对外港口、国际机场及国际交通要道等场所设立的检疫机构,对进出口货物、旅客携带物及邮件等进行检查。出口检疫工作也可在产地设立机构进行检验。

对内检疫是对国内局部地区已经发生的危险性病、虫及杂草进行封锁,采取措施并予以清除,防止其传到无病区。地方政府设立检疫机构,会同交通运输、邮电、供销等部门根据检疫条例,对所调运的植物及其产品进行检验和处理。

2. 划定疫区和保护区

有检疫对象发生的地区划为疫区，对疫区要严加控制，禁止检疫对象传出，并采取积极措施，加以消灭。未发生检疫对象但检疫对象有可能传播进来的地区划定为保护区，对保护区要严防检疫对象传入，充分做好预防工作。如作为保护区，不到疫区引苗木、切花、球根、种子等，必须引种时，严格做好检验及消毒处理工作。

(三)检疫对象的确定

植物检疫对象是指国家农业、林业主管部门根据一定时期国内外病虫发生及危害情况和本国、本地区的实际需要，经一定程序制定、发布禁止传播的危害植物的病、虫、杂草名单。

园林植物病虫害检疫对象的确定原则是：①国内尚未发生的或局部发生的病、虫及杂草；②危害严重，传入后可能给农林生产造成重大损失，而防治又比较困难的病、虫及杂草；③靠人为活动传播的，即随种子、苗木及包装材料等传播的病、虫及杂草。

园林植物病虫害检疫对象确定的程序为：各省、自治区、直辖市园林业主管部门向国家林业主管部门提出观赏植物检疫对象建议名单及其危险性分析报告，国家林业主管部门组织园林业行政、生产、科研、教学等方面的专家，对建议名单进行审议。观赏植物检疫对象名单由国家林业主管部门确定或调整，由国家林业主管部门发布。

1986 年 1 月修订的中国进口植物检疫对象名单，包括菜豆象等害虫 28 种、松材线虫等线虫 6 种、栎枯萎病等病原真菌 15 种、梨火疫病等病原细菌 3 种、可可肿枝病等病毒类病原物 6 种，以及五角菟丝子等杂草 3 种。同时首次公布包括种子、种薯等 6 类植物在内的禁止进口的植物名单。

目前，我国已颁布的与观赏植物有关的部分进口植物检疫对象名单：松材线虫、红脂大小蠹、椰心叶甲、松突圆蚧、杨干象、薇甘菊、苹果蠹蛾、美国白蛾、双钩翅异长蠹、猕猴桃细菌性溃疡病、松疱锈病、庶扁蛾、枣大球蚧、落叶松枯梢病、杨树花叶病毒、红棕象甲、青杨脊虎天牛、冠瘿病、草坪草褐斑病、刺桐姬小蜂。

(四)植物检疫的程序和方法

1. 植物检疫的程序

植物检疫包括对内检疫和对外检疫。

(1)对内检疫　一般包括报检、检验、检疫处理和签发证书等程序。

①报检　生产、经营应施检疫的植物及其产品的单位或个人，在生产期间或者调运之前向当地县级或县以上植检机构提出产地检疫申请并提交相关的材料。包括两种情况：一是从本省向外省(市)调出和本省县(区)间调运应施检疫的植物、植物产品，在运出前，调出单位或个人应凭调入地植物检疫机构签出的检疫要求书，向所在地植物检疫机构报检；二是本省单位或个人需从外省(市)调入应施检疫的植物、植物产品，应在植物或植物产品调运前向调入地植物检疫机构提出申请，取得检疫要求书后，货主凭此检疫要求书到调出地植物检疫机构报检。

②检验　植物检疫机构根据申请单位或个人提供的材料，检疫机构人员对申请产地检疫的园林植物及其产品实施产地检疫。

③检疫处理及签发证书　经产地检疫合格的，签发产地检疫合格证；经检验如发现检疫对象的，签发检疫处理通知单，报检单位应按规定进行除害处理，经复检合格后再签发产地检疫

合格证。如带有尚无有效方法处理的检疫对象应停止调运或销毁,禁止入境。

(2)对外检疫　我国进出口检疫包括进口检疫、出口检疫、旅客携带物检疫、国际邮包检疫、过境检疫等。应严格执行《中华人民共和国动植物检疫条例》及其实施细则的有关规定。

2. 园林植物检疫的产品

包括:①园林植物的种子、果实、苗木和其他繁殖材料;②木材、竹材、根桩、枝条、树皮、藤条及其制品;③花卉植物的种子、苗木、球茎、鳞茎、鲜切花、插花;④中药材;⑤可能被植物检疫对象污染的其他产品、包装材料和运输工具等。

3. 植物检疫的方法

有现场检验、实验室检验和栽培检验三种。

(五)疫情处理

疫情处理是指在一定区域内植物及其产品带有检疫性有害生物时,必须采取适当的措施进行处理,以阻止有害生物的传播蔓延。

除害处理是植物检疫处理常用的方法。主要有机械处理、热处理、射线处理等物理方法,药物熏蒸、浸泡、喷洒等化学方法。

五、园林技术防治

园林技术防治是指科学利用园林植物栽培管理技术,改善环境条件,使之有利于园林植物的生长发育而不利于病虫害的发生,从而达到防治病虫害的目的,是综合治理的根本措施。不仅有直接防治的作用,还有积极的预防作用,但这种措施有一定局限性,单独使用有时收效较慢。优点是可结合园林设计、施工与栽培管理一同进行。

对于已经存在的园林景观,应做好养护、维护工作。对于古代的园林景观,应做好保护、养护、维护、恢复工作。对于衰败的具有重要历史价值的园林景观,应做好保护、养护、维护、恢复、改造工作。对于大面积的自然景观,应依法治景,自然调控。对于城镇、城市街道、绿地、公园、生态园区,应做好规划,促进人与自然的和谐,争做城市的大氧吧。对于村落规划、田园综合体等规划,应亲近自然,保持原貌,因地造型,适地适树,因地制景。常见的园林技术措施包括以下环节。

(一)园林规划设计科学和谐

科学、和谐的园林设计及植物配置,易使各类植物种群之间相互协调,共生共荣。反之会造成植物生态系统失衡、病虫害滋生、养护管理困难等后果,从而影响景观效果及产量品质。

(1)适地适树　根据园林植物的种植规划,适地适树适种源。如根据受光照度的强弱,选栽阳性或阴性树种;根据土壤酸碱度和污染源的不同,选栽不同的抗性树种;根据地势和地下水位的高低,选栽抗旱或抗涝树种;根据土层的厚薄,选栽乔木、灌木、花、草等生活型植物;根据风力的大小,选栽深根性或浅根性树种等。选择乡土植物,在园林规划设计中需要优先考虑。

(2)选育抗病虫品种　在园林设计时,要根据立地条件选择适宜的植物种类与品种。如针对城镇行道树种类单一、容易发生害虫为害等特点,选用抗虫树种如银杏、广玉兰、白玉兰、紫玉兰、香樟、大叶女贞等,以减少农药的使用,对保护城镇生态环境十分有益。

(3)选用健壮无病的繁殖材料　购置苗木(花卉)前,到苗圃(花圃)进行实地考察,仔细调查观察苗木(种子及其他无性繁殖材料、切花、盆花等)是否带有根癌病、溃疡病、介壳虫、天牛等难以控制的病虫害。建植草坪时要使用无病种子,移植草皮也要选择健康的。

(4)避免混栽 如云杉与红松、冷杉混栽时,会分别诱发红松球蚜与冷杉异球蚜;海棠与柏属树种、牡丹(或芍药)与松属树种近距离栽植易造成海棠锈病及牡丹(或芍药)锈病的大发生。设计建园时,往往会忽视这类问题,人为地造成某些病虫害的发生流行。

(5)考虑相生相克 人为种植某类诱饵植物,如在苗圃周围种植蓖麻,可使大黑鳃金龟、黑皱金龟误食后麻醉,从而集中捕杀。

(6)考虑生物多样性 如城市绿地及时补植各类灌木、花草植物,扩大蜜源植物,为天敌生物创造良好的生活环境。

(7)考虑传统文化 悠久的中国文化反映到园林规划上有天地人合一观、阴阳统一观、五行相生相克观等。“上有天堂,下有苏杭”,苏州园林等一批园林景观值得继续挖掘,向世界推广。在借鉴传统文化的基础上,充分吸收各种知识和经验,科学设计,给人类提供易居、和谐、优雅的生活环境和生存空间。

(二)施工科学规范

(1)严格科学施工 严格按照施工图纸认真组织施工,将人类的各种有益经验在规划和管理中起到积极的示范作用。

(2)适时播种、适时移植、科学管理 如适当调节播期,可以在不影响植物生长的前提下将植物感病期与病虫害侵染为害盛期错开。播种期适宜可预防苗期病害猝倒病、立枯病的发生,如高羊茅改春播为秋播可避开一年生禾本科杂草大量萌发、旺盛生长的季节,从而有效地减轻牛筋草、稗、狗尾草、马唐等杂草的危害。由外地引进的苗木可能会带有病虫,应由专业人员认真选择剔除,并对有病虫苗木进行妥善处理。

(三)养护措施得当

(1)清洁田园 及时清除病虫害残体,深埋或烧毁。生长期摘除病、虫枝叶,如天幕毛虫的产卵枝,天幕毛虫、美国白蛾等幼虫群集的叶片等及时摘除烧毁。拔除病株。园艺操作过程中应避免人为传染,如摘心、除草、切花时要防止工具和人手对病菌的传带。温室中带有病虫的土壤、盆钵要进行药剂处理方可使用。

(2)合理轮作 连作会加重土传病害等病虫害发生,如温室中香石竹多年连作时,会加重镰刀菌枯萎病的发生;栀子花连作会加重根结线虫病的为害。轮作可以减轻病虫的发生与为害。防治孢囊线虫一般情况下需实行 3～4 年轮作。

(3)加强肥水管理 科学施肥,使用充分腐熟的有机肥。加强肥水管理,平衡土壤的水分和营养状况,可提高绿地植物的健康水平,提高植物抵抗有害生物入侵的能力,从而起到壮势、美观、抗病虫作用。适量增施磷、钾肥,提高植株抗病性。科学合理灌溉,最好采用沟灌、滴灌或沿盆钵的边缘浇水。

(4)改善环境条件 温室要经常通风、透光,温度湿度要适宜,减少花卉灰霉病的发生发展。种植密度及盆花摆放密度要适宜,通风透气,减少病害发生。翻土培土结合深耕施肥,可将表土或落叶层中越冬的病菌、害虫深翻入土。铲除杂草可以起到减轻病害的作用;扁刺蛾、丝棉木金星尺蠖、草履蚧等害虫的幼虫、蛹或卵生活在浅土层中,通过中耕,可使其暴露于土表,便于杀死。

(5)合理修剪　合理修剪、整枝，增强树势，提高观赏价值，减少病虫害。对刺蛾、袋蛾、天幕毛虫等食叶害虫，可通过剪除虫枝，有效抑制虫害。秋、冬季节结合修剪，剪去带病虫枝，减少病虫害侵染来源。

(6)球茎等器官的收获及收后管理　以球茎、鳞茎等器官越冬的花卉，晴天收获，减少伤口，阳光暴晒，方可入窖。

六、物理防治

物理(机械)防治是指人工或者利用各种器械和各种物理因素(如光、温度等)直接或间接消灭病虫害的方法。此法简单易行，见效快，不污染环境或伤害天敌，但费时费力。

(一)捕杀法

捕杀法是指根据害虫发生特点和规律所采取的直接杀死害虫或破坏害虫栖息场所的措施。人工捕杀适合于具有假死性、群集性及在某一阶段活动场所相对固定的害虫。包括人工摘除群集为害的虫叶、卵块和虫苞，人工振落害虫后集中捕杀等。多数金龟子、象甲、天牛的成虫具有假死性，可在清晨或傍晚将其振落杀死。防治杨枯叶蛾、天幕毛虫等均可采用人工摘除卵块或利用初孵幼虫群集在枝叶上为害的习性，捏杀低龄幼虫。利用简单器械钩杀天牛幼虫，刮除枝、干的老皮、翘皮及病斑等能防治蚧类、腐烂病等。

(二)诱杀法

利用害虫的趋性，人为设置器械或诱饵来诱杀害虫的方法称为诱杀法。利用此法还可以预测害虫的发生动态。包括光色诱杀(灯光诱杀、色板诱杀)、食物诱杀(毒饵诱杀、饵木诱杀、植物诱杀)、住所诱杀(潜所诱杀)、性诱杀(性激素诱捕器诱杀)等。

1.光色诱杀

(1)灯光诱杀　灯光诱杀是指利用害虫对光的趋性，人为设置灯光来诱杀害虫的方法。此法诱集面积大、成本低。生产上常用的光源是黑光灯，此外，还有高压电网灯。

灯光诱杀

色板诱杀

许多昆虫具有不同程度的趋光性，并对光波具有选择性，如梨小食心虫对蓝色和紫色，大菜粉蝶对黄色和蓝色有强烈的趋性，蚜虫和粉虱对黄色有正趋性，而大多数昆虫对紫外光具有选择性。黑光灯是一种能辐射 360 nm 紫外光的低气压汞气灯，大多数害虫对波长 330～400 nm 的紫外光特别敏感，具有较强的趋性，因此黑光灯诱虫效果很好。利用黑光灯诱虫，除能消灭大量虫源外，还可以开展预测预报和科学实验，进行害虫种类、分布和虫口密度的调查，为防治工作提供科学依据。诱杀实践表明，每盏灯平均每天诱杀害虫几十头至上百头，高峰期更多。其中以鳞翅目成虫最多，还有金龟子、地老虎、黏虫、棉铃虫、甜菜夜蛾、天牛、蝼蛄等。

黑光灯的安置要结合野外光源问题。目前生产中应用比较广泛的是频振式杀虫灯。灯外配以频振式高压电网触杀，使害虫落入灯下专用的接虫袋内。灯要设置在空旷处，最好选择在闷热、无风雨、无月光的夜晚开灯，诱虫效果好。目前，新开发城市大道、新农村街道已经部分安装了太阳能频振式杀虫灯，既美化环境，又能诱杀害虫，起到了绿色环保的效果。

(2)色板诱杀 利用一些害虫对某种颜色的特殊视觉嗜好诱杀害虫。如蚜虫等对 550～600 nm 的黄色光波最敏感,大多数蓟马喜欢蓝色光波(450～485 nm)。可利用蓝色黏胶板诱集蓟马,利用黄色黏胶板诱黏蚜虫、白粉虱、斑潜蝇、黄曲条跳甲等。

利用蚜虫、粉虱等害虫对黄色的趋性,可在花木栽培区设置黄色黏胶板,诱黏蚜虫和粉虱等害虫,多在温室使用。自制黄色诱蚜板的制作方法是:先在硬纸板、纤维板或三合板上面涂刷一层橘黄色油漆,漆干后再涂一层透明的 10 号机油。每亩地插 6～8 块黄色诱蚜板诱杀害虫。相反,蚜虫对银灰色有明显的忌避性,可以用塑料薄膜、铝箔避蚜。

2. 食物诱杀

(1)毒饵诱杀 利用害虫的趋化性,在其喜欢的食物中掺入适量毒剂来诱杀害虫的方法称为毒饵诱杀。如蝼蛄、地老虎等地下害虫,可用麦麸、谷糠等作饵料,掺入适量敌百虫、辛硫磷等药剂制成毒饵来诱杀,所用配方一般是饵料 100 份、毒剂 1～2 份、水适量。诱杀地老虎、梨小食心虫成虫时,常以糖、酒、醋作饵料,以敌百虫作毒剂来诱杀,配方是糖 6 份、酒 1 份、醋 2～3 份、水 10 份,加适量敌百虫。

(2)饵木诱杀 许多蛀干害虫,如天牛类、吉丁甲类、小蠹虫等喜欢在新伐倒的倒木上产卵繁殖。因此可在这些害虫的产卵期,人为设置一些木段,供其产卵,待卵全部孵化出幼虫后,进行剥皮处理,消灭其中的害虫。如在山东泰安岱庙内,用柏树木段诱杀双条杉天牛,取得了明显的防治效果。

(3)植物诱杀 利用害虫对某些植物的喜好和嗜食习性,人为适量种植或采集这些植物以诱集捕杀害虫的方法称为植物诱杀。如用蔷薇诱杀云斑天牛、构树诱杀桑天牛、复叶槭诱杀光肩星天牛等。

3. 潜所诱杀

利用一些害虫在某一时期喜欢在某特殊环境潜伏或生活的习性,人工设置类似环境来诱杀害虫的方法称为潜所诱杀。如泡桐叶诱地老虎、杨树枝把诱集棉铃虫等,清晨边检查、边消灭。还有些害虫喜欢在树干的树皮缝、翘皮等处产卵或越冬,可在树干基部绑扎草把,引诱害虫前来产卵或越冬,翌年开春将其及时集中消灭。如引诱潜叶蛾、卷叶蛾、苹小卷叶蛾、梨小食心虫、棉蚜、叶螨、木虱、网蝽等害虫。苗圃内堆集新鲜杂草,能诱集地老虎幼虫潜伏草下,便于集中杀灭。

4. 性激素(诱捕器)诱杀

利用昆虫性激素引诱异性的特点,制成昆虫诱捕器来诱捕昆虫。如桃小食心虫、梨小食心虫、美国白蛾、舞毒蛾、槐小卷蛾、木蠹蛾、白杨透翅蛾等已经在生产上广泛使用昆虫诱捕器进行诱捕。

(三)温度处理法

任何生物对温度都有一定的耐受性,包括植物病原物和害虫对高温都有一定忍耐性,但超过其限度生物就会死亡。利用致死高温和低温杀死病菌或害虫的方法称为温度处理法。

利用提高温度来杀伤害虫或病原菌的方法就称为热处理法。热处理有干热处理和湿热处理。干热处理法主要用于种子,如对带病毒、细菌、真菌或带虫种子都有防治效果。

1. 种苗热处理

该方法是防止花木病虫靠种子、球茎、苗木等带有病菌或害虫进行传播的一种有效方法。

常用的方法有热风处理、热水浸种(温汤浸种)和热水浸苗。

有病虫的苗木可用热风处理,温度为35～40 ℃,处理时间为1～4周。用80 ℃热水浸刺槐种子30 min后捞出,可杀死种子内的小蜂幼虫,不影响发芽率。如唐菖蒲球茎在55 ℃水中浸泡30 min,可有效防治唐菖蒲镰刀菌干腐病。防治根结线虫病,可用40～50 ℃的温水处理,浸泡时间为10 min至3 h。

种苗热处理的关键是控制温度和时间,热处理时要缓慢升温,使种苗有一个适应的过程。一般从25 ℃开始,每天升高2 ℃,6～7 d温度达到(37±1) ℃的处理温度。一般对休眠器官处理比较安全。对植物做热处理时,要事先进行试验。

2. 土壤热处理

通过提高土壤温度的方法对土壤进行消毒,以达到消灭土壤中的病原菌,防止土传病害发生的目的。在现代温室中土壤热处理是使用热蒸汽(90～100 ℃),处理时间为30 min。热蒸汽处理可大幅度降低香石竹镰刀菌枯萎病、菊花枯萎病的发生。在发达国家,蒸汽热处理已成为常规管理手段。

利用太阳能热处理土壤也是有效的措施,在7—8月将土壤摊平做垄,垄为南北向。浇水并覆盖塑料薄膜(25 μm厚为宜),在覆盖期间要保证有10～15 d的晴天,耕层温度可高达60～70 ℃,能基本上杀死土壤中的病原物。温室大棚中的土壤也可照此法处理,当夏季花木搬出温室后,将门及通风口全部关闭,土壤上覆膜,能较彻底地消灭棚室中的病原物和害虫。

(四)汰选法

利用健全种子与被害种子外观和密度上的差异进行器械或液相分离,剔除带有病虫的种子。常用的汰选法有手选、筛选、盐水选等。引进、购买苗木时,肉眼识别带有病虫的苗木,剔除病虫植株。

(五)阻隔法

人为设置各种障碍以切断病虫害的侵害途径,这种方法称为阻隔法,也称为障碍物法。

1. 防虫网阻隔

对于温室、大棚中栽培的花卉植物,在夏季使用防虫网,不但阻隔了蚜虫、粉虱、叶蝉、蓟马、跳甲、美洲斑潜蝇、斜纹夜蛾等害虫的侵入,而且也有效地减少了病毒病的侵染。另外,防虫网还具有抵御暴风雨冲刷和冰雹侵袭的作用。以防虫为主时选白色或银灰色的防虫网效果较好,如需兼有遮光效果,则可选用黑色防虫网。防虫网主要采用聚乙烯为原料。

2. 土壤覆盖地膜

许多叶部病害的病原物是随病残体在土壤上越冬的,花木栽培地早春覆膜或盖草(稻草、麦秸草等)可大幅度减少叶部病害的发生。如芍药地覆膜后,芍药叶斑病成倍减少。防病原因主要有机械阻隔作用、土壤高温高湿加速病残体腐烂、驱避作用(土表覆盖银灰色薄膜可使有翅蚜远远躲避)。

3. 设置障碍物

某些昆虫个别虫态无翅,在某个时期“上树”或“下树”。根据这个特性,可设置一定形式的障碍物,阻止其“上树”或“下树”,从而提供诱杀机会。如枣尺蠖(枣步曲)、草履蚧、杨毒蛾、松毛虫和朱砂叶螨等。山东枣产区总结出人工防治枣尺蠖(枣步曲)的经验:“五步防线治步曲”,

即“一绑、二堆、三挖、四撒、五涂”，可有效地控制枣尺蠖上树。一绑：在紧贴树干基部距地面5～10 cm处绑一条8～10 cm的塑料布，接口用塑料胶黏合或用小鞋钉钉紧，使雌蛾不能上树；二堆：在塑料袋下，堆筑圆锥形土堆，土堆表面要拍实，上缘要埋住塑料布1.5 cm，使塑料布更加牢固，无缝可入；三挖：在土堆周围挖宽、深各10 cm的小沟，沟壁直而光滑，使爬不上的雌蛾集中跌落在沟里(以上步骤要求在惊蛰前完成)；四撒：春分成虫出土后，在小沟内和土堆上撒施敌百虫粉，以杀死小沟内和土堆上的雌蛾；五涂：少数产在土块、石块缝隙中的卵粒，约于枣芽萌动期开始孵化、上树为害，在幼虫上树前，要在塑料布上缘1.5 cm处涂一圈粘杀幼虫的药膏(药膏用黄油10份、机油5份、有触杀作用的有机磷1份混匀制成)。

4. 挖障碍沟

对不能迁飞只能靠爬行扩散的害虫，为阻止其迁移为害，可在未受害区周围挖沟，害虫坠落沟中后予以消灭。对紫色根腐病等借助菌索蔓延传播的根部病害，在受害植株周围挖沟能阻隔病菌菌索蔓延。挖沟规格是宽30 cm、深40 cm，两壁要光滑垂直。

5. 绑毒绳、涂毒环

秋季给松树绑毒绳(用菊酯类农药处理)可诱集松毛虫初龄越冬幼虫，次年春季3月解下后集中杀灭，能明显降低虫口基数。对有上、下树习性的幼虫可在树干上涂毒环或涂胶环，阻隔和触杀幼虫。胶环由蓖麻油10份、松香10份、硬脂酸1份配制而成，或者豆油5份、松香10份、黄醋1份配制而成。

6. 喷洒高脂膜

高脂膜是用高级脂肪酸制成的成膜物，喷洒在植物体表面可形成一层很薄的脂肪酸膜，能起到趋避害虫、抑制孵化和隔离病原菌等作用，本身无毒，对人、植物、鱼类无害。

(六)放射处理

利用电波、γ射线、X射线、紫外线、红外线、激光、超声波等电磁辐射进行有害生物防治的物理防治技术。

1. 辐射处理

辐射处理是利用射线的电离辐射生物学效应。低剂量辐射处理诱发基因突变，达到使昆虫降低或丧失生殖能力的目的。照射雄虫是在精子成熟时进行，照射后使其与未交配过的雌虫进行交配；高剂量辐射处理主要是破坏细胞结构，影响新陈代谢。例如直接用γ射线照射仓库害虫，可使害虫立即死亡。

2. 微波处理

微波是指频率为300 MHz～300 GHz的一种电磁波。用微波处理植物果实和种子时，可以使害虫或病原物温度迅速上升，引起病虫体内脂类物质融化和蛋白质凝固，损害神经系统及细胞原生质，造成新陈代谢紊乱，从而导致病虫死亡。优点是加热升温快，效果好，安全，无残毒，而且操作方便，处理费用低，广泛应用于“旅检”和“邮检”工作中。对于家养花卉，可以把培养土装入塑料袋，放在微波炉内加热，来达到消灭病菌和害虫的目的。

3. 激光处理

主要利用的是激光的高能量密度特性以及对生物体的热效应和电离辐射效应，导致害虫降低或丧失生殖能力，不能进食，甚至直接导致死亡，达到防治病虫的目的。如国外利用波长

450～500 nm 的激光防治螨类和蚊虫。目前该法主要在有机农业和示范田中应用。

（七）外科治疗

对于多年生的果树和林木，外科手术是治疗枝干病害的必要手段。如对果树腐烂病，可直接用刀刮除病部，然后用石硫合剂涂抹。对于一些行道树木或公园树木，特别是景点中具有文化传统的树木，可采用表层损伤治疗技术和树洞修补技术进行治疗。对于一些树木的根部病害如根癌病等，必须进行根部外科手术，进行刮除或切除，然后消毒处理。

七、生物防治

生物防治是利用生物及其代谢物质来控制病虫害。优点是对人、畜、植物安全，害虫不产生抗性，天敌来源广，对病虫害的控制作用持久，效果显著。一旦天敌在田间建立了自己的种群，它就可以长期持续地对害虫发挥控制作用，这是化学农药所无法达到的。但生物防治往往局限于某一虫期，效果较慢，人工繁殖技术较复杂，成本高，人工培养及使用技术要求较严格，受自然条件限制较大。

我国是生物防治应用历史悠久的国家，早在一千多年前，果农就懂得利用黄猄蚁来防治柑橘害虫，开创了生物防治的先例。随着综合防治理念的提出，生物防治的研究和应用日益广泛和深入，已成为综合防治中的重要组成部分。

生物防治是减少化学农药用量的重要措施，主要包括昆虫天敌、生物农药、农用抗生素及微生物代谢产物和抗病虫转基因等产品及技术的应用。可概括为以“虫”治虫、其他有益生物治虫、以菌治虫、以菌治病、以“素”治虫（病）等。

（一）以“虫”治虫

以虫治虫

1. 天敌昆虫的种类

天敌昆虫按其取食特点分为捕食性天敌昆虫和寄生性天敌昆虫两大类。

（1）寄生性天敌昆虫　指在某个时期或终身寄生在其他昆虫的体内或体外，以其体液和组织为食来维持生存，最终导致寄主昆虫死亡的一些昆虫种类。主要包括寄生蜂和寄生蝇。其特点是个体一般较寄主小，数量比寄主多。主要有赤眼蜂科、小蜂科、金小蜂科、姬蜂科、茧蜂科、蚜茧蜂科、瘿蜂科、细蜂科、寄蝇科等。如利用松毛虫赤眼蜂防治松毛虫，周氏啮小蜂防治美国白蛾，丽蚜小蜂防治温室白粉虱，日光蜂防治苹果棉蚜，平腹小蜂防治荔枝蝽等都有明显效果。

（2）捕食性天敌昆虫　指专以其他昆虫或小动物为食物的昆虫。这类昆虫大多用咀嚼式口器直接蚕食或用刺吸式口器吸食体液。特点是一般个体比被捕食者大。常见的有瓢虫、草蛉、食蚜蝇、步甲、猎蝽、胡蜂、螳螂等。如释放瓢虫、草蛉、食蚜蝇、捕食螨等控制蚜虫、叶螨、介壳虫虫口基数，用管氏肿腿蜂防治青杨天牛、松褐天牛等。

2. 利用天敌昆虫的途径和措施

（1）保护和利用当地天敌昆虫　保护和利用当地天敌昆虫可结合当地园林管理来进行。具体措施有：①提供适宜的栖息、越冬场所。在寒冷地区，因冬季环境条件较为恶劣，天敌大量死亡，采取措施使其安全越冬是非常必要的。如采集越冬虫态在室内保护，翌春天气回暖再放回田间，可有效保护天敌安全越冬。此法在生产上已大规模推广和应用。如武汉市在寒冷的冬季，采用地窖保护大红瓢虫越冬，使翌年瓢虫种群数量迅速增长。越冬前将天敌如瓢虫、黑蚂蚁等移入室内保护，可以减少天敌的死亡。②改善天敌的营养条件。一些寄生蜂、寄生蝇成虫羽化后因有补充营养的习性而取食花蜜，因此在园林植物栽培时，要适当考虑天敌蜜源植物的配置。多栽蜜源植物(如芸香科等)，其花粉能为姬蜂、食蚜蝇、草蛉等天敌昆虫提供丰富的营养食料。如适当栽植早春开花早和晚秋开花晚的蜜源植物，保证晚秋越冬前能及时补充营养，早春越冬后又能及时补充到营养，可以提高越冬存活率。③剪取天敌的卵块、茧等加以保护。④慎用农药。生产上农药的使用要选择低毒、低残留、选择性强的农药。尽量减少使用次数，选择适当的施药时期和方法，减少对天敌的伤害。

(2)引进外地天敌昆虫　环境污染、物种多样性减少已成为世界性环境问题，天敌数量减少在各地也已是普遍现象。所以，引进天敌昆虫防治害虫已成为生物防治中一项十分重要的工作。1888 年美国引进澳洲瓢虫防治柑橘吹绵蚧，到 1889 年底完全控制了吹绵蚧。我国 1978 年从英国引进丽蚜小蜂，在北京等地试验、推广防治温室白粉虱；山东、河北等地引进周氏啮小蜂防治美国白蛾，都取得显著效果。1953 年，湖北从浙江引进大红瓢虫防治柑橘吹绵蚧，获得成功。引进外地天敌昆虫防治害虫，随着技术进步，越来越显示出其重要作用，发展前景广阔。

(3)人工繁殖和释放天敌昆虫　从外地引进天敌，由于其种群数量有限、对新环境适应较慢、投入较高等原因，需要人工繁殖，经过人工繁殖后进行定点释放，使之定居建群，对园林害虫发挥长久的控制作用。采用人工大量繁殖，在害虫大发生前释放，就能达到有效控制害虫的目的。如利用赤眼蜂进行防治玉米螟、棉铃虫和稻纵卷叶螟；利用小蜂进行防治荔枝蝽；利用丽蚜小蜂防治温室白粉虱等。国内已能成功饲养赤眼蜂、草蛉、七星瓢虫、小花蝽、丽蚜小蜂、平腹小蜂、川硬皮肿腿蜂、食蚜瘿蚊、智利小植绥螨、西方盲走螨、侧沟茧蜂等天敌，赤眼蜂、周氏啮小蜂、中华草蛉、七星瓢虫、丽蚜小蜂、管式肿腿蜂等已经实现产业化。

(二)其他有益生物治虫

其他有益生物包括鸟类、蛙类、蜘蛛、螨类等。我国现有鸟类中食虫鸟约占一半。特点是种类多，分布广，适应性强，食量很大。一只大山雀每天所吃的昆虫相当于自己的体重，可使 1 hm^2 松林的松毛虫保持有虫无灾的水平；一只啄木鸟每年消灭的蛀干害虫达 4 万余条，在 33.3 hm^2 的人工林内一对啄木鸟即可控制蛀干害虫的大发生；一只灰喜鹊每年可吃掉的松毛虫 1.5 万条，可使 6.7 hm^2 黑松林保持有虫无灾。近几年来，通过改善环境，大量的鸟类正逐渐回到人类身边。

两栖类中的青蛙、蟾蜍等，主要以昆虫及其他小动物为食，捕食昆虫如鳞翅目害虫、蝼蛄、蛴螬等。特点是分布广，适应性强，食量很大，作用大。如泽蛙每天可捕食叶蝉 260 头。可人工繁殖放养蛙类。蜘蛛主要捕食昆虫，种类多，分布广，适应性强，作用大，要有目的地进行保护和利用。螨类治虫是利用捕食螨来防治有害动物。捕食螨能捕食叶螨、锈壁虱、蓟马等小型有害动物，食量很大，一只捕食螨每天能捕食红蜘蛛 6 只或锈壁虱 80 只。人工饲养繁殖的有智利小植绥螨、胡瓜钝绥螨等。如以捕食螨防治柑橘螨类，以蜘蛛控制南方观赏茶树上的茶小绿叶蝉，都收到了良好效果。

(三)以菌治虫

以菌治虫是指人为利用害虫的病原微生物防治害虫的方法。能使昆虫致病的病原微生物主要包括真菌、细菌、病毒、原生动物及线虫等。利用病原微生物防治害虫具有繁殖快、用量少、不受园林植物生长阶段的限制、持续时间长等优点。目前在园林害虫防治中具有较高推广应用价值。

1. 真菌

能够使昆虫致病的真菌类群较多,目前应用较多的有半知菌中的白僵菌属、绿僵菌属及拟青霉属。其中白僵菌应用最为广泛,可寄生于鳞翅目、同翅目、膜翅目、直翅目的200多种昆虫和螨类。白僵菌菌丝体具有隔膜、分枝,表面呈白色或乳白色,偶有绿色。分生孢子梗不分枝或分枝,筒形或瓶状。分生孢子顶生于成丛的孢子梗上,球形或卵形,无色。病原菌以其孢子或菌丝自昆虫体壁侵入体内,以虫体各种组织和体液为营养,随后虫体上长出菌丝,产生孢子,随风和水流进行再侵染。对人、畜无害,不污染环境,容易生产,使用后可在自然界中再次侵染,自然形成害虫流行病。但在使用时,对环境的温度、湿度要求较严格,感染时间较长,防效较慢。如生产上利用真菌杀虫剂白僵菌和绿僵菌防治苗圃的鳃金龟、杨树光肩星天牛、松毛虫等,效果良好;用枝顶孢霉防治杨干象也取得了明显效果。

感染症状:昆虫感染病原真菌后其症状因病原菌和昆虫种类不同而异,被白僵菌感染的昆虫常出现食欲减退,虫体萎缩,死后虫体僵硬,体表布满白色至淡黄色的菌丝和孢子;被绿僵菌感染后则呈暗绿色;被粉红拟青霉感染的病虫体表呈现淡红褐色菌丝层。

使用方法:喷雾法、土壤处理法、诱杀法、喷粉法等。

2. 细菌

昆虫致病细菌在害虫防治中应用较多的是芽孢杆菌属和芽孢梭菌属。目前,我国应用最广的细菌制剂主要有苏云金杆菌(Bt),包括许多亚种,如松毛虫杆菌、青虫菌。苏云金杆菌对人、畜、植物安全,可与其他农药混用,对温度要求不严格,在温度较高时发病率高,对鳞翅目幼虫防治效果好,是目前应用最广的生物农药。在防治松毛虫、美国白蛾、尺蠖、天幕毛虫等食叶害虫中取得较好效果。如利用Bt乳剂防治国槐尺蠖,每年喷2遍药即可控制其为害。应用比较多的还有青虫菌,可防治几十种害虫,尤其对鳞翅目类害虫效果更为明显。

感染症状:致病细菌主要通过消化道侵入虫体内,导致败血症或产生毒素使昆虫死亡。被致病细菌感染的昆虫,食欲减退或完全停止取食、行动迟缓,口腔和肛门有黏性排泄物,死后虫体颜色加深,并迅速腐败变形、软化、组织溃烂,有恶臭味。

使用方法:喷雾法、喷粉法、毒饵等。

3. 病毒

利用病毒防治害虫,其主要优点是专化性强,在自然状况下,一种病毒往往只寄生一种害虫,一般不存在污染与公害问题;在自然界中可长期保存,反复感染,甚至形成害虫流行病。

在已知的昆虫病毒中,防治应用较广的有核型多角体病毒(NPV)、颗粒体病毒(GV)和质型多角体病毒(CPV)三类。这些病毒主要感染鳞翅目、双翅目、膜翅目、鞘翅目等的幼虫。我国研究以核型多角体病毒防除棉铃虫、油桐尺蠖、桑毛虫、茶毛虫、舞毒蛾、黏虫、斜纹夜蛾和扁刺蛾,以颗粒体病毒防除菜粉蝶、小菜蛾、黄地老虎和茶小卷叶蛾,以质型多角体病毒防除松毛虫等,都获得了不同程度的效果。

感染症状:鳞翅目幼虫感染病毒后,行动逐渐迟缓,食欲减退,体色变淡或呈油光,虫体多卧于或悬挂在叶片或植株表面,后期流出大量液体,无臭味,体表无丝状物。

使用方法：多采用喷雾的方法，在害虫发生密度较大的地点，在适宜时期喷布病毒于被害植物上，以使害虫感染后发病死亡。

4. 线虫

昆虫病原线虫主要为斯氏线虫科的斯氏属和异小杆属。此类线虫消化道内的共生细菌可使寄主罹患败血症而迅速死亡，有些线虫可寄生地下害虫和钻蛀害虫（如天牛、木蠹蛾、豹蠹蛾、玉米螟），导致害虫受抑制或死亡。如国内已经商品化生产的斯氏线虫，可防治桃小食心虫、天牛、木蠹蛾和沟眶象等；用泰山 1 号线虫防治杨树天牛也取得了明显效果。

感染症状：褪色或膨胀，生长发育迟缓，繁殖能力降低，出现畸形。

5. 微孢子虫

微孢子虫是微孢子门的寄生虫。微孢子虫分布很广，可感染昆虫引起微孢子虫病。作用机理是在昆虫体内繁殖，使器官发育受阻，导致死亡。特点是低毒，对人、畜无毒无害，无残毒，不污染环境，防效较好。微孢子虫只寄生蝗虫等直翅目的昆虫，如东亚飞蝗、亚洲飞蝗、中华稻蝗、笨蝗、意大利蝗等。我国 1985 年从美国引进微孢子虫，作为杀蝗虫生物农药取得了预期效果。

（四）以菌治病

利用有益生物及其产物来抑制病原物的生存和活动，从而减轻病害的发生。这种现象称拮抗作用，包括竞争作用、重寄生、交互保护作用。有真菌杀菌剂、细菌杀菌剂、弱病毒疫苗、真菌杀线虫剂等。

1. 利用竞争作用

某些微生物在生长发育过程中能分泌一些抗菌物质，抑制其他微生物的生长。

（1）真菌杀菌剂　它的有效成分是具有活性的真菌菌体，对多种植物病原真菌具有较强的拮抗作用。可用于防治由腐霉菌、立枯丝核菌、镰刀菌、灰葡萄孢菌、黑根霉和柱孢霉等病原菌引起的灰霉病、猝倒病、立枯病、白绢病、根腐病等植物病害。如木霉菌通过营养竞争、微寄生、细胞壁分解酵素以及诱导植物产生抗性等机制，对于多种植物病原菌具有拮抗作用，具有保护和治疗双重功效，可有效防治土传性真菌病害，也可以防治灰霉病。利用哈氏木霉分泌的抗生素防治茉莉花白绢病，有很好的效果。菌根菌可分泌萜烯类等物质，对多种根部病害有拮抗作用。

（2）细菌杀菌剂　它的有效成分是具有活性的细菌菌体，对植物病原细菌具有较强的拮抗作用。如商品品种放射土壤杆菌可抑制致病根癌土壤杆菌的生长，以防治植物根癌病。

2. 利用重寄生作用

真菌杀线虫剂。它的有效成分是具有活性的真菌菌体，对多种植物线虫病具有较好的防治效果。如商品品种厚垣轮枝菌剂，主要成分是轮枝菌孢子，施入土壤后，厚垣轮枝菌孢子能在植物根系周围土壤中迅速萌发繁殖，所产生的菌丝可穿透线虫的卵壳、幼虫及雌性成虫体壁，菌丝在其体内吸取营养，进行繁殖，破坏卵、幼虫及雌性成虫的正常生理代谢，从而导致植物寄生线虫死亡，虫卵不能孵化、停止繁殖。可防治根结线虫、胞囊线虫，并对地老虎、蛴螬、蝼蛄等地下害虫有较强的趋避作用。

3. 利用交互保护作用

弱病毒疫苗。有效成分为“弱病毒”（一种致病力很弱的病毒）。对人、畜低毒安全，不污染环境。这种弱病毒因其致病力很弱，接种到寄主植物上后，只给寄主植物造成极轻的危害或不造成危害，并由于它的寄生使寄主植物产生抗体，可以阻止同种致病力强的病毒侵入。如商品品种弱病毒疫苗 N14，对烟草花叶病毒(TMV)所致的病毒病有预防作用，主要用于防治番茄花叶病。

(五)以“素”治虫(病)

主要包括微生物的抗生素和毒素、昆虫的激素与外激素和海洋生物的甲壳提取物(甲壳素)、植物次生化合物和信号化合物等。

目前生产上广泛应用的阿维菌素、井冈霉素、链霉素、多抗霉素、浏阳霉素等都属于抗生素类。特别是阿维菌素杀虫谱广，能有效防治双翅目、同翅目、鞘翅目和鳞翅目害虫及多种害螨等，可杀虫、杀螨和杀线虫，具有高选择性和高安全性的优点。

昆虫性诱剂又叫性信息素，是由性成熟雌虫分泌，以吸引雄虫交配的物质。不同昆虫分泌的性信息素不同，具有专一性。目前，人工可以合成部分昆虫的性信息素，加入载体中做成诱芯，用于诱集同种异性昆虫作为害虫预测预报和防治。中国科学院动物研究所已经研制出梨小食心虫诱芯、桃小食心虫诱芯、桃蛀螟诱芯、潜叶蛾诱芯、卷叶蛾诱芯等。生产上，性诱芯必须放在性诱器中方能使用，性诱器有多种形式，常用的有水盆式和黏胶式。

(1)水盆式　取一水盆(或碗)，把性诱芯悬挂在盆口，盆内放入含有少量洗衣粉的清水，水面距诱芯约 2 cm，然后将水盆悬挂在树上，可引诱害虫跌落到水中。

(2)黏胶式　将厚纸片或塑料片卷成圆筒或三角筒形，筒内壁涂一层黏胶，诱芯悬吊在筒内，然后将筒悬挂在田间，诱来的害虫便被粘住。如应用白杨透翅蛾性信息素、舞毒蛾信息素制作的诱捕器捕杀杨透翅蛾和舞毒蛾，效果良好。

甲壳素是一种多糖类生物高分子。甲壳素是存在于蟹壳等甲壳动物外壳的动物纤维素。试验表明，甲壳素作为植物性功能调节剂，诱导植物分泌抗性酶。甲壳素及降解产物对土壤、种子有极强的杀菌作用，能抑制有害真菌菌丝生长；甲壳素防治线虫不是直接杀灭作用，而是通过改善土壤和植物根际周围的环境，把线虫的数量和活力抑制在不导致危害的程度，而起到保护根系的目的。

(六)以基因治虫(病、草)

植物转基因技术是指把从动物、植物或微生物中分离的目的基因，通过各种方法转移到植物的基因组中，使之稳定遗传并赋予植物新的农艺性状，如抗虫、抗病、抗逆、高产、优质等。抗虫植物是指转入的目的基因使植物能产生毒性蛋白，从而将害虫杀死，如将杀虫毒素蛋白基因 BT 基因、蛋白酶抑制基因 CPTl、病毒辣外壳蛋白基因 CP、病毒卫星 RNA 成功接入各种植物。如生产上应用的转基因抗虫杨，显著地减轻了食叶害虫对杨树的危害。如培育出无飞翔能力的侧沟茧蜂，提高了它的寄生效能。

八、化学防治

化学防治是指使用各种化学药剂来防治病虫害及杂草等有害生物的方法。

由于化学防治具有作用快、防效高、经济效益高、使用方法简单、不受地域和季节限制、便于大面积机械化操作等优点，为及时有效地控制农林生物灾害发挥了积极作用，成为病虫害防治体系中重要组成部分。但化学防治也存在一定问题，即抗药性、再猖獗和农药残留。抗药性主要是由于长期使用同一类型的农药，导致一些害虫及病原物产生了不同程度的抗药性；再猖獗主要是由于不合理用药杀死了大量的害虫天敌，导致害虫大发生；农药残留主要是由于农药在环境中存在残留毒性，特别是高毒农药，破坏了生态平衡，污染了环境以及影响了人类健康。当前，各国都在寻求发展高效、安全、经济的农药品种。化学防治在今后相当长的时期内仍占有重要地位。随着农药的发展和利用，化学防治技术不断完善，只要使用得当，与其他防治方法相互配合，取长补短，化学防治的缺点在一定程度上是可以逐步解决的。

【任务实施】

园林植物病虫害绿色防控方案制订

综合防治方案

一、实施场所

教室、实验(训)室以及校内、外实训基地，包括行道树、育苗温室、园林场、公园、公路绿化带、植物生态园区等。

二、实施目的及形式

通过实训实习，学会制订综合治理方案，用于指导生产实际，并在实践中改正和优化方案。以班级为单位组织教学，以小组为单位组织讨论和实施。

三、材料与工具

(1)材料与器具　显微镜、放大镜、镊子、挑针、盖玻片、载玻片、滴瓶、修枝剪、锯子、黏虫板、频振灯、防虫网、地膜、量筒、天平、计算器等器具及相关的肥料、农药等。

(2)参考资料　当地园林绿地养护技术方案、当地气象资料、当地有关园林植物病虫害防治的历史资料、病虫害种类与分布情况、参考图书、多媒体教学课件、病虫害彩色图谱(纸质或电子版)、园林局网站、网上课程与资源库等。

四、实施过程

园林植物病虫害综合治理是一个病虫控制的系统工程，方案的制订包括以下几步：

1.资料整理

通过座谈交流、实地观察，了解实际。包括调查资料、查阅文献资料、田间试验资料等。

(1)调查当地病虫害发生种类及为害情况。

(2)调查或查阅文献得出病虫害侵入途径。

(3)调查当地园林植物种植情况。包括园林植物的配置、园林植物种类，同一植物不同品种、立地条件、土壤类型、施肥情况、灌排水、修剪、卫生等方面的内容。

(4)调查当地园林植物感病情况。

(5)调查当地栽培技术对病虫发生消长变化的影响。

(6)调查了解近几年病虫害预测预报资料。

(7)调查了解当地对病虫害的防治情况。

2.确定防治对象

根据调查资料确定防治对象。当前综合治理类型大体上有三种类型：①以一种主要病虫为对象；②以一种植物整个生育期的所有病虫为对象；③以某一区域为对象。

3.确定防治标准

由于各地经济不同、对园林植物和综合治理要求不同，则防治标准也不同。如对圃地等的园林植物的病虫害防治偏重于经济效益兼顾生态效益等，而处于城市、街道、公园等园林植物，是以生态效益及绿化观赏效益为目的，其病虫害的防治不可单纯为了经济效益而忽略病虫的防治。

4.制订防治计划

(1)制订防治方法　贯彻以“预防为主、综合防治”的植保方针，根据病虫活动规律、侵入特点、植物栽培管理技术以及植物各发育阶段的病虫发生情况以及防治标准等，采取植物检疫、园林栽培技术等措施预防病虫害的发生，在病虫严重时采取化学防治等措施。要根据病虫轻重缓急进行考虑，明确关键时期的主攻对象，系统地并有侧重地安排防治措施，初步构成一个因地制宜的防治系统。

(2)制订防治时间　根据病虫害预测预报，针对植物主要受害的敏感期及防治指标，掌握有利时机，及时地进行防治。

(3)建立机构，组织力量　对病虫害防治工作，特别是大型的灭虫、治病活动应建立机构。说明需用的劳力数量和来源，便于组织力量。

(4)准备防治物资　事先准备好防治器械、药剂品种等，以免影响防治工作。

(5)技术培训　按计划实施防治措施，对参加防治人员进行防治技术的培训，确保每种防治措施的正确应用，保证防治效果。

(6)做出预算，拟定经费计划。

5.综合防治各关键技术措施应用与试验

(1)植物检疫技术　针对当地园林植物已经发生病虫害检疫对象实际，开展调查研究。结合当地花木生产与园林绿地养护实际，查找存在问题，提出改进建议。对已经发生的，或者潜在的具有极大危险的有害生物做出预警。在园林规划中制订与实施。参照当地历史资料与网络知识，提出科学、合理、有效的园林绿地与花木基地综合管理技术方案。

(2)园林技术　针对当地园林植物病虫害发生实际，写出调查报告。结合当地花木生产与园林绿地养护实际，查找存在问题，提出改进建议。确定典型的病虫种类进行园林技术措施防治试验，从栽植设计、施工及栽培管理等环节选择适当的措施，同时注意自始至终地跟踪调查，做好记录。分组讨论分析、总结整理，同时参照当地历史资料与网络知识，提出科学、合理、有效的园林绿地与花木基地综合管理技术方案。

(3)物理防治技术　结合当地花木生产与园林绿地养护实际，查找存在问题，提出改进建议。针对不同的病害特点与害虫习性分别采用诱杀、阻隔、高温处理等不同的处理方法，对防治效果进行调查记录。分组讨论分析、总结整理，同时参照当地历史资料与网络知识，提出科学、合理、有效的园林绿地与花木基地综合管理技术方案。

(4)生物防治技术　结合当地花木生产与园林绿地养护实际，查找存在问题，提出改进建议。了解当地昆虫天敌的种类，必要时人工饲养，观察其生长发育规律和习性，结合害虫防治进行应用，做好调查记录。对某些特定的病虫害进行生物农药试验，做好药效调查记录。对当地已经开展的生物防治进行防治效果调查，重点调查防治对象的为害现状、天敌种类、天敌应用方法、防治范围、防治效果调查。分组讨论分析、总结整理，同时参照当地历史资料与网络知识，提出科学、合理、有效的园林绿地与花木基地综合管理技术方案。

(5)化学防治技术　对当地已经开展的化学防治进行防治效果调查，重点调查防治对象的为害现状、应用方法、防治范围、防治效果调查以及资源调查、气候调查等。结合当地花木生产与园林绿地养护实际，查找存在的突出问题，提出改进建议。分组讨论分析、总结整理，同时参照当地历史资料与网络知识，提出科学、合理、有效的园林绿地与花木基地综合管理技术方案。

(6)综合防治方案制订　结合上述各单项方案，在局部试验试错和经验总结基础上，因地制宜，提出符合本地实际、切实可行的综合防治与管理技术方案。

五、注意事项

(1)植物检疫技术的应用　既需要考虑已被列为检疫对象的有害生物，也要考虑未被列入，但具有极大危害性的有害生物。防止生物入侵，做到防患于未然。

(2)园林技术的应用　贯穿于规划设计、施工以及栽培管理的全过程，充分发挥其生态效应、景观效应、社会效应、和谐效应。与园林设计、园林工程、园林生态、花卉栽培、观赏树木、园林绿地养护、土壤肥料、气象等领域进行有机结合。

(3)物理防治技术的应用　需要综合应用，针对植物不同生长时期，运用种苗热处理、灯光诱杀、毒饵与饵木诱杀、潜所诱杀、性诱杀等方法，做到与环境相协调，与天敌相协调，与群众生活、安全相协调。各项技术运用后，应注意及时处理。

(4)生物防治技术的应用　是目前政府和社会大力倡导的技术。但存在成本高，杀虫效果较慢，病虫大发生时难以迅速奏效等缺点，因而应注意与其他措施有机结合，以便取长补短。与正规公司、研究机构合作，保证质量与效果。微生物农药使用注意不能与杀菌剂混合使用，用药时注意环境的温度、湿度及病虫的防治适期；应保存在低于 25 ℃的干燥阴凉仓库中，防止暴晒和潮湿。

(5)化学防治技术的应用　因其速效性而在一定历史时期内发挥作用。应注意与其他措施有机结合，以便取长补短。与正规公司、研究机构合作，保证质量与效果。应严格按照农药使用新规定使用、保管和处理农药废弃物。保护天敌，利用天敌，合理用药。保护环境，保障人、畜、植物安全。

六、作业

写出一份反映当地园林绿地养护与花木生产实际的调查报告或调查总结。

总结利用某一防治措施对某些特定的病虫害进行试验的试验总结或经验总结。

结合当地情况对某一虫害或病害做出综合治理方案。

在有经验的技术人员指导下，结合当地实际总结某一代表性植物的综合防治方案。

【任务评价】

任务评价考察标准分为基本能力、职业能力、岗位专业能力三部分。

基本能力、职业能力方面的要求参考项目一。

岗位专业能力：针对本项工作任务的具体要求与实施来考察。以小组考核为主，个人考核为辅。各项完成情况根据方案制订原则、内容、可行性等方面酌情扣分。

(1)植物检疫在园林规划中的制订与实施。

(2)园林防治(包括规划、设计、施工、养护管理环节)中园林技术措施的制订与实施。

(3)物理防治方法(包括捕杀法、诱杀法、阻隔法、汰选法、高温处理等物理技术措施)的制订与实施。

(4)生物防治方法(包括天敌、有益微生物、生物农药以及其他生物技术的利用)的制订与实施。

(5)化学防治方法的制订与实施。

(6)模拟某片绿地、校园、生态园区或某个城镇的园林植物病虫害防治规程制订。

以上内容根据当地实际灵活运用。

【思考练习】

一、单项选择题

1. 园林技术防治中及时清除田园,可消灭大量(　　)。

A. 虫卵　　B. 成虫　　C. 虫源　　D. 幼虫

2. 挂银灰色飘带可以用来(　　)。

A. 避蝇类　　B. 避介壳虫　　C. 避蚜　　D. 避白粉虱

3. 在昆虫喜欢食物中掺入适量的毒剂来诱杀害虫是利用了害虫的(　　)。

A. 趋色　　B. 趋湿性　　C. 趋化性　　D. 趋光性

4. 大多数害虫对波长(　　)的紫外光特别敏感,具有较强的趋性。而蚜虫等对波长(　　)的黄色光波最敏感。

A. 330～400 nm　　C. 350～400 nm

B. 430～500 nm　　D. 550～600 nm

5. 利用害虫的性外激素诱杀害虫是利用昆虫的(　　)。

A. 趋光性　　B. 趋温性　　C. 趋化性　　D. 趋湿性

6. 赤眼蜂是(　　)的寄生蜂。

A. 蛹　　B. 幼虫　　C 卵　　D. 成虫

7. 利用益鸟防治害虫利用的是(　　)。

A. 能量循环利用　　B. 生态学原理　　C. 物质循环的原理

8. 属于杀线虫剂是(　　)。

A. 链霉素　　B. 厚垣轮枝菌　　C. 松毛虫杆菌

9. 属于植物诱杀的方法是(　　)。

A. 毒饵　　B. 柏树木段　　C. 种植蓖麻

10. 最容易导致100%阻隔效果的是(　　)。

A. 防虫网　　B. 土壤覆盖薄膜　　C. 设障碍物　　D. 喷洒高脂膜

二、多项选择题

1. 属于检疫性害虫的是(　　)。

A. 美国白蛾　　B. 星天牛　　C. 椰心叶甲　　D. 松材线虫

2. 属于园林防治的是(　　)。

A. 利用天敌昆虫　　B. 合理配置　　C. 灯光诱杀　　D. 选育抗病虫品种

3. 诱杀法利用的是害虫的(　　)。

A. 群集性　　B. 趋光性　　C. 假死性　　D. 趋化性

4. 属于捕食性天敌昆虫有(　　)。
A. 食蚜蝇　B. 蚜茧蜂　C. 草蛉　D. 赤眼蜂
5. 生产上应用较为广泛的细菌制剂有(　　)。
A. 青虫菌　B. 绿僵菌　C. 苏云金杆菌　D. 白僵菌
6. 生产上应用较为广泛的真菌制剂有(　　)。
A. 木霉菌　B. 绿僵菌　C. 苏云金杆菌　D. 白僵菌
7. 生产上应用较为广泛的微生物制剂有(　　)。
A. 印楝素　B. 阿维菌素　C. 春雷霉素　D. 井冈霉素
8. 生产上应用较为广泛的天敌昆虫有(　　)。
A. 蚜茧蜂　B. 捕食螨　C. 赤眼蜂　D. 昆虫病原线虫
9. 种苗热处理温度为(　　)。
A. 35～40 ℃　B. 40～50 ℃　C. 45～65 ℃　D. 80 ℃
10. 人工可繁殖和释放天敌昆虫为(　　)。
A. 赤眼蜂　B. 丽蚜小蜂　C. 植绥螨　D. 周氏啮小蜂

三、判断题

1. 有害生物综合治理允许一定种群数量的害虫的存在。(　　)
2. 选育抗病虫品种和培育抗性天敌，都属于园林技术防治的范畴。(　　)
3. 乡土树种对当地的自然条件适应性强，可有效预防病虫害，在园林规划设计中需要优先考虑。(　　)
4. 因地制宜，适地适树，容易导致植物生态系统失衡。(　　)
5. 生物入侵物种就是植物检疫对象。(　　)
6. 疫区划分是控制检疫性病虫害的手段之一。(　　)
7. 蚜虫对黄色有正趋性，而对银灰色有负趋性。(　　)
8. 色板诱杀是利用某些害虫对黄色、蓝色的特殊趋性，采用色板涂黏油进行诱杀的方式。(　　)
9. 天敌是活的有机体，贮存期间的生活力会下降，常用低温方法进行贮存。(　　)
10. 利用有益真菌木霉菌防治幼苗立枯病，属于生物防治的范畴。(　　)
11. 植物感染一种病毒的弱株系后，就可保护植物避免同一病毒强株系的侵染的现象称为带毒现象。(　　)
12. 人工合成的化学农药可以用酶降解，也可以在自然条件下完成降解。(　　)
13. 农药使用总量实现零增长就是不使用化学农药，而全用生物农药。(　　)

四、简答题

1. 综合防治方案的主要类型有哪些？
2. 植物检疫主要有哪些措施？
3. 采用物理防治技术防治园林植物病虫害主要有哪些措施？
4. 利用天敌昆虫的主要途径有哪些？
5. 生物防治主要包括哪些内容？

项目小结

本项目主要讲解园林植物病虫害综合防治的理论和技术，包括植物检疫技术、园林防治技术、物理防治技术、生物防治技术、化学防治技术以及综合防治方案的制订。

有害生物综合治理是一个科学管理系统。全面考虑病虫害、天敌和园林植物，充分考虑生态系统的整体观念，充分发挥自然控制的作用，有机协调应用各种措施的优点，人为防治措施要与自然控制协调，将病虫害种群数量控制在经济损失允许水平之下。符合社会公德及伦理道德，避免对人、畜的健康造成损害。时空上达到可持续控制的效果，实现经济效益、社会效益及生态效益的统一。理念上，从“害虫综合防治”到“害虫综合治理”上升到“有害生物综合治理”；从“预防为主，综合防治”到“公共植保与绿色植保”，从“可持续发展”到“全球健康”，彰显出人类认识水平的不断提高。

园林植物病虫害综合防治方案的制订。以“预防为主、综合防治”为指导思想，考虑当地园林植物病虫害的种类、为害程度、发生发展规律以及当地环境条件、管理水平等情况，从生态系统的整体观出发，综合运用五大防治法，设计和制订防治方案，充分发挥生态系统的自我调控作用。另一方面，单项防治方案可根据实际情况而定。

植物检疫。指一个国家或地方政府颁布法令，设立专门机构，禁止或限制危险性病虫害、杂草人为地传入或传出，或者传入后人为限制其继续扩展所采取的一系列措施，可分为对外检疫和对内检疫两种。

园林防治。通过合理的园林设计和栽培管理措施减少病虫害种群数量和侵染可能性，培育健壮植物，增强植物抗害、耐害和自身补偿能力或避免病虫害危害的一种植物保护措施，包括合理的园林规划设计、选育抗性品种、合理的栽植设计和适宜的养护管理措施。

物理防治。利用各种物理因素和简单的器械来防治病虫害的方法，包括捕杀法、诱杀法、阻隔法、汰选法、温度处理法、放射处理等。

生物防治。利用生物及其代谢物质来控制病虫害，包括以“虫”治虫、其他有益生物治虫、以菌治虫 、以菌治病、以“素”治虫(病)等。

化学防治。指使用各种化学药剂来防治病虫害及杂草等有害生物的方法，具有作用快、防效高、经济效益高、使用方法简单、不受地域和季节限制、便于大面积机械化操作等优点。除了抗药性等问题外，目前突出问题表现在，农药在环境中存在残留毒性，破坏了生态平衡，污染了环境，影响了人类健康。

项目六　农药使用技术

素质目标：

培养发现问题、分析问题、解决问题的能力，培养团结合作的精神，贯彻“预防为主，综合治理”的理念，养成敬重自然、尊重生态的良好心态，实际管理中大力推广低毒、高效、无污染、环保的产品与服务，将农药对环境的影响降到最低。

技能目标：

①能对常见农药及其剂型进行分类。②购置农药时能够简单鉴别农药质量、辨别真伪。③会配制药液、毒土、毒饵及波尔多液、石硫合剂、白涂剂等。④会施用农药和保管农药。⑤能对农药的配制进行基本计算。⑥能熟练操作常见植保药械。⑦会清洗药械，能够设计实施田间药效试验。⑧会按规定处理农药废弃物。

知识目标：

①理解并熟记农药分类知识与农药用量的表示方法。②熟悉常见农药剂型特性及简易鉴别方法。③理解波尔多液、石硫合剂、白涂剂的配制及质量检测方法。④熟悉农药标签的内容。⑤理解常用农药品种的特性、防治对象及使用方法。⑥理解并熟记农药的各种施用技术。⑦熟悉背负式喷雾器、背负式机动喷雾喷粉机等药械的工作原理及使用方法。⑧理解安全、合理使用农药的原则及农药田间药效试验方法。⑨了解当地农药市场农药的经营推广情况。

知 识 点：

农药、原药、制剂、剂型、毒土、毒饵、波尔多液、石硫合剂、波美度、柴油乳剂、胃毒剂、触杀剂、内吸剂、熏蒸剂、保护剂、治疗剂、生物源农药、农药标签。

常量喷雾、低容量喷雾、超低容量喷雾、烟雾、药械、背负式喷雾器、背负式机动喷雾喷粉机、植保无人机、农药毒性、急性毒性、亚急性毒性、慢性毒性、致死中量、药害、农药田间药效试验。

工作任务一　农药购置

【技能目标】

①能对常见农药种类进行分类和举例。

②能依剂型特点和理化性状，简易鉴别农药质量。

③能依原药和商品特性、命名特点，网上查询农药出处。

④购置农药时，能依农药“三证”内容等对真假农药进行基本鉴别。

【任务提出】

对园林植物病虫害进行药剂防治时，思考如何认识农药，需要时如何购置农药。

【任务分析】

本次任务是结合园林植物生长中出现的某一个病虫害问题，用药实施防治，通过认识农药、了解农药剂型、熟悉农药名称、购置农药几个环节，达到对农药的全面了解和熟悉。

【相关知识】

我们在使用农药的过程中，必须先认识农药，在农业生产急需农药时，应根据防治对象和防治方案购买农药、施用农药。

一、认识农药

（一）农药的含义

农药是农业药剂的简称。一般是指用于防治为害农林植物及其产品的害虫、螨类、病菌、线虫、杂草、鼠类、软体动物等的药剂，也包括植物生长调节剂、辅助剂、增效剂等。

根据《农药管理条例》规定，农药是指用于预防、控制危害农业、林业的病、虫、草、鼠和其他有害生物以及有目的地调节植物、昆虫生长的化学合成或者来源于生物、其他天然物质的一种物质或者几种物质的混合物及其制剂。包括用于不同目的、场所的下列各类：预防、控制危害农业、林业的病、虫（包括昆虫、蜱、螨）、草、鼠、软体动物和其他有害生物；预防、控制仓储以及加工场所的病、虫、鼠和其他有害生物；调节植物、昆虫生长；农业、林业产品防腐或者保鲜；预防、控制蚊、蝇、蜚蠊、鼠和其他有害生物；预防、控制危害堤坝、铁路、码头、机场、建筑物和其他场所的有害生物。

农药品种繁多，为了便于研究、生产和应用，必须进行分类。一般先根据农药的防治对象或用途分为几大类，然后再根据农药的作用方式或成分等做进一步分类。按防治对象，农药可分为杀虫剂、杀螨剂、杀菌剂、病毒钝化剂、杀线虫剂、除草剂、杀鼠剂、植物生长调节剂等。按原料来源，农药可分为矿物源农药、生物源农药、化学合成农药。

（1）矿物源农药　由矿物原料加工而成的农药，如石硫合剂、波尔多液、柴油乳剂等。

（2）生物源农药　是利用天然生物资源开发的农药，包括生物体农药和生物化学农药。生物体农药即用来防治病、虫等的商品活体生物，如赤眼蜂、蚜茧蜂、丽蚜小蜂、白僵菌、绿僵菌、苏云金杆菌等；而生物化学农药是指从生物体中分离出来的、具有一定化学结构且对有害生物有控制作用的生物活性物质，该物质如果可以人工合成，那么合成物的结构必须与天然物质的结构完全相同,如印楝素、烟碱、豌豆素、井冈霉素、春雷霉素、链霉素、灭瘟素、阿维菌素等。

(3)化学合成农药　是人工研制合成的农药,一般化学结构复杂,品种多,生产量大,应用范围广,如吡虫啉、百菌清等。随着我国生态园林建设事业发展,高效、低毒、低残留、无污染、无异色异味的农药品种将是今后的发展方向。

(二)杀虫剂

用于防治害虫的药剂叫杀虫剂。

1.按作用方式和进入虫体的途径分类

(1)胃毒剂　通过消化系统进入虫体内,使害虫中毒死亡的药剂,如敌百虫,适合于防治咀嚼式口器的昆虫。

(2)触杀剂　通过接触害虫体壁渗入体腔和血液中,使害虫中毒死亡的药剂。如大多数有机磷杀虫剂、拟除虫菊酯类杀虫剂。触杀剂对各种口器的害虫均适用,但对体被蜡质分泌物的介壳虫、粉虱等效果差。

(3)熏蒸剂　药剂以气体分子状态充斥其作用的空间,通过害虫的呼吸系统进入虫体,使害虫中毒死亡的药剂。熏蒸剂密闭条件使用效果好。

(4)内吸剂　通过植物根、茎、叶的吸收,在植物体内输导、存留或产生代谢产物,害虫在取食植物组织汁液时,使害虫中毒死亡的药剂,如吡虫啉等。内吸剂对刺吸式口器昆虫防治效果好,对咀嚼式口器昆虫有一定效果。

(5)其他杀虫剂　包括忌避剂、拒食剂、绝育剂、昆虫生长调节剂、性引诱剂等,这类杀虫剂是以其特殊性能作用于昆虫,一般将这些药剂称为特异性杀虫剂。忌避剂指药剂分布于植物体表后,害虫嗅到某种气味即避开。如雷公藤根皮粉、香茅油、驱蚊油、樟脑等。不育剂(绝育剂)指作用于昆虫的生殖系统,使昆虫不育或使卵不育。如喜树碱、六磷胺等。拒食剂指当害虫取食含有该类药剂的植物后,正常生理机能遭到破坏,食欲减退,很快停止进食。如拒食胺等。昆虫生长调节剂指这类药剂并不直接快速杀死害虫,特点是使昆虫的发育、行动、习性、繁殖等受到阻碍和抑制。如灭幼脲、抑太保等。性引诱剂指引起同种昆虫异性个体间产生行为反应的物质,可用来诱集成虫。如槐小卷蛾性诱剂、白杨透翅蛾性诱剂等。

实际上,杀虫剂的杀虫作用并不是单一的,多数杀虫剂往往兼具几种杀虫作用。如乐果有很强的内吸作用及触杀作用,敌敌畏具有触杀、胃毒、熏蒸三种作用。

2.按杀虫剂的成分与来源分类

(1)有机合成杀虫剂　指药剂的化学成分中含有结合碳元素的杀虫剂,它是采用化学合成方法制成的,又称为合成杀虫剂。这类杀虫剂种类很多,应用广泛,根据化学结构又可分为有机磷杀虫剂、有机氮杀虫剂、拟除虫菊酯类杀虫剂等,如敌敌畏、抗蚜威、溴氰菊酯等。

(2)无机杀虫剂　是指在药剂的化学成分中不含结合碳元素的杀虫剂,也称矿物杀虫剂,如氟硅酸钠等。

(3)植物杀虫剂　指具有杀虫作用的植物或植物提取物,如烟草、鱼藤、除虫菊、茴蒿素、印楝素等。

(4)微生物杀虫剂　指具有杀虫作用的微生物及其代谢物的混合物,如阿维菌素、苏云金杆菌、白僵菌等。

(5)激素类杀虫剂　指人工合成的昆虫激素。用于干扰害虫体内的激素水平,改变其正常的生理过程，使之不能正常生长发育，从而达到消灭害虫的目的。这类杀虫剂又叫昆虫生长调节剂，如保幼激素、灭幼脲等。

(三)杀螨剂

能用来防治植食性螨类的药剂叫杀螨剂，如尼索朗等。有不少杀虫剂也具有兼治螨类的作用，如灭扫利等。

(四)杀菌剂

用来防治植物病害的药剂。

1.按作用方式分

(1)保护剂　在病原物侵入寄主之前，喷布于寄主表面，形成一层保护膜，阻止病原物的侵染，以保护寄主免受危害，如波尔多液、代森锰锌、代森锌等。

(2)治疗剂　病原物侵入寄主植物后喷洒药剂，用于抑制或杀死病原物，使病害减轻或使植物恢复健康的药剂，如粉锈宁、福星、多菌灵、三唑酮等。

(3)铲除剂　对病原物有直接强烈杀伤作用的药剂，如石硫合剂等。

(4)免疫剂　应用药剂增强作物的抗病能力，避免或减轻病菌侵染的药剂，如硫氰苯胺。

2.按杀菌剂的成分与来源分类

(1)无机杀菌剂　利用天然矿物和无机物制成的杀菌剂，如石硫合剂、波尔多液等。

(2)有机合成杀菌剂　采用人工合成的方法制成的杀菌剂。它的种类很多，常又分为有机硫杀菌剂、有机磷杀菌剂等，如代森锌、多菌灵、粉锈宁等。

(3)农用抗生素　指一些抗生菌产生的对细菌和真菌有抑制作用的代谢物，如多抗霉素、春雷霉素等。

(4)植物杀菌剂　指某些植物体内含有的抑菌或杀菌作用的化学物质，如大蒜素等。

(五)杀线虫剂

用来防治植物线虫病的药剂，如克线磷、威百亩等。

(六)除草剂

用来防除杂草和有害植物的药剂。

1.按除草剂的选择性能分类

(1)选择性除草剂　能够毒害或杀死某些植物，而对另一些植物无毒害或较安全的一类除草剂，如精噁禾灵等。

(2)灭生性除草剂　这类除草剂在植物间无选择性或选择性较差，因此不仅能杀死杂草，对作物也有毒害。如百草枯(已禁用)、草甘膦(已禁用)等。

2.按除草剂的成分与来源分类

(1)无机除草剂　由无机化合物制成的除草剂，如氯酸钾等。

(2)有机合成除草剂　由人工合成的用于除草的有机化合物，根据化学成分又可分为：苯氧羧酸类、醚类、酰胺类、氨基甲酸酯类、取代脲类、均三氮苯类、有机磷类、杂环类等。

(3)微生物除草剂　由微生物或其代谢物制成的除草剂，如鲁保一号等。

(七)杀鼠剂

用来防治鼠类的药剂。多为胃毒剂，主要采用毒饵施药，如敌鼠、大隆等。

二、了解农药剂型

一般化学农药都必须加工成一定剂型才能投入使用。未经加工的农药叫作原药(固体的叫原粉、液体的叫原油),其中具有杀虫、杀菌或除草等作用的成分叫作有效成分。原药中除少数品种外,绝大多数不能直接在生产上使用。这是因为每亩地上每次施用的原药数量是很少的,要使少量的原药均匀分散在大面积上,就必须在原药中兑入分散的物质,如水、粉等,而绝大多数原药又是不溶于水的。此外,施用的农药还应该良好附着在病虫体上或植物体上,以充分发挥药效。但一般原药不具备这样的性能,所以原药中还应该加入一些辅助剂。这样,就需要将原药进行加工,制成一定的药剂形态,这种药剂形态就叫作剂型,如可湿性粉剂、乳油等。农药的加工在提高药效、改善药剂性能,以及降低毒性、保障安全等方面都起着重要的作用。

1. 可湿性粉剂(WP)

由原药、填料、湿润剂等按一定比例混合,经机械加工制成的粉末状物,粉粒直径在 70 μm 以下。不同于粉剂,它主要用于兑水喷雾,但不可直接喷粉。该剂型农药加工成本低,贮存安全、方便,有效成分含量高,黏着力强。加湿润剂后易被水湿润,分散后的药粒仍比较稳定地悬浮于水中。但当助剂性能不良时,在水中悬浮不均,喷雾不匀,易引起局部药害。

2. 乳油(EC)

又称乳剂,由原药、溶剂和乳化剂相互溶解而成,为透明油状液体。加水后变成不透明乳状药液,乳剂中小油珠直径小于 10 μm。喷雾雾滴中含有几个小油珠,落在虫体或植物上,等水分蒸发后,剩下油珠展开形成一个比原来油珠直径大的油膜以发挥作用。乳剂的湿润性、展着性、附着力、渗透性和残效期,都优于可湿性粉剂。主要供喷雾使用,也可用作拌种、泼浇、涂茎、配毒饵等。乳油颜色深浅不一,但均应清澈、不分层、无沉淀。

3. 粉剂(DP)

原药加入一定量的惰性粉(如黏土、高岭土、滑石粉等),经机械加工而成的粉末状物,粉粒直径在 100 μm 以下。粉剂不易被水湿润,不能兑水喷雾。一般高浓度的粉剂用于拌种、制作毒饵或土壤处理用,低浓度的粉剂用作喷粉。该剂型具有使用方便,易喷撒,工效高等优点。缺点是随风飘失多,浪费药量,污染环境。

4. 粉尘剂(DPC)

是将原药、填料和分散剂按一定比例混合后,经机械粉碎和再次混合等工艺流程制成的比粉剂更细的粉状农药剂型,是专用于花卉保护地防治病虫害的一种超微粉剂,粉粒直径在 10 μm 以下,并具有良好的分散性,以保证絮结度较低。该剂型具有成本低,用药少,不用水,对棚膜要求不严格等优点。

5. 颗粒剂(GR)

由原药、载体(细沙、煤渣等)、助剂等制成的颗粒状物,其粒径一般为 250~600 μm。要求颗粒具有一定硬度,运输和堆藏过程中不易破碎,施用后的解体性也应符合要求。该剂型农药残效期长,施用方便,省工省时。施用过程中沉降性好,飘移少,对环境污染轻。

6. 水分散粒剂(WG)

由原药、助剂、载体加工造粒而成,其助剂系统较为复杂,包括润湿剂、分散剂、黏结剂、润滑剂等。WG具有可湿性粉剂、水悬浮剂的优点。水分散粒剂产品中有效成分含量往往较高，相对节省了不发挥作用的助剂及载体的用量，节省了包装、贮运费用等，该剂型市场前景广阔。

7. 微胶囊剂(CJ)

由农药原药和溶剂制成颗粒，同时再加入树脂单体，在农药微粒表面聚合而成的微胶囊剂型。其具有毒性低、残效长、挥发少、延缓降解和减轻药害等优点，但加工成本相对较高。

8. 可溶性粉剂(SP)

由原药、填料和适量助剂经混合粉碎加工成的水溶性粉状物，兑水后有效成分能迅速分散而完全溶解。

9. 水剂(AS)

由某些能溶解于水又不分解的原药直接加水配制而成，该剂型农药不易在植物体表面湿润展布，黏附性差，长期贮存易分解失效。

10. 悬浮剂(SC)

借助各种助剂(润湿剂、增黏剂、防冻剂等)，通过湿法研磨或高速搅拌，使不溶于水的固体原药均匀分散于介质(水或油)中，形成的一种颗粒极细、高悬浮、可流动的液体药剂。悬浮剂悬浮颗粒的粒径仅为0.5～5 μm。喷后覆盖面积大，黏附力强。生产、使用较安全，对环境污染轻，施用方便。

11. 片剂(TA)

由农药原药加入填料、助剂等均匀搅拌，压成片状或一定外形的块状物。该剂型具有使用方便，剂量准确，污染轻等优点。

12. 超低量喷雾剂(ULV)

由原药加入油脂溶剂、助剂制成，专供超低容量喷雾使用，一般为含有效成分是20%～50%的油剂。使用时不必兑水可直接喷雾，单位面积用量少，工效高，适于缺水地区。

13. 烟剂(FU)

将高温下易挥发的固体农药与助燃剂和燃料，按一定比例混合配成粉状或片状制剂，使用时点燃烟剂，药剂受热挥发，遇冷空气凝成细小微粒漂浮于空气中，呈高度分散状态，药粒细小，可以深入到极小缝隙中，改善药物对植物表面处理的质量，在室内和温室中使用防治病虫害最经济有效，目前主要用于防治森林、仓储害虫，温室中防治蔬菜和花卉病虫害。

14. 其他剂型

胶悬剂、缓释剂、种衣剂、熏蒸剂、热雾剂、气雾剂、微乳剂、水乳剂、泡腾片剂、固体乳油、胶囊剂等。随着农药加工技术的不断进步，各种新的制剂被陆续开发利用。

三、熟悉农药名称

我们在农药市场上购置的农药大都用商品名称来称呼。

1. 商品农药的名称

商品农药是一种成分复杂的混合物，它包括农药原药(有效成分和杂质)和辅助剂(溶剂、乳化剂、填料等)两部分。商品农药的名称，通常由三部分组成：第一部分是农药的有效成分含量,常用百分数表示;第二部分是农药原药的名称;第三部分是剂型的名称。如1%苦参碱水剂、2.5%溴氰菊酯乳油、70%甲基托布津可湿性粉剂等。

2. 农药原药的名称

目前国内常用农药原药名称的命名方法,大体有以下几种:

(1)根据化学名称命名　如硫酸铜、磷化铝(已停用)等。

(2)根据实验代号命名　如E-605、4049等。

(3)根据商品名称的音译命名　如敌敌畏是DDVP的音译,乐果是Rogor的音译,敌杀死是Decis的音译等。

(4)根据商品名称的意译命名　如氯化苦、七氯等。

(5)根据性质、用途、效果等命名　如杀螟硫磷、多菌灵、敌稗等。我国许多农药的名称是根据这个原则来命名的。

四、购置农药

购置农药时,必须了解和阅读农药标签,知道农药的防治对象、使用方法等基本知识后,才能购置和使用。

农药标签是紧贴或印制在农药包装上的,是说明农药性能、使用方法等内容的技术资料。它不仅是农药身份的证明,更是人们安全、科学、合理使用农药的重要依据。对农药进行登记时,对农药标签有严格的要求。为了规范农药标签,加强对农药的管理,《农药标签和说明书管理办法》中明确规定标签和说明书应注明农药名称、有效成分及含量、剂型、农药登记证号或临时登记证号、农药生产许可证或农药生产批准文件号、产品标准号、企业名称及联系方式、生产日期、产品批号、有效期、质量、产品性能、用途、使用技术和使用方法、毒性及标识、注意事项、中毒急救措施、贮存和运输方法、农药类别、象形图等内容。分装的农药,还应注明分装单位。缺乏上述任何一项内容,均视为不规范产品。查看农药标签时,要特别注意以下内容。

1. 有效成分

必须印有有效成分的中文通用名称、含量,混剂必须标明每个成分的中文通用名称及各自的含量。

2. 农药"三证"号

"三证"号指农药登记证号、农药生产许可证号或农药生产批准文件号、产品标准号。国产农药标签必须有"三证"号,直接销售的进口农药只有农药登记证号,国内分装的进口农药,应有分装登记证号、分装批准证号和执行标准号。农药登记证分为正式登记证和临时登记证,用于农田的农药,正式登记证以"PD"(意为品种登记)为标识,临时登记证以"LS"(意为临时)为标识;而卫生用农药登记证标识与此不同。农药生产许可证格式为:HNPaaaxxx-b-yyy,其中"HNP"意为化工农药批准证书,"aaa"为企业所在省代码,"xxx"为企业代码,"b",为产品类别,"yyy"为产品名称。农药产品标准号是农药产品质量技术指标的基本规定,由标准行政管理部门批准并发布实施。标签中的"GB"为国家标准、"HG"为行业标准或部颁标准、而"Q"为企业标准。

3. 农药类别

除卫生用农药外,各类农药标签底部均有一条与底边平行、不褪色的特征颜色标志带,以表示不同种类农药。农药产品中含有2种或2种以上不同类别有效成分时，其产品颜色标志带应由各有效成分对应的标志带分段组成。杀菌（线虫）剂用黑色带表示；杀虫（螨、螺）剂用红色带表示；除草剂用绿色带表示；杀鼠剂用蓝色带表示；植物生长调节剂用深黄色带表示。

4. 毒性标志

农药标签上应在显著位置标明农药的毒性及其标志。我国农药毒性分为剧毒、高毒、中等毒、低毒和微毒5级，不同毒性的农药产品要有不同级别的标志，同时要用红色字体注明标志所对应的毒性。

5. 生产日期及有效期

生产日期应当按照年、月、日的顺序标注，年份用4位数字表示，月、日分别用2位数表示。有效期以产品质量保证期限、有效日期或失效日期表示。根据生产日期和有效期，可判定产品是否过期，不能购买无生产日期或已过期的农药。

6. 农药标签二维码

(1)农药标签可追溯电子信息码应当以二维码标注。二维码的码制为QR码，字符编码采用UTF-8。二维码应当包含农药名称、农药登记证持有人名称、单元识别代码、追溯信息系统网址四项内容。四项内容应当按以上顺序排列，每项内容单独成行。其中农药名称、农药登记证持有人名称应当与相关行政许可的信息一致。

(2)单元识别代码由32位阿拉伯数字组成。第1～6位为该产品农药登记证号的后六位，可从中国农药信息网查询。第7～12位为生成时间码，年月日分别为两位；第13位为包装分级码，支持多级包装，“1”代表最小包装，“2”代表上一级包装，以此类推；第14位为生产类型，“1”代表农药登记证持有人生产，“2”代表委托加工，“3”代表委托分装；第15～32位为随机码。

(3)农药标签二维码应具有唯一性，一个二维码对应唯一一个销售包装单位。各级包装按照包装等级分别赋码，并对两级以上包装建立关联关系。

(4)农药生产企业、向中国出口农药的境外企业可自行建立或者委托第三方建立二维码追溯信息系统网址，自主制作、标注和管理农药标签二维码，并确保通过追溯信息系统网址可追溯到农药产品生产批次、质量检验、物流及销售等信息。网页应当具有较强的兼容性，可在PC端和手机端浏览。

(5)为减轻农药企业负担，有关机构可建立全国农药追溯信息系统平台（网址），农药生产企业、向中国出口农药的境外企业可利用该平台免费申请和下载使用二维码，自行制作、标注在农药标签上，并及时将产品出入库追溯信息上传至全国农药追溯信息系统平台。

(6)二维码模块为黑色，二维码背景色为白色，背景区域应大于图形边缘至少2 mm。

(7)2018年1月1日起，农药生产企业生产的农药产品，其标签上应当标注符合农业农村部公告规定的二维码。

【任务实施】

农药质量的简易鉴别

一、实施场所

农药店、实验（训）室及校内、外实训基地，包括公园、植物园、育苗温室、行道树等。

二、实施目的及形式

对常见农药从购置过程和实验室检验两个方面进行简易鉴别，学习基本鉴别方法，为实际指导生产打好基础。

以班级为单位组织教学。以小组为单位组织讨论和实施。

三、材料与工具

材料：当地常用的杀虫、杀菌剂、除草剂或植物生长调节剂，如白僵菌粉剂、80%敌敌畏乳油、40.7%乐斯本乳油、2.5%溴氰菊酯乳油、1.8%阿维菌素乳油、3%辛硫磷颗粒剂、90%敌百虫晶体、25%灭幼脲3号悬浮剂、Bt乳剂、20%达螨酮乳油、10%福星乳油、20%粉锈宁乳油、80%代森锰锌可湿性粉剂、40%氟嘧菌酯悬浮剂、250 g/L吡唑醚菌酯乳油、72.2%普力克水剂、45%百菌清烟剂、72%克露可湿性粉剂、4%烟嘧磺隆悬浮剂、0.01%油菜素内酯可溶性液剂等。

用具：天平、牛角匙、试管、量筒、烧杯、玻璃棒等。

四、实施过程

1. 常见农药物理性状的辨别

观察粉剂、可湿性粉剂、乳油、颗粒剂、水剂、悬浮剂、烟剂等剂型在颜色、形态等物理性状上的差异。

2. 乳油质量简易测定

将2～3滴乳油滴入盛有清水的试管中，轻轻振荡，观察油水融合是否良好，稀释液中有无油层漂浮或沉淀，稀释后是否呈半透明或乳白色的乳状液。若出现少许油层，表明乳化性尚好；出现大量油层、乳油被破坏，则不能使用。

3. 粉剂、可湿性粉剂质量的简易鉴别

取少量药粉轻轻撒在水面上，长期浮在水面的为粉剂，在1 min内粉粒吸湿下沉，搅动时可产生大量泡沫的为可湿性粉剂。另取少量可湿性粉剂倒入盛有200 mL水的量筒内，轻轻搅动放置30 min，观察药液的悬浮情况，沉淀越少，可湿性粉剂质量越高。如有较多的粉剂颗粒沉淀，表明质量较差。

4. 农药标签识别

在购置农药的过程中，了解农药标签的内容，理解农药“三证”内容，能根据农药“三证”内容、农药标签二维码等对农药进行基本鉴别。

五、作业

(1)列表记述所观察农药的剂型、物态、颜色、气味等性状特点及主要防治对象。

(2)测定1～2种可湿性粉剂及乳油的悬浮性和乳化性，记录观察结果，并分析现象。

(3)写出实验报告。

【任务评价】

任务评价考察标准分为基本能力、职业能力、岗位专业能力三部分。

基本能力、职业能力方面的要求参考项目一。

岗位专业能力：针对本项工作任务的具体要求与实施来考察。以个人考核为主。描述、鉴别不准确者，酌情扣分。

(1)常用化学农药剂型的观察及鉴别。能够准确地鉴别常用化学农药的剂型。

(2)常用化学农药的外观质量与物理性状鉴别。能够准确地鉴别常用化学农药的外观质量与物理性状。

(3)农药标签识别。能根据农药“三证”内容、农药标签二维码等对真假农药进行基本鉴别。

【思考练习】

一、选择题

1. 农药按防治对象可分为(　　)。

A. 杀虫杀螨剂　B. 杀菌剂　C. 除草剂　D. 内吸剂　E. 植物生长调节剂

2. 按原料来源，农药可分为(　　)。

A. 矿物源农药　B. 生物源农药　C. 生长调节剂　D. 化学合成农药

3. 杀虫剂按照作用方式可以分为(　　)。

A. 胃毒剂　B. 触杀剂　C. 熏蒸剂　D. 内吸剂　E. 其他杀虫剂

4. 除草剂按对植物作用的性质可分为(　　)。

A. 选择性除草剂　B. 微生物除草剂　C. 灭生性除草剂

5. 杀菌剂按作用方式可分为(　　)。

A. 保护剂　B. 治疗剂　C. 农用抗生素　D. 铲除剂　E. 免疫剂

6. 下列属于农药剂型的有(　　)。

A. 可湿性粉剂　B. 悬浮拌种剂　C. 原药　D. 乳化剂

7. 下列不属于农药标签内容的有(　　)。

A. 农药“三证”号　B. 毒性标志　C. 有效成分　D. 农药辅助剂

8. 下列农药剂型中，(　　)不能用于喷雾。

A. 颗粒剂　B. 乳油　C. 水剂　D. 可湿性粉剂

9. 下列剂型中，(　　)能用于熏烟。

A. 粉剂　B. 烟剂　C. 颗粒剂　D. 种衣剂

二、简答题

1. 农药按照防治对象可以分为哪几类？

2. 常用的农药剂型有哪几种？

3. 农药制剂的名称都包括哪几部分？请举例说明。

三、现场调查题

1. 现场参观农药企业，简述收获和感受。

2.列表记载当地农药市场各类农药主要品种销售、推广情况。

【拓展资源】

农药剂型英文简称

工作任务二　农药配制技术

【技能目标】

①能对园林常用农药(药液、毒土、毒饵、柴油乳剂)进行配制及使用。

②能正确对农药进行稀释。

【任务提出】

在园林植物生产与管理过程中,常会发生这样或那样的病虫害。有时,我们会根据方案购置市售农药,根据实际需要配药。但有时,我们也会根据发生情况就地取材,进行“土法”制作。不管是购置农药还是配置农药,只有了解农药配制的计算方法和配制方法,才能做到心中有数。

【任务分析】

本任务是在充分调查和了解园林植物病虫害发生情况并提出防治方案后,开展配制药液、毒土、毒饵、柴油乳剂等。配制前,要理解农药浓度表示方法和计算方法。

【相关知识】

在商品农药中,除了有效成分含量低的粉剂和颗粒剂可以直接施用外,一般有效成分含量高的剂型,必须用稀释剂稀释后才能施用,以保证药效,并避免对植物产生药害。因此,正确掌握农药稀释的计算是十分重要的。

一、农药的浓度表示法

1.稀释倍数

指用加入农药中的稀释剂的量来表示农药浓度的方法。例如,50%敌敌畏乳油 1 000 倍液,就是用 50%敌敌畏乳油一份加水 1 000 份配制成的稀释药液。因此,稀释倍数法一般不能直接反映农药稀释液中农药有效成分的含量。固体制剂加水稀释,用质量计算倍数;液体制剂加水稀释,如不特别注明按体积稀释,一般也都是按质量倍数计算的。而且生产上往往忽略农药和水的密度差异,即把农药的密度视为 1。在实际应用中,常根据稀释倍数大小分成内比法和外比法。内比法适用于稀释倍数在 100 倍及以下的药剂,计算时要在总份数中扣除原药剂所占份数。例如,需配制乐果 50 倍液,则需用乐果 1 份加水 49 份。外比法适用于稀释 100 倍以上的药剂,计算时不扣除原药剂在总份数中所占份数。例如,需配制溴氰菊酯 3 000 倍液,则需用溴氰菊酯1份加水3 000份。

2. 百分浓度(%)

指100份药液中含有多少份药剂的有效成分。例如20%速灭杀丁乳油,表示100份这种乳油中含有20份速灭杀丁的有效成分。百分浓度常又分为质量分数和体积分数两种。固体药剂用液态或固态稀释剂来稀释时,常用质量分数法计算。液体药剂用液态稀释剂来稀释时,则常用体积分数法计算。

3. 百万分浓度(μg/g)

指1百万份农药中含有效成分的份数。例如40 μg/g春雷霉素水剂,即表示在1百万份药剂中含有40份春雷霉素有效成分。

4. 波美度

用波美密度计插入溶液中直接测得,石硫合剂的浓度通常用波美度表示。

二、农药的稀释计算法

1. 按有效成分含量计算

通用公式为:

$$原药剂浓度\times原药剂质量=稀释药剂浓度\times稀释药剂质量$$

以上公式若有三项已知,可求出任何一项来,因一定量农药稀释后浓度变稀,但农药的有效成分含量是不变的。

例1 要配制0.5%乐果药液1 000 mL,求40%乐果乳油用量?

解:

$$1\,000\times0.5\%\div40\%=12.5(\text{mL})$$

如果求稀释剂用量而不求稀释药剂用量则可根据:

稀释药剂质量=原药剂质量+稀释剂质量,代入上式得:

$$稀释剂质量=原药剂质量\times\frac{原药剂浓度-稀释药剂浓度}{稀释药剂浓度}$$

例2 用50%福美双可湿性粉剂1 kg配成2%的稀释液,需加水多少?

解:

$$稀释剂用量=1\times(50\%-2\%)\div2\%=24(\text{kg})$$

2. 按稀释倍数的计算

此法不考虑药剂的有效成分含量,通用公式为:

$$稀释后药液质量=原药剂质量\times稀释倍数$$

若稀释倍数在100倍以下时,计算稀释剂用量要扣除原药剂所占的份额。公式则为:

$$稀释剂用量=原药剂用量\times稀释倍数-原药剂用量$$

例 3 配制10%吡虫啉可湿性粉剂1 000倍液，问1 g该药粉需兑水多少？

解：

$$稀释后药液质量=1\times 1\ 000=1\ 000(g)$$

例 4 配制40%乐果乳油50倍液涂干，问0.1 kg该乳油需兑水多少千克？

解：

$$稀释剂用量=0.1\times 50-0.1=4.9(kg)$$

例 5 用2.5%敌杀死乳油配制15 L（一桶喷雾器容量）3 000倍药液，问需原药液多少mL？

解：15 L＝15 000 mL

计算：

$$原药剂用量=15\ 000\div 3\ 000=5(mL)$$

即需2.5%敌杀死原液5 mL。

3. *石硫合剂的稀释计算*

首先用波美密度计测出原液的密度，再计算。

$$原药液质量=\frac{使用药液质量\times 使用药液波美度}{原药液波美度}$$

$$稀释剂质量=原药液质量\times\frac{原药液波美度-使用药液波美度}{使用药液波美度}$$

例 6 欲配制0.5波美度的石硫合剂40 kg，需要20波美度的原液多少千克？

解：

$$需原液质量=40\times 0.5\div 20=1(kg)$$

例 7 今有2 kg波美度为24的石硫合剂原药，需要稀释成波美度为0.4的稀释液，应加水多少？

解：

$$稀释剂质量=2\times\frac{24-0.4}{0.4}=118(kg)$$

【任务实施】

农药的配制

一、实施场所

教室、实验（训）室以及园林植物病虫害危害较重的校内、外实训基地，包括公园、植物园、育苗温室、行道树等。

二、实施目的及形式

学习常见药液、毒土、毒饵的配制方法，为指导生产服务。

以班级为单位组织教学。以小组为单位组织讨论和实施。

三、材料与工具

剂型为乳油、水剂、可湿性粉剂等的农药；水、土、饵料、柴油、洗衣粉(肥皂)等。

手动喷雾器、量筒、天平、角匙、塑料桶、铁桶、铁锨、锅等。

四、实施过程

(1)配制农药时，先计算农药和稀释剂用量，称取或量取后再根据不同目的进行混合配制。

(2)农药及稀释剂的量取。根据计算结果量取农药及稀释剂，固体农药用秤称量，液体农药要用有刻度的量具量取。量取后置于专用容器内。

(3)药液配制(二次稀释法)。欲将可湿性粉剂、水分散粒剂等制剂配成药液时，应先在小容器内将药粉加入少量水调成糊状，之后再倒入药桶中，加足水后搅拌均匀即可。稀释乳油、水剂、悬浮剂等液体农药制剂时，先向配制药液的容器内加少于1/2的水量，加入所需药量后搅拌，最后加足水量，搅拌均匀即可。

(4)毒土配置。用粉剂、可湿性粉剂等药粉配置毒土，可直接将其与细土混合均匀即可；对于乳油等液体制剂，应先将药剂配成50～100倍高浓度药液，再用喷雾器向细土喷洒，喷药液量至细土潮湿即可。边喷边用铁锨翻动，直至药土混合均匀，药液充分渗透至土粒。

(5)毒饵配制。配制方法与毒土类似，只是要求所用农药对害虫无拒避性，害虫对饵料有较强驱性。为提高诱杀效果，根据防治对象习性对饵料特殊处理，如炒香、煮至半熟等，所用饵料大小均匀，适于害虫吞食。配制时，确保药剂与饵料混拌均匀或充分吸附于饵料中。

(6)柴油乳剂配制。柴油：中性洗衣粉：水＝10：0.6：6。在室外无柴草处，将洗衣粉(或肥皂切碎)置于铁桶内，注入净水，加热使其溶为热洗衣粉(肥皂)水。再将柴油倒入另一铁桶，水浴加热到开锅，然后将其倒入热洗衣粉(肥皂)水中，边倒边搅动，使其混合均匀。待混合液稍凉，用装有1～2 m长胶管喷雾器将混合液由一桶喷射入另一空桶2～3次，直至油水充分混合，无漂油现象，即成。

配好的柴油乳剂原液使用时须加水稀释。树木发芽前使用的稀释液含柴油量通常为5%，稀释时原液先加少量温水，搅拌均匀后再倒入大量水，充分搅拌后即可使用。稀释时温度不可过低，否则易产生油水分离现象。稀释公式为：

加水倍数＝(原液含柴油量－稀释液含柴油量)/稀释液含柴油量

五、注意事项

(1)配置毒土时，所用土壤须干燥、粒度细且均一，以便药土混合均匀。

(2)配制毒饵时，饵料应为害虫嗜食之物，并确保药剂渗透均匀。

(3)配制柴油乳剂时，用劣质柴油配制稀释时油水分离现象严重，易产生药害；洗衣粉(肥皂)要用质量好的。

(4)配制用水，应选用清洁河水、溪水或沟塘水等软水，尽量不使用井水等硬水。

六、作业

写出实验报告。

【任务评价】

任务评价考察标准分为基本能力、职业能力、岗位专业能力三部分。

基本能力、职业能力方面的要求参考项目一。

岗位专业能力:针对本项工作任务的具体要求与实施来考察。以个人考核为主。农药配制及使用不规范者,酌情扣分。

(1)药液配制及使用。能够规范地进行药液的计算及配制使用。

(2)毒土配制及使用。能够规范地进行毒土的配制及使用。

(3)毒饵配制及使用。能够规范地进行毒饵的配制及使用。

(4)柴油乳剂配制及使用。能够规范地进行柴油乳剂的配制及使用。

【思考练习】

一、选择题

1.用 50%烯酰吗啉可湿性粉剂 20 g 加水稀释成 1 000 倍液防治霜霉病,应加水(　　)kg。

A.20　　B.21　　C.20 000

2.将 80%敌敌畏乳油 10 mL 加水稀释成 50 倍药液,则稀释液质量为(　　)g。

A.500　　B.50　　C.49　　D.490

二、简答题

1.简述农药使用浓度的换算方法。

2.简述药液、毒土、毒饵的配制方法。

3.怎样配制柴油乳剂?

工作任务三　波尔多液配制

【技能目标】

①学会波尔多液的配制方法。

②学会波尔多液鉴别方法。

【任务提出】

波尔多液是良好的植物保护性广谱杀菌剂,在生产实际中应用广泛。了解波尔多液的来历,熟悉其配制方法和质量鉴别方法,才能在实际中更好应用。

【任务分析】

通过查阅资料与实际调查,获得相关波尔多液配制与质量检查的基本知识。熟悉波尔多液的配制过程、操作要点、注意事项以及质量检查的一般方法。

【相关知识】

一、波尔多液的来历

1882年秋天，法国人米拉德在波尔多城附近发现各处葡萄树都受到病菌的侵害，只有公路两旁的几行葡萄树依然果实累累，没有遭到损害。他感到奇怪，就去请教管理这些葡萄树的园丁。原来园丁把白色的石灰水和蓝色的硫酸铜分别撒到路两旁的葡萄树上，让它们在葡萄叶上留下白色和蓝色的痕迹，过路人看了以后以为喷洒过毒药，从而打消偷食葡萄的念头。米拉德从中得到灵感，他经过反复试验与研究，终于发明了几乎对所有植物病菌均有效力的杀菌剂——波尔多液。

二、波尔多液的应用

波尔多液是良好的植物保护性广谱杀菌剂。其能在植物表面形成保护膜，药效期长，不产生抗药性，配制容易。生长期内喷施2～4次，可有效防治花卉苗木的早期落叶病、烂果病、穿孔病、灰斑病、炭疽病等真菌性病害(但对锈病、白粉病防治效果差)。生长后期喷施，能有效保护叶片，延缓落叶。同时对蚜虫、螨有驱避作用。

波尔多液在雨天和露水不干时不能喷施，否则易产生落果。大多数有机磷农药和杀菌剂都不能与波尔多液混用。喷过石硫合剂的植物要7～10 d之后才能喷施波尔多液，喷过矿物油乳剂的植物要30 d以后才能喷施波尔多液。

对石灰敏感的植物(如葡萄等)，可用石灰半量式200倍波尔多液，即硫酸铜∶生石灰∶水＝1∶0.5∶200。一般的苗木可用等量式或倍量式200倍波尔多液，即硫酸铜∶生石灰∶水＝1∶1∶200或1∶2∶200。对桃、杏、李、梅、柿、梨等对铜敏感的植物用石灰多量式波尔多液，即硫酸铜∶生石灰∶水＝1∶(3～4)∶200。对因缺锌引起小叶病的花木，可用锌铜波尔多液兼治小叶病。方法是把硫酸铜的质量减少2/5，换上硫酸锌，其他成分相同。

三、波尔多液的配制

波尔多液是用硫酸铜、生石灰和水配成的天蓝色胶状悬浮液，呈碱性，有效成分是碱式硫酸铜，几乎不溶于水，不能贮存，应现用现配。波尔多液有多种配比，使用时可根据植物对铜或石灰的忍受力及防治对象加以选择，常用配比见表6-3-1。

表6-3-1　波尔多液常用配比

原料	配比				
	1%等量式	1%半量式	0.5%倍量式	0.5%等量式	0.5%半量式
硫酸铜	1	1	0.5	0.5	0.5
生石灰	1	0.5	1	0.5	0.25
水	100	100	100	100	100

为了保证波尔多液的质量，配制时应选用高质量的生石灰和硫酸铜。生石灰以白色、质

轻、块状的为好;优质硫酸铜为蓝色结晶,带有黄绿色的不能用。

【任务实施】

波尔多液的配制

一、实施场所

实验(训)室以及园林植物真菌病害危害较重的校内、外实训基地,包括公园、植物园、育苗温室、行道树等。

二、实施目的及形式

学会波尔多液的配制及质量鉴别,为实际指导生产打基础。

以班级为单位组织教学,以小组为单位组织讨论和实施。

三、材料与工具

材料:硫酸铜($CuSO_4 \cdot 5H_2O$)、生石灰、风化石灰。

用具:牛角勺、试管、天平、量筒、烧杯、试管架、盛水容器、研钵、试管刷、小铁刀、石蕊试纸、铁丝、台秤、玻璃棒等。

四、实施过程

(1)配制时,称量好后先溶解硫酸铜、消解生石灰。将称好的硫酸铜加入适量水将其溶解,把生石灰放入缸或桶内,用少量水将其消解。

(2)波尔多液的配制通常采用稀硫酸铜注入浓石灰乳法,即以80%的水量溶解硫酸铜,20%的水量消解生石灰调成石灰乳,然后将稀硫酸铜溶液缓慢倒入浓石灰乳中,边倒边搅拌。也可采用并入法,即各用一半的水分别配成硫酸铜液和石灰乳液,然后同时倒入第3个容器中,边倒边搅即成。

(3)实验时可分组用以下方法配制1%的等量式波尔多液(1∶1∶100)。

①两液同时注入法(并入法) 用1/2水溶解硫酸铜,用另1/2水消解生石灰,然后同时将两液注入第三容器,边倒边搅拌即成。

②稀硫酸铜液注入浓石灰乳法 用4/5水溶解硫酸铜,用另1/5水消解生石灰,然后将硫酸铜液倒入生石灰乳中,边倒边搅拌即成。

③稀生石灰乳注入浓硫酸铜液法 用1/5水溶解硫酸铜,用另4/5水消解生石灰,然后将生石灰乳倒入硫酸铜液中,边倒边搅拌即成。

④石灰水注入浓度相同的硫酸铜溶液法 用1/2水溶解硫酸铜,另用1/2水溶化生石灰,然后将石灰水注入硫酸铜溶液中,边倒边搅拌。

⑤用风化已久的石灰代替生石灰,配制方法同并入法。

(4)质量检查,鉴别波尔多液的质量可采用以下方法。

①物态观察 质量优良的波尔多液应为天蓝色胶态乳状液。若颜色呈暗蓝、灰绿、灰蓝、淡绿等均不是好的波尔多液。

②石蕊试纸反应 用石蕊试纸测定其酸碱性,以红色试纸慢慢变蓝色(即碱性反应)为好。

③铁丝反应 用磨亮铁丝插入波尔多液片刻,观察铁丝上有无镀铜现象,不产生者为好。

④滤液吹气　将波尔多液过滤后，取其滤液少许，置于载玻片上，对液面轻吹约 1 min，液面产生薄膜者为好。或取滤液 10～20 mL 置于三角瓶中，插入玻璃管吹气，滤液变混浊为好。

⑤将刚配好的波尔多液装入 100 mL 量筒中静置 90 min，记载沉淀情况，沉淀越慢越好，过快者不可采用。将结果填入表 6-3-2。

表 6-3-2　波尔多液质量测试项目表

项目	悬浮率			物态现象	酸碱测定	置换反应
	30 min	60 min	90 min			
1						
2						
3						
4						
5						

五、注意事项

(1)少量配制波尔多液时，硫酸铜与生石灰要研细。

(2)消解块状生石灰时，应慢慢注入少量水，逐渐消解化开，切勿一次加水过多。

(3)硫酸铜、生石灰两液混合时应边倒边搅，倒完后勿再剧烈搅动，避免有效成分分解。

(4)配制波尔多液的容器最好选用塑料桶或木桶，不要用金属容器。

(5)配制时绝不能将石灰乳倒入硫酸铜溶液中，易生络合物沉淀使药效降低，注意防止药害。

(6)波尔多液应现配现用，不宜久放。配好的波尔多液直接喷雾使用，不可再加水稀释。

六、作业

写出实验报告。

【任务评价】

任务评价考察标准分为基本能力、职业能力、岗位专业能力三部分。

基本能力、职业能力方面的要求参考项目一。

岗位专业能力：针对本项工作任务的具体要求与实施来考察。以个人考核为主。波尔多液的配制、检查不规范者，酌情扣分。

(1)波尔多液的配制。能够规范进行波尔多液的配制。

(2)波尔多液的质量检查。能够规范进行波尔多液的质量检查。

【思考练习】

一、选择题

1. 配制 0.5%石灰倍量式波尔多液，硫酸铜、生石灰、水的比例为(　　)。

A. 1∶2∶100　　B. 2∶1∶100　　C. 0.5∶1∶100　　D. 1∶0.5∶100

2. 下列有关波尔多液配制描述错误的为(　　)。

A. 现用现配　　B. 使用时加水稀释　C. 用金属容器盛放　D. 两液混合时应边倒边搅拌

二、简答题

波尔多液质量的鉴别方法有哪些？

工作任务四　石硫合剂熬制

石硫合剂

【技能目标】

①学会石硫合剂的熬制和鉴定其优劣的方法。

②学会石硫合剂浓度测定及稀释的基本操作。

【任务提出】

石硫合剂是良好的无机硫杀菌、杀虫、杀螨剂，在生产实际中应用广泛，了解石硫合剂的来历，熟悉其熬制方法和浓度测定方法，才能在实际中更好应用。

【任务分析】

通过查阅资料，实际调查，了解石硫合剂熬制、浓度测定与稀释的基本方法。熟悉石硫合剂熬制的操作要点和注意事项。

【相关知识】

一、石硫合剂的来历

石硫合剂是由法国人格利逊 1851 年发明的，发明当初用来防治害虫，后来发展成为杀菌剂。

法国葡萄等种植历史悠久。公元 1800 年就有人开始使用硫黄和石灰的混合液来防治病虫。1821 年鲁滨孙发现硫黄防治桃树白粉病有特效。1833 年肯瑞克使用自煮式石硫合剂防治葡萄白粉病。1851 年格利逊发明石硫合剂，到现在一直在使用，经久不衰。

二、性能特点

石硫合剂是石灰硫黄合剂的简称，化学名称为多硫化钙，既能够杀菌又可以杀虫。多年的生产实践证明，石硫合剂配料简单，取材方便，熬制简单，对人畜无毒，是一种经济、有效、安全的好农药，被广大果农誉为“果园的看家农药”。

传统人工熬制的石硫合剂是红褐色透明液体，用生石灰、硫黄粉加水熬制而成，有臭鸡蛋气味，呈强碱性，对皮肤有腐蚀作用，有效成分是多硫化钙，溶于水，性状不稳定，易被空气中的氧气、二氧化碳分解，生成硫、硫化氢、硫酸钙、碳酸钙等物质。石硫合剂必须贮存在密闭容器中，与空气隔离。目前市场上还有一种晶体石硫合剂，是用硫黄、石灰和水在金属触媒作用下，经高温、高压加工合成的固体化新剂型。其性能和液体石硫合剂相同，主要优点是使用和运输方便，但晶体石硫合剂一经开袋必须尽快使用，否则易发生潮解。

石硫合剂对多种病菌有抑杀作用，其有效成分多硫化钙能渗透和侵蚀病菌细胞，直接杀菌，由多硫化钙分解产生的硫黄有保护作用。另一方面，石硫合剂与空气中氧气、水、二氧化硫等反应释放少量硫化氢气体能破坏病原微生物生理活动致其死亡。所以，发病前用药可保护作物不受病菌危害，发病后用药可直接杀死病菌，防止病害蔓延。石硫合剂还可因碱性渗透害虫体壁，有侵蚀昆虫表皮蜡质层作用，对具有较厚蜡质层的介壳虫及一些螨卵有较好的防治效果。多硫化物在害虫体表还原为固态硫，阻塞昆虫气门致其窒息死亡。石硫合剂与空气中氧气等反应产生硫化氢可杀死害虫。

熬制配方：按石灰1份(块灰)、硫黄粉2份、水10～12份的比例配制(一般按质量比)。为避免补水麻烦，可将比例调成石灰∶硫黄∶水＝1∶2∶(12～15)。熬制时间一般为40～60 min。

三、使用方法

石硫合剂原液熬制后，冷透，用波美密度计测定浓度；贮放后的石硫合剂，使用前要重新测定浓度。稀释加水量可按下列公式计算：每千克原液加水量＝(原液波美度－使用波美度)÷使用波美度数。

使用浓度要根据防治对象和气温而定，一般气温越高药效越好，但药害越重；生长季使用石硫合剂切忌中午高温时段施用，以免发生药害。冬季气温低，果树处于休眠期，浓度可高些。初春时一般喷洒1～2波美度石硫合剂稀释液，用来防治园林及果树白粉病、腐烂病、蚜虫、红蜘蛛、介壳虫等；植物休眠季节可用3～5波美度石硫合剂喷雾；早春果树萌芽期喷1～2波美度石硫合剂稀释液，对病菌、害虫、虫卵防治效果都非常好。而生长期一般使用0.3～0.5波美度石硫合剂。石硫合剂是一种良好的杀菌、杀虫、杀螨剂，多用于防治花木休眠期病虫害的防治，对白粉病、锈病、介壳虫、螨类及虫卵等都有较好的防治效果。

【任务实施】

石硫合剂的熬制

一、实施场所

实验(训)室以及园林植物病虫害较重的校内、外实训基地，包括公园、植物园、育苗温室、行道树等。

二、实施目的及形式

学会石硫合剂的熬制及质量鉴别方法，为指导生产打基础。

以班级为单位组织教学，以小组为单位组织讨论和实施。

三、材料与工具

材料：生石灰、水、硫黄粉。

用具：试管、天平、量筒、烧杯、试管架、研钵、试管刷、石蕊试纸、台秤、玻璃棒、铁锅(或1 000 mL烧杯)、灶(电炉)、木棒、水桶、波美密度计等。

四、实施过程

1. 原料配比

原料配比大致有以下几种：硫黄粉2份、生石灰1份、水8份，或者硫黄粉2份、生石灰1份、水10份，或者硫黄粉1份、生石灰1份、水10份等，目前多采用2∶1∶10的质量配比。先根据锅的大小及原料配比，确定水、生石灰、硫黄粉的量。

2. 熬制方法

称取硫黄粉100 g、生石灰50 g、水500 g。先将硫黄粉研细，然后用少量热水搅成糊状。

再用少量热水将生石灰化开，倒入锅中，加上剩余的水，煮沸后慢慢倒入硫黄糊。熬制时应不停地搅拌。加大火力，至沸腾时再继续熬煮 45～60 min，直至溶液被熬成暗红褐色（老酱油色）时停火，静置冷却过滤即成原液。观察原液色泽、气味和对石蕊试纸的反应。药液颜色的变化为：黄色—橘黄色—橘红色—砖红色—红褐色，待药液被熬成暗红褐色（老酱油色），锅底的渣滓呈黄绿色时停火。熬制过程中要保持药液沸腾而不外溢，补充蒸发掉的水分应用沸水，切忌补加冷水，水要在停火前 15 min 加完。最好根据经验，事先将估计蒸发的水量一次加足，中间不加水。停火后静置冷却过滤即成原液。或者，熬制时应先对药液深度做一标记，然后用热水随时补入蒸发的水量，切忌加冷水或一次加水过多，以免因降低温度而影响原液的质量。按此方法熬制的石硫合剂，一般可达 22～28 波美度。

3. 原液浓度测定

将冷却的原液倒入量筒，用波美密度计测定浓度，注意药液的深度应大于密度计之长度，使密度计能漂浮在药液中。观察密度计的刻度时，应以药液凹面所对应的示数为准。

五、注意事项

（1）熬制前，一定要待生石灰完全消解。

（2）熬制时，应不停地搅拌，但搅动力度不宜过大，避免合成的多硫化钙被分解。

（3）熬制过程中，火要旺，但要确保药液不溢出。熬时最好不要用新锅。熬制时间过长或不足，药剂的颜色转绿时，药液浓度会受到影响。

（4）用波美密度计测量石硫合剂的浓度时，药液的深度应大于密度计的长度，使密度计漂浮于药液中。观察密度计的刻度时，应以药液凹面对应的度数为准。

（5）石硫合剂必须贮存在密闭容器中，液面上应加一层煤油，以防被空气氧化。

（6）选料要精良，生石灰要选纯度高、质轻、洁白、易消解的石灰块，最好能计算出无效的石灰渣子的比例，以便增加用灰量。若用消石灰替代生石灰，必须增加 30% 的用量。硫黄粉越细越好。

六、作业

简述石硫合剂的熬制方法及注意事项。写出实验报告。

【任务评价】

任务评价考察标准分为基本能力、职业能力、岗位专业能力三部分。

基本能力、职业能力方面的要求参考项目一。

岗位专业能力：针对本项工作任务的具体要求与实施来考察。以个人考核为主。熬制不规范者，测定与稀释不规范者，酌情扣分。

（1）石硫合剂的熬制。能够规范地进行石硫合剂的熬制。

（2）石硫合剂原液浓度的测定与稀释。能够规范地进行石硫合剂原液浓度的测定与稀释。

【思考练习】

一、选择题

1. 在树木生长期防治病虫害，石硫合剂的合适使用浓度为（　　）。

A. 0.3～0.5 波美度　　B. 0.8～1.0 波美度

C. 3～5 波美度　　D. 8～10 波美度

2. 在树木休眠期防治病虫害，石硫合剂的合适使用浓度为(　　)。

A. 0.3～0.5 波美度　　B. 3～5 波美度

C. 0.8～1.0 波美度　　D. 8～10 波美度

二、简答题

如何熬制性能良好的石硫合剂？石硫合剂可用于防治哪些有害生物？

工作任务五　白涂剂配制

白涂剂

【技能目标】

①学会白涂剂的配制方法。

②学会白涂剂的使用方法。

【任务提出】

白涂剂是用生石灰等配制而成的树干涂刷剂，在生产实际中应用广泛。了解白涂剂的配制方法，才能在实际中更好应用。

【任务分析】

通过查阅资料、到园林管理部门现场调查，获得相关白涂剂配制的基本方法。熟悉白涂剂的配制过程、操作要点、注意事项。

【相关知识】

一、白涂剂的来历

城市园林树木管理中，白涂剂因原料易得、成本低廉、操作方便而应用较广。白涂剂粘在植物表面，形成一层保护膜，不易被雨水冲刷，为一种广谱性触杀型保护剂，有利于保护树木免受病虫侵害和其他动物伤害。实际管理中，人们逐渐摸索总结出白涂剂的不同配制方法，并一直沿用至今。

二、性能特点

白涂剂是广谱性的触杀型保护剂，有杀菌、杀虫和杀螨的作用。白涂剂夏防日灼、冬防冻伤，并能遮盖伤口，避免病菌侵入。易受日灼、冻伤的毛白杨、香樟、枫杨等应重点涂白。

涂白可以有效杀死在干基为害的害虫，预防害虫产卵。白涂剂可在害虫体壁形成一层薄膜，白涂剂中游离的硫黄或从石硫合剂中游离出来的具有较高活性的元素硫侵入昆虫体内作用于呼吸系统，封塞昆虫的气门，造成害虫窒息而死。同时白涂剂呈碱性，能溶解害虫上表皮的蜡质，使药剂更容易进入害虫体内。如用石硫合剂残渣或白涂剂防治紫薇、石榴、樱花等树干介壳虫，死亡率都在95%以上。涂白可防止天牛、叶蝉、介壳虫等在树干产卵，也可以有效地阻止介壳虫及螨虫初孵若虫的固着，对粉虱、红蜘蛛及果树上的苔藓、地衣都有抑制作用。也可以减少有在干基产卵习性的杨红颈天牛、四点象天牛和将卵产在树皮表面的如吉丁虫和红缘天牛的产卵数量，破坏小卷蛾、潜叶蛾等在粗糙树皮结茧做蛹的场所，减少叶部害虫和蛀干害虫的发生。

涂白还可防止病菌繁殖体对树干的附着及侵染，主要作用于病菌细胞内部的生化反应，抑制菌体活性和进一步侵染，减少干部病害的发生。对树干已有病害，如杨、柳、苹果等树的腐烂、溃疡病，松类的疱锈病等，可结合刮除病斑、消毒等辅助措施，再涂白保护。

三、白涂剂应用

树干涂白是种很好的防治病虫害及植物生理性病害的方法。白涂剂是用生石灰等配制而成的树干涂刷剂。它可减轻树木因冻害和日灼而发生的损伤，并能遮盖伤口，避免病菌侵入。若适当加入杀虫剂或杀菌剂，则兼有防止病源、害虫在树干上越冬的作用。

白涂剂的涂刷时间一般在 10 月中、下旬，为避免树木遭受日灼，也可在 6 月进行。涂刷高度依树木大小而定，通常距地面 1.2～2 m。如果时间和原料充足，涂得越高越好。

四、白涂剂的配制

即用石灰浆掺上其他辅助物料，加入一定量的水，搅拌均匀，简单地说，白涂剂与石硫合剂的成分相同，其制作方法更为简单。首先用生石灰加水拌成石灰浆，再慢慢加入硫黄粉，均匀搅拌即可，若使白涂剂有更好的附着能力，可加入少许的动物油。整个加工过程无须用火煮熬，配成即可用。配制比例可依据不同的用途，不同的时期予以调整和选择，最关键的要求是生石灰质量一定要好。要选优质块状石灰，溶化要彻底，泡成膏状后无颗粒。将生石灰和其他掺入物料（如硫黄粉、食盐、动物油等）各自化开后混合，并加入一定量水搅匀，即可使用。

常用配制方法有以下几种（质量比）：

(1)生石灰 10 份＋硫黄粉 1 份＋水 40 份。

(2)生石灰 10 份＋硫黄粉 1 份＋动物油 0.5 份＋食盐 1 份＋水 40 份。

(3)生石灰 10 份＋石硫合剂原液 1 份＋盐 1 份＋动物油 0.5 份＋水 30 份。

(4)生石灰 10 份＋石硫合剂残渣 10 份＋水 30 份。

以上四种配制方法以第三种最为适用。动物油因价格较贵，如欲节约成本，可以不用，可用水胶替代。硫黄粉则越细越好，一般要求能通过 200 目筛。另外，石硫合剂的残渣也具备一定药效，在防治树木干部介壳虫时，可以作为白涂剂单独使用。

【任务实施】

白涂剂的配制

一、实施场所

实验（训）室以及园林植物病虫害危害较重的校内、外实训基地，包括公园、植物园、育苗温室、行道树等。

二、实施目的及形式

通过学习白涂剂的配制方法及使用方法，为实际指导实践打基础。

以班级为单位组织教学。以小组为单位组织讨论和实施。在教师指导下学生分组操作。如结合生产使用白涂剂，实训安排在 6 月下旬或 10 月中、下旬。若模拟教学，可自选季节和时间。

三、材料与工具

材料：生石灰、水、食盐、动物油、石硫合剂原液、大豆黏着剂等。

用具：每组配天平、100 mL 烧杯、塑料盆、塑料桶、刷子等用具。

四、实施过程

1. 白涂剂的配制

用石灰浆掺上其他辅助物料，加入一定量的水，搅拌均匀即可。配制比例可依据不同的用途、不同的时期予以调整和选择，最关键的要求是生石灰质量一定要好。要选优质块状石灰，溶化要彻底，泡成膏状后无颗粒。将生石灰和其他掺入物料（如硫黄粉、食盐、动物油等）各自化开后混合，并加入一定量水搅匀，即可使用。当然，如果条件有限或时间紧迫，可在市场购置。

2. 白涂剂的涂刷

在10月中下旬，选择校园内乔木树种，在离地面1.3～1.5 m高度树干上，用刷子均匀涂刷白涂剂，直至树基部。

五、注意事项

(1)白涂剂的浓度以涂在树干上不往下流淌、不黏成疙瘩、薄薄一层为好，刷白时一定要均匀严密，尤其是树皮缝隙、洞孔、树杈等处要重复涂刷，以免刷花、刷漏。

(2)涂白的树种、针对的病虫害及配制物料的品种、比例要协调，涂白不仅是为了好看，更重要的是防治病虫害，有利于保护树木。更不能为追求整齐划一的效果，无论何种树，有无病虫害，一律涂白。

要通过调查与测报，对园林病虫进行统一监测，了解各寄主植物主要病虫的生物学特性，确定涂白树种和方案。如在一般园林中，合欢、杨、柳、榆、紫薇、蔷薇科中经常发生病虫害的和部分受介壳虫、天牛、蚜虫危害的常绿树可进行重点涂白，而其他病虫危害较少的如法桐、玉兰、银杏、白蜡、水杉、五角枫、臭椿、火炬树等，若无病虫为害则可不涂。

(3)涂白要掌握好时机，因树种、病虫而异。如涂石硫合剂防治紫薇绒蚧宜在冬至前修剪完毕后立即进行，因为介壳虫若虫耐药性随着发育龄期及体重的增大而成倍增强，而果树涂白最好在夏、冬各进行一次，其他为保护树木的专项涂白要在各种病虫害发生前10～15 d进行。

(4)涂白的高度、程度因树种和病虫而异，不能千篇一律。果树可涂于基部至第一层分枝，对害虫尤其是介壳虫危害严重的可涂至二级分枝处。危害樱花的桃白蚧在主干直到小枝都密集分布，可把二年生枝以上的枝条都涂满，而且有重点地涂在介壳虫集中的地方。对紫薇绒蚧的防治，可用石硫合剂涂至梢部，防治效果好，对发芽率并无影响。

(5)为兼防其他有上下树藏匿习性的叶部害虫，如柳毒蛾等，可在临涂白前掺入适量拟除虫菊酯（速灭杀丁、敌杀死、氯氰菊酯等），但要注意随配随用。白涂剂呈碱性，不能和对碱不稳定的农药混用，也不能和波尔多液混用。

(6)为增加美感，可在白涂剂中加入一定数量的颜料，使其与树皮色彩协调一致。

(7)白涂剂或石硫合剂对人的皮肤有刺激和腐蚀作用，沾染后应及时冲洗。

(8)白涂剂的配制，石灰质量首先要好，加水消化彻底。如果用不纯的消石灰，要先用少量水泡数小时，使其变成膏状无硬粒最好。如果把带有生石灰硬粒的石灰刷到树干上，就会在树皮上继续与水发生化学反应散热，以至烧伤树皮。

六、作业

根据实际配制情况及实施情况，写一份实践报告。

【任务评价】

任务评价考察标准分为基本能力、职业能力、岗位专业能力三部分。

基本能力、职业能力方面的要求参考项目一。

岗位专业能力:针对本项工作任务的具体要求与实施来考察。以个人考核为主。配制涂刷不规范者,酌情扣分。

(1)白涂剂的配制。能够规范地进行白涂剂的配制。

(2)白涂剂的涂刷。能够规范地进行白涂剂的涂刷。

【思考练习】

简答题

1.简述白涂剂的配制方法及注意事项。

2.调查白涂剂的防治对象和使用方法。

工作任务六 农药施用

【技能目标】

能对各类农药(喷雾、土壤处理等)进行正确的基本施用操作。

【任务提出】

根据实践的需要,探索因地制宜地选用恰当的农药施用方法。

【任务分析】

本任务结合对各类农药施用方法的选择和操作,使学生熟悉各类农药施用技术,了解农药田间药效试验的基本内容。

【相关知识】

在防治植物病虫害时,农药的使用方法是多种多样的。选择最合适的施药方法,不仅可获得最佳的防治效果,而且还可保护天敌,减少污染,对人、畜、植物安全。安全、有效、经济是确定施药方法的前提。在这个前提下,首先应根据植物形态、发育阶段、防治对象及其发生规律、农药性质和剂型以及当时环境条件等,做全面具体的综合分析,最后确定出应采用的最佳施药方法。常用方法有:

一、喷雾法

借助植保机械将药液均匀地喷于防治对象及被保护的寄主植物上的施药方法。可用于乳油、水剂、可湿性粉剂、悬浮剂、可溶性粉剂等多种农药剂型,药液可直接接触防治对象,分布均匀,见效快,防效好,方法简单。但药液易飘移流失,对施药人员安全性较差。生产实践中通常根据喷雾容量的多少又分为常量喷雾法、低容量喷雾法、超低容量喷雾法和烟雾喷雾法。

1.常量喷雾法

每公顷喷药液量≥450 L,是一种针对性喷雾方法。特别适于喷洒保护性的杀菌剂,触杀性的杀虫、杀螨剂。对那些体小、活动性小以及隐蔽为害的害虫防治效果好。但常量喷雾工效低,劳动强度大。常用植保机械为手动喷雾器。

喷出药液的雾滴直径在100～300 μm左右,一般每公顷用液量在450 L以上。适宜作喷雾的剂型有可湿性粉剂、乳油、水剂、水溶剂、胶悬剂等。喷雾的技术要求是使药液雾滴均匀覆盖在带病虫的植物体上，对常规喷雾而言，一般应使叶面充分湿润，但不使药液从叶上流下为度，对于在叶片背面为害的害虫，还应注意叶背喷药。

常量喷雾与喷粉法比较，具有附着力强、残效期长、效果高等优点。缺点是功效低，用水量大，对爆发性病虫常不能及时控制其危害。

2. 低容量喷雾法

每公顷喷药液量 15～450 L，是一种针对性和飘移性相结合的喷雾方法。省药、省工，适宜喷洒内吸性杀虫、杀菌剂，可用于大面积病虫害防治，但不适用于喷洒除草剂和高毒农药。常用植保机械为机动喷雾机。通过植保机械的高速气流，将药液分散成 80 μm 左右直径的液滴。用液量介于常量喷雾与超低容量喷雾之间。其优点是喷洒速度快，省劳力，效果好，用于少水或丘陵地区较为适宜。

3. 超低容量喷雾法

每公顷喷药液量小于 15 L，是一种飘移累积性喷雾，适于喷洒内吸剂，或喷洒触杀剂以防治具有一定移动能力的害虫，不适用于喷洒保护性杀菌剂。常用施药植保机械为机动超低容量喷雾机。

超低容量喷雾是通过高能的雾化装置，使药液雾化成直径在 50 μm 左右的细小雾滴，经漂移而沉降在作物上。其优点是省工、省药、喷雾速度快、劳动强度低。缺点是需要专用的施药植保机械，喷雾操作技术要求严格，施药效果受气流影响，不宜喷洒高毒农药。

超低容量喷雾药液，一般不用水而多采用挥发性低，对作物、人、畜安全的油作载体。

4. 烟雾喷雾法

每公顷喷药液量小于 7.5 L，也是一种飘移累积性喷雾，适于喷洒内吸剂，或喷洒触杀剂以防治具有一定移动能力的害虫，不适用于喷洒保护性杀菌剂。常用施药植保机械为烟雾机，药液雾化直径 30 μm 左右。烟雾机是利用脉冲喷气式发动机原理设计制造的新型杀虫、消毒杀菌、施肥的施药机械。整个机器无运动旋转摩擦部件，无须润滑，不存在机械磨损，经久耐用。该机可以把药物或肥料制成烟雾或水雾状，具有穿透性和弥漫性，附着性好，抗雨水冲刷强，具有操作方便、节省人工、药液消耗低、工作效率高、防治彻底无死角、杀虫消毒灭菌效果好、利于环保等突出特点。其防治目标高度可达 25 m 以上；单机工作幅宽达 6～7 m；每小时施药面积 15～30 亩左右。

二、喷粉法

该法适用于防治保护地园林植物病虫害，利用喷粉植保机械产生的风力，将粉尘剂吹散，使其在园林植物间扩散飘移，多向沉积，最后形成非常均匀的药粒沉积分布。施药时只对空喷粉。此法具有防效好、效率高、污染少、简便省力、扩散均匀、不增加棚室内湿度等优点。

三、土壤处理

药剂施于地面并耕翻入土，是用来防治地下害虫、土传病害的方法。药剂均匀混入土壤，及时灌水，且与植株根部接触的药量不宜过大。可应用于温室、苗圃和大田。常用方法有：

1. 药土混合法

将农药与细土拌匀，撒于地面，或与种子混播，或撒于播种沟内，用来防病、治虫、除草的方法。撒于地面的毒土要湿润，每公顷用量 300～450 kg。与种子混播的毒土要松散干燥，每公顷用量 75～150 kg。药土的配合比例，因农药种类而不同。

2. 土壤消毒或土壤封闭法

将药剂撒于地面再翻入土壤耕层内，或用土壤注射器将药液注入土中用来防治病、虫、杂草及线虫等叫作土壤消毒。用除草剂喷洒地面防治杂草出土叫作土壤封闭。

土壤处理具体方法要根据农药的剂型特点来决定，同时也要考虑病、虫、杂草的特点。

四、种苗处理法

包括拌种、闷种、浸种和浸苗、种衣剂处理等。

1. 拌种

拌种指在播种前用一定量的药粉或药液与种子混拌均匀，用以防治种子传染的病害和地下害虫。拌种用的药量，一般为种子质量的 0.2%～0.5%。控制好拌种药量是确保有效和安全用药的关键。另外，拌过药的种子不宜长期密封放置后播种，易生药害。

2. 闷种

闷种指把种子摊在地上，把稀释好的药液均匀地喷洒在种子上，并混拌均匀，然后堆起熏闷并用麻袋等物覆盖，经一昼夜后，晾干即可。

3. 浸种和浸苗

浸种和浸苗指将种子或幼苗浸泡在一定浓度的药液里，用于消灭种子、幼苗所带的病菌或虫体。浸种的药液用量以浸没种子为限，对出苗有杀伤作用的药剂如甲醛或氯化汞浸种后需用清水冲洗种子，以免发生药害。浸种防治效果与药液浓度、温度和时间有密切关系。浸种温度一般应在 10～20 ℃，温度高时，应适当降低药液浓度或缩短浸种时间。浸苗的基本原则同浸种。刚萌动的种子或幼苗对药剂很敏感，尤以根部反应最为明显，处理应慎重，以免造成药害。

4. 种衣剂

一种特殊的剂型，专用于处理种子，药剂在种子表面涂覆一层后使之干燥，即成为已经处理的种子。种衣剂包括成膜剂和杀虫杀菌成分，当种子吸水膨胀后膜剂也随之伸长，杀虫、杀菌剂可兼治苗期病害和虫害。国内针对不同植物种子已经研制出多种种衣剂。

五、熏蒸与熏烟法

利用有毒气体杀死害虫或病菌的方法，一般应在密闭条件下进行。

1. 熏蒸法

用熏蒸剂，或易挥发药剂如敌敌畏，或易吸潮分解放出毒气药剂等来防治害虫的方法，主要防治仓库、温室害虫及土壤消毒等。优点是能防治隐蔽的害虫，具有高效、速效的特点。

2. 熏烟法

利用烟剂点燃后发出的浓烟，或用药剂直接加热发烟，用来防治病虫。烟雾的雾粒极细，直径常在 0.001～10 μm 的范围内，能较长时间悬浮在空气中而不沉落，能在各种物体上附着，并能穿透较狭窄的孔隙，对于防治隐蔽在缝隙中的病虫也很有效。

六、毒谷、毒饵

利用害虫喜食的饵料与农药混合制成，引诱害虫前来取食，产生胃毒作用将害虫毒杀致死。常用的毒饵有麦麸、米糠、豆饼、花生饼、玉米芯、菜叶等。饵料与敌百虫、辛硫磷等胃毒剂混合均匀，撒在害虫活动的场所。有时饵料炒出香味效果更佳。主要用于防治蝼蛄、地老虎、蟋蟀等地下害虫。毒谷是用谷子、高粱、玉米等谷物作饵料，煮至半熟、有一定香味时，取出晾干，拌上胃毒剂，然后与种子同播或撒施于地面。

七、涂抹、毒笔、根区撒施

涂抹是指利用内吸性杀虫剂在植物幼嫩部分直接涂药，或将树干刮去老皮露出韧皮部后涂药，让药液随植物体液运输到各个部位。此法又称内吸涂环法。

毒笔是采用触杀性强的拟除虫菊酯类农药为主剂，与石膏、滑石粉等加工制成粉笔状，用于防治具有上、下树习性的幼虫。毒笔的简单制法是用 2.5％溴氰菊酯乳油按 1∶99 与柴油混合，然后将粉笔在此油液中浸渍，晾干即可。药效可持续 20 d 左右。

根区施药是利用内吸性药剂埋于植物根系周围。通过根系吸收运输到树体全身，当害虫取食时使其中毒死亡。

八、注射法、打孔法、高压注射法和灌注法

用注射机或兽用注射器将内吸性药剂注入树干内部，使其在树体内传导运输而杀死害虫。一般将药剂稀释 2～3 倍。可用于防治天牛、木蠹蛾等。

打孔法是用木钻、铁钎等利器在树干基部向下打一个 45°角的孔，深约 5 cm，然后将 5～10 mL 的药液注入孔内，再用泥封口。药剂浓度一般稀释 2～5 倍。

高压注射法是用专用高压树干注入器将药剂注入植物体内用以防治病虫害的方法，该法药液利用率高，见效快，持效期长，无环境污染，施药后需用木塞或泥将注射孔密封。

灌注法是用注射器将药液慢慢注入树体韧皮部与木质部之间，或用输液瓶将药液挂于树上，针头插入适当部位将药液注入的方法。对一些树势衰弱的古树名木，也可用注射法给树体挂吊瓶，注入营养物质，以增强树势。

总之，农药的使用方法很多，在使用农药时可根据农药的性能及病虫害的特点灵活运用。

【任务实施】

农 药 施 用

一、实施场所

实验（训）室以及园林植物病虫害危害较重的校内、外实训基地，包括公园、植物园、育苗温室、行道树等。

二、实施目的及形式

学习不同的农药的施用方法，为实际指导生产打基础。

以班级为单位组织教学。以小组为单位组织讨论和实施。

三、材料与工具

材料：各种常用剂型的杀虫剂、杀菌剂若干。

用具：各种施药植保机械，如背负式喷雾器、手动喷粉器、背负式机动喷雾喷粉机、机动喷射式喷雾机、手持电动超低容量喷雾器、常温烟雾机、树干注射机、兽用注射器、拌药工具等。

四、实施过程

选用不同的施药方法进行操作。

(1)喷雾法操作。

(2)熏蒸法操作。

(3)土壤处理、根区施药法、种子处理、毒饵法操作。

(4)涂抹法、注射法、打孔法、高压注射法和灌注法操作。

五、注意事项

(1)各类农药施用方法配套器具需要理解和操作到位。

(2)各类农药施用方法(喷雾、土壤处理等)配套专用工具使用规范、安全。

六、作业

根据实际操作写出实验报告。

【任务评价】

任务评价考察标准分为基本能力、职业能力、岗位专业能力三部分。

基本能力、职业能力方面的要求参考项目一。

岗位专业能力：针对本项工作任务的具体要求与实施来考察。以个人考核为主。根据操作的规范性、顺利程度等酌情扣分。

(1)喷雾法操作。能规范进行农药喷雾法的操作。

(2)熏蒸法操作。能规范进行农药熏蒸法的操作。

(3)土壤处理、根区施药法、种子处理、毒饵法操作。能规范进行农药土壤处理、根区施药法、种子处理、毒饵法的操作。

(4)涂抹法、注射法、打孔法、高压注射法和灌注法操作。能规范进行农药涂抹法、注射法、打孔法、高压注射法和灌注法的操作。

【思考练习】

一、选择题

1. 使用辛硫磷拌土防治地下害虫，其杀虫方式主要是(　　)。

A. 胃毒作用　　B. 触杀作用　　C. 熏蒸作用　　D. 内吸作用

2. 下列菊酯类药剂，(　　)既杀虫又杀螨。

A. 灭扫利　　B. 敌杀死　　C. 速灭杀丁　　D. 氯氰菊酯

3. 下列药剂，(　　)属于有机磷杀虫剂。

A. 阿维菌素　　B. 毒死蜱　　C. 定虫隆　　D. 吡虫啉

4. 磷化铝片剂作为一种(　　)，可用于防治蛀干害虫。

A. 烟剂　　B. 熏蒸剂　　C. 颗粒剂　　D. 乳油

5.下列农药,(　　)属于杀菌剂。

A.喹硫磷　　B.啶虫脒　　C.抑食肼　　D.烯唑醇

6.在杀菌剂药效试验中,处理区病情指数由防治前的15%变为防治后的20%,对照区由18%增至68%,则该杀菌剂的防治效果为(　　)。

A.90%　　B.85%　　C.95%　　D.80%

7.在杀虫剂药效试验中,处理区由防治前的500头变为防治后的50头,对照区由500头变至450头,则校正害虫死亡率为(　　)。

A.88.9%　　B.87.6%　　C.93.6%　　D.85.7%

二、简答题

1.农药的施用方法有哪些?

2.如何做到合理使用农药?

3.农药急性毒性是如何分级的?

4.植物药害产生的原因有哪些?如何补救?

5.田间药效试验设计的方法有哪些?

【拓展资源】

农药的合理和安全使用

工作任务七　植保机械使用与保管

【技能目标】

①熟悉各类药械的基本操作方法。

②熟悉药械清洗与保管的操作要点。

【任务提出】

当园林植物发生病虫害时,探索如何通过使用植保机械提高农药利用效率。

【任务分析】

本任务主要结合园林病虫害防治工作,学会正确操作植保机械并熟悉相关的清洗与保管技术。

【相关知识】

施用农药的机械被称为植保机械或药械,种类很多。按雾滴直径大小、药液使用量多少分为常量喷雾机械、低容量喷雾机械、超低容量喷雾机械、烟雾机械等。按施药剂型和用途可分为喷雾机、喷粉机、喷烟机、撒粒机、拌种机和土壤消毒机等。按施药动力可分为手动式、机动式、机引式和航空防治机械等。按雾化方式可分为液力喷雾机、气力喷雾机、热力喷雾机、离心喷雾机、静电喷雾机等。现代药械正朝着提高喷洒作业质量、有效利用农药、提高工效、改善人员劳动条件、提高机具使用的可靠性、经济性、保护生态环境方向发展。目前，我国普遍使用的药械主要有背负式喷雾器、背负式机动喷雾喷粉机以及机动喷射式喷雾机、热烟雾机、植保无人机等。

一、背负式喷雾器的使用

由操作者背负，以手动方式产生的压力迫使药液通过液力喷头雾化喷出。该类喷雾器是我国目前使用最广泛、生产量最大的一种手动喷雾器，最典型的是传统的工农-16型系列喷雾器，以及国产的3WS-16、NS-15、NS-16、进口PP-16、Matabi系列。尽管喷雾器的生产厂家、型号、品牌各异，但基本结构类似，包括药液箱、液压泵、空气室、喷杆、开关、喷头等部件(图6-7-1)。

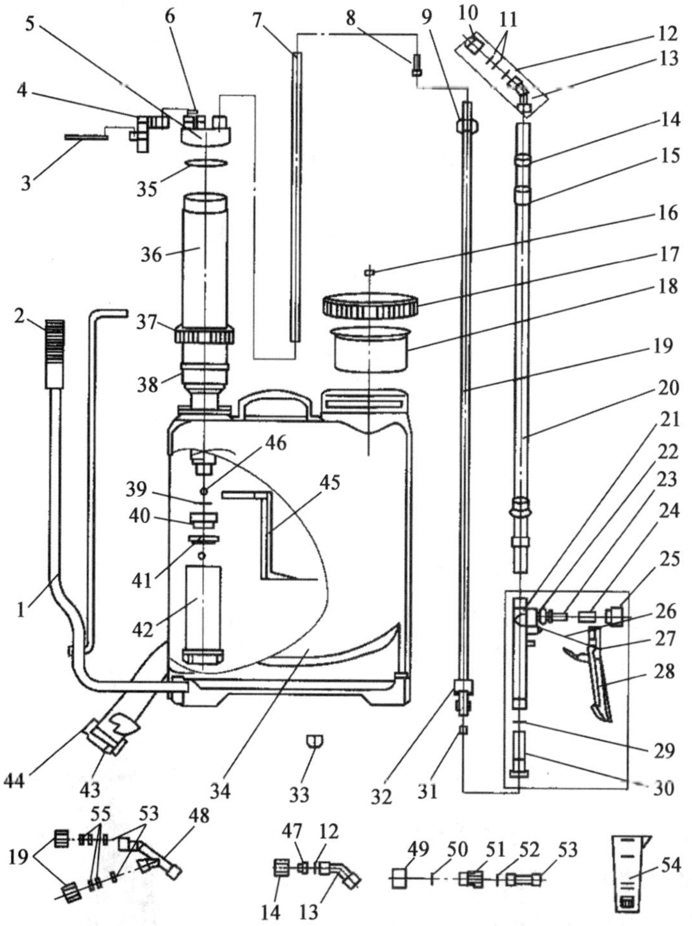

图 6-7-1 NS-16 型背负式手动喷雾器的构造

1.摇杆部件 2.摇杆套 3.摇杆挂钩 4.喷杆固定夹 5.空气室盖 6.开口销 7.吸水管 8.长嵌件 9.胶管螺母 10.喷头帽 11.圆锥雾喷头片组合 12.小滤网组件 13.喷头体 14.锁紧套 15.喷杆螺母 16.进气嘴 17.药箱盖 18.药液箱滤网 19.胶管 20.喷杆 21.开关体 22.膜片 23.压轴 24.弹簧 25.压盖 26.开关小轴 27.开关扣 28.压手 29.O形密封圈 30.开关滤网 31.短嵌件 32.胶管螺母 33.定位扣 34.药液箱焊合 35.空气室盖垫圈 36.空气室 37.气室固定环 38.储油圈 39.O形密封圈 40.锁紧帽 41.皮碗 42.泵筒 43.背带 44.背带插扣 45.搅拌器 46.密封球 47.扇形雾喷头 48.F形喷头体 49.可调喷头帽 50.O形密封圈 51.可调喷头体 52.喷头密封垫 53.连接头 54.量杯 55.圆锥雾喷头片组合

1. 工作原理

操作人员摇动手柄时，连杆带动活塞杆和皮碗，在泵筒内做上下运动，当活塞杆和皮碗上行时，出水阀关闭，泵筒内皮碗下方的容积增大，形成真空，药液箱内的药液在大气压力的作用下，经吸水滤网，打开了进水球阀，涌入泵筒中。当手柄带动活塞杆和皮碗下行时，进水阀被关闭，泵筒内皮碗下方容积减少，压力增大，所贮存的药液即打开出水球阀，进入空气室。由于活塞杆带动皮碗不断地上下运动，使空气室内的药液不断增加，空气室内的空气被压缩，对药液产生压力，打开开关后，液体即经过喷头喷洒出去。

2. 操作步骤

(1)根据需要合理选择合适的喷头。喷头的类型有空心圆锥雾喷头和扇形雾喷头两种。选用时，应当根据喷雾作业的要求和植物的情况适当选择，确保喷雾质量。

(2)装药前，先关闭开关，安好滤网。加药后要拧紧桶盖，避免药液漏出。

(3)背负作业时，先摇动压杆数次，使空气室内的气压达到工作压力后再打开开关。

喷雾时必须保持边走边不断摇动压杆，摇动的频率是每分钟 20～25 次，匀速摇动，不可时摇时停。摇动压杆的上下运动距离必须每次保证一个完整行程，即从压杆抬起的最高位置压到最低位置，以保证每次能够产生足够的药液压力。

(4)当空气室内的药液超过安全水位时，应立即停止摇动压杆，以免空气室爆炸。

(5)喷药后，加入少许清水喷射，清洗喷雾器各部，并将喷雾器置于室内通风干燥处。

(6)喷雾器长期不用时，应当将皮碗活塞浸泡在机油内，以免干缩硬化。新皮碗使用前应在机油或动物油中浸泡 24 h。

二、背负式机动喷雾喷粉机的使用

背负式机动喷雾喷粉机是一种多功能的机动药械，既能够喷雾也能够喷粉，主要由机架、离心风机、汽油机、燃油箱、药液箱和喷洒装置等部件组成(图 6-7-2)。具有轻便、灵活、高效等特点，广泛用于较大面积病虫害防治工作。

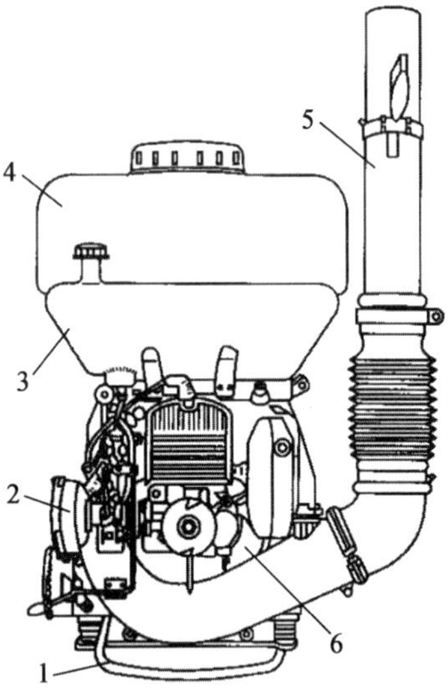

图 6-7-2　背负式喷雾喷粉机

1. 机架　2. 汽油机　3. 燃油箱
4. 药液箱　5. 喷管　6. 离心风机

1. 喷雾原理

离心风机与汽油机输出轴直连，汽油机带动风机叶轮旋转，产生高速气流。其中大部分高速气流经风机出口流往喷管，少量气流经进风阀门、进气塞、进气管、滤网，流进药液箱内，使药液箱中形成一定的气压。药液在压力的作用下，经粉门、出水塞、输液管、开关流至喷头，从喷嘴周围的小孔以一定的流量流出，先与喷嘴叶片相撞，初步雾化，再与高速气流在喷口中冲击相遇，进一步雾化，弥散成细小雾粒，并随气流吹到很远的前方(图 6-7-3)。

2. 喷雾操作步骤

(1)根据喷洒农药和植物的需要，正确选择喷洒部件。

（2）检查油路系统和电路系统后，启动汽油机。

（3）加药前，先用清水试喷，确保各连接处无渗漏。加药时不要太满，以免药液从过滤网出气口溢进风机壳里。加药后必须拧紧药箱盖，保证药箱内有足够的压力供给药液。

（4）汽油机启动后，先关小油门低速运转2～3 min，背起机具后，调整油门开关使汽油机稳定在额定转速左右，开启药液手把开关即可开始作业。

（5）停机时，应先关闭药液开关，再关小油门，让机器低速运转2～3 min再关油门，切忌突然停机。

3. 喷粉原理

汽油机带动风机叶轮旋转，所产生的大部分高速气流经风机出口流往喷管，而少量气流经进风阀门进入吹粉管，然后由吹粉管上的小孔吹出，使药箱中的药粉松散，以粉气混合状态吹向粉门。由于在弯头的出粉口处喷管的高速气流形成了负压，将粉剂吸到弯头内。这时粉剂随从高速气流，通过喷管和喷粉头吹向植物（图6-7-4）。

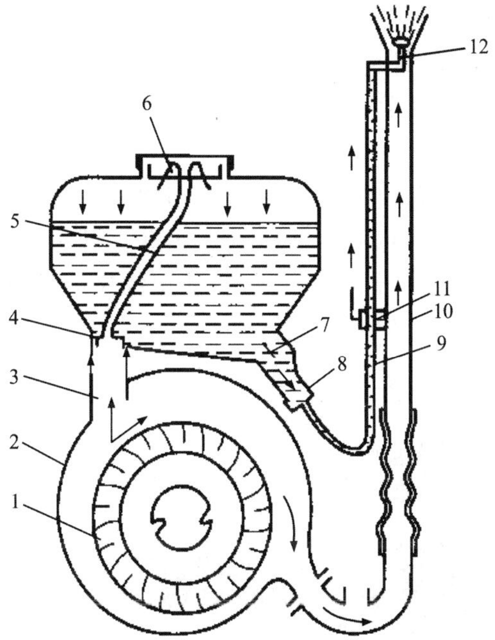

图6-7-3 喷雾作业原理图

1.叶轮 2.风机 3.进风阀门 4.进气塞 5.进气软管 6.滤网 7.粉门 8.接头 9.药液管 10.喷管 11.开关 12.喷头

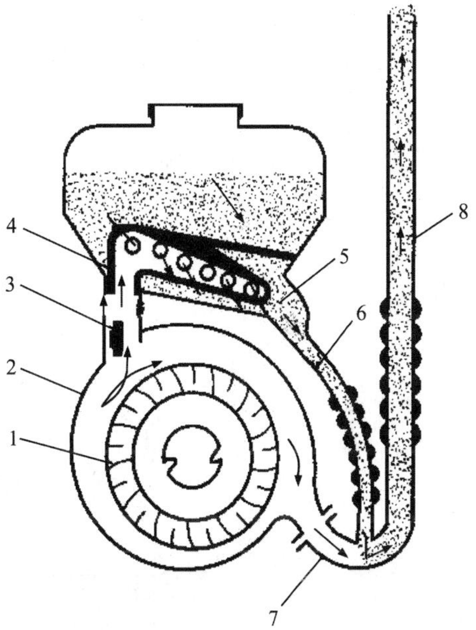

图6-7-4 喷粉作业原理图

1.叶轮 2.风机 3.进风阀门 4.吹粉管 5.粉门 6.输粉管 7.弯头 8.喷管

4. 喷粉操作步骤

（1）关好粉门后加粉，旋紧药箱盖。

（2）汽油机启动后，先关小油门低速运转2～3 min，背起机具后，调整油门开关使汽油机稳定在额定转速左右，然后调整粉门操纵手柄进行喷撒。

（3）使用薄膜喷粉管喷粉时，应先把喷粉管从摇把绞车放出，再加大油门，使薄膜喷粉管吹起来，最后调整粉门喷撒。为避免喷管末端存粉，前进中应不断抖动喷管。

三、机动喷射式喷雾机的使用

机动喷射式喷雾机由小型汽油机、柴油机或电动机提供动力，具有工作压力高、射程远、喷幅宽、工作效率高、劳动强度低等优点，广泛用于园林、果树、大田作物病虫害防治。

该类药械有机具式、便携式、担架式、手推车式或车载式等多种类型，基本上都是由机架、发动机、液泵、调压阀、压力表、吸水部件和喷射部件等组成，有的还配用射流式混药器。喷射部件主要有远射程喷枪、可调喷枪或多头组合喷枪等。

操作步骤以金蜂-40 型担架式喷雾机为例，液泵是活塞式隔膜泵，见图 6-7-5：

(1)检查汽油机，特别是曲轴箱内润滑油的油位，适时添加润滑油。

(2)根据喷药要求，选用合适的喷头或喷枪，以及吸水滤网部件。使用远射程喷枪的，还应配套使用混药器。

(3)将调压阀调至较低压力处，把调压手柄扳至卸压位置。

(4)启动发动机，调节调压手柄，使压力指示器指示到要求的工作压力。

(5)用清水试喷，观察各接头处有无渗漏现象，喷雾状况是否良好。试喷后，开始作业。

(6)喷枪停止喷雾时，调压柄向顺时针方向扳足，待完全减压后，再关闭截止阀，否则机件易受损坏。

(7)作业后，用清水继续喷洒 2～5 min，清洗泵和管路内的残留药液，防止药液腐蚀。

若长时间不用，应彻底排净泵内积水。卸下吸水滤网和喷雾胶管，打开出水开关；将调压阀减压，旋松调压手柄，使调压弹簧处于松弛状态。排除泵内存水，并擦洗掉机组外表污物。

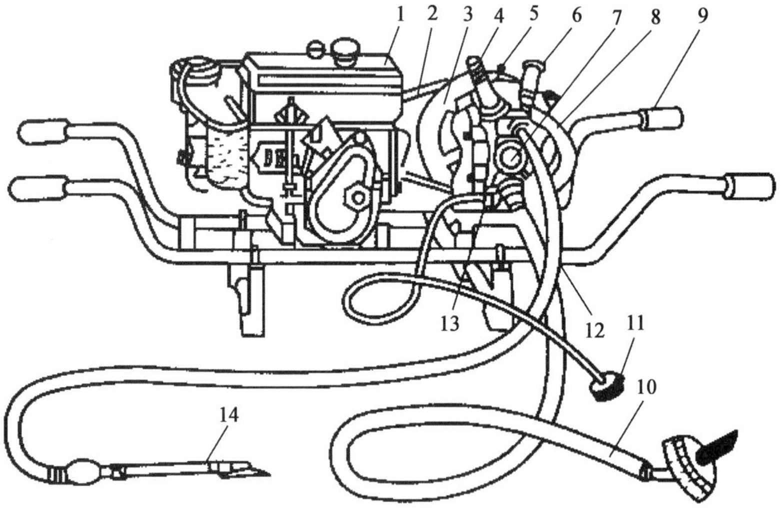

图 6-7-5　金蜂-40 型担架式喷雾机

1.发动机　2.V 带　3.带轮　4.压力指示器　5.空气室　6.调压阀　7.隔膜泵　8.回水管　9.机架　10.吸水管　11.吸药液管　12.出水管　13.混药器　14.喷枪

四、热烟雾机的使用

热烟雾机是利用燃烧所产生的高温气体，使油溶剂受热而迅速裂变，挥发成烟雾，然后随同燃烧后的气体一起喷出的机具。一般喷雾机械是利用液力（液体的压力能）、气力（气流）、离心力（机械的能量）进行雾化后，然后将药液喷出。而热烟雾机主要是靠热能产生均匀细小的雾滴（雾滴直径小于 30 μm），喷出的雾呈烟状，能悬浮在空中，随风飘移。热烟雾机在林业上主要用于森林、人工防护林的病虫害防治。因为这些地方树干高大，又多为丘陵山区，一般喷雾机械，特别是小型喷雾机械很难甚至无法将药液喷到树冠。而烟雾在傍晚后至次日早晨，利用特定的气象条件，可上升到树冠高度。在农业上可用于甘蔗、果树等经济作物的病虫害防治及温室中的病虫害防治。

脉冲式热烟雾机主要由燃烧及冷却系统、供给系统、起动系统和供药系统组成（图 6-7-6，图 6-7-7）。供给系统主要由油箱部件、开关、气泵部件（打气筒）、油路、单向阀和化油器等组成。目前我国推广使用较多的热烟雾机型主要有 3YD-8 型、CG3YD-3A 型和 6HY-25 系列等。

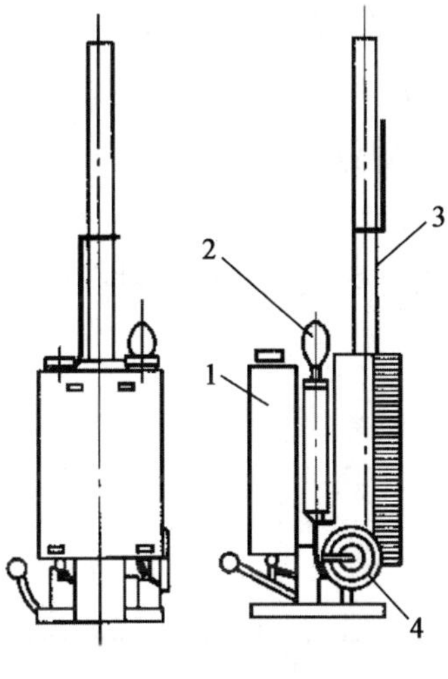

图 6-7-6 烟雾机构造

1. 供药系统 2. 起动系统 3. 燃烧及冷却系统 4. 供给系统

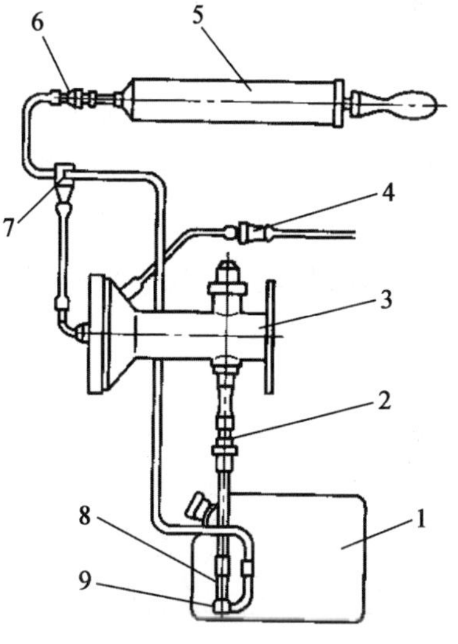

图 6-7-7 烟雾机供给系统构造

1. 油箱部件 2. 供油单向阀 3. 化油器 4. 增压单向阀 5. 打气筒 6. 起动单向阀 7. 三通管 8. “U”形管 9. 出油阀组件

（1）主要流程包括使用前的准备、起动操作、喷烟操作、停机操作、维护与保养。

（2）选择合适的喷头。

（3）装电池。

（4）加油。烟雾机一般采用普通汽油。汽油必须过滤，否则汽油中的污物或沉淀物会进入供油单向阀，使之失灵。加油时应采用清洁的加油工具，加油不宜太满，加油后盖子应上紧。

(5)加药(水)。药液箱加药口处装有滤网,滤网应经常取出清洗,否则污物会将滤网的孔眼堵塞,影响加药的速度。药液不宜太满。

(6)排除气泡、打油。

(7)燃掉多余的油。

(8)启动。将油门反时针旋转1/2～1转,平稳地按下气泵,一般按下3次以上即可起动。

(9)烟雾机起动后,调整油门,使发动机声音正常,喷口出现10 mm左右的蓝色火苗并运行升温1～2 min方可喷药。

五、植保无人机操作

无人机是一种由动力驱动、机上无人驾驶、可重复使用的航空器的简称。1917年,英国人研制成功了世界上第一架无人机,从此无人机经过了无人靶机、预编程序控制无人侦察机、指令遥控无人侦察机和复合控制多用途无人机的发展过程,直到20世纪80年代才得到广泛的应用。

无人机按控制方式可分为遥控式、半主动式、自主式和三者兼备等类别。在机型结构上,无人机又分为固定翼、单旋翼和多旋翼。

无人机可军民两用,民用无人机多数是多用途无人机装载民用任务载荷的变型机,按用途可分为民用通信中继无人机、气象探测无人机、灾害监测无人机、农药喷洒无人机(植保无人机)、地质勘测无人机、地图测绘无人机、交通管制无人机和边境控制无人机等。

无人机系统结构如图6-7-8所示,整个系统包括:①无人机机身;②飞行控制系统;③数据通信系统;④发射与回收系统。根据无人机起降类型不同,有些种类无人机则没有单独的发射和回收系统。

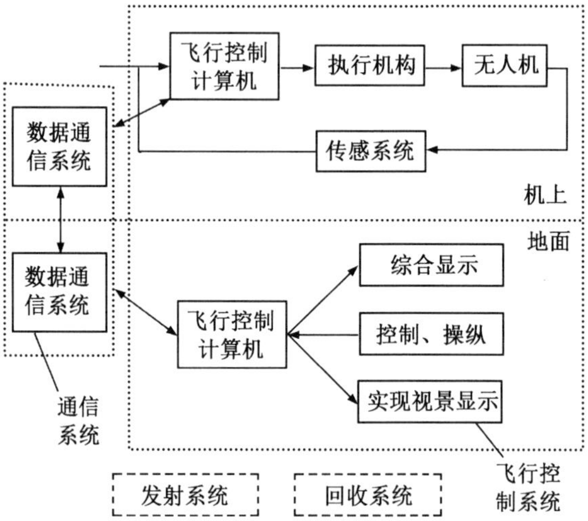

图6-7-8　无人机系统结构简图

植保无人机是用于农林植物保护作业的无人驾驶飞机，该型无人飞机由飞行平台（固定翼、直升机、多轴飞行器）、导航飞控、喷洒机构三部分组成，通过地面遥控或导航飞控，来实现喷洒作业，可以喷洒药剂、种子、粉剂等。目前，油动和电动植保无人机是国内市场上最常见、应用范围最广的两种。相比传统的人工或半机械化植保方式，植保无人机在效率、安全、环保、防治效果、成本等方面优势明显。

植保无人机机体基本特点：①整体尺寸小、重量轻、携带方便。②具有图像实时传输、姿态实时监控功能。③喷洒装置有自稳定功能，确保喷洒始终垂直地面。④半自助起降，切换到姿态模式或GPS姿态模式下，只需简单操纵油门杆即可平稳起降。⑤失控保护，直升机在失去遥控信号的时候能够在原地自动悬停，等待信号的恢复。⑥机身姿态自动平衡。⑦GPS姿态模式，精确定位和高度锁定。⑧高速离心喷头设计，不仅可以控制药液喷洒速度，也可以控制药滴大小，控制范围在10～150 μm。

植保无人机操控：无人机需要专业培训，获得中国民用航空局颁发的无人机驾驶员证。基本的程序和环节有：①电脑模拟练习。②小型飞行器训练。③植保无人机操控实操练习。④作业计划、设计、布置与飞行。具体训练见拓展资源植保无人机飞手培训流程。

六、清洗施药植保机械

施药植保机械在作业后应充分清洗，如果下次使用时需更换药剂，则先要用碱水清洗多次，再用清水冲洗。施用过除草剂的植保机械，更应彻底冲洗，否则很可能在使用其他农药时产生药害。清洗植保机械应在远离小溪、河流或池塘等水源的地方洗刷，洗刷过施药植保机械的水应倒在远离居民点、水源和作物的地方，避免对水源、环境造成污染或对植物产生药害。防治季节过后，应将重点部件用热洗涤剂或弱碱水清洗，再用清水清洗干净，晾干后存放。

七、保管药械

农药是特殊商品，药械是特殊工具，使用时要做到有计划、科学、规范。

（1）按照《农药管理条例》，有计划地购置农药，科学、合理地使用农药，按规范贮藏农药，并做好农药废弃物处理。

（2）喷雾器使用后，应清洗干净，并打开开关，置于室内通风干燥处。对于活动部件或非塑料接头应涂黄油防锈。

【任务实施】

植保机械使用与保管

一、实施场所

教室、实验（训）室以及校内、外实训基地等。

二、实施目的及形式

学习常见植保机械使用与保管方法，为指导生产服务。

以班级为单位组织教学。以小组为单位组织讨论和实施。

三、材料与工具

材料：各型植保机械。

用具：植保机械专用工具等。

四、实施过程

1. 植保机械操作

(1)使用背负式喷雾器喷雾时，操作者不可过分弯腰，防止药液从桶盖处流出溅到操作者身上。喷药时，应注意控制喷杆的高度，防止雾滴飘失。

(2)使用背负式机动喷雾喷粉机作业前，应首先校正操作者的行走速度，并按行走速度和喷量大小，核算施药量。喷药时严格按预定的喷量大小和行走速度进行。

(3)喷洒的药液应洁净，以免堵塞喷嘴。粉剂应干燥无结块，无其他杂质。

(4)各种植保机械配件要符合标准要求，配件与机体之间要根据目的配套安装。

(5)烟雾机、植保无人机等按操作规程操作，并符合相关法律要求。

2. 药械清洗保管

(1)严格按照药械清洗的规范程序进行。

(2)严格按照农药与药械保管的规范程序进行。

五、注意事项

1. 植保机械操作

(1)背负式喷雾器加注药液时，切不可超过桶壁上所示的水位线，否则工作时泵筒盖处会漏药。

(2)喷过除草剂的喷雾器，必须彻底清洗，包括药液箱、胶管、喷杆、喷头等，否则下次喷洒其他农药时很可能对植物产生药害。

(3)使用背负式机动喷雾喷粉机过程中，必须注意防毒、防火、防机器事故发生。背机时间不宜过长，可 3～4 人组成一组，轮流作业。操作者必须佩戴口罩，避免顶风作业，禁止喷管在操作者前方以“八”字形交叉方式喷洒。发现有中毒症状时，应及时就医。

(4)机动喷射式喷雾机工作时需要有回流搅拌药液，以免沉淀，切勿无水启动。

(5)其他手动和机动植保机械仿照背负式机动喷雾喷粉机操作。

2. 植保无人机操作

(1)雨天严禁飞行。风力大于 4 级时暂缓作业，风力大于 6 级时严禁作业。

(2)远离高压电线飞行。

(3)操作飞机前，首先保证飞机电池及遥控器电池电量充足，才能进行相关操作。

(4)严禁酒后操作飞机。

(5)一定要保持飞机在自己的视线范围内飞行。

(6)安装和调试飞机需要专业知识和技术，错误操作可能导致设备损坏或者人身伤害。

(7)避免发射机天线指向机体，这样信号最弱，用天线径向指向机体。并避免靠近金属物。

(8)2.4 GHz 无线电波几乎是以直线传播的，应避免在遥控器和接收机之间有障碍物。

(9)在遥控器电池组的电压较低时，不要飞得太远，在每次飞行前都需要检查遥控器和接收机的电池组。不要过分依赖遥控器的低压报警功能，否则会直接造成飞机失控。

(10)当把遥控器放在地面上的时候，注意平放而不要竖放。因为竖放时可能会被风吹倒，有可能造成油门杆被意外拉高，引起动力系统的运动，从而可能造成伤害。

3. 药械清洗

(1)清洗药械时，要远离水源地，防止污染。

(2)农药储存时应隔热、防晒，避免高温，注意干燥通风，防止火灾，并注意防冻。

(3)药械使用后，应清洗干净，并打开开关，置于室内通风干燥处。对于活动部件或非塑料接头应涂黄油防锈。

六、作业

写出实验报告。

【任务评价】

任务评价考察标准分为基本能力、职业能力、岗位专业技能三部分。

基本能力、职业能力方面的要求参考项目一。

岗位专业能力：针对本项工作任务的具体要求与实施来考察。以个人考核为主。根据操作规范程度酌情扣分。实训项目根据实际情况选配。具体机型使用方法参考使用手册。

(1)背负式喷雾器的使用。能够规范地进行背负式喷雾器的使用操作。

(2)背负式机动喷雾喷粉机的使用。能够规范地进行背负式机动喷雾喷粉机的使用操作。

(3)机动喷射式喷雾机的使用。能够规范地进行机动喷射式喷雾机的使用操作。

(4)热烟雾机的使用。能够规范地进行热烟雾机的使用操作。

(5)植保无人机的使用。能够规范地进行植保无人机的使用操作。

(6)药械的清洗。能够规范地进行药械清洗的操作。

(7)药械的保管。能够规范地进行药械保管的操作。

【思考练习】

简答题

1. 简述手动喷雾器、背负式机动喷雾喷粉机和机动喷射式喷雾机的操作要点。
2. 简述热烟雾机的操作要点。
3. 简述植保无人机机体特点和组成。
4. 如何清洗施药植保机械和保管农药？

【拓展资源】

植保无人机飞手培训流程(15天计划)

植保机械

工作任务八　农药安全使用及废弃物管理

【技能目标】

熟悉农药安全使用及监管情况处理方法。

【任务提出】

结合调查，了解目前农药废弃物处理现状，改进和提高目前农药安全使用工作水平。

【任务分析】

本次任务结合实地调查，熟悉我国农药废弃物的管理情况，并制订减少农药废弃物的措施。

【相关知识】

一、农药安全使用及监管

《农药管理条例》在农药登记、农药安全使用和监管、农药包装废弃物处理等方面有较为详细的规定。具体内容如下：

1. 农药登记

国家实行农药登记制度。农药生产企业、向中国出口农药的企业应当依照本条例的规定申请农药登记，新农药研制者可以依照本条例的规定申请农药登记。

国务院农业主管部门所属的负责农药检定工作的机构负责农药登记具体工作。省、自治区、直辖市人民政府农业主管部门所属的负责农药检定工作的机构协助做好本行政区域的农药登记具体工作。国务院农业主管部门组织成立农药登记评审委员会，负责农药登记评审。

申请农药登记的，应当进行登记试验。农药的登记试验应当报所在地省、自治区、直辖市人民政府农业主管部门备案。新农药的登记试验应当向国务院农业主管部门提出申请。登记试验单位应当对登记试验报告的真实性负责。

农药包装应当符合国家有关规定，并印制或者贴有标签。国家鼓励农药生产企业使用可回收的农药包装材料。

农药标签应当按照国务院农业主管部门的规定，以中文标注农药的名称、剂型、有效成分及其含量、毒性及其标识、使用范围、使用方法和剂量、使用技术要求和注意事项、生产日期、可追溯电子信息码等内容。

剧毒、高毒农药以及使用技术要求严格的其他农药等限制使用农药的标签还应当标注“限制使用”字样，并注明使用的特别限制和特殊要求。用于食用农产品的农药的标签还应当标注安全间隔期。

2. 施药人员的安全保护

县级以上人民政府农业主管部门应当加强农药使用指导、服务工作，建立健全农药安全、合理使用制度，并按照预防为主、综合防治的要求，组织推广农药科学使用技术，规范农药使用行为。林业、粮食、卫生等部门应当加强对林业、储粮、卫生用农药安全、合理使用的技术指导，环境保护主管部门应当加强对农药使用过程中环境保护和污染防治的技术指导。

农药使用者应当遵守国家有关农药安全、合理使用制度，妥善保管农药，并在配药、用药过程中采取必要的防护措施，避免发生农药使用事故。

限制使用农药的经营者应当为农药使用者提供用药指导，并逐步提供统一用药服务。

3. 农药安全保管贮存

农药使用者应当遵守国家有关农药安全、合理使用制度，妥善保管农药。

4. 农药安全使用和监管

农药使用者应当严格按照农药的标签标注的使用范围、使用方法和剂量、使用技术要求和注意事项使用农药，不得扩大使用范围、加大用药剂量或者改变使用方法。

标签标注安全间隔期的农药，在农产品收获前应当按照安全间隔期的要求停止使用。

农产品生产企业、食品和食用农产品仓储企业、专业化病虫害防治服务组织和从事农产品生产的农民专业合作社等应当建立农药使用记录，如实记录使用农药的时间、地点、对象以及农药名称、用量、生产企业等。农药使用记录应当保存 2 年以上。

国家鼓励其他农药使用者建立农药使用记录。

5. 限制性农药施用制度

农药使用者不得使用禁用的农药。剧毒、高毒农药不得用于防治卫生害虫，不得用于蔬菜、瓜果、茶叶、菌类、中草药材的生产，不得用于水生植物的病虫害防治。

在取得施用许可方面，未对申请者做出明确的测试要求。

6. 农药使用报告制度

发生农药使用事故，农药使用者、农药生产企业、农药经营者和其他有关人员应当及时报告当地农业主管部门。造成环境污染事故的，由环境保护等部门依法组织调查处理；造成储粮药剂使用事故和作物药害事故的，分别由粮食、农业等部门组织技术鉴定和调查处理。

7. 农药包装废弃物处理制度

国家鼓励农药使用者妥善收集农药包装物等废弃物；农药生产企业、农药经营者应当回收农药废弃物，防止农药污染环境和农药中毒事故的发生。具体办法由国务院环境保护主管部门会同国务院农业主管部门、国务院财政部门等部门制定。

二、农药保管及废弃物管理

农药是特殊商品，如果保管不当，不但会使农药变质、失效，而且会产生其他有害作用，甚至引起人、畜中毒和环境污染。安全、保险地保管农药应做好以下几点。

(1)购买农药前,首先做好购置计划,以缩短贮藏的时间和避免过剩。各种农药进出库都要记账入册,遵循“先进先出”的原则,避免农药存放时间过长而失效。

(2)农药应设专地或专柜贮存,最好能单独贮存在有锁的仓库或专用设施中,专人负责。仓库结构要牢固,门窗要严密,库房内要求阴凉、干燥、通风,并有防火、防盗措施,严防受潮、阳光直晒和高温。存放地应远离儿童、家禽、牲畜、动物饲料和水源,以消除一切造成污染或误当其他物品的可能性。农民自家储存农药,应将农药单放在一间屋内的柜子或箱子里,上锁,严防儿童接近。

(3)避免农药与粮食、食品、日用品等混放,更不能和火柴、爆竹、汽油等易燃易爆物放一起。农药和化肥也不能存放在同一仓库内,以免拿错、引起化学反应或其他事故发生。

(4)农药要分品种堆放,堆放高度不宜超过 2 m,特别要将除草剂与其他农药分开储存,避免误将除草剂当杀虫剂或杀菌剂使用,造成不必要的经济损失。

(5)定期检查农药包装的破损和渗漏情况,对有破损和渗漏的包装和容器,要及时转移。如果破损包装和容器中的农药仍可使用,可将它们重新包装,但必须装进贴有原始标签的容器。严禁在农药旁吸烟或使用明火。对溢出的农药液体,应用干土或木屑吸附,认真清扫后将废渣深埋在不会污染水源和水井的地方。

(6)液体农药易燃烧、易挥发,储存时应隔热、防晒,避免高温,注意干燥通风,防止火灾,并注意防冻。固体农药吸湿性强,应注意隔湿、防潮。微生物农药不耐高温,不耐储存,易吸湿霉变,失活失效,应在低温干燥环境中保存。

(7)领出的药品应专人保管,严防丢失。当天剩余药品必须全部退还入库,密封保存在原包装中,切不可用饮料瓶等容器盛装剩余农药,以免误食。用后的包装材料(瓶、袋、箱等)一律回收,集中处理,不得随意乱丢乱放或派作他用。

(8)定期检查农药的有效期,对已过期的农药应及时销毁。

【任务实施】

农药废弃物管理

一、实施场所

教室、实验(训)室以及田间、林区、河道、城镇村边绿化带等。

二、实施目的及形式

学习农药废弃物管理方法,为实际防止环境污染做贡献。

以班级为单位组织教学。以小组为单位组织讨论和实施。

三、材料与工具

校车、农药废弃物收集工具等。

四、实施过程

利用课程实习时间,安排一个时间到附近的田间、林区、河道、城镇村边绿化带等地方开展调查和农药废弃物收集工作,并做记录。

到农药贮藏室查看农药保存情况，处理过期的农药及用后的包装材料。

五、作业

写出实验报告。

【任务评价】

任务评价考察标准分为基本能力、职业能力、岗位专业能力三部分。

基本能力、职业能力方面的要求参考项目一。

岗位专业能力：针对本项工作任务的具体要求与实施来考察。以个人考核为主。

(1)能够描述中国农药安全使用及监管情况。所述内容与实际不符的酌情扣分。

(2)能够规范地进行农药保管的操作。操作不规范者，酌情扣分。

【思考练习】

简答题

简述中国农药安全使用、监管情况以及采取的可行措施。

【拓展资源】

控制农药残留和对环境的污染

项目小结

农药认识和农药剂型识别。农药种类很多，按防治对象可分为杀虫剂、杀螨剂、杀菌剂、病毒钝化剂、杀线虫剂等。由工厂生产出来的原药一般要加工成粉剂、可湿性粉剂、乳油、悬浮剂等剂型。乳油加水形成均匀的乳浊液，水剂放入清水中呈无色透明；可湿性粉剂加入水中形成悬浊液，粉剂遇水会长时间浮于水面。杀虫剂按作用方式分为胃毒剂、触杀剂、内吸剂、熏蒸剂等，杀菌剂分为保护剂、治疗剂、铲除剂。到当地大型农药市场或农药经销门市部调查了解杀虫剂、杀螨剂、杀菌剂、杀线虫剂、除草剂、杀鼠剂、植物生长调节剂等各类农药常用品种应用及销售情况。

农药配制。配制药液、毒土、毒饵时应做到农药混拌均匀，饵料诱惑力强。波尔多液由硫酸铜、生石灰和水配制而成，通常采用稀硫酸铜注入浓石灰乳法，有效成分为碱式硫酸铜，主要用于卵菌病害的防治，使用时应避免药害。石硫合剂是用生石灰、硫黄粉加水熬制而成，有效成分主要为多硫化钙，熬制时要保持药液沸腾而不外溢，补水应使用沸水，浓度测定用波美密度计，多用于休眠期病虫害的防治。白涂剂是用生石灰等配制而成的树干涂刷剂，实际应用广泛。

农药鉴别。查看农药标签，应注意农药的有效成分、“三证”号、农药类别、毒性标志、生产日期及有效期、二维码等内容。

农药施用。农药施用方法包括喷雾法、喷粉法、土壤处理法、毒谷法、毒饵法、种子处理法、熏蒸法、涂抹法、注射法等。

药械使用。施药所用药械种类很多，主要有背负式喷雾器、背负式机动喷雾喷粉机、机动喷射式喷雾机等。背负式喷雾器以手动方式产生压力，并使药液通过喷头雾化，操作前应根据需要选择合适的喷头。背负式机动喷雾喷粉机既能喷雾又能喷粉，使用前应选好喷洒部件。机动喷射式喷雾机工作压力高、射程远、广泛用于大面积病虫害防治。药械的使用应严格按操作规程进行。清洗药械应先用碱水后用清水，并远离水源及居民点。农药保管应设专人、专地、专柜，严防儿童接近，定期检查，隔湿、防潮、防漏，避免危险事故发生。

农药废弃物的管理。理解并熟悉中国农药废弃物的管理情况，采取合理措施，避免环境污染。

项目七　园林植物害虫综合防治

素质目标：

培养发现问题、分析问题、解决问题的能力，培养团结合作的精神，贯彻“预防为主，综合治理”的理念，养成敬重自然、尊重生态的良好心态，建立自然生态调控与人为干预相辅相成的园林植物害虫综合治理体系。

技能目标：

①能够识别园林植物的主要吸汁害虫、食叶害虫、枝干害虫、地下害虫的形态特征，或主要为害状。②根据园林植物的主要吸汁害虫、食叶害虫、枝干害虫、地下害虫的发生规律，能初步制订适合当地特点的综合治理方案。③能利用手机等照相工具拍照或录像，并借助微信、QQ、抖音等平台进行交流比较。

知识目标：

①了解园林植物主要吸汁害虫、食叶害虫、枝干害虫、地下害虫的分布与危害。②熟悉园林植物主要吸汁害虫、食叶害虫、枝干害虫、地下害虫的形态特征，并能根据形态特征进行目或科级的归类识记。③熟悉园林植物主要吸汁害虫、食叶害虫、枝干害虫、地下害虫的生活习性。④熟悉园林植物主要吸汁害虫、食叶害虫、蛀干害虫、地下害虫的防治措施，并能按综合方案的五大类综合治理措施单类进行归类。

知 识 点：

吸汁类害虫、食叶类害虫、枝干害虫、根部害虫、分布与危害、识别特征、生活习性、防治措施。

工作任务一　园林植物吸汁害虫综合防治

【技能目标】

①通过实地查看、标本示范和教材引导，让学生学会根据害虫的为害状或害虫特征识别害虫。

②根据田间调查，对害虫为害特点进行分析、判断，查阅资料，制订综合防治方案。

【任务提出】

田间查看时，判断哪类虫属于吸汁类害虫，思考吸汁类害虫如何成为一类较难防治的害虫。

【任务分析】

本任务主要介绍不同吸汁类害虫的为害特点、形态特征、生活史及习性，学生学会利用以上知识制订综合防治措施。

【相关知识】

园林植物的吸汁类害虫可分为两大类，一类是昆虫纲同翅目的蝉类、木虱类、粉虱类、蚜虫类、蚧类，半翅目的蝽类，缨翅目的蓟马类；另一类是蛛形纲蜱螨目的螨类。其中介壳虫、蚜虫、粉虱、蓟马和螨类简称"五小"，这些害虫种类多，个体小，繁殖力强，生活周期短，扩展蔓延快，是目前园林植物害虫中常见且难以控制的一类害虫。吸汁类害虫多聚集在嫩叶、梢、枝、果等部位，用刺吸式口器吸取植物的汁液，造成失绿、斑点、卷曲、皱缩、畸形，或形成局部膨大的虫瘿，严重时树势衰弱，甚至整株死亡。

一、蚜虫类

蚜虫类是同翅目昆虫中较大的类群，种类繁多，体形微小，繁殖能力强，这类害虫有多型现象，生殖方式特殊；以成虫和若虫群集在寄主的嫩梢、嫩叶上吸食为害，使芽梢枯萎卷缩，或形成虫瘿，同时在取食过程中排泄"蜜露"，易引起霉污病。另外，很多蚜虫能传播病毒病。蚜虫多以卵在树木上越冬。

据统计，每种园林植物均有蚜虫为害。常见的种类有棉蚜、桃蚜、绣线菊蚜、月季长管蚜、菊小长管蚜、紫薇长斑蚜等。

（一）桃蚜

别名桃赤蚜、烟蚜，分布全国各地，寄主广泛，可为害桃、李、番石榴、兰花、海棠、郁金香、菊花、蜀葵、金鱼草、樱花、梅花、夹竹桃、仙客来、一品红、瓜叶菊等300余种花木，是园林植物的重要害虫。

1. 形态识别（图7-1-1）

无翅胎生雌蚜体长约2 mm，卵圆形，体色变化较大，绿色、黄绿色或赤褐色等，复眼红色，额瘤明显，腹管长筒形，端部黑色。有翅胎生雌蚜体长1.2～1.9 mm，头胸及中胸黑色，腹部绿色、黄色、褐色或赤褐色，腹背有黑斑，复眼红色，额瘤明显。卵长圆形，初产时绿色，后变成黑色，有光泽。若蚜形如无翅成蚜，淡绿色或淡红色。

图7-1-1 桃蚜

1. 有翅胎生雌蚜 2. 无翅胎生雌蚜

2. 生活习性

桃蚜每年发生10～30代，以卵在桃、李等树的枝梢、芽腋等裂缝和小枝等处越冬，或以无翅胎生雌蚜在十字花科植物上越冬。生活史较复杂，属乔迁式。翌春 3 月越冬卵开始孵化后先群集在芽上为害，后转移到叶和花上为害，5—6 月繁殖最快，并不断产生有翅蚜迁飞到花卉、蔬菜等夏季寄主上繁殖为害，至 9—10 月又产生有翅蚜迁飞至越冬寄主，产生雌、雄性蚜交配，产卵越冬。冬季温暖、早春雨水均有利于桃蚜的发生；高温高湿则对其不利。

(二)棉蚜

别名瓜蚜、蜜虫、腻虫等。除西藏未见报道外，广布全国各地，寄主植物近 300 种，为害菊花、木槿、一串红、牡丹、百合、常春藤、紫荆等。

1. 形态识别(图 7-1-2)

无翅胎生雌蚜体长 1.5～1.9 mm，卵圆形，夏季绿色或黄色，春秋为蓝黑色或深绿色，体外被蜡粉，复眼黑色，触角 6 节。有翅胎生雌蚜体长 1.2～1.9 mm，黄绿、淡绿或深绿色，前胸背板黑色，腹背各节间斑明显。卵椭圆形，长 0.5～0.6 mm，初产时橙黄色，后变成漆黑色，有光泽。若蚜体长 0.5～1.4 mm，形如成蚜，复眼红色，夏季黄绿色，秋季蓝灰色至蓝绿色。

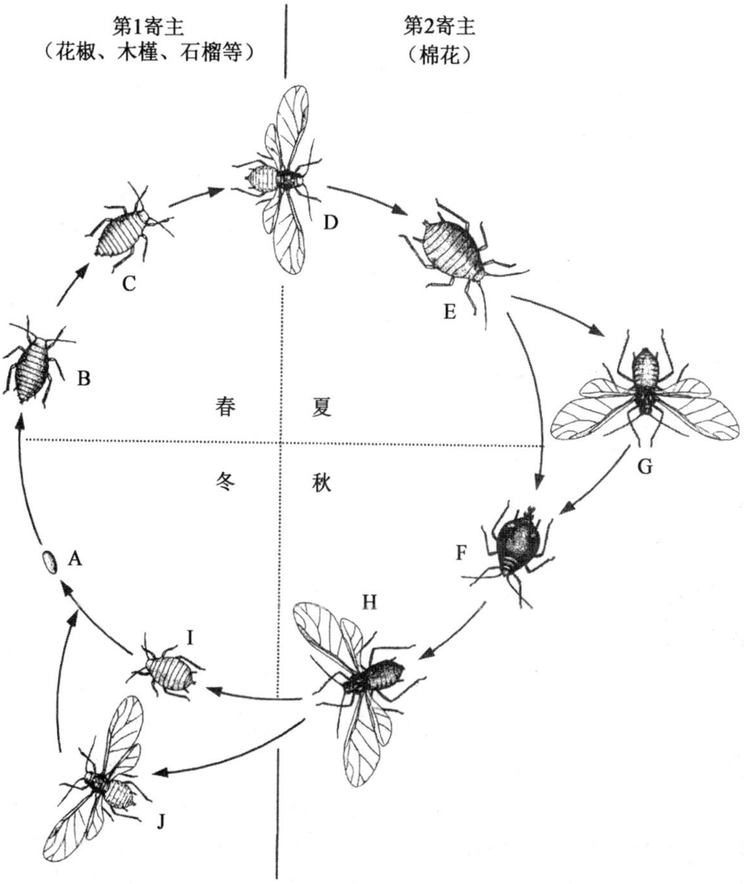

图 7-1-2 棉蚜的生活史

A. 受精卵 B. 干母 C. 干雌 D. 迁移蚜 E、F. 侨蚜 G. 有翅型侨蚜 H. 雌性性母(大多有翅) I、J. 性蚜

2. 生活习性

棉蚜在我国北方每年发生 10～20 代，在黄河流域、长江流域和华南地区每年发生 20～

30代。以卵在越冬寄主石榴、木槿和鼠李属植物上越冬。华南、云南等地可终年无性繁殖，以若蚜、成蚜度过冬季。翌春当5日平均气温达6 ℃时，越冬卵开始孵化为干母，干母营孤雌生殖产生下一代干雌，继续在越冬寄主上繁殖2～3代后产下有翅蚜（迁移蚜），转移到菊花、扶桑、茉莉等夏季寄主上繁殖为害。10月中、下旬产生有翅雌性母和无翅雄性母。有翅雌性母飞回越冬寄主，产生无翅有性雌蚜，无翅雄性母在菊花等寄主上产生有翅雄蚜，再迁飞到越冬寄主上与有性雌蚜交配产卵越冬。在生活史的大部分阶段有趋向植株幼嫩部位取食的习性。有翅蚜有趋黄色和橙色的习性，因此，可用黄皿诱蚜和黄色的黏胶板诱蚜。干旱少雨，会导致棉蚜的大发生。

高湿可引起蚜霉菌的流行，且大风、雨对棉蚜有机械冲刷致死作用，均可造成蚜量骤减或全部覆灭。

其捕食性天敌有各种瓢虫（如七星瓢虫、龟纹瓢虫、异色瓢虫等）、中华草蛉、大草蛉、华姬猎蝽、四条小食蚜蝇等；寄生性天敌有棉蚜茧蜂、印度三叉蚜茧蜂等。

（三）绣线菊蚜

分布于河北、河南、内蒙古、山东、浙江、台湾等地，为害多种绣线菊、樱花、白玉兰、含笑、榆叶梅、银柳、脐橙、海棠、苹果、木瓜等80余种植物。

1. 形态识别

无翅胎生雌蚜体长1.7 mm，黄色或黄绿色，腹管与尾片黑色，足与触角淡黄至灰黑色，腹管圆筒形，有瓦纹，基部较宽。有翅胎生雌蚜体长约17 mm，头、胸黑色，腹部黄色，有黑色斑纹，腹管尾片黑色，短小。

2. 生活习性

1年发生10代左右，以卵在树皮缝、芽苞等处越冬，翌年3—4月越冬卵孵化，先在越冬寄主上为害，4—5月转移至绣线菊等寄主的嫩梢上为害，并大量繁殖，夏末秋初迁飞到树木上为害，10月上、中旬产生雌、雄性蚜，交配后产卵，以卵越冬。

（四）蚜虫类防治措施

以加强园林植物栽培管理技术为基础，尽可能地利用自然天敌的控制作用，优先应用与生物防治相协调、化学防治相配套的综合防治措施。结合虫情调查，宜早期防治。

（1）加强园林植物栽培管理技术　加强园林植物抚育管理，可在早春刮除老树皮及剪除受害枝条，消灭越冬卵。

（2）物理防治　①盆栽花卉上零星发生时，可用毛笔蘸水刷掉。刷时要小心，轻刷、刷净。刷下的蚜虫要及时处理，以防蔓延。②有翅蚜迁飞高峰期，在林间设置黄皿或黄板诱杀，或采用银白色锡纸反光或覆盖银灰膜趋蚜。

（3）生物防治　①保护天敌，避免在天敌发生高峰期喷施农药；人工饲养释放瓢虫、草蛉等天敌。②喷施人工培养后稀释的蚜霉菌。

（4）化学防治　当蚜虫发生量较大、天敌数量无法控制其为害时，可选用药剂防治。在木本花卉发芽前，喷施5波美度的石硫合剂，以消灭越冬卵和初孵若虫。虫口密度大时可喷施的药剂有0.26%苦参碱水剂1 500～2 000倍液、1.8%阿维菌素8 000倍液、10%吡虫啉可湿性粉剂1 000倍液、3%啶虫脒2 000倍液，50%辟蚜雾乳油3 000倍液等，均有良好防效。当发生面积较小、为害较轻时，还可用烟草石灰水防治：烟草1 kg，生石灰1 kg，水30 kg。先用10 kg开水浸泡1 kg烟叶于盆中并加盖，待水温不烫手时用力揉搓烟叶，再把烟叶捞出，放在另外的 10 kg 清水中继续揉搓，浸泡 48 h，将两次揉搓叶水溶液过滤后倒在一起。取 1 kg 生石灰加水 10 kg 配成石灰乳，粗布过滤。使用前将石灰乳倒入烟草水中即可。加入 0.3%中性洗衣液更好。搅拌均匀后喷洒植株，有较好的防治效果。

二、介壳虫类

介壳虫属同翅目蚧总科。园林植物上的介壳虫种类很多，常见的有日本龟蜡蚧、桑白盾蚧、草履蚧、吹绵蚧、朝鲜球坚蚧、红蜡蚧、紫薇绒蚧、月季白轮盾蚧、日本松干蚧等。

这类害虫雌雄异型。雌虫为渐变态，雄虫为过渐变态。初孵若虫有足，能短距离爬行，为扩散的主要虫态，找到寄主合适部位，将口器插入植株组织，开始吸汁为害，同时分泌蜡质或完全营固定生活；雄成虫不取食，寿命短。两性生殖或孤雌生殖，繁殖力强，产卵数百粒至千余粒，孵化期不整齐，前后约需 1 个多月，给防治带来很大困难。因此，当每叶(果)有成蚧 1 头时，若虫盛期尤其是 1 龄盛期成为重点防治适期。

介壳虫以雌成虫、若虫为害叶片、枝干、果实和根系，使叶片被害失去叶绿素，果实被害后果面有斑痕，枝干被害表皮粗糙，甚至枯死。还因其排泄物诱致煤污病的发生，呈一片灰黑，严重影响寄主光合作用。

(一)日本龟蜡蚧

又名日本蜡蚧、枣龟蜡蚧，同翅目珠蚧科，分布全国各地。食性杂，为害山茶、樱花、月季、白兰、含笑、蜡梅、栀子花、桂花、石榴、蔷薇等 41 科 103 种。

1. 形态识别(图 7-1-3)

雌成虫虫体椭圆形，体长 2～4 mm，紫红色，足 3 对，细小。背部隆起。体背被有白色龟甲状蜡壳，周缘蜡层厚而弯曲，内周缘有 8 个小角突。雄成虫长约 1.3 mm，触角丝状，前翅具 2 条明显脉纹。雄成虫蜡壳星芒状，中间为一长椭圆形突起的蜡板，周缘有 13 个大蜡角。卵椭圆形，初产时黄褐色，孵化时紫红色。若虫初孵化时变椭圆形，淡红褐色。眼黑色，触角、足淡白色。腹末有尾裂，两侧各有一根长毛。1、2 龄蜡壳同雄成虫蜡壳，为星芒状；3 龄雌若虫的蜡壳同雌成虫蜡壳，呈龟甲状。

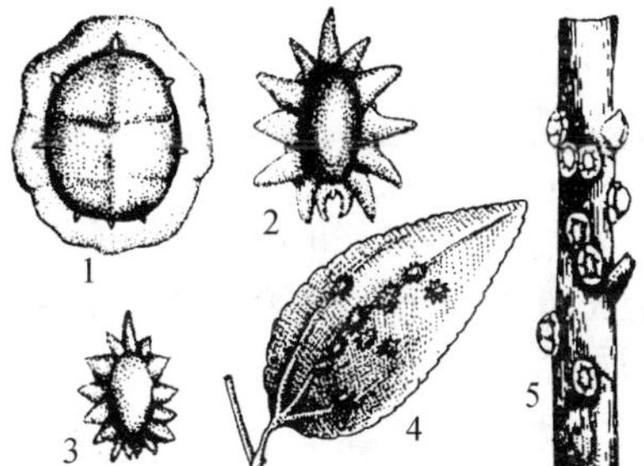

图 7-1-3 日本龟蜡蚧

1. 雌成虫 2. 雄成虫 3. 若虫 4、5. 为害状

2. 生活习性

1 年发生 1 代，以受精雌成虫固着在小枝条上越冬。翌年春天树木萌芽时开始为害，虫体迅速膨大，5 月开始产卵，卵产在母体下，随着产卵，母体向上隆起，使腹壁紧贴背壁，雌虫的产卵量为 500～3 000 粒，卵期 20 d 左右，6 月上中旬至 7 月为产卵期，大量若虫孵化后沿枝条向

叶片正面，寻找适宜的位置营固定取食。雌若虫经3次蜕皮后变为成虫后，从叶片转移至2年生枝条上固定，交尾受精后为害至11月越冬，雄若虫经3次蜕皮后开始化蛹，9月中旬大量羽化，羽化当天交尾。该蚧繁殖快、产卵量大、产卵期较长、若虫发生期不整齐，主要分布于树冠的中下部。

(二)桑盾蚧

又名桑白蚧、桑白盾蚧。属同翅亚目盾蚧科。分布于全国各地，是危害最普遍的一种介壳虫。为害梅花、碧桃、山桃、樱花、蒲桃、国槐、桑、丁香、芙蓉、苏铁、木槿、榆叶梅、玫瑰、芍药、夹竹桃、李、杏、樱桃、苹果等果树、林木和花卉。

1. 形态识别(图7-1-4)

雌介壳圆形或近圆形，长2.0～2.5 mm，灰白色，背面隆起，有螺旋纹，壳点2个，黄褐色，偏生一方。雌成虫体长约1 mm，卵圆形，橙黄色或橘红色。雄介壳白色细长，背面有3条纵脊，亮点橙黄色，位于介壳的前端。雄成虫体长0.7 mm，呈长纺锤形，橙色或橘红色，翅1对透明，灰白色，上有2条翅脉，腹部末端有1针状交尾器。初龄若虫椭圆形，长约0.6 mm，橙色，腹末具2根尾毛。

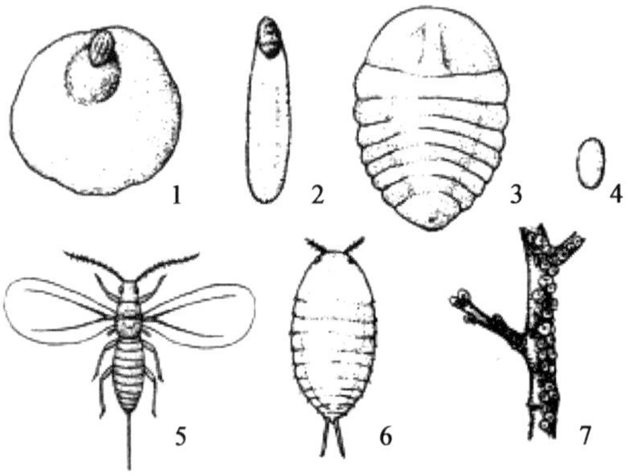

图7-1-4 桑盾蚧

1.雌介壳 2.雄介壳 3.雌介壳背面 4.卵 5.雄成虫 6.若虫背面 7.为害状

2. 生活习性

世代数因地而异，1年发生2～5代，以受精雌成虫固着在枝条上越冬。翌年3月下旬雌成虫继续为害，4月中下旬开始产卵，卵产于母体介壳下。4月下旬若虫孵化，5月上旬达到高峰期，初孵若虫善爬，并随风传播，寻找适宜的场所营固定生活，雌若虫在第一次蜕皮后即分泌蜡质物，形成圆形介壳，雄若虫进入2龄后期才分泌白色絮状物形成长筒形蜡壳。雄虫喜群集，雌虫分散为害至10月上中旬。单雌产卵量54～108粒，雄虫寿命仅1天。该虫多分布于枝条分杈处和枝干阴面，喜阴暗潮湿环境，暴雨可冲刷掉大量的初孵若虫而减轻危害。天敌有软蚧蚜小蜂和红点唇瓢虫等。

(三)介壳虫类防治措施

介壳虫类防治应以加强检疫和保护天敌为主，辅以栽培技术措施和药剂相结合的综合防治。

(1)加强植物检疫 引进和调出苗木、接穗、果品等植物材料时，严格执行检疫，防止其扩散蔓延。有蚧类的苗木,可用溴甲烷($20\sim30\ g/m^3$)熏蒸 24 h,既杀死蚧类,又不影响苗木的生活力。

(2)园林栽培技术措施 ①合理密植,选用抗虫树种,加强肥水管理,增加植株抗虫性。②在蚧类卵孵化前结合修剪,剪除历年的虫枝。随时检查,用手或用镊子捏去雌虫和卵囊。发生不多的花木园,可用硬刷刷去树上虫体。对草履蚧,秋冬季钻入土缝后挖除树干周围土中的卵囊,集中销毁。春季若虫上树前,从地面向上 60 cm 处,缠绕一周 30～40 cm 宽的塑料薄膜,或 20 cm 宽的粘虫胶,阻止若虫上树。

(3)生物防治 保护和利用天敌对控制蚧类的发生尤为重要。蚧类的天敌主要有寄生蜂、草蛉、黑缘红瓢虫。少用或避免使用广谱性杀虫剂,必须用时应在介壳虫孵化盛期喷药。可从外地引进天敌;若天敌量大,当天敌寄生率达 60%时严禁化学农药防治。

(4)药剂防治 当介壳虫发生量大,为害严重时,可选用药剂防治。①消灭越冬代成虫。春季可喷一次 0.5～1 波美度的石硫合剂,或 10～15 倍的松脂合剂。松脂合剂的配方为烧碱(或纯碱)2 kg、松香 2 kg、水 12 kg,配制时先将水放入锅中,加入碱溶液后煮沸,再把碾成细粉的松香慢慢撒入,并进行搅拌,待松香全部融化后,即成松脂合剂原液。施用时,每千克原液加水 8～10 kg 喷洒全株,或 40～50 倍的机油乳剂(防治吹绵蚧效果好),或柴油乳剂(含油 60%的柴油乳剂母液稀释成 3%的药液),10 月进行喷施效果好;5%的辛硫磷乳油,防治越冬介壳虫。②消灭越冬代若虫。冬季或春季发芽前,使用 3～5 波美度的石硫合剂或 95%机油乳剂 80 倍液,或 50%硫悬浮剂 200～300 倍液喷雾。③若虫期防治。在若虫孵化盛期,树冠喷施药剂防治,常用的药剂有 40%速扑杀乳油 800 倍液、40%乐斯本乳油 800 倍液、10%吡虫啉可湿性粉剂 1 000 倍液、25%灭幼脲 3 号 2 000 倍液、20%速灭杀丁乳油 1 500 倍液、0.9%爱福丁乳油 4 000～6 000 倍液。

三、蝉类

属于同翅目叶蝉科、蝉科、蜡蝉科等。为害园林植物的蝉类种类多,为害较重的有叶蝉科大青叶蝉、小绿叶蝉、柿斑叶蝉、葡萄二星叶蝉,蝉科蚱蝉,蜡蝉科斑衣蜡蝉、白蛾蜡蝉等。蝉类以若虫和成虫吸食寄主植物的汁液,造成褪绿、减色;部分成虫产卵时切裂植物的枝干,形成伤口,使枝梢失水抽干;有些种类能传播植物病毒病。

(一)大青叶蝉

又称大绿浮尘子、青叶跳蝉、青头虫等。全国各地均有分布。此虫食性杂,寄主种类多,据报道有 39 科 102 属 166 种,被害的园林植物有杨、柳、槐、梧桐、桑、樱花、丁香、鸢尾、翠菊、月季、大丽花、茉莉、杜鹃、海棠等。成虫和若虫刺吸叶片汁液,造成白色小斑点,严重时,斑点密集,叶片失绿,使植株长势衰弱。

1. 形态识别(图 7-1-5)

成虫雌虫体长 9.4～10.1 mm,雄虫体长 7.2～8.3 mm。全身青绿色,触角上方、两单眼之间有 1 对黑斑。头冠前部左右各有 1 组淡褐色弯曲横纹,近后缘有 1 对不规则的小黑斑,中胸小盾片淡黄绿色,中间横刻痕较短。前翅绿色,带有青蓝光泽,前缘淡白,端部透明,后翅烟黑色,半透明。卵香蕉状,长约 1.6 mm,白色微黄,中间弯曲,一端稍细,表面光滑。若虫共 5 龄,其特征如下:1、2 龄若虫体色灰白而微带黄绿色,头冠部皆有两黑点斑纹。3 龄若虫胸腹部背面出现 4 条暗褐色纵纹,有翅芽。4 龄若虫黄绿色,并有翅芽出现。5 龄若虫前后翅芽等齐,超过腹部第 2 节。

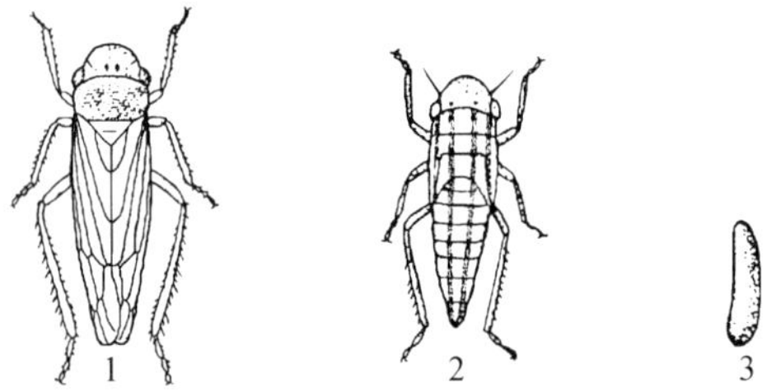

图 7-1-5　大青叶蝉

1.成虫　2.若虫　3.卵

2.生活习性

大青叶蝉在我国每年发生 2～6 代。在新疆、甘肃、内蒙古每年发生 2 代;北京、河北、山东等地每年发生 3 代;湖北 5 代;江西 5～6 代。均以卵在阔叶树干和枝条表皮下越冬。3 代区各代发生期为:第一代 4 月中旬至 7 月上旬;第二代 6 月中旬至 8 月中旬;第三代 7 月下旬至 11 月中旬。越冬卵在翌春 3 月下旬开始发育,初孵若虫喜群聚取食,常栖息于叶背为害,受惊便疾行横走、逃避,逐渐分散到矮小植物和农作物上。成虫、若虫均善跳跃,在中午或午后气候温和的晴朗天气活动较盛。成虫趋光性强,飞翔能力弱,喜潮湿背风处。需补充营养 1 个多月才交尾产卵,每雌产卵 62～148 粒,产卵时用锯状产卵器刺破寄主表皮,形成月牙形的产卵痕,再将 7～8 粒卵排列成块,产于寄主的表皮下。在产卵量多时,也会给寄主植物造成损害。大发生时,卵痕密布枝条,造成整枝枯死。

(二)蝉类防治措施

(1)园林技术防治　①加强管理,清洁田园内外的杂草,剪除被害枝改善通风透光条件,或刮除卵块,可减少越冬成虫和当年的虫口密度。②为害严重的地区,更换树种或营造混交林,减少其为害。③成虫产卵前,幼树上涂刷涂白剂,防止其产卵。

(2)物理防治　成虫发生初期,利用黑光灯或普通灯光诱杀,可减少虫口基数。

(3)药剂防治　①在成虫盛发期至卵孵化盛期喷药防治,可使用 2.5％鱼藤酮 300～500 倍液、2.5％溴氰菊酯乳油 2 000～3 000 倍液、10％吡虫啉可湿性粉剂 2 500 倍液喷雾,田间湿度较大时还可喷施每毫升含 0.1 亿～0.5 亿个孢子的白僵菌孢子液。②在若虫高峰期施药,可使用药剂有 25％灭幼脲 3 号 2 000 倍液、20％杀灭菊酯乳油 2 000 倍液,或 20％扑虱灵乳油 1 000 倍液,10％吡虫啉可湿性粉剂 2 500 倍液,50％辛硫磷乳油 1 000 倍液、48％乐斯本乳油 1 000 倍液、5％氟氯氰菊酯乳油 5 000 倍液。

四、蝽类

蝽类是半翅目昆虫的通称,为害园林植物的蝽类主要有盲蝽科的绿盲蝽、黑盲蝽;网蝽科梨冠网蝽、悬铃木方翅网蝽、杜鹃冠网蝽;蝽科的麻皮蝽、斑须蝽、茶翅蝽等。不同蝽类为害方式、卵的形态、越冬场所均不同,盲蝽和蝽科的昆虫为害嫩叶、嫩茎、花蕾和果实,叶片嫩茎受害后出现黄褐色斑点,叶片早落,嫩茎枯死;网蝽仅在叶背吸食为害,叶片正面出现黄白色斑点,叶背布满褐色胶质排泄物;盲蝽与网蝽卵为香蕉形,产于植物组织中;蝽科卵为桶形,聚产于植物表面;盲蝽科昆虫以卵在植物组织中越冬;网蝽和蝽科以成虫在树皮缝、墙缝、树洞、草丛或枯枝落叶下越冬。

(一)梨网蝽

又名梨冠网蝽、梨花网蝽、梨军配虫。分布广泛。为害月季、桃、梨、海棠、杜鹃、梅花、樱花、含笑、茉莉、杨、梅、桃、苹果等花木。

1. 形态识别(图 7-1-6)

成虫体长 3.3～3.5 mm,扁平,黑褐色。头小、复眼暗黑,触角丝状,前胸背板隆起,向后延伸成扇形,上有网状花纹,向后延伸成叶状突起,前胸两侧向外突出成羽片状。前翅略呈长方形,布满网状纹。静止时前翅重叠,其上黑斑构成"X"形黑褐斑纹。卵长椭圆形,长 0.6 mm,稍弯,初淡绿后淡黄色。老熟若虫体扁平,暗褐色,复眼发达,红色,翅芽明显,外形似成虫,前胸、中胸和腹部 3～8 节的两侧均有明显的锥状刺突。

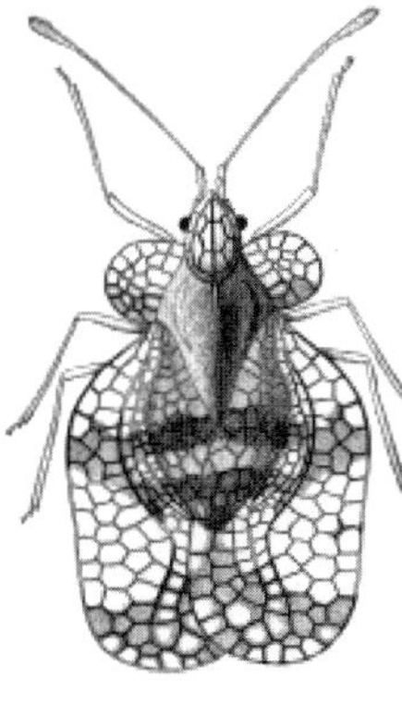

图 7-1-6 梨网蝽

2. 生活习性

一年发生代数因地而异,在华中、华南 1 年 4～5 代,陕西关中 1 年 4 代、华北地区 1 年 3 代,各地均以成虫在枯枝、落叶、杂草、树皮裂缝、翘皮以及土、石缝隙中越冬。翌年 4 月上中旬越冬成虫开始活动,集中到叶背取食和产卵。每头雌成虫的产卵量因寄主不同而异,可由数十粒至上百粒不等,卵分次产,常数粒至数十粒相邻,卵产在叶背主脉两侧的叶肉中,卵上附有黄褐色胶状物,卵期约 15 d。初孵若虫群集在叶背主脉两侧为害,被害处叶面具有黄白色斑点,叶片背面有黑褐色黏性分泌物和排泄物,严重时被害叶早落。2 龄后渐扩散,若虫脱皮 5 次,经半个月左右变为成虫。成虫期 1 个月以上,第一代成虫 6 月初发生。成虫喜在中午活动,叶背取食,7—8 月为害最重。

(二)蝽类防治措施

(1)园林技术防治 ①秋冬及时清理枯枝落叶和杂草,注意通风透光,破坏斑须蝽的越冬场所。②结合管理,摘除蝽科的卵块和群集的初孵若虫,集中杀灭初孵化尚未分散的若虫。

(2)生物防治 蝽类的天敌有草蛉、蜘蛛、蚂蚁,注意保护或释放天敌,发挥自然控制因子的作用。

(3)化学防治 越冬成虫开始活动为害,尚未产卵之前和各代低龄若虫盛发期施药。常用药剂有 10%吡虫啉可湿性粉剂 2 000～3 000 倍液、50%辛硫磷乳油 1 000 倍液、20%速灭杀丁乳油 2 500 倍液、10%氯氰菊酯乳油 5 000～6 000 倍液或 2.5%功夫乳油 2 000～3 000 倍液。

五、粉虱类

粉虱类属于同翅目粉虱科,是我国设施园艺的重要害虫类群之一。以成虫、若虫群集叶背吸食汁液,使叶片生长受阻变黄,严重时植株萎蔫、枯死。成虫、若虫能分泌大量蜜露,引起煤污病的发生。此外,粉虱还能传播病毒病。粉虱类的昆虫两性生殖或孤雌生殖,对黄色有强烈的趋性,不善飞行。一年发生多代,世代重叠明显。卵有卵柄,初孵若虫活泼,2 龄后触角、足退化,3 龄若虫蜕皮即为伪蛹。天敌主要有中华草蛉、刻点小毛瓢虫、小花蝽、蜘蛛、长棒角蚜小蜂等。为害园林植物的粉虱主要有温室白粉虱、烟粉虱、黑刺粉虱等。

(一)温室白粉虱

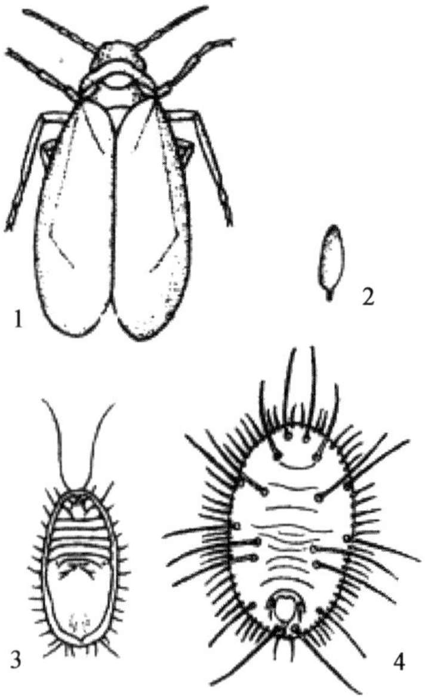

图 7-1-7 温室白粉虱

1.成虫 2.卵 3.若虫 4.蛹背面观

又称小白蛾子、白粉虱。世界性害虫，国内分布广泛，寄主十分广泛，据调查有 70 科 270 种，其中包括蔬菜、果实、花卉、观赏植物等。

1.形态识别(图 7-1-7)

成虫体长 0.8～1.2 mm，淡黄色。复眼哑铃形，红褐色。翅面覆盖白蜡粉，前翅具 2 脉，1 长 1 短；后翅 1 脉。停息时双翅合拢平坦(烟粉虱双翅合拢呈屋脊状)。卵长约 0.2 mm，侧面观长椭圆形，基部有卵柄，柄长 0.03 mm。初产淡黄色，后渐变褐色，孵化前可透见 2 个红色眼点。若虫共 3 龄，椭圆形，扁平。1 龄若虫体长约 0.29 mm，有发育完全的胸足和触角，体缘有许多蜡刺，腹端有 1 对尾须，长于体宽；2 龄约 0.37 mm，胸足和触角消失，尾须短于体宽；3 龄约 0.52 mm，体表具长短不一的蜡丝状突起。蛹即 4 龄若虫，椭圆形，乳白色或淡黄色，长 0.7～0.8 mm，镜检背面有许多乳突，皿状孔心形，舌状突三叶草形。

2.生活习性

温室白粉虱在温室等保护地一年可发生 10 余代，北京地区 1 年 9 代(包括冬季温室发生的 3 代)。室外不能越冬，温室是该虫的主要越冬场所。翌春，成虫从越冬场所迁飞到向阳露地为害。粉虱从温室由点到面向四周扩展，距离温室越近虫口密度越大，而后向四周扩散。温室白粉虱的侵害循环表现为：以北京地区为例，4 月份出现成虫，7—8 月大量繁殖，8—9 月为害严重，10 月中下旬虫口数量逐渐减少，并开始转移至温室，繁殖为害并越冬。世代重叠现象明显。

成虫喜集中在早 7:00—9:00 羽化。对黄色有强烈的趋性，但忌避白色、银灰色。喜在植株上部嫩叶上栖息、活动、取食和产卵。卵散产或排列成环状，卵柄插入植物组织内，卵上附有白色蜡粉。单雌产卵 100～500 粒。随着植物的生长，各虫态的分布有一定的规律性，即最上部的嫩叶成虫和初产卵最多，稍下部叶片初龄若虫居多，再向下为中老龄若虫，最下部是伪蛹较多。温室白粉虱发育最适温度为 20～28 ℃，天敌有丽蚜小蜂、浅黄恩蚜小蜂。

(二)粉虱类防治措施

(1)严格植物检疫　培育“无虫苗”，控制外来虫源，避免将虫带入非疫区。

(2)加强栽培管理　摘除带虫枝、叶，清除棚室内外的杂草。

(3)物理防治　利用白粉虱的趋黄色和避银色的特性，温室内设置黄板诱杀成虫或银灰膜驱蚜。

(4)药剂防治　为害严重期，选用 10%吡虫啉 1 500 倍液，25%扑虱灵可湿性粉 1 000～1 500 倍液，40%乐斯本乳油 2 000 倍液等喷雾处理。喷药时应注意植株中、上部叶片背面虫口密度大的部位，药剂可轮换使用。

六、木虱类

木虱类属于同翅目木虱科，体小，能飞善跳。两性卵生，有卵柄，卵产在叶片、枝干、芽鳞或植物组织中。若虫5龄，腹部多有蜡线，能分泌蜡质保护物，若虫群居于虫瘿内或产生蜜露。成虫、若虫刺吸嫩枝、嫩叶为害，使其长势衰弱，叶枯枝干。天敌有瓢虫、草蛉、盲蝽和寄生蜂等。为害园林植物的木虱主要有中国梨木虱、梧桐木虱、黄栌丽木虱、槐豆木虱、合欢木虱等。

(一)中国梨木虱

又名梨木虱、梨虱子。分布于辽宁、陕西、宁夏、内蒙古、山西、河北、山东、安徽、江苏等地梨产区，是梨树上的主要害虫。

1. 形态识别(图7-1-8)

成虫体长2.3～3.2 mm，有冬型和夏型之分。冬型较大，灰褐色或深黑褐色，有黑褐色的斑纹，前翅后缘臀区有明显褐斑；夏型体较小，体色多变，绿色型仅中胸背板大部分黄色，盾片上有黄褐色带，腹部黄色；黄色型除胸背斑纹为黄褐色外，其余均为黄色；其他色型或头黄，或头胸黄色，足均为黄色，腹部多绿色。翅上均无斑。卵长椭圆形，长约0.3 mm，一端钝圆，并有1刺突，一端尖圆。初产时淡黄至黄色，后变为黄白色。若虫扁椭圆形，淡黄至暗绿色，夏季为绿色。复眼、翅芽及腹末红色，体背中央有纵横线，3龄后呈扁圆形，翅芽显著增大。

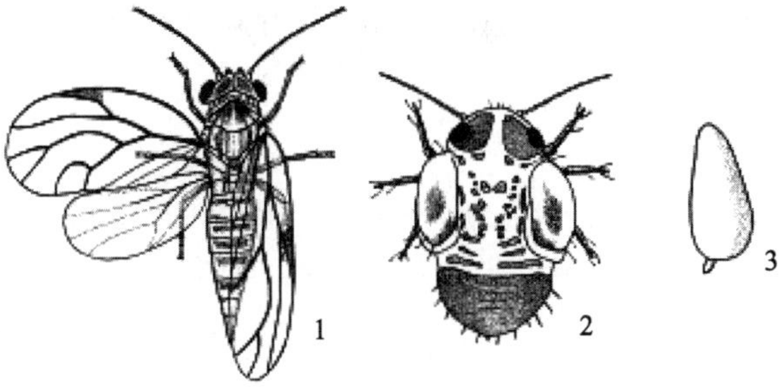

图7-1-8 中国梨木虱

1.成虫 2.若虫 3.卵

2. 生活习性

中国梨木虱在辽宁一年发生3～4代，河北4～5代，浙江6代，世代重叠，各地均以冬型成虫在树皮缝、落叶、杂草及土缝中越冬。越冬代成虫在3月上中旬梨树花芽萌动时开始活动，花芽露白期为出蛰盛期，3月中下旬花芽膨大时开始产卵，4月上旬花序伸出期为产卵盛期，4月下旬至5月初为第1代若虫盛发期，盛花后1个月为第一代成虫盛发期。以后出现世代重叠。各代成虫出现时期大致为：第一代5月上旬，第二代6月上旬，第三代7月上旬，第四代8月中旬，河北第四代成虫多为越冬型成虫越冬，少数早发个体继续产卵繁殖第5代。9月下旬至10月出现第五代成虫，全为冬型。

成虫白天静伏于叶背，受惊后跳离。越冬成虫耐低温、寿命长，产卵于短果枝痕及芽腋间，卵排列成断续的黄色线，单雌产卵290多粒；夏型成虫产卵于幼嫩组织或叶面主脉沟内、叶柄沟内或叶缘锯齿内。若虫有群集于幼嫩的部位吸食汁液，栖息于背光处，并隐匿于自身分泌蜜露黏液中,老龄若虫分泌白色蜡丝。喜干旱,多雨对种群数量有抑制作用,天敌有跳小蜂、花蝽、草蛉等。

(二)木虱类防治措施

(1)加强检验　苗木调运时要严格检查,禁止带虫材料外运或引进,结合冬季清园,秋末早春刮除老树皮,严冬浇冻水,可大大减少越冬虫口数。

(2)生物防治　保护利用天敌。应避免在天敌发生盛期施用广谱性杀虫剂。

(3)化学防治　重点抓好越冬成虫出蛰期和第一代若虫孵化盛期喷药。药剂可选用10%吡虫啉可湿性粉剂1 000～1 500倍液、5%啶虫脒可溶性粉剂2 000～2 500倍液,若虫盛发期喷施机油乳剂30～40倍液、25%扑虱灵可湿性粉剂2 000倍液。梨木虱可用烟草石灰水防治,具体方法见蚜虫类防治措施。

七、蓟马类

蓟马是缨翅目昆虫的通称。体小型,细长而略扁,体黄色、黑色、黄棕色。多为植食性,成虫、若虫锉破植物表皮组织吮吸植物汁液,叶片被害后变色、扭曲甚至全叶枯黄,花器、果实受害,花朵凋谢、果实脱落。有的还间接传播病毒病。栖息于植物嫩梢、叶片及果实中。蓟马的卵很小,锥尾亚目的卵产于植物组织内,多为肾形,表面光滑;管尾亚目的卵产于植物表面或缝隙中,多为长卵形,表面有网状刻纹。若虫多为4龄或5龄,有外生翅芽的"前蛹期",过渐变态。两性生殖或孤雌生殖。1年以5～7代居多,干旱有利于该虫的发生,天敌有花蝽、瓢虫、草蛉及食蚜蝇幼虫等。

(一)烟蓟马

又称棉蓟马、葱蓟马。分布于全国各地,寄主范围很广,有150余种,百合、芍药、牡丹、兰花、大丽花、唐菖蒲、菊花、金盏菊、瓜叶菊、仙客来、葡萄、苹果等。

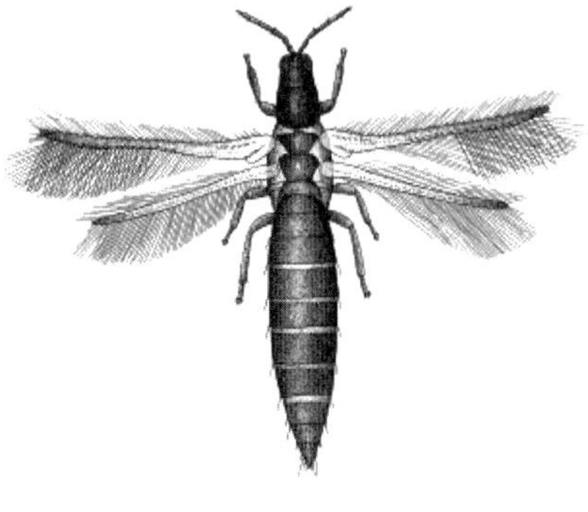

图 7-1-9　烟蓟马成虫

1. 形态识别(图7-1-9)

雌成虫体长1.0～1.4 mm,体暗黄至淡棕色,触角7节。前翅淡黄色,单眼间鬃较短,位于前单眼后外侧,前胸背片后缘鬃2～5对,前翅前脉基鬃7～8根,端鬃2～6根。下脉鬃13～17根均匀分布。后胸盾片前中部有几条横纹,中部为网纹,两侧为纵纹。腹部第2～8节背板前缘具1条栗褐色横带纹。初龄若虫体长约0.37 mm,白色透明。2龄若虫淡黄色,触角6节,第4节具3排微毛。

2. 生活习性

烟蓟马1年发生的代数由南到北逐渐减少,华南地区20代以上,华中6～10代,华北3～4代,以成虫和若虫潜伏在土壤、杂草或者树皮裂缝中越冬,烟蓟马的生活史由1个卵期、2个取食的若虫期和2个不取食的蛹期组成。烟蓟马若虫活动性不强,多在原孵化处及周围取食。成虫活跃、善飞,怕直射光,晴天多隐蔽在叶荫或叶鞘缝隙内,早晚、阴天和夜间才转移到叶面上进行活动、取食,很少为害花,可借助风力传播到远的地方。成虫主要营孤雌生殖，每雌产卵 21～178 粒，卵产于寄主植物叶片、茎或叶鞘的组织内部，初孵化的若虫不太活泼，群集为害。该虫发育的适宜温度为 25 ℃左右，相对湿度条件在 60%左右，高温、高湿对其发育均不利。烟蓟马的天敌有捕食螨、瓢虫、小花蝽等。

(二)蓟马类防治措施

(1)园林技术防治　冬季铲除花圃内杂草及田间残枝枯叶，深耕土地并冬灌，恶化虫体越冬环境，或及时喷水或灌水，结合修剪，剪除被害枝等降低虫源。

(2)物理防治　园林植物间悬挂蓝色粘虫板，能大量诱杀蓟马成虫。

(3)生物防治　充分利用当地天敌，引进新的天敌种类。

(4)化学防治　①初孵期和若虫聚集为害期是防治的有利时机，分别用 20%杀灭菊酯乳油 2 000～3 000 倍液、2.5%敌杀死乳油 1 500～2 000 倍液，隔 4～8 d 喷 1 次，连喷 2～3 次。②在成虫和若虫发生盛期，可选用 10%吡虫啉可湿性粉剂 2 000～3 000 倍液、1.8%爱福丁乳油 2 500～3 000 倍液、25%扑虱灵可湿性粉剂 3 000～4 000 倍液进行防治。

八、螨类

螨类属蛛形纲蜱螨目，俗称红蜘蛛，其种类多，分布广，繁殖速度快，是园林植物重要害虫类群之一。螨类体形微小，肉眼不易发现。多数螨类以成螨和若螨刺吸叶片、花和果，被害叶片失绿、变色、枯焦或形成虫瘿，造成叶、花、果脱落；少数种类为害鳞茎，造成腐烂，植株矮小，叶片发黄，严重时整株死亡。为害园林植物的螨类主要有朱砂叶螨、柑橘全爪螨、山楂叶螨、针叶小爪螨、咖啡小爪螨、二点叶螨等。

(一)朱砂叶螨

又名棉红蜘蛛、棉叶螨、红叶螨，分布在全国各地，是世界性害螨。寄主十分广泛，据统计，我国朱砂叶螨的寄主有 32 科 113 种植物。为害山楂、碧桃、丁香、迎春、海棠、无花果、月季、茉莉、万寿菊、菊花、凤仙花、一串红、鸡冠花、木槿、蜀葵、天竺葵、木芙蓉等。

1. 形态识别(图 7-1-10)

雌成螨体长 0.48～0.55 mm，宽 0.32 mm，椭圆形，体色常随寄主而异，多为锈红色至深红色，体背两侧有 2 对黑斑，前方一对较大，后面 1 对位于体末两侧。后半体背面表皮叶状结构呈三角形至半圆形，气门沟末端呈"U"形弯曲，背毛 13 对。雄成螨体长 0.35～0.42 mm，宽 0.2 mm，菱形，体色淡黄色，前端近圆形，腹末稍尖，须肢端感器长约为宽的 3 倍。卵长

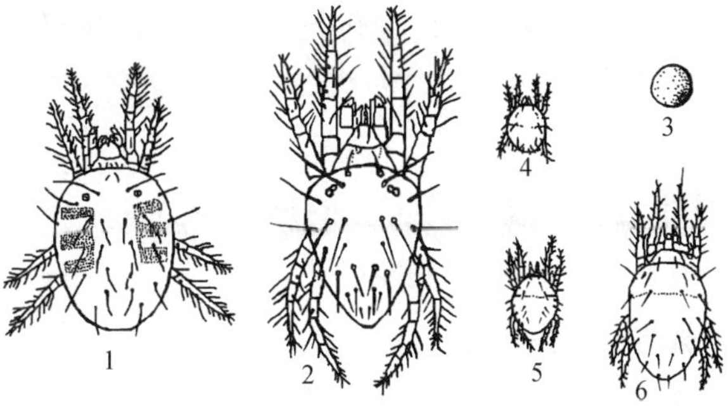

图 7-1-10　朱砂叶螨

1. 雌成螨　2. 雄成螨　3. 卵　4. 幼螨　5. 第一若螨　6. 第二若螨

0.13 mm，球形，初产时无色透明，后渐变为橙黄色。幼螨近圆形，半透明，淡红色，取食后体色呈暗绿色，3 对足。若螨椭圆形，体色较深，体侧有明显的块状斑纹，4 对足。

2. 生活习性

朱砂叶螨年发生代数因地而异，10～20 代（由北向南逐增），越冬虫态及场所随地区而不同，在华北以雌成螨在杂草、枯枝落叶及土缝中越冬；在华中以各种虫态在杂草及树皮缝中越冬，越冬时一般几个或几百个群集在一起。世代重叠现象严重。翌春平均气温达 7 ℃以上时，即开始活动为害。3—4 月先在杂草或其他寄主上取食，每雌产卵 50～110 粒，多产于叶背。卵期 2～13 d。幼螨和若螨发育历期 5～11 d，成螨寿命 19～29 d。主要是两性生殖，在田间的雌雄比是 5∶1，也能进行孤雌生殖，其后代多为雄性。幼螨和前期若螨不爱活动。后期若螨则活泼贪食，有向上爬的习性。先为害下部叶片，而后向上蔓延。繁殖数量过多时，常在叶端群集成团，滚落地面，被风刮走，向四周爬行扩散。

气候条件是影响朱砂叶螨种群消长的决定因素。朱砂叶螨发育起点温度为 7.7～8.8 ℃，最适温度为 25～30 ℃，最适相对湿度为 35%～55%，因此高温低湿的 7—8 月份为害重，尤其干旱年份易于大发生。但温度达 30 ℃以上和相对湿度超过 70%时，不利于繁殖，降雨量的多少与朱砂叶螨发生和为害的程度呈负相关，暴雨可冲刷虫体，降低虫口数量。天敌主要有食螨瓢虫、塔六点蓟马、微小花蝽、中华草蛉、黑襟毛瓢虫、草间小黑蛛等。

（二）螨类防治措施

螨类的防治策略应坚持调节园林生态环境和保护、利用天敌为基础，压低虫源基数为重点，关键阶段药剂突击。

（1）园林技术防治　①加强苗木检查，禁止带螨实生苗和扦插苗外运。②清除田埂、路边和田间的杂草及枯枝落叶，刮树皮、翘皮，结合修剪，剪除虫枝集中处理或树干束草，以消灭越冬虫源。

（2）生物防治　①叶螨类天敌种类很多，捕食性天敌有瓢虫、草蛉、粉蛉、花蝽、捕食性螨类等；寄生性天敌有虫生藻菌、芽枝霉、白僵菌等，可有效控制害螨的种群数量。②有条件的地方可开展保护、引进或人工助迁等工作。

（3）药剂防治　植物生长期一旦发现叶片上有螨为害，及早喷药是控制后期猖獗的关键。在当地成螨越冬前后时喷药毒杀。防治早期为害可选用的药剂有 1.8%阿维菌素乳油 4 000～4 500 倍液、73%克螨特乳油 2 000～3 000 倍液、10%吡虫啉可湿性粉剂 1 500 倍液、15%哒螨灵乳油 2 500 倍液、20%复方浏阳霉素乳油 1 000～1 500 倍液、50%硫黄胶悬液防治。也可用 0.1～0.3 波美度石硫合剂喷雾。

【任务实施】

园林植物主要吸汁害虫的形态及为害状识别

一、实施场所

教室、实验（训）室，校内、外实训基地。

二、实施目的及形式

识别当地主要园林植物吸汁类害虫的形态特征和为害状，为指导防治打基础。

亲临现场了解当地园林植物主要吸汁类害虫种类、发生和为害情况，熟悉调查方法，为防治打基础。

以班级为单位组织教学。以小组为单位组织讨论和实施。教师最后归纳总结。

三、材料与工具

桃蚜、棉蚜、绣线菊蚜、月季长管蚜、日本龟蜡蚧、草履蚧、吹绵蚧、桑白蚧、褐软蚧、温室白粉虱、橘黄粉虱、大青叶蝉、小绿叶蝉、梧桐木虱、樟叶木虱、朱砂叶螨、山楂叶螨、绿盲蝽、梨冠网蝽、悬铃木方翅网蝽、杜鹃冠网蝽、烟蓟马、花蓟马、榕蓟马等害虫标本、玻片标本及为害状标本。

显微镜、挑针、镊子、载玻片、盖玻片、培养皿、虫害标本采集袋和捕虫网、毒瓶、记载本、铅笔、放大镜、立体显微镜等。其他标本采集用具、多媒体设备、当地害虫历年发生情况资料、当地气象资料、相关图书、教材、PPT、视频资料等。

四、实施过程

(1)吸汁类害虫形态及为害状观察:通过教师讲授、PPT、彩色图谱、大量标本、视频资料的观看,对吸汁类害虫的形态(虫体的大小、颜色等特征)、为害状(叶片的失绿斑点、叶背的虫皮、叶片的畸形、分泌物、含糖分泌物及煤污病等特征)进行识别。

(2)现场识别、调查:在园林植物校内外实训基地对吸汁类害虫进行现场识别,根据发生及为害情况,调查害虫的虫口密度和为害情况,确认当地吸汁类害虫的优势种类。

(3)标本采集:将各类吸汁类害虫及为害状带回实验室。

(4)室内鉴定:利用各种材料与工具进行鉴定,特别是借助解剖镜和图谱,熟悉害虫的发生规律。

(5)制订防治方案并实施:根据优势种类在当地的发生规律,制订综合防治方案,提出应急防治措施,并组织实施。

五、注意事项

(1)实训前将资料和工具如园林植物彩色图谱、手机、放大镜、修枝剪、镊子、喷雾器、笔记本等准备好。

(2)由于虫体较小,采集时一定要将害虫与被害状采集齐全,带到实验室,用放大镜或立体显微镜参照彩色图谱进行鉴定。

(3)不同的调查方法、差异很大,应严格按照要求,准确选取取样方法和样树,仔细、认真调查。

(4)吸汁类害虫综合防治方案的制订。小组讨论制订综合防治方案,注重各种防治措施的综合运用,既要符合实际,又可操控,还要关注防治效果。

六、作业

列表描述所观察害虫各虫态的形态及其为害状。通过对大量标本进行识别及现场调查,根据害虫的发生特点,制订综合防治方案并付诸实施。采集制作当地园林植物吸汁类害虫标本4～5种。

【任务评价】

任务评价考察标准分为基本能力、职业能力、岗位专业能力三部分。

基本能力、职业能力方面的要求参考项目一。

岗位专业能力:针对本项工作任务的具体要求与实施来考察。以个人考核为主。

结合课程实习等工作任务要求,能够准确描述吸汁类害虫形态识别的关键点及为害状特点，并准确识别出（或推测出）害虫的种类及发生情况，根据制订的综合防治方案的现实可行性评分。

【思考练习】

一、选择题

1. 吸汁害虫的为害状有（　　）。

A. 缺刻和孔洞　B. 叶片皱缩　C. 形成坏死　D. 植株萎蔫

2. 以下不属于吸汁害虫的是（　　）。

A. 梨星毛虫　B. 斑衣蜡蝉　C. 花蓟马　D. 草履蚧

3. 下列害虫中，刺吸害虫是（　　）。

A. 蔷薇三节叶蜂　B. 白杨透翅蛾　C. 棉卷叶野螟　D. 小绿叶蝉

4. 以卵越冬的是（　　）。

A. 绿盲蝽　B. 日本龟蜡蚧　C. 玉带凤蝶　D. 桃蚜

5. 属于检疫性害虫的吸汁害虫是（　　）。

A. 星天牛　B. 松材线虫病　C. 美国白蛾　D. 葡萄根瘤蚜

6. 螨类大发生的适宜气候条件是（　　）。

A. 春季高温干旱少雨　B. 春季雨量充沛　C. 夏季高温　D. 夏季多雨

二、简答题

1. 当地园林植物吸汁类害虫的种类有哪些？有哪些习性？

2. 园林植物上的“五小”指的是什么？其发生有何特点？

3. 吸汁害虫的为害特点是什么？

4. 为害园林植物的蚜虫有哪些种类？如何防治？

5. 防治蚧类害虫有哪些关键措施？

工作任务二　园林植物食叶害虫综合防治

【技能目标】

①通过实地查看、标本示范和教材引导，让学生学会根据害虫的为害状或害虫特征识别食叶害虫。

②根据田间调查和对食叶害虫为害特点的分析、判断，借助资料的查阅，制订综合防治方案。

【任务提出】

实地查看时，了解哪些昆虫属于食叶类害虫，食叶类害虫的为害特点、形态特征及生活习性如何，综合防治方法有哪些，思考为什么说食叶类害虫是一类较难防治的害虫。

【任务分析】

本任务主要介绍不同食叶类害虫的为害特点、形态特征、生活史及习性，学生学会利用以上知识制定综合防治措施。

【相关知识】

园林植物食叶害虫的种类繁多，主要为鳞翅目的袋蛾、刺蛾、斑蛾、尺蛾、枯叶蛾、舟蛾、灯蛾、夜蛾、毒蛾及蝶类；鞘翅目的叶甲、金龟子；膜翅目的叶蜂；直翅目的蝗虫；软体动物等。它们的为害特点是：①为害健康的植株，猖獗时能将叶片吃光，削弱树势，为天牛、小蠹虫等蛀干害虫侵入提供适宜条件。②大多数食叶害虫营裸露生活，受环境因子影响大，其虫口密度变动大。③多数种类繁殖能力强，产卵集中，易爆发成灾，并能主动迁移扩散，扩大为害的范围。

一、袋蛾类

袋蛾属鳞翅目袋蛾科，又名蓑蛾、避债蛾、吊死鬼等，是为害园林植物的主要杂食性食叶害虫之一。袋蛾大多雌雄异型，雌蛾无翅、无足，头、胸节退化。雄蛾有翅，小到中型，翅面有稀疏的毛和不完全的鳞片，几乎无斑纹。口器退化。幼虫都吐丝缀叶形成护囊，雌虫终生不离幼虫所织的护囊。食性杂，为害多种植物。常见的种类有大袋蛾、小袋蛾、茶袋蛾、白囊袋蛾等。

(一)大袋蛾

分布于华东、中南、西南等地，山东、河南发生严重。该虫食性杂，以幼虫取食悬铃木、泡桐、榆、刺槐等多种植物的叶片，易暴发成灾，对城市绿化影响很大。

1. 形态识别(图 7-2-1)

成虫雌雄异型。雌虫无翅，体长 25～30 mm，蛆形、粗壮、肥胖、头小，口器退化，全体光滑柔软，乳白色。雄蛾黑褐色，体长 20～23 mm。触角羽毛状。前翅翅脉黑褐色，翅面前、后缘略带黄褐色至黑褐色，有 4～5 个透明斑。卵产于雌蛾护囊内。老熟幼虫体长 25～40 mm，雌幼虫黑色，头部暗褐色。雄幼虫较小，体较淡，呈黄褐色。护囊纺锤形，成长幼虫的护囊长达 40～60 mm，囊外附有较大的碎叶片，有时附有少数枝梗，排列不整齐。

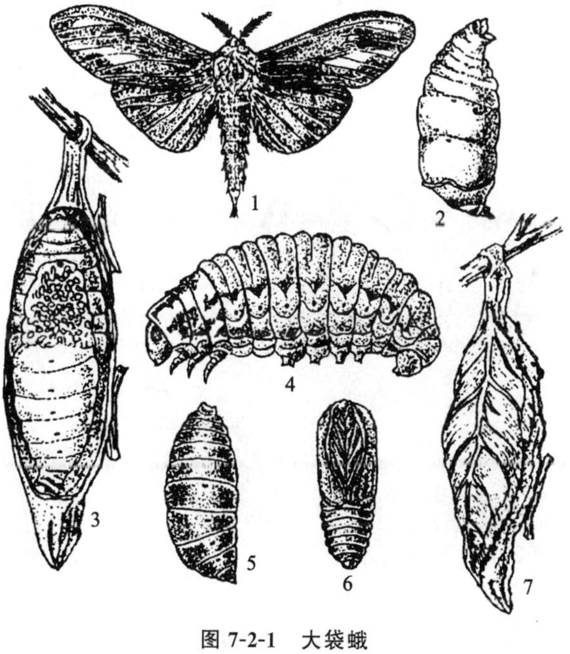

图 7-2-1 大袋蛾

1. 雄成虫 2. 雌成虫 3. 雌成虫在囊内产卵状 4. 幼虫 5、6. 蛹 7. 护囊

2. 生活习性

多数 1 年 1 代。以老熟幼虫在袋囊内越冬。翌年 3 月下旬开始出蛰，4 月下旬开始化蛹，5 月下旬至 6 月份羽化，卵产于护囊蛹壳内，每头雌虫可产卵 2 000～3 000 粒。6 月中旬开始孵化，初龄幼虫从护囊内爬出，靠风力吐丝扩散。取食后吐丝并咬啮碎屑、叶片筑成护囊，袋囊随虫龄增长扩大而更换，幼虫取食时负囊而行，仅头胸外露。初龄幼虫剥食叶肉，将叶片吃成孔洞、网状，3 龄以后蚕食叶片。7—9 月份幼虫老熟，多爬至枝梢上吐丝固定虫囊越冬。

(二)袋蛾类防治措施

(1)园林技术措施。

(2)物理防治　冬春人工摘除越冬虫囊，消灭越冬幼虫，平时也可结合日常管理工作，顺手摘除护囊，特别是植株低矮的树木、花卉更易操作。用黑光灯或性激素诱杀雄成虫。

(3)生物防治　用青虫菌或 Bt 制剂 500 倍液喷雾，保护袋蛾幼虫的寄生蜂、寄生蝇。

(4)药剂防治　幼虫为害时，喷洒低毒胃毒剂 90%晶体敌百虫 1 200 倍液、2.5%溴氰菊酯乳油 2 000 倍液。喷药时应注意喷施均匀，要求喷湿护囊，以提高防效。

二、刺蛾类

刺蛾属鳞翅目刺蛾科。成虫中至大型，密生厚的鳞毛。幼虫蛞蝓形，无胸足，腹足退化，常具有枝刺和毒毛。蛹为裸蛹，蛹外常有光滑坚硬的茧。刺蛾种类很多，园林植物上主要有黄刺蛾、扁刺蛾、褐边绿刺蛾、褐刺蛾、丽绿刺蛾、两色绿刺蛾等。

(一)黄刺蛾

黄刺蛾又名洋辣子。该虫分布几乎遍及全国。是一种杂食性食叶害虫，主要为害重阳木、三角枫、刺槐、梧桐、梅花、月季、海棠、紫薇、杨、柳等 120 多种植物。初龄幼虫只食叶肉，4 龄后蚕食叶片，常将叶片吃光。

1. 形态识别(图 7-2-2)

成虫体橙黄色。触角丝状。前翅黄褐色，基半部黄色，端半部褐色，有两条暗褐色斜线，在

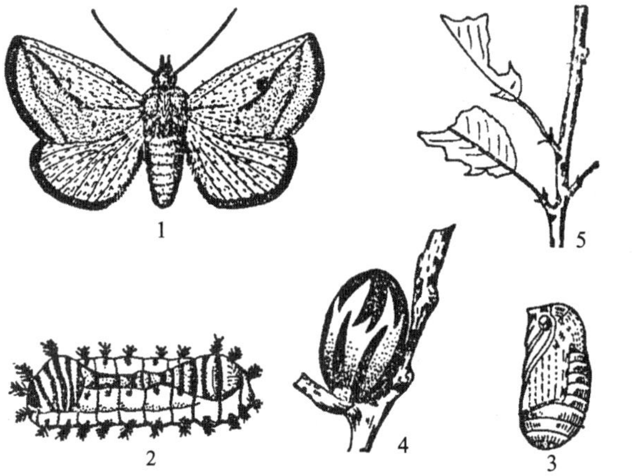

图 7-2-2　黄刺蛾

1. 成虫　2. 幼虫　3. 蛹　4. 茧　5. 为害状

翅尖上汇合于一点，呈倒"V"形，里面一条伸到中室下角，为黄色与褐色的分界线，后翅灰黄色。老熟幼虫体长 16～25 mm，黄绿色，体背面有一块紫褐色"哑铃"形大斑。蛹黄褐色，茧灰白色，茧壳上有黑褐色纵条纹，形似雀蛋。

2. 生活习性

1 年 1～2 代，以老熟幼虫在枝杈等处结茧越冬，翌年 5—6 月份化蛹，6 月出现成虫，成虫有趋光性。卵散产或数粒相连，多产于叶背。卵期 5～6 d。初孵幼虫取食卵壳，而后群集在叶背取食叶肉，4 龄后分散取食全叶。7 月份老熟幼虫吐丝和分泌黏液作茧化蛹。

(二)刺蛾类防治措施

(1)园林技术防治　根据不同刺蛾结茧习性与部位，结合修枝清除树上的虫茧。

(2)物理防治　在土层中的茧可采用挖土除茧。也可结合保护天敌，将虫茧堆集于纱网中，让寄生蜂羽化飞出。另外，初孵幼虫有群集性，摘除带初孵幼虫的叶片，可防止其扩散。刺蛾成虫大都有较强的趋光性，成虫羽化期间可安置黑光灯诱杀成虫。

(3)生物防治　Bt 乳剂 500 倍液潮湿条件下喷雾使用。保护和利用天敌，如上海青蜂、姬蜂等。

(4)化学防治　幼虫为害严重时，喷施细菌性杀虫剂灭蛾灵 1 000 倍液、90%晶体敌百虫 800～1 000 倍液，50%辛硫磷乳油 1 500 倍液。此外选用拟除虫菊酯类杀虫剂亦有很好的效果。药杀应掌握在幼虫 2～3 龄阶段为好。

三、毒蛾类

毒蛾属鳞翅目毒蛾科。体中型，粗壮多毛，前翅广，足多毛，雌蛾腹端有毛丛。幼虫具有特殊的长毒毛，在化蛹及羽化时毒毛也常常附着在蛹及成虫上。

毒蛾种类很多，在园林植物上常见的主要有黄尾毒蛾、柳毒蛾、舞毒蛾、杨毒蛾、刚竹毒蛾、侧柏毒蛾等。

(一)黄尾毒蛾

黄尾毒蛾又名黄尾白毒蛾、桑毛虫、桑毒蛾、金毛虫等，分布于华东、华中和西南各地。为害悬铃木、桑树、柳、枫、杨、苹果、海棠、红叶李、板栗、桃、梨、梅、杏和枣等。幼虫取食叶片、幼芽，严重时将叶片食光。

1. 形态识别(图 7-2-3)

成虫体长 15 mm 左右，翅展 30 mm 左右。体白色，复眼黑色。前翅后缘有 2 个黑褐色斑纹。雌成虫触角栉齿状，腹部粗大，尾端有黄色毛丛。雄成虫触角羽毛状，尾端黄色部分较少。卵扁圆形，灰白色，半透明，卵表有黄毛覆盖。幼虫老熟时体长为 32 mm 左右，黄色。背线与气门下线呈红色，背线、气门上线与气门线均为断续、不连接的黑色线纹，每节有毛瘤 3 对。

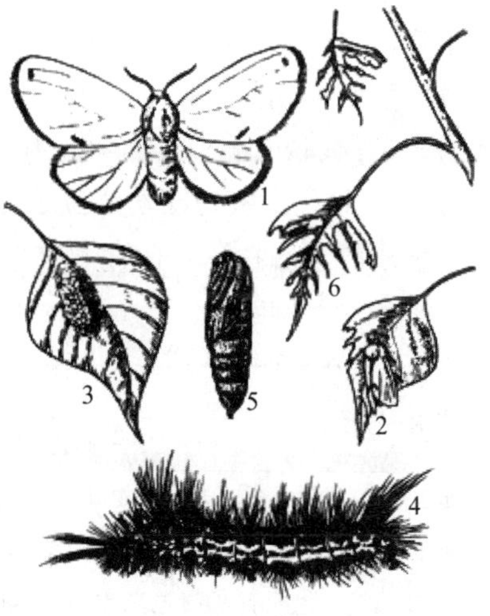

图 7-2-3　黄尾毒蛾

1. 成虫　2. 乌桕上静伏成虫　3. 乌桕叶上卵块　4. 幼虫　5. 蛹　6. 为害状

2. 生活习性

该虫一年发生代数因地区不同而有差异，江苏、浙江、四川地区一年发生 3～4 代，华南地区可发生 6 代，以 3 龄幼虫在粗皮缝或伤疤处结茧越冬。翌年寄主展叶期开始活动为害，幼龄时先咬叶肉，仅留下表皮，稍大后蚕食造成缺刻和孔洞，仅剩叶脉。幼虫为害期分别发生在 4 月上旬、6 月中旬、8 月上旬、9 月下旬。幼虫体上着生长毛，对人有毒，一旦接触人体，可引起红肿疼痛，淋巴发炎，称为“桑毛虫皮炎症”。成虫有趋光性，昼伏夜出，将卵产在叶片背面，卵成块状，卵粒不等，卵期 6 d 左右。

(二)柳毒蛾

柳毒蛾又名柳雪毒蛾、雪毒蛾、柳叶毒蛾。分布于东北、西北、华北及山东、江苏、上海等地。幼虫为害多种杨、柳、白蜡、泡桐、槭树等。

1. 形态识别(图 7-2-4)

成虫体长 21 mm 左右，翅展 45 mm 左右。体白色，足和触角上有黑白相间的斑纹。卵呈块状，上面覆盖灰白色泡沫状物。幼虫老熟时体长为 45 mm 左右。头棕色，上有黑斑 2 个。体背深灰色混有黄色，背中线褐色明显，两侧具有黑褐色纵线纹。体各节有瘤状突起，其上生有黄白色长毛。蛹纺锤状，黑褐色，体表有毛。

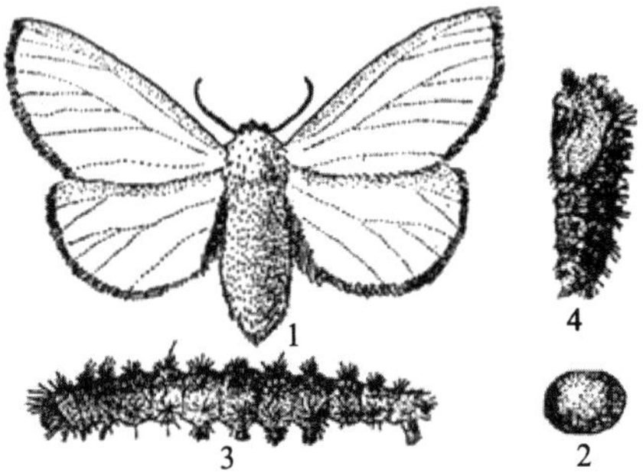

图 7-2-4　柳毒蛾

1. 成虫　2. 卵　3. 幼虫　4. 蛹

2. 生活习性

一年发生 2 代，以 2 龄幼虫在树皮缝、落叶层下结薄茧越冬。4 月中旬杨、柳树叶萌发时活动为害，有上下树习性，白天躲伏在树皮缝间，夜晚上树，先取食下部叶片，逐渐向树冠上部。5 月下旬至 6 月上中旬老熟幼虫在卷叶、树皮缝、树洞、枯枝落叶层下等处化蛹。蛹期约 10 d。成虫飞翔力不强，趋光性强，卵多产在树干表皮或树冠上部叶片背面，呈块状，卵块表面覆盖有灰白色泡沫胶状物。卵期约 15 d。初孵幼虫先群居为害，取食叶肉呈网状，受惊后吐丝下垂，3 龄后分散为害，昼夜取食。7 月为第一代幼虫为害盛期，9 月为第二代幼虫为害盛期，于 9 月底至 10 月上旬即寻找隐蔽处吐丝结茧越冬。

杨毒蛾的形态特征与柳毒蛾类似，见表 7-2-1。

表 7-2-1　杨毒蛾与柳毒蛾形态比较

虫态	种类	
	杨毒蛾	柳毒蛾
成虫	翅上鳞片较厚，触角主干黑白相间	翅上鳞片薄，翅脉带黄色，触角主干纯白色
卵	卵块表面覆盖灰白色泡沫状物，较粗糙	卵块表面覆盖银白色胶质物，较平滑
幼虫	背面有灰白色较窄纵带和暗色背中线。两侧黑色纵线上毛瘤为黑色，头部淡褐色	背面为黄白色宽纵带，两侧黑色纵线上的毛瘤红色，头部黑色
蛹	棕褐色或黑褐色，光泽差，毛簇灰黄色	黑色有白斑和长白毛，光泽强，毛簇灰白色

(三)毒蛾类防治措施

(1)园林技术措施防治。

(2)物理防治 消灭越冬虫体。清除枯枝落叶和杂草,在树干上绑草把诱集幼虫越冬,第二年早春摘下烧掉,并在树皮缝、石块下等处搜杀越冬幼虫等。人工摘除卵块及群集的初孵幼虫。结合日常养护寻找树皮缝、落叶下的幼虫及蛹。灯光诱杀成虫。

(3)化学防治 ①对于有上、下树习性的幼虫,可用溴氰菊酯毒笔在树干上划1~2个闭合环(环宽1 cm),可毒杀幼虫,残效8~10 d。也可绑毒绳等阻止幼虫上、下树。②幼虫期喷施25%灭幼脲3号胶悬剂1 500倍液、2.5%溴氰菊酯乳油4 000倍液等;用10%醚菊酯悬浮剂6 000倍液或5%高效氯氰菊酯4 000倍液喷射卵块。

四、舟蛾类

舟蛾属鳞翅目舟蛾科。幼虫大多颜色鲜艳,背部常有显著的峰突,幼虫栖息时只靠腹足固着,首尾上翘,形如龙舟而得名。为害园林植物的主要有杨扇舟蛾、杨二尾舟蛾、苹掌舟蛾、国槐羽舟蛾等。

(一)杨扇舟蛾

分布几乎遍及全国各地。以幼虫为害各种杨树、柳树的叶片,发生严重时可食尽全叶。

1.形态识别(图7-2-5)

成虫体淡灰褐色,体长13~20 mm,头顶有一紫黑色斑。前翅灰白色,顶角处有一块赤褐色扇形大斑,斑下有一黑色圆点。后翅灰褐色。卵扁圆形,直径1 mm,橙红色。老熟幼虫体长32~38 mm,头部黑褐色,背面淡黄绿色,两侧有灰褐色纵带,每节环状排列橙红色毛瘤8个,其上有长毛,第1、8腹节背中央各有一个大黑红色瘤。蛹体长13~18 mm,褐色。

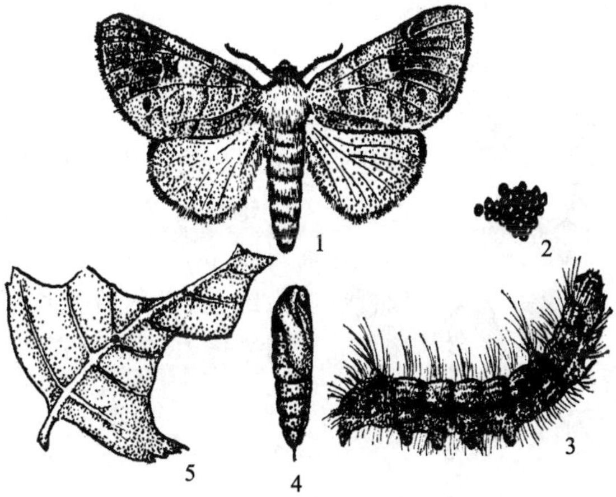

图7-2-5 杨扇舟蛾

1.成虫 2.卵 3.幼虫 4.蛹 5.被害叶

2. 生活习性

发生代数因地而异,1年2～8代,越往南发生代数越多,均以蛹结薄茧在土中、树皮缝和枯叶卷苞内越冬。成虫夜晚活动,有趋光性。卵产于叶背,单层排列呈块状。初孵幼虫群集啃食叶肉;2龄后群集缀叶结成大虫包,白天隐匿,夜间取食,被害叶枯黄明显;3龄后分散取食全叶。幼虫共5龄,末龄幼虫食量最大,虫口密度大时,可在短期内将全株叶片食尽。老熟后在卷叶内吐丝结薄茧化蛹。

(二)舟蛾类防治措施

(1)物理防治　大部分舟蛾幼虫初龄阶段有群集性,可将枝叶剪下或振落消灭。结合养护管理,在根际周围掘土灭蛹。成虫盛发期设置黑光灯诱杀成虫。

(2)生物防治　第1代幼虫发生期喷Bt乳剂500倍液,1、2代卵发生盛期,每公顷释放30万～60万头赤眼蜂,傍晚或阴天喷洒白僵菌100倍液防治幼虫。

(3)化学防治　幼虫为害期喷25%灭幼脲3号悬浮剂1 000～1 500倍、2.5%溴氰菊酯乳油4 000倍液。

五、尺蛾类

尺蛾属鳞翅目尺蛾科,因其幼虫的行动姿态而得名,又称"步曲"或"造桥虫"。成虫体细、翅大而薄,飞翔力弱。幼虫拟态性强。尺蛾种类很多,为害园林植物的主要有国槐尺蛾、丝棉木金星尺蛾、木橑尺蛾、沙枣尺蛾等。

(一)国槐尺蛾

又名吊死鬼、槐尺蛾。山东、河北、北京、浙江、陕西等地均有分布。主要为害国槐、龙爪槐,食料不足时也为害刺槐。以幼虫取食叶片,严重时可使植株死亡。是我国庭园绿化、行道树种主要食叶害虫。1999年曾在全国各分布区大发生。

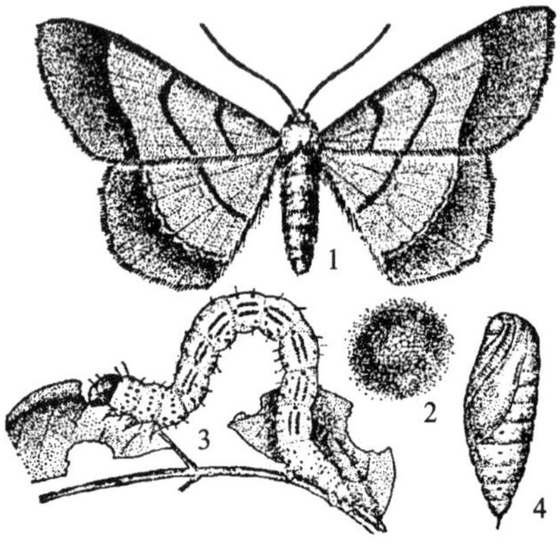

图7-2-6　国槐尺蛾

1.成虫　2.卵　3.幼虫　4.蛹

1. 形态识别(图7-2-6)

成虫体长12～17 mm,体黄褐色,有黑褐色斑点。前翅有三条明显的黑色横线,近顶角处有一近长方形褐色斑纹。后翅只有2条横线,中室外缘上有一黑色小点。卵椭圆形,0.6 mm,绿色。幼虫刚孵化时黄褐色,取食后变为绿色,老熟后紫红色。老熟幼虫体长30～40 mm。蛹体长13～17 mm,紫褐色。

2. 生活习性

每年3～4代。以蛹在树下松土中越冬。翌年4月中旬羽化为成虫。成虫具有趋光性。白天在墙壁、树干或灌木丛里停落,夜出活动产卵,卵多产于叶片正面主脉上,每处1粒。每雌虫平均产卵420粒。5月中旬刺槐开花时,第一代幼虫为害;6月下旬及8月上旬,第2代、3代幼虫为害。幼虫共6龄,4龄前食量小,5龄后剧增,幼虫有吐丝下垂习性。幼虫老熟后吐丝下垂至松土中化蛹。

(二)丝棉木金星尺蠖

丝棉木金星尺蠖又名卫矛尺蠖。华北、华南、西北及华东地区均有分布。主要为害丝棉木、大叶黄杨、扶芳藤、卫矛、女贞、白榆等多种园林植物。该虫是黄杨上的主要害虫之一，严重时将叶片食光，影响植物的正常生长。

1. 形态识别(图 7-2-7)

成虫体长为 13 mm 左右，翅展为 38 mm。头部黑褐色，腹部黄色，翅银白色，翅面具有浅灰和黄褐色斑纹。前翅中室有近圆圈形斑，翅基部有深黄、褐色、灰色花斑。后翅散有稀疏的灰色斑纹。卵长圆形，灰绿色，卵表有网纹。幼虫老熟时体长为 33 mm 左右，体黑色，前胸背板黄色，其上有 5 个黑斑。腹部有 4 条青白色纵纹，气门线与腹线为黄色，较宽，臀板黑色。蛹棕褐色，长 13～15 mm。

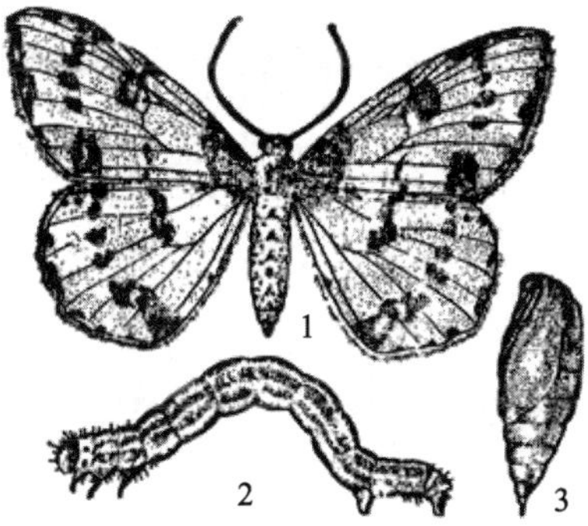

图 7-2-7 丝棉木金星尺蠖

1. 成虫 2. 幼虫 3. 蛹

2. 生活习性

每年发生 4 代，以老熟幼虫在被害寄主下松土层中化蛹越冬。3 月底成虫出现，5 月上中旬第一代幼虫及 7 月上中旬第二代幼虫为害最重，常将大叶黄杨啃成秃枝，甚至整株死亡，成虫有不太强的趋光性，多在叶背成块产卵，排列整齐。初孵幼虫常群集为害，啃食叶肉，3 龄后食成缺刻。3、4 代幼虫在 10 月下旬及 11 月中旬吐丝下垂，入土化蛹越冬。

(三)尺蛾类防治措施

(1)物理防治 结合肥水管理，人工挖除虫蛹。利用黑光灯诱杀成虫。

(2)生物防治 保护和利用天敌。如凹眼姬蜂、细黄胡蜂、赤眼蜂、两点广腹螳螂等。成片国槐林或公园内可释放赤眼蜂。

(3)药剂防治 幼虫期喷施杀虫剂，如生物制剂 Bt 乳剂 600 倍液、10%醚菊酯悬浮剂 2 000 倍液、2.5%功夫乳油 2 000～3 000 倍液。

六、夜蛾类

夜蛾属鳞翅目夜蛾科，种类极多。为害方式有食叶、切根(茎)及钻蛀几种。在园林植物上普遍发生的有斜纹夜蛾、银纹夜蛾、黏虫、甘蓝夜蛾、竹笋禾夜蛾等。

(一)斜纹夜蛾

东北、华北、华中、华西、西南等地均有分布。尤以长江流域和黄河流域各地为害严重。有的地区呈间歇性的大发生。斜纹夜蛾食性杂，寄主植物已知 290 余种。既为害荷花、睡莲等水生花卉植物，也为害菊花、康乃馨、牡丹、月季、木芙蓉、扶桑、绣球等观赏植物。以幼虫取食叶片、花蕾及花瓣，近年来对草坪的为害特别严重。

1. 形态识别(图 7-2-8)

成虫体长 14～20 mm。胸、腹部深褐色，胸部背面有白色毛丛。前翅黄褐色，多斑纹，内、外横线间从前缘伸向后缘有 3 条白色斜线，故名斜纹夜蛾，后翅白色。卵半球形，卵壳上有网状花纹，卵为块状。老熟幼虫体长38～51 mm，头部淡褐色至黑褐色，胸腹部颜色多变。一般为黑褐色至暗绿色，背线及亚背线灰黄色，在亚背线上，每节有一对黑褐色半月形的斑纹。

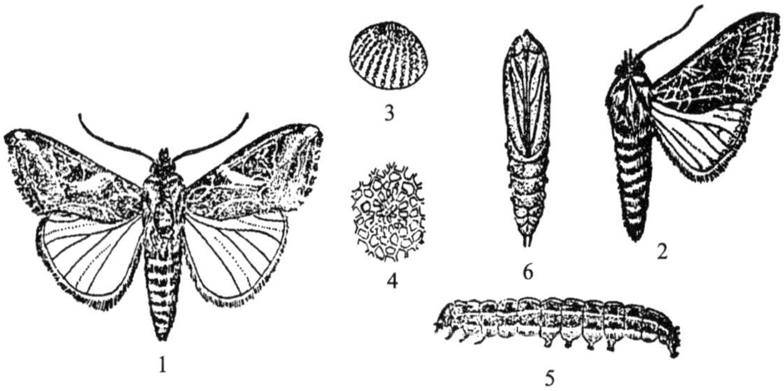

图 7-2-8　斜纹夜蛾

1.雌成虫　2.雄成虫　3.卵　4.卵壳表面花纹　5.幼虫　6.蛹

2.生活习性

发生代数因地而异，在华中、华东一带，一年可发生5～7代，以蛹在土中越冬。翌年3月羽化，成虫对糖、酒、醋等发酵物有很强的趋性。卵产于叶背。初孵幼虫有群集习性，2～3龄时分散危害，4龄后进入暴食期。幼虫有假死性，3龄以后表现更为显著。幼虫白天栖居阴暗处，傍晚出来取食，老熟后即入土化蛹。此虫世代重叠明显，每年7—10月为盛发期。斜纹夜蛾是一种间歇性大发生的害虫，属于喜温性害虫，发育适宜温度为28～30 ℃，不耐低温，长时间在0 ℃以下基本不能存活。

(二)黏虫

黏虫在我国分布极广，国内除新疆、西藏尚无记载外，各地均有发生。黏虫是一种暴食性害虫，大量发生时常把叶片吃光，甚至把整片地吃秃，主要为害稻、麦、谷子、玉米、蟋蟀草、马唐草和狗尾草等禾本科作物和杂草以及甘蔗、芦苇等。近年来对草坪的危害日趋严重。

1.形态识别(图7-2-9)

成虫体长15～17 mm，体灰褐色至暗褐色；前翅灰褐色或黄褐色；环形斑与肾形斑均为黄色，在肾形斑下方有1个小白点，其两侧各有1个小黑点；后翅基部淡褐色并向端部逐渐加深。卵馒头形，长0.5 mm。老熟幼虫体长约38 mm，圆筒形，体色多变，黄褐色至黑褐色，头部淡黄褐色，有“八”字形黑褐色纹，胸腹部背面有5条白、灰、红、褐色的纵纹。蛹红褐色，体长19～23 mm。

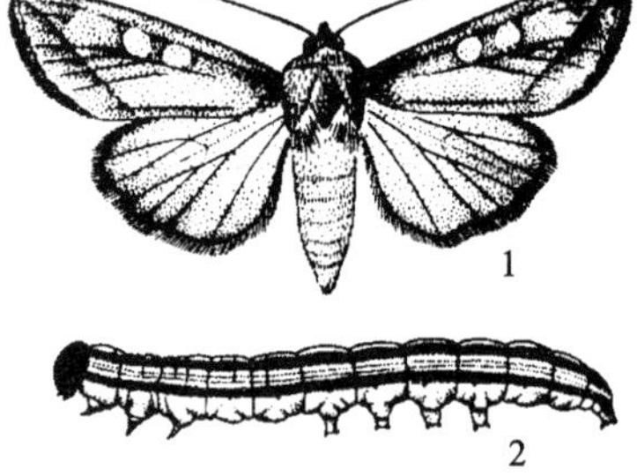

图 7-2-9　黏虫

1.成虫　2.幼虫

2.生活习性

1年发生多代，从东北的2～3代至华南的7～8代，并有随季风进行长距离南北迁飞的习性。成虫昼伏夜出，有较强的趋化性和趋光性。幼虫共6龄，1～2龄幼虫白天潜藏在植物心叶及叶鞘中，高龄幼虫白天潜伏于表土层或植物茎基处，夜间出来取食植物叶片。幼虫有假死性，1～2 龄幼虫受惊后吐丝下垂，悬于半空，随风飘散，3～4 龄幼虫受惊后立即落地，身体蜷曲不动，安静后再爬上作物或就近转入土中。虫口密度大时可群集迁移为害。黏虫喜欢较凉爽、潮湿、郁闭的环境，高温干旱对其不利。黏虫 1～2 龄幼虫只啃食叶肉，呈现半透明的小斑点，3～4 龄时把叶片咬成缺刻，5～6 龄的暴食期可把叶片吃光，虫口密度大时能把整块草地吃光。

（三）夜蛾类防治措施

（1）物理防治　清除园内杂草或于清晨在草丛中捕杀幼虫。人工摘除卵块、初孵幼虫或蛹。黑光灯诱杀成虫。

（2）生物防治　利用其趋化性用糖醋液诱杀，糖醋液配制为糖：酒：水：醋（2：1：2：2）＋少量敌百虫。

（3）药剂防治　幼虫期喷 Bt 乳剂 500～800 倍液、2.5％溴氰菊酯乳油或 10％氯氰菊酯乳油或 2.5％功夫乳油 2 000～3 000 倍液、5％啶虫隆乳油 1 000～2 000 倍液、20％灭幼脲 3 号胶悬剂 1 000 倍液等。

七、灯蛾类

灯蛾属鳞翅目灯蛾科。因成虫趋光性强，夜间扑灯而得名。幼虫体毛甚多。在园林植物上常见的有美国白蛾、红缘灯蛾、人纹污灯蛾等。

（一）美国白蛾

美国白蛾又名美国白灯蛾、秋幕毛虫，是一种世界性的检疫对象。美国白蛾食性极杂，可为害 100 多种植物，如桑、榆、杨、柳、泡桐、五角枫、糖槭、樱花、白蜡、臭椿、核桃、山檀、连翘、丁香、爬山虎、美国地锦、桃、苹果和梨等。

1. 形态识别（图 7-2-10）

成虫体长 9～12 mm，纯白色。多数雄蛾前翅散生几个黑色或褐色斑点，触角双栉齿状。雌蛾无斑点，触角为锯齿状。成虫外形易与星白灯蛾、柳毒蛾混淆。卵圆球形，黄绿色，表面有刻纹。幼虫分为“黑头型”和“红头型”。我国目前发现的多为“黑头型”。老熟幼虫体长 28～35 mm，头黑色具光泽，腹部背面具 1 条灰褐色的宽纵带。背部毛瘤黑色，体侧毛瘤多为橙黄

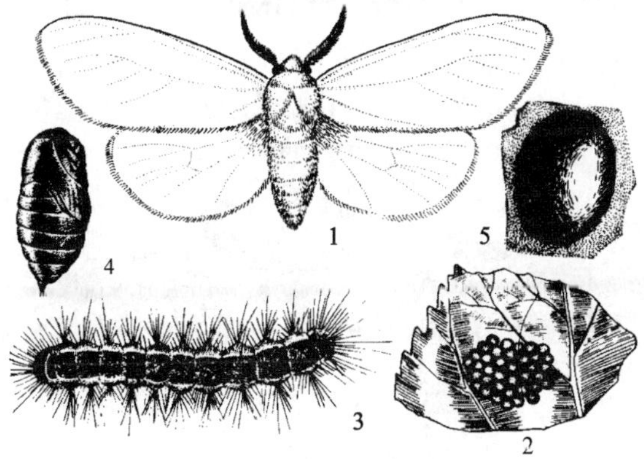

图 7-2-10　美国白蛾

1. 成虫　2. 卵　3. 幼虫　4. 蛹　5. 茧

色，毛瘤上生白色长毛丛。蛹深褐至黑褐色。

2. 生活习性

一年发生2～3代，以茧内蛹在杂草丛、落叶层、砖缝及表土中越冬。成虫有趋光性，卵产在树冠外围叶片上，呈块状，每块有卵数百粒不等，卵表面有白色鳞毛，卵期为11d左右。幼虫共7龄，5龄后进入暴食期。初孵幼虫群集为害，并吐丝结网缀叶1～3片，随着虫龄增长，食量加大，更多的新叶片被包进网幕中，使网幕增大，犹如一层白纱包裹着。大龄幼虫可耐饥饿15 d，有利于幼虫随运输工具传播扩散。3代区幼虫发生在5—11月，以8月为害最严重。

(二)灯蛾类防治措施

(1)植物检疫　对美国白蛾加强检疫。疫区苗木未经过处理严禁外运，疫区内积极防治，并加强对外检疫。

(2)园林技术措施防治　冬季换茬耕翻土壤，消灭越冬蛹。

(3)物理防治　在老熟幼虫转移时，在树干周围束草，诱集化蛹，然后解下诱草烧毁。摘除卵块和群集为害的有虫叶。成虫羽化盛期利用黑光灯诱杀成虫。

(4)生物防治　保护和利用寄生性、捕食性天敌，用苏云金杆菌和核型多角体病毒制剂喷雾防治。

(5)化学防治　喷施50%辛硫磷乳油1 000倍液或20%速灭菊酯乳油3 000倍液。

八、斑蛾类

斑蛾属鳞翅目斑蛾科。在园林植物上常见的有梨星毛虫、大叶黄杨斑蛾、竹斑蛾、朱红毛斑蛾等。

(一)朱红毛斑蛾

又名火红斑蛾、榕树斑蛾。分布于广东、云南等地。为害榕树、高山榕、印度橡胶榕等各种榕属庭园树木，危害相当严重。

1. 形态识别(图7-2-11)

成虫体长13 mm，触角双栉齿状，黑色，端部灰白色。体及翅红色，前翅和后翅的臀区有1个大的深蓝色斑。胸部背面及腹部两侧红色的体毛较长。卵扁椭圆形，呈鱼鳞状排列。老熟幼虫体长17～19 mm，头小，常隐藏在前胸下。体背面赤褐色，两侧浅黄色，气门上线和基线白色，每体节有4个白色毛突，每个毛突着生1根棕色毛。幼虫体上能分泌出一种黏液而使

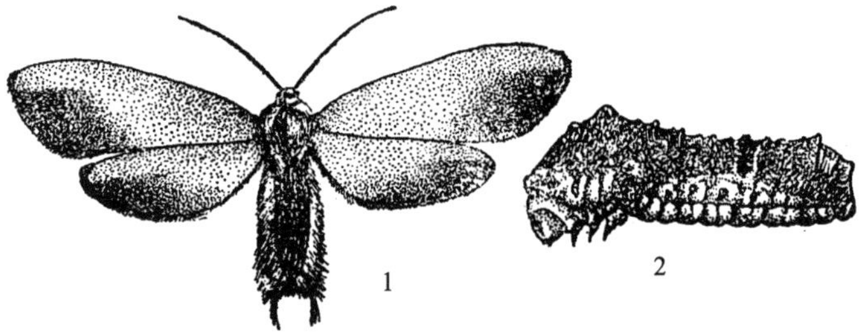

图7-2-11　朱红毛斑蛾

1. 成虫　2. 幼虫

其体表黏稠。蛹纺锤形,长 11～12 mm,腹部背面黑褐色,其余均为淡黄色。

2. 生活习性

该虫在广州 1 年发生 2 代,以老熟幼虫结茧越冬。翌年 3 月中下旬为化蛹盛期。4 月上中旬为羽化盛期,成虫将卵产在树冠顶部的枝条叶片上。第一代幼虫在 4 月下旬至 6 月下旬为害,第二代幼虫在 7 月中旬至 10 月中旬为害,9 月下旬便开始陆续结茧越冬。初孵幼虫啃食叶表皮,随虫龄增大,将叶片吃成孔洞或缺刻,严重时叶片全部吃光。老熟幼虫在树干基部附近杂草石缝或树根间隙结茧化蛹。寄生天敌有绒茧蜂和花胸姬蜂。

(二)梨星毛虫

又名饺子虫、梨叶斑蛾等。分布于东北、华北、华东、西北等地。危害梨、苹果、海棠、樱桃等植物。以幼虫为害叶片、花蕾等,吐丝将叶片向正面对折或将两叶黏合,幼虫匿居其中,啃食叶肉。

1. 形态识别(图 7-2-12)

成虫体长 10～12 mm,体、翅黑色,翅半透明,无光泽。雌蛾触角锯齿状,雄蛾触角羽毛状。初龄幼虫淡紫色,老龄幼虫淡黄色,纺锤形。各节背面有黑斑一对,每一体节有 6 个星状毛丛,故名星毛虫。

2. 生活习性

1 年发生 1 代,个别地区 1 年 2 代,以 2～3 龄幼虫在树干裂缝、粗皮、老翘皮下、土块缝隙中等处结茧越冬。翌年 4 月上旬梨树发芽时,幼虫出蛰,咬食花蕾、嫩叶,展叶后将叶缀合成饺子状,在其内啃食叶肉,幼虫有转叶为害习性。幼虫 6 月上中旬老熟后在叶片内化蛹,6 月下旬羽化成虫,产卵于叶背。幼虫于 7 月下旬开始越冬。

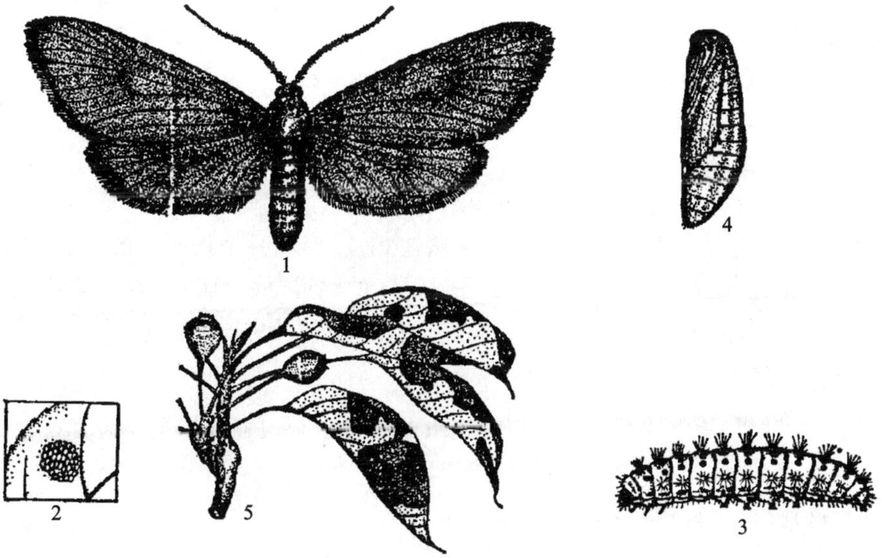

图 7-2-12 梨星毛虫

1. 成虫 2. 卵 3. 幼虫 4. 蛹 5. 为害状

(三)斑蛾类防治措施

(1)园林技术措施防治　结合冬春修剪,剪除虫卵。

(2)物理防治　生长期人工捏杀虫苞、摘除虫叶,集中销毁,捕捉成虫;以幼虫越冬的,可在幼虫越冬前在干基束草把诱杀。

(3)药剂防治　幼虫期喷洒青虫菌500倍液、2.5%溴氰菊酯乳油3 000倍液等。

九、螟蛾类

螟蛾属鳞翅目螟蛾科。为害园林植物的螟蛾除卷叶、缀叶的以外,还有许多钻蛀性害虫。在园林植物上较常见的有黄杨绢野螟、棉卷叶野螟、松梢螟等。

(一)松梢螟

又名微红梢斑螟,全国分布,为害马尾松、黑松、油松、赤松、黄山松、云南松、华山松及加勒比松、火炬松及湿地松等。幼虫钻蛀中央主梢及侧梢,使松梢枯死,中央主梢枯死后,侧梢丛生,树冠成扫帚状,严重影响树木生长,幼树主干被害严重的,整株枯死,影响园林绿化。除为害松梢外,幼虫也可蛀食球果,影响种子产量。

1. 形态识别(图7-2-13)

成虫体长10～16 mm,全体灰褐色,前翅中室端部有一肾形大白斑,白斑与外缘之间有一条明显的白色波状横纹,白斑与翅基之间有2条白色波状横线,翅外缘近缘毛处有一黑色横带,后翅灰白色。卵椭圆形,长0.8～1 mm,黄色。老熟幼虫体长25 mm左右,头部及前胸背板红褐色,体表生有许多褐色毛片,腹部各节有毛片4对。蛹体长11～15 mm,红褐色。

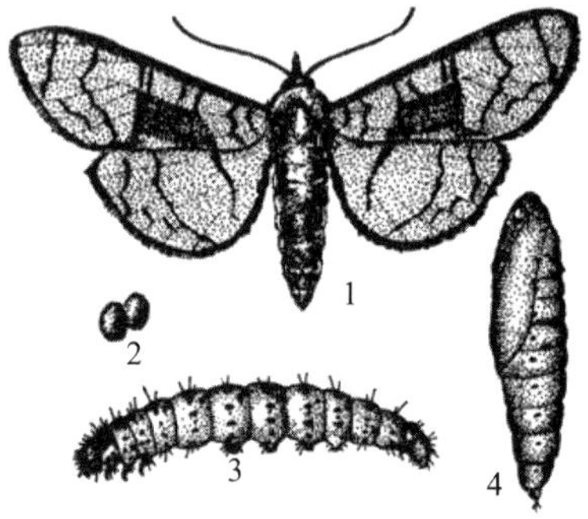

图7-2-13　松梢螟

1.成虫　2.卵　3.幼虫　4.蛹

2. 生活习性

各地发生世代数不同,江苏、浙江、上海等地每年2～3代,生活史不整齐。以幼虫在被害梢的蛀道或枝条基部的伤口内越冬。次年3月底至4月初越冬幼虫开始活动,在被害梢内向下蛀食。5月上旬幼虫陆续老熟,在被害梢内做蛹室化蛹,5月下旬羽化。成虫白天静伏,夜晚活动,有趋光性,产卵在嫩梢针叶上或叶鞘基部,散产。初龄幼虫先啃咬梢皮,形成一个指头大的疤痕,被咬处有松脂凝结;以后逐渐蛀入髓心,形成一条长15～30 cm的蛀道,蛀口圆形,有大量蛀屑及粪便堆集。大多数为害直径8～10 mm的中央主梢,6～10年生的幼树被害最重。

(二)棉卷叶野螟

又名棉大卷叶螟、棉卷叶螟、卷叶虫、打包虫。分布于全国各地。主要为害秋葵、木槿、芙蓉、女贞、木棉、扶桑、蜀葵和海棠等园林植物。

1. 形态识别(图7-2-14)

成虫体长10～15 mm,淡黄色。头部浅黄色,胸部背面有12个黑褐色小点排成4行。前后翅内横线及外横线为波状栗色,前翅前缘近中央处有“OR”形的褐色斑纹,缘毛淡黄色,后翅中室端部有细长棕色环纹,外横线和亚外缘线波状,缘毛淡黄色。老熟幼虫体长25～26 mm,

体绿色，头部棕黑色，胸足黑色，体上有稀疏的长刚毛。蛹纺锤形，红褐色。

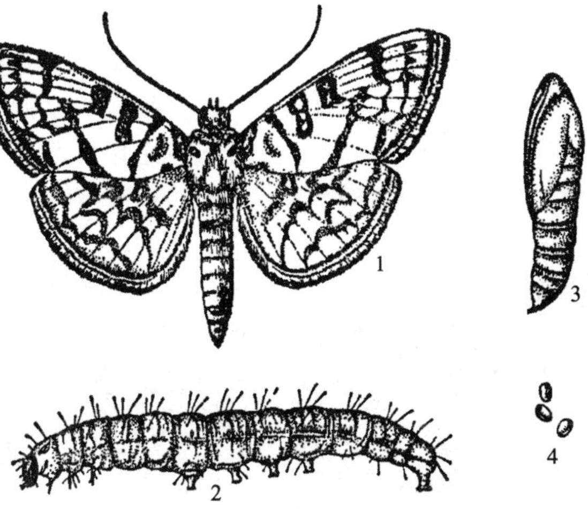

图 7-2-14 棉卷叶野螟

1.成虫 2.幼虫 3.蛹 4.卵

2.生活习性

北京1年3～4代，华南5代，以老熟幼虫在茎秆、落叶、杂草或树皮缝中越冬。翌年5月羽化成虫，成虫有趋光性，卵散产于叶背，以植株上部最多。幼虫6月中旬至7月孵化，初孵幼虫多聚集于叶背啃食叶肉，3龄后分散为害，将叶片卷成筒状，幼虫潜藏其中，并有转叶为害习性，严重时将叶片吃光，7月下旬出现第2代成虫，8月底至9月上旬出现第3代成虫，11月份以幼虫越冬。

(三)螟蛾类防治措施

(1)园林技术措施防治 消灭越冬虫源。如秋季清理枯枝落叶及杂草，并集中烧毁。

(2)物理防治 在幼虫为害期可人工摘虫苞。

(3)生物防治 卵期释放赤眼蜂，幼虫期施用白僵菌等。

(4)化学防治 发生面积大时于初龄幼虫期喷50%辛硫磷乳油1 000倍液、敌敌畏1份+灭幼脲3号1份1 000倍液、10%氯氰菊酯乳油2 000～3 000倍液。

十、天蛾类

天蛾属鳞翅目天蛾科，是一类大型的蛾子。前翅狭长，后翅短三角形，身体粗壮，飞翔迅速，成虫身体花纹怪异，触角尖端有一小钩，易与其他蛾类区别。幼虫粗大，身体上有许多颗粒，体侧大多有一列斜纹，尾部背面有尾角。我国天蛾科昆虫种类约130种，园林植物上常见的有霜天蛾、枣天蛾、豆天蛾、鬼脸天蛾、咖啡透翅天蛾、蓝目天蛾等。

(一)霜天蛾

又名泡桐灰天蛾。分布于华北、西北、华东、华中、华南等地。为害梧桐、丁香、女贞、泡桐、白蜡、苦楝、樟、楸等园林花木，以幼虫食叶。

1. 形态识别(图 7-2-15)

成虫体长 45～50 mm,体翅灰白至暗灰色。胸部背面有由灰黑色鳞片组成的圆圈。前翅上有黑灰色斑纹,顶角有一个半圆形黑色斑纹,中室下方有两条黑色纵纹,后翅灰白色。卵球形,淡黄色。老熟幼虫体长 75～96 mm,有两种体色:一种是绿色,腹部 1～8 节两侧有一条白斜纹,斜纹上缘紫色,尾角绿色;另一种也是绿色,上有褐色斑块,尾角褐色,上生短刺。蛹体长 50～60 mm,红褐色。

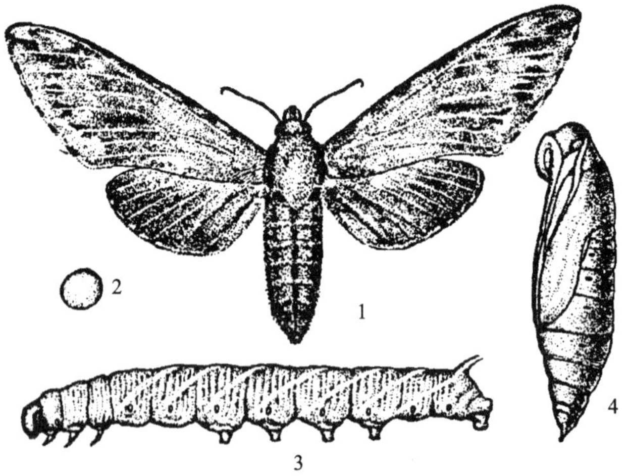

图 7-2-15　霜天蛾

1. 成虫　2. 卵　3. 幼虫　4. 蛹

2. 生活习性

1 年 1～3 代,以蛹在土中越冬,翌年 4 月下旬至 5 月羽化。6—7 月份为害最烈。10 月底幼虫老熟入土化蛹越冬。成虫白天隐藏,夜间活动,有趋光性,卵多散产于叶背。幼虫孵化后先啃食叶表皮,随后蚕食叶片,咬成大的缺刻和孔洞,甚至将全叶吃光,树下有大量的碎叶和深绿色大粒虫粪。

(二)天蛾类防治措施

(1)园林技术措施防治　结合耕翻土壤,人工挖蛹。

(2)物理防治　根据树下虫粪寻找幼虫进行捕杀。利用新型高压灯或黑光灯诱杀成虫。

(3)药剂防治　虫口密度大、危害严重时,喷洒 Bt 乳剂 500 倍液、2.5%溴氰菊酯乳油 2 000～3 000 倍液、10%醚菊酯乳油 1 000 倍液、50%辛硫磷乳油 2 000 倍液。

十一、枯叶蛾类

枯叶蛾属鳞翅目枯叶蛾科,是中大型的蛾子。体躯粗壮,被厚毛,静止时形似枯叶而得名。幼虫大型,多毛,有毒,常通称毛虫。多数为林木害虫。在园林植物上发生普遍的有黄褐天幕毛虫、松毛虫类、杨枯叶蛾等。

(一)马尾松毛虫

马尾松毛虫分布于华东、华中、西南、华南等地,主要为害马尾松,也为害湿地松、火炬松等。

1. 形态识别(图 7-2-16)

雌蛾体长 20～32 mm,雄蛾体长 21～32 mm。颜色变化大,有灰白、灰褐、黄褐、茶褐等色。雌蛾体色比雄蛾浅。前翅较宽,外缘呈弧形拱出,翅面有 3～4 条不很明显而向外拱起的横条纹。后翅三角形,无斑纹。卵椭圆形,长 1.5 mm,多为粉红色。老熟幼虫体长 38～88 mm,体色棕红色或灰黑色,有纺锤形倒伏鳞毛贴体,鳞毛色泽有银白和银黄 2 种。头黄褐色;胸部第 2、3 节间背面有蓝黑色毒毛簇,体侧有灰白色长毛。蛹长 19～33 mm,纺锤形,棕色。

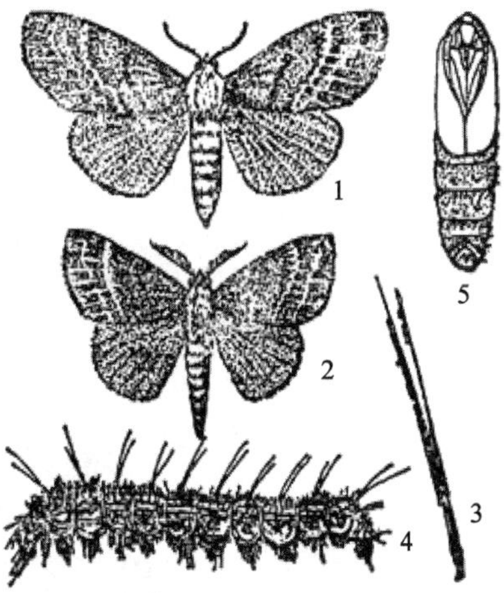

图 7-2-16 马尾松毛虫

1. 雌成虫 2. 雄成虫 3. 松针上的卵 4. 幼虫 5. 蛹

2. 生活习性

1 年发生 2～4 代,发生世代的多少随不同地区而异。一般于 11 月间以 4、5 龄幼虫聚集在树皮缝隙间、树下杂草内、石块或叶丛中越冬。在长江流域一带 5 月中、下旬第 1 代幼虫孵化,7 月下旬孵化出第 2 代幼虫:一部分第 2 代幼虫于 9 月上旬结茧化蛹,产生下一代,而另一部分第 2 代幼虫于 8 月中、下旬滞育,生长发育缓慢,延续至 11 月越冬。卵产于松针或小枝上,聚集成块。初孵幼虫嚼食卵壳,然后在附近的针叶上群集取食。1、2 龄幼虫受到惊扰即吐丝下垂,并可借风传播。3、4 龄幼虫分散为害,遇惊即弹跳掉落。

马尾松毛虫是一种单食性的害虫,在一般情况下只为害马尾松。但近年来,随着湿地松、火炬松等的引进栽培,对这些松树的为害也日趋严重。

(二)黄褐天幕毛虫

又名天幕毛虫、顶针虫。我国东北、华北、西北等地均有分布。为害杨、梅、桃、李、柳、榆、栎、苹果、樱桃等多种阔叶树木。该虫食性杂,以幼虫食叶,严重时能将大面积阔叶林全部吃光。

1. 形态识别(图 7-2-17)

成虫体长 17～24 mm。雄蛾体、翅褐色。前翅中央有 1 条深红褐色宽带。翅的外缘褐色和白色相间。雌蛾前翅中部也具 1 条浅褐色宽带,宽带外侧有 1 条黄褐色镶边。老熟幼虫体长 55 mm,头部蓝灰色,胴部背面橙黄色、黄色,中央有一白色纵线,体侧有鲜艳的蓝灰色、黄色或黑色带。卵椭圆形,灰白色,卵块顶针状。

2. 生活习性

1 年 1 代,以卵在小枝条上越冬。翌春孵化,初孵幼虫吐丝作巢,群居生活。稍大以后,于枝杈间结成大的丝网群居。白天潜伏,晚上外出取食。老龄幼虫分散取食。6 月末 7 月初幼虫老熟并在叶间作茧化蛹。7 月中、下旬羽化成虫。卵产于细枝上,呈“顶针状”。成虫有趋光性。

(三)枯叶蛾类防治措施

(1)园林技术措施防治 消灭越冬虫体,可结合修剪、肥水管理等消灭越冬虫源。

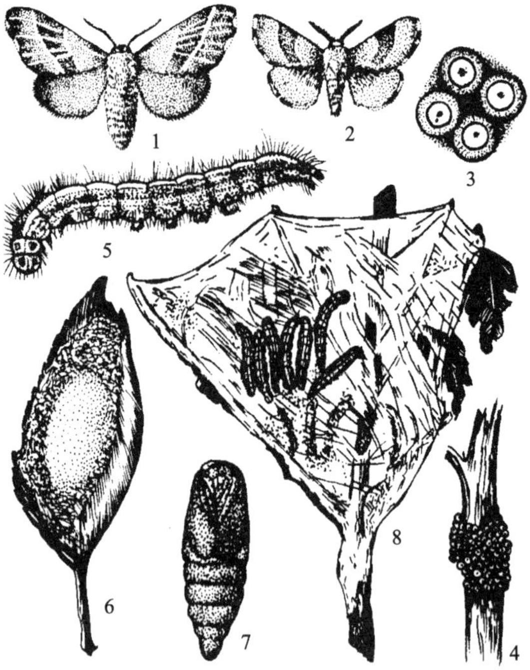

图 7-2-17　黄褐天幕毛虫

1、2. 成虫　3、4. 卵及卵块　5. 幼虫　6、7. 茧及蛹　8. 为害状

(2)物理防治　①人工摘除卵块或孵化后尚群集的初龄幼虫及蛹茧。②灯光诱杀成虫。③于幼虫越冬前，干基绑草绳诱杀。

(3)生物防治　①利用松毛虫卵寄生蜂。②用白僵菌、青虫菌、松毛虫杆菌等微生物制剂使幼虫致病死亡。

(4)化学防治　发生严重时，可喷洒 2.5%溴氰菊酯乳油 3 000～5 000 倍液、25%灭幼脲 3 号胶悬剂 1 000 倍液喷雾防治。

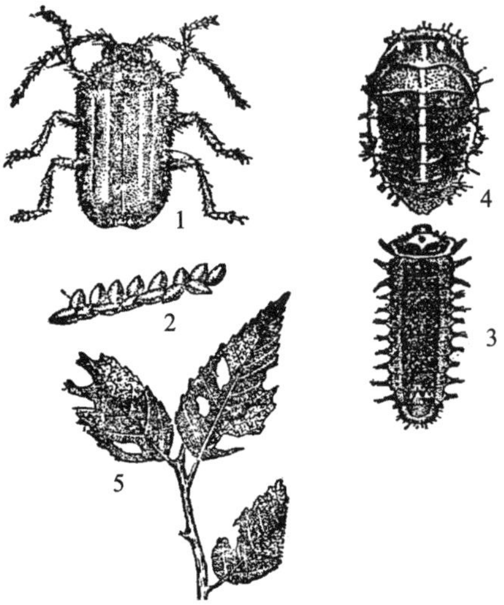

图 7-2-18　榆蓝叶甲

1. 成虫　2. 卵　3. 幼虫　4. 蛹　5. 为害状

十二、甲虫类

甲虫属鞘翅目昆虫，为害园林植物的种类很多，常见的甲虫有叶甲科的榆蓝叶甲、白杨叶甲、柳蓝叶甲、泡桐叶甲、葡萄十星叶甲，瓢甲科的茄二十八星瓢虫以及金龟子成虫、象甲等。

(一)榆蓝叶甲

又名榆蓝金花虫、榆毛胸萤叶甲、榆绿毛萤叶甲。辽宁、河北、山东、河南、陕西、江苏、甘肃、台湾等地均有分布。以成虫、幼虫取食榆叶，常将叶片吃光。

1. 形态识别(图 7-2-18)

成虫体长 7～8.5 mm，近长椭圆形，黄褐色，鞘翅蓝绿色，有金属光泽，头部具一黑斑。前胸背板中央有 1 个黑斑。卵黄色，长椭圆形，长径 1.1 mm。老熟幼虫体长约 11 mm，长形微扁平，深黄色。体背中央有 1 条黑色纵纹。头、胸足及腹部所有毛瘤均漆黑色。前胸背板后缘近中部有一对四方形黑斑。蛹污黄色，椭圆形，长 7.5 mm。

2. 生活习性

北京、辽宁一年发生 2 代，均以成虫越冬。翌年 4—5 月份成虫开始活动，为害叶片，并产卵于叶背，成 2 行。初孵幼虫剥食叶肉，被害部呈网眼状，2 龄以后将叶食成孔洞。老熟幼虫于 6 月中下旬开始爬至树洞、树杈、树皮缝等处群集化蛹。成虫羽化后取食榆叶补充营养。成虫有假死性。越冬成虫死亡率很高，所以第一代为害不太严重。

(二)茄二十八星瓢虫

属鞘翅目瓢虫科。分布于黑龙江、内蒙古、台湾、海南、广东、广西、云南、陕西、甘肃、四川、云南、西藏等地。为害茄子、金银花、枸杞、五爪金龙、冬珊瑚、三色堇等。以成虫和幼虫取食叶肉，严重时全叶食尽。

1. 形态识别(图 7-2-19)

成虫半球形，黄褐色，头部黑色，体表密生黄色细毛。前胸背板上有 6 个黑点，2 个鞘翅上共有 28 个黑斑。卵长 0.7 mm，长纺锤形，淡黄至褐色。幼虫体长 8 mm，淡黄色，中部膨大，两端较细，体背各节有 6 个枝刺。

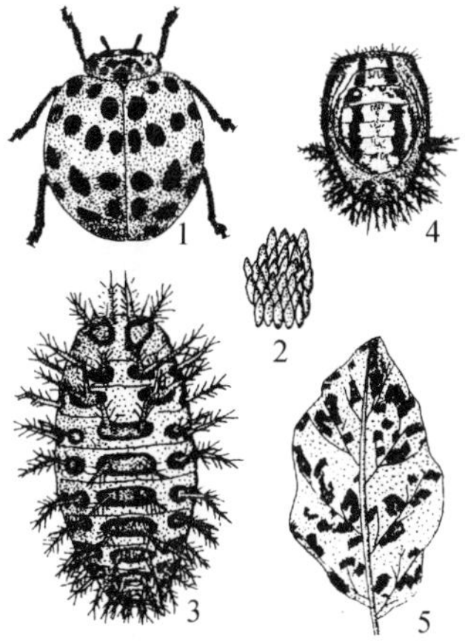

图 7-2-19 茄二十八星瓢虫

1. 成虫 2. 卵 3. 幼虫 4. 蛹 5. 为害状

2. 生活习性

1 年发生多代。以成虫在土块下、树皮缝中、杂草丛中越冬。每年以 5 月发生数量最多，为害最重。成虫白天活动，有假死性和自残性。初孵幼虫群集为害。取食下表皮和叶肉，只剩上表皮。2 龄后分散为害，造成许多缺刻或仅留叶脉。幼虫 4 龄后老熟，并在叶背或茎上化蛹。田间世代重叠。

(三)甲虫类防治措施

(1)园林技术措施防治　消灭越冬虫源。清除墙缝、石砖、落叶、杂草下等处越冬的成虫，减少越冬基数。

(2)物理防治　利用假死性人工震落捕杀成虫或人工摘除卵块。

(3)生物防治　保护、利用天敌寄生蜂、瓢虫、小鸟等来减少虫害。

(4)化学防治　各代成虫、幼虫发生期喷洒 80%敌敌畏乳油 1 000 倍液、90%敌百虫晶体 1 000 倍液、40.7%乐斯本乳油 800 倍液或 2.5%溴氰菊酯乳油 2 000～3 000 倍液。

十三、叶蜂类

叶蜂属膜翅目叶蜂总科。叶蜂幼虫与鳞翅目幼虫相似，但叶蜂幼虫有 6～8 对腹足，腹足上无趾钩，且仅有一对单眼，可与鳞翅目幼虫相区别。在园林植物上较重要的有三节叶蜂科的蔷薇三节叶蜂、叶蜂科的樟叶蜂等。

(一)蔷薇三节叶蜂

又名月季叶蜂、田舍三节叶蜂。分布于华北、华东、华南等地。为害蔷薇、月季、十姐妹、黄刺玫、玫瑰等花卉,以幼虫食叶,严重时可把叶片食光。

1. 形态识别(图 7-2-20)

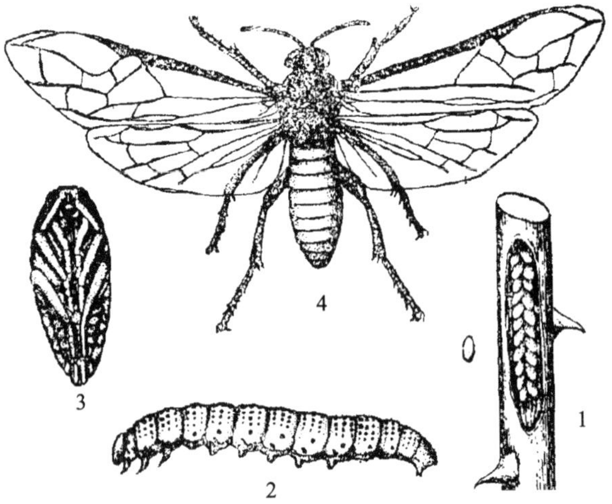

图 7-2-20　蔷薇三节叶蜂

1. 卵及卵排列形状　2. 幼虫　3. 蛹　4. 成虫

成虫体长 7.5 mm,雌虫头胸部黑色带有光泽,腹部橙黄色,翅黑色半透明。雌虫比雄虫体略小。卵椭圆形,长约 1 mm,初产淡黄色,孵化前为绿色。幼虫体长 18～19 mm,1～4 龄幼虫微带淡绿色,头部及胸足黑色,5 龄幼虫头红褐色,老熟幼虫头橘红色,胸腹部黄色或橙黄色,胸、腹部各节有 3 条黑点线,上生短毛。胸足 3 对、腹足 6 对。

2. 生活习性

1 年 1～9 代,以老熟幼虫在土中作茧越冬。翌年 3 月上、中旬化蛹、羽化、交尾和产卵,成虫用产卵管将月季、蔷薇等寄主植物的新梢纵向切开一开口,产卵于其中,使茎部纵裂,并变黑倒折。幼虫孵化后,爬出来危害叶片,初龄幼虫有群集习性,先啃食叶肉,后吞食叶片。天敌有蜘蛛、捕食性椿象等。

(二)叶蜂类防治措施

(1)园林技术措施防治　冬春季结合土壤翻耕消灭越冬茧。

(2)物理防治　寻找产卵枝梢、叶片,人工摘除卵梢、卵叶或孵化后尚群集的幼虫。

(3)药剂防治　幼虫为害期喷洒 Bt 乳剂 500 倍液、2.5%溴氰菊酯乳油 3 000 倍液、20%杀灭菊酯 2 000 倍液、25%灭幼脲 3 号胶悬剂 1 500 倍液。

【任务实施】

园林植物主要食叶害虫的形态及为害状识别

一、实施场所

实训室、园林植物实训基地。

二、实施目的及形式

识别当地园林主要食叶害虫形态及为害状，为指导实际生产打基础。

以班级为单位组织教学。以小组为单位组织讨论和实施。

三、材料与工具

袋蛾、刺蛾、毒蛾、舟蛾、尺蛾、夜蛾、斑蛾、灯蛾、螟蛾、天蛾、枯叶蛾、叶甲、叶蜂、蝗虫、蝶、软体动物等害虫标木（成虫、卵、幼虫与蛹），为害状标本。也可临时采集新鲜食叶害虫。

捕虫网、毒瓶、记载本、铅笔、放大镜、挑针、立体显微镜等，其他标本采集用具、多媒体设备、当地害虫历年发生情况资料、当地气象资料、相关图书、教材、PPT、视频资料等。

四、实施过程

（1）食叶类害虫形态及为害状观察　通过教师讲授、PPT、彩色图谱、大量标本、视频资料，对食叶类害虫形态（虫体的大小、颜色等特征）、为害状（叶片被食的部位、形状、大小等特征）进行识别。

（2）现场识别、调查　在园林植物校内外实训基地对食叶类害虫进行现场识别，根据发生及为害情况，调查害虫的虫口密度，确认当地食叶类害虫的优势种类。

（3）标本采集　将各类食叶类害虫及为害状带回实验室。

（4）室内鉴定　通过综合分析，利用各种材料与工具进一步鉴定，并熟悉害虫的发生规律。

（5）制订防治方案并实施　根据优势种类在当地的发生规律，制订综合防治方案，提出应急防治措施，并组织实施。

五、注意事项

（1）材料的准备　实训前将园林植物彩色图谱、手机、放大镜、修枝剪、镊子、喷雾器、笔记本等准备好。

（2）标本采集完整　由于虫体较小，采集时一定要将害虫与被害状采集齐全，带到实验室，用放大镜或立体显微镜观察并参照彩色图谱进行鉴定。

（3）准确选取取样方法和样树　不同调查方法差异很大，应严格按照要求，仔细、认真调查。

（4）食叶类害虫综合防治方案的制订　小组讨论制订综合防治方案，注重各种防治措施的综合运用，既要符合实际，又可操控，还要关注防治效果。

六、作业

列表描述所观察害虫各虫态的形态及其为害状。通过对大量标本进行识别及现场调查；根据害虫的发生特点，制订综合防治方案并付诸实施。采集制作当地园林植物食叶类害虫标本4～5种。

【任务评价】

任务评价考察标准分为基本能力、职业能力、岗位专业能力三部分。

基本能力、职业能力方面的要求参考项目一。

岗位专业能力：针对本项工作任务的具体要求与实施来考察。以个人考核为主。

能够准确描述食叶类害虫形态识别的关键点及为害状特点，并准确识别出（或推测出）害虫的种类及发生情况，根据制订的综合防治方案的现实可行性来评价。

【思考练习】

一、选择题

1. 大袋蛾幼虫喜光，常聚集到（　　）为害。
   A. 树干上　　B. 树杈处　　C. 树枝梢头
2. 护囊光滑、灰白色、织结紧密的是（　　）。
   A. 小袋蛾　　B. 茶小袋蛾　　C. 白囊袋蛾　　D. 大袋蛾
3. 幼虫体背有哑铃形紫褐色斑的害虫是（　　）。
   A. 黄刺蛾　　B. 扁刺蛾　　C. 褐边绿刺蛾　　D. 丽绿刺蛾
4. 有吐丝下垂习性的食叶害虫为（　　）。
   A. 国槐尺蛾　　B. 月季叶蜂　　C. 白杨叶甲
5. 以幼虫越冬的是（　　）。
   A. 叶蝉　　B. 蝗虫　　C. 毒蛾
6. 有随季风进行长距离南北迁飞的习性的食叶害虫为（　　）。
   A. 斜纹夜蛾　　B. 小地老虎　　C. 黏虫
7. 以下不属于食叶害虫的是（　　）。
   A. 黄杨绢野螟　　B. 介壳虫　　C. 黄褐天幕毛虫　　D. 霜天蛾
8. 下列害虫中，食叶害虫是（　　）。
   A. 吉丁虫　　B. 白杨透翅蛾　　C. 榆蓝叶甲　　D. 小绿叶蝉
9. 柑橘凤蝶的越冬虫态为（　　）。
   A. 成虫　　B. 幼龄幼虫　　C. 蛹
10. 形成越冬虫茧的食叶害虫有（　　）。
   A. 刺蛾类　　B. 袋蛾类　　C. 尺蛾类

二、简答题

1. 为害园林植物的刺蛾主要有哪些种类？怎样防治？
2. 为害园林植物的毒蛾主要有哪些种类？怎样防治？
3. 为害园林植物的斑蛾主要有哪些种类？怎样防治？
4. 为害园林植物的尺蛾主要有哪些种类？怎样防治？
5. 为害园林植物的夜蛾主要有哪些种类？怎样防治？
6. 如何开展园林植物叶部害虫的综合治理工作？请结合实际进行阐述。

【拓展资源】

蝶类食叶害虫介绍

蝗虫类食叶害虫介绍

案例分析

美国白蛾疫情调查及防治

2006 年，河北省兴隆县、宽城县发生美国白蛾疫情，当地泡桐和臭椿树受害严重，且有部分美国白蛾扩展至相邻蔬菜田。同年 9 月，承德市植保检验站、河北旅游职业学院生物工程系及兴隆县有关专家共赴兴隆县八卦岭乡对美国白蛾疫情进行实地调查及防治指导，同时采集美国白蛾幼虫进行室内不同蔬菜饲育。发现美国白蛾幼虫不仅为害果树、行道树、观赏树木，还可在白菜和黄瓜叶片上正常化蛹，因此，常见蔬菜潜在受害风险最大。此外，2013 年 9 月 29 日，《燕赵都市报》大篇幅报道了美国白蛾在河北省沧州地区大爆发，防治上采用了陆空联防。

问题：如何有效开展防治工作？

工作任务三　园林植物蛀干害虫综合防治

【技能目标】

①通过实地查看、标本示范和教材引导，让学生学会根据害虫的为害状或害虫特征识别害虫。

②根据田间调查、对害虫的为害特点进行分析、判断，借助资料，制订综合防治方案。

【任务提出】

田间查看时，辨别哪些害虫属于蛀干类害虫，思考为什么说蛀干类害虫是一类较难防治的害虫。

【任务分析】

本任务主要介绍不同蛀干类害虫的为害特点、形态特征、生活史及习性，学生学会利用以上知识制订综合防治措施。

【相关知识】

园林植物蛀干害虫主要包括鞘翅目的天牛、小蠹虫、吉丁虫、象甲，鳞翅目的木蠹蛾、透翅蛾、螟蛾，膜翅目的树蜂、茎蜂等。蛀干害虫的特点是：①生活隐蔽。除成虫期营裸露生活外，其他各虫态均在韧皮部、木质部营隐蔽生活。害虫为害初期不易被发现，一旦出现明显被害征兆，则已失去防治有利时机。②虫口稳定。枝干害虫大多生活在植物组织内部，受环境条件影响小,天敌少,虫口密度相对稳定。③危害严重。枝干害虫蛀食韧皮部、木质部等,影响输导系统传递养分、水分,导致树势衰弱或死亡,一旦受侵害后,植株很难恢复生机。

蛀干害虫的发生与园林植物的养护管理有着密切的关系。适地适树加强养护管理,合理修剪,适时灌水与施肥,促使植物健康生长,是预防蛀干害虫大发生的根本途径。

一、天牛类

属鞘翅目天牛科,身体多为长形,大小变化很大,触角丝状,常超过体长,复眼肾形,包围于触角基部。幼虫圆筒形,粗肥稍扁,体软多肉,白色或淡黄色,头小,胸部大,胸足极小或无。以幼虫钻蛀植物枝干,轻则树势衰弱影响观赏价值,重则损枝折干,甚至枯死。主要种类有星天牛、光肩星天牛、桑天牛、双条杉天牛、桃红颈天牛、双斑锦天牛、双条合欢天牛、松褐天牛、菊小筒天牛等。

(一)星天牛

又名白星天牛、柑橘星天牛。分布很广,几乎遍及全国。食性杂,为害杨、柳、榆、刺槐、悬铃木、母生、乌桕、相思树、柑橘、樱花、海棠等。以成虫啃食枝干嫩皮,以幼虫钻蛀枝干,破坏输导组织,影响正常生长及观赏价值,严重时被害树易风折枯死。

1. 形态识别(图 7-3-1)

成虫体长 20～41 mm,体黑色有光泽。前胸背板两侧有尖锐粗大的刺突。每鞘翅上有大小不规则的白斑约 20 个,鞘翅基部有黑色颗粒。卵长 5～6 mm,长椭圆形,黄白色。老熟幼虫体长 38～60 mm,乳白色至淡黄色,头部褐色,前胸背板黄褐色,有“凸”字斑,“凸”字斑上有 2 个飞鸟形纹,足略退化。蛹纺锤形,长 30～38 mm,黄褐色,裸蛹。

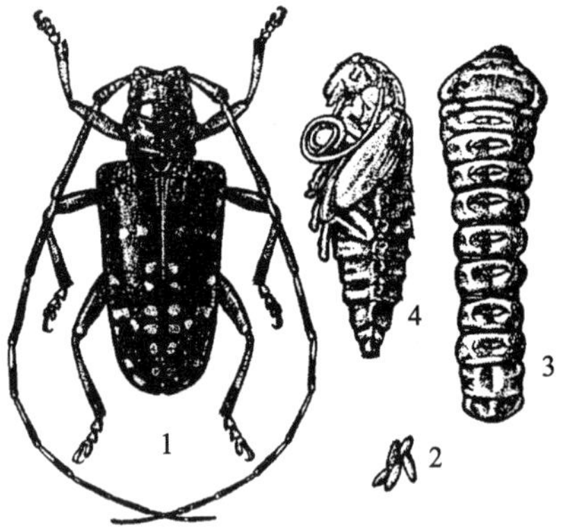

图 7-3-1　星天牛

1. 成虫　2. 卵　3. 幼虫　4. 蛹

2. 生活习性

南方 1 年 1 代,北方 2～3 年 1 代,以幼虫在被害枝干内越冬,翌年 3 月以后开始活动。成虫 5—7 月羽化飞出,6 月中旬为盛期,成虫咬食枝条嫩皮补充营养。产卵时先咬一“T”形或“八”字形刻槽。卵多产于树干基部和主侧枝下部,以树干基部向上 10 cm 以内为多。每一刻槽产一粒,产卵后分泌一种胶状物质封口,每雌虫可产卵 23～32 粒。卵期 9～15 d,初孵幼虫先取食表皮,1～2 个月以后蛀入木质部,11 月初开始越冬。

光肩星天牛与星天牛相似。

(二)桑天牛

又名粒肩天牛,我国南北各地均有发生,在江浙地区普遍为害。以幼虫蛀食枝干,轻则影响树体发育,重则全株枯死。主要为害桑、杨、柳、榆、枫杨、油桐、山核桃、柑橘、枇杷、苹果、梨、枣、海棠、樱花、无花果等园林树木和果树。成虫啃食嫩枝皮层,造成枝枯叶黄,幼虫蛀食枝干木质部,降低工艺价值,严重受害时常整枝、整株枯死。

1. 形态识别（图 7-3-2）

成虫体长 26～51 mm，体宽 16～18 mm。体和鞘翅都为黑色，密被黄褐色绒毛，一般背面呈青棕色，腹面棕黄色，深浅不一。前胸背板有横行皱纹，两侧中央各有一刺状突起。鞘翅基部密布黑色光亮的瘤状颗粒。卵扁平，长 5～7 mm，长椭圆形。幼虫体长 60 mm 左右，圆筒形，乳白色。第 1 胸节发达，背板后半部密生棕色颗粒小点，背板中央有 3 对尖叶状凹皱纹。蛹体长 50 mm，纺锤形，淡黄色。

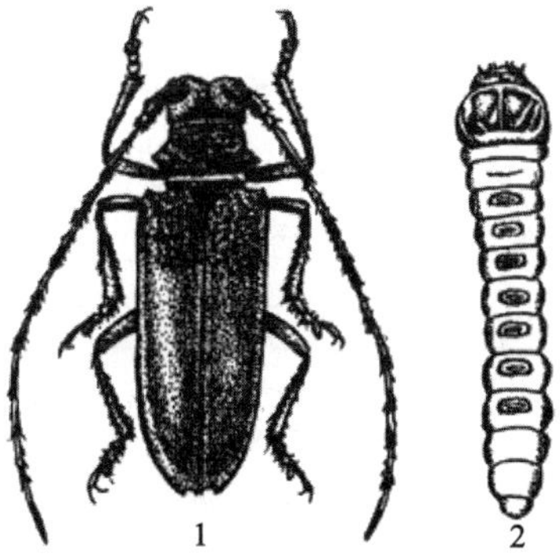

图 7-3-2　桑天牛

1. 成虫　2. 幼虫

2. 生活习性

南方每年 1 代，在北方 2 或 3 年完成 1 代，以幼虫在树干孔道中越冬。2～3 年 1 代时，幼虫期长达 2 年，至第 2 年 6 月初化蛹，6 月下旬羽化，7 月上中旬开始产卵，下旬孵化。在广东、台湾 1 年 1 代的地区，越冬幼虫 5 月上旬化蛹，5 月下旬羽化，6 月上旬产卵，6 月中旬孵化。

成虫于 6、7 月间羽化后，一般晚间活动有假死性，喜吃新枝树皮、嫩叶及嫩芽。被害伤痕边缘残留绒毛状纤维物，伤痕呈不规则条块状。卵多产在直径 10～30 mm 的一年生枝条上。先咬破树皮和木质部，呈“U”形伤口，然后产入卵粒。一头雌虫约产卵一百多粒。卵经两周左右孵化，初孵幼虫即蛀入木质部，逐渐侵入内部，向下蛀食成直的孔道，每隔一定距离向外有一排粪孔。幼虫化蛹时，头向上方，以木屑填塞蛀道上、下两端。蛹经 20 d 左右羽化，蛀圆形孔外出。

（三）双条杉天牛

我国发生普遍。以幼虫为害侧柏、桧柏和龙柏等柏树以及罗汉松、杉木等。该虫多为害衰弱树和管理养护粗放的柏树，是柏树上的一种毁灭性蛀干害虫。被害初期树表没有任何症状，枝上出现黄叶时，已错过防治时间，再看树皮早已环剥，皮下堆满虫粪。

1. 形态识别（图 7-3-3）

成虫体长为 10 mm 左右，扁圆筒形。前胸背板有 5 个突起点，鞘翅黑褐色，有两条棕黄色横带。卵椭圆形，长 2 mm，白色，体似稻米粒。幼虫老熟时体长为 15 mm 左右，扁粗，长方筒形，足退化，体乳白色，头部黄褐色，前胸背板上有 1 小字形凹陷及 4 块黄褐色斑纹。蛹浅黄色，裸蛹。

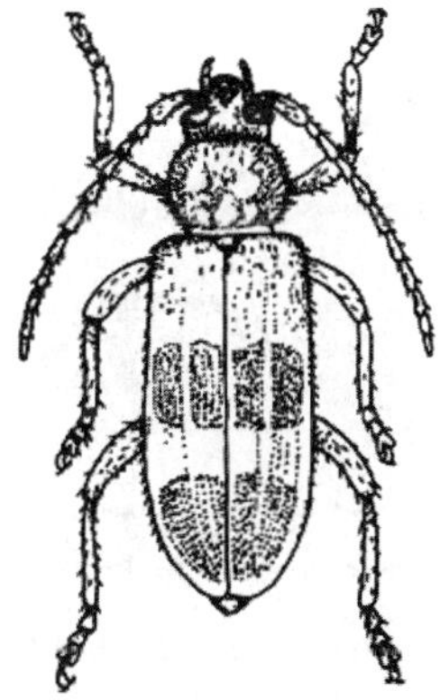
图 7-3-3　双条杉天牛成虫

2. 生活习性

该虫一年发生 1 代，以成虫在树干蛹室内越冬。翌年 3 月上旬成虫咬椭圆形孔口外出，不需补充营养，飞翔力较强。成虫将卵产于树皮裂缝或伤疤处，每处有卵 1～10 粒不等，卵期为 11 d 左右。3 月下旬初孵幼虫蛀入树皮后，先取食韧皮部，随后为害木质部表面，并蛀成弯曲不规则的坑道，坑道内堆满黄白色粪屑，且虫道相通，树干表皮易剥落。树皮被环形蛀食后，上部枝干死亡，树叶枯黄。以 5 月中下旬幼虫为害最严重，6 月上旬开始蛀食木质部。8 月下旬开始在边材处做蛹室,并陆续在其内化蛹,9—10 月成虫羽化,羽化后的成虫在原蛹室内越冬。

(四)天牛类防治措施

(1)加强检疫　天牛类害虫大部分时间生活在树干里,易被人携带传播,所以在苗木、繁殖材料等调运时,要加强检疫、检查。双条杉天牛、黄斑星天牛、锈色粒肩天牛、松褐天牛为检疫对象,应严格检疫。对其他天牛,也要检查有无产卵槽、排粪孔、羽化孔、虫道和活虫,一经发现,立即处理。

(2)园林技术措施防治　适地适树,采取以预防为主的综合治理措施。在天牛发生严重的绿化地,应针对天牛取食树种种类,选择抗性树种,避免其严重为害;加强管理,增强树势;除古树名木外,伐除受害严重的虫源树,合理修剪,及时清除园内枯立木、风折木等。

(3)物理防治　①人工防治。利用成虫飞翔力不强和具有假死性的特点,人工捕杀成虫。寻找产卵刻槽,可用锤击、手剥等方法消灭其中的卵。用铁丝钩杀幼虫,特别是当年新孵化后不久的小幼虫,此法更易操作。②饵木诱杀。对公园及其他风景区古树名木上的天牛,可采用饵木诱杀,并及时修补树洞、干基涂白等,以减少虫口密度,保证其观赏价值。

(4)生物防治　保护利用天敌,如人工招引啄木鸟,利用天牛肿腿蜂、啮小蜂等。

(5)药剂防治　在幼虫为害期,先用镊子或嫁接刀将有新鲜虫粪排出的排粪孔清理干净,然后塞入磷化铝片剂,并用泥堵死其他排粪孔,或用注射器注射 80%敌敌畏乳油 5～10 倍液、或采用新型高压注射器向树干内注射果树宝、吡虫啉等内吸性药剂。

二、木蠹蛾类

木蠹蛾属鳞翅目木蠹蛾总科。以幼虫蛀害树干和枝梢,是园林植物的重要害虫。常见的种类有芳香木蠹蛾东方亚种、小线角木蠹蛾、黄胸木蠹蛾、咖啡木蠹蛾、榆木蠹蛾等。

(一)芳香木蠹蛾东方亚种

分布于东北、华北、西北、华东、华中、西南。寄主有柳、杨、榆、桦、白蜡、槐树、丁香、核桃、山荆子等。幼虫蛀入枝干和根际的木质部,蛀成不规则坑道,使树势衰弱,严重时甚至整株树枯死。

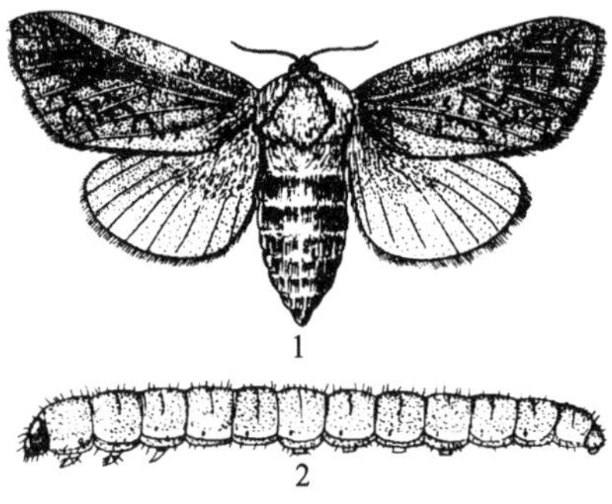

图 7-3-4　香木蠹蛾东方亚种

1. 成虫　2. 幼虫

1. 形态识别(图 7-3-4)

成虫灰褐色,体长 24～37 mm。雌虫头部前方淡黄色,雄虫色稍暗。触角栉齿状,紫色。胸腹部粗壮,灰褐色。前翅散布许多黑褐色横纹。卵灰褐色,椭圆形,长 1.1～1.3 mm。老熟幼虫体长 56～70 mm,背部为淡紫红色,侧面稍淡,前胸背板有较大的“凸”字形黑斑。蛹体长 38～45 mm,褐色,稍向腹面弯曲。

2. 生活习性

辽宁、北京 2 年发生 1 代,以幼虫在树干内越冬,第 2 年老熟后离开树干入土越冬。第 3 年 5 月间化蛹,6 月出现成虫。成虫寿命 4～10 d,有趋光性。卵产于离地 1～1.5m 的主干裂缝,多成堆、成块或成行排列。幼虫孵化后,常群集 10 余头至数十头在树干粗枝上或根际爬行,寻找被害孔、伤口和树皮裂缝等处相继蛀入,先取食韧皮部和边材。树龄越大被害越重。

(二)小线角木蠹蛾

又叫小褐木蠹蛾、小木蠹蛾。为害白蜡、国槐、龙爪槐、银杏、榆、樱桃、樱花、元宝枫、丁香、海棠、悬铃木、冬青等。幼虫蛀食花木枝干的木质部,常常几十至几百头群集在蛀道内为害,造成千疮百孔,与天牛为害状有明显不同。木蠹蛾蛀道相通,蛀孔外面有用丝连接的球形虫粪。轻者造成风折枝,重者树皮环剥,全株死亡。

1. 形态识别

成虫体长为 24 mm 左右,翅展为 48 mm 左右,雄蛾较小。体灰褐色,触角线状,翅面上密布黑色短线纹,前翅中室至前缘为深褐色。卵椭圆形,黑褐色,卵表有网状纹。幼虫老熟时体长为 40 mm 左右,体背鲜红色,腹部节间乳黄色,前胸背板黄褐色,其上有斜"B"形黑褐色斑。蛹为被蛹,初期黄褐色渐变深褐色,略弯曲。

2. 生活习性

该虫 2 年发生 1 代,以幼虫在枝干蛀道内越冬。翌年 3 月越冬幼虫活动为害。幼虫化蛹时间极不整齐,5 月下旬至 8 月上旬为化蛹期。6—9 月为成虫发生期,成虫有趋光性,昼伏夜出。产卵时将卵产在树皮裂缝或各种伤疤处,卵呈块状,粒数不等。幼虫孵化后先蛀食韧皮部,以后蛀入木质部,一直为害到 11 月,以幼龄幼虫在蛀道内越冬。第二年 3 月活动为害至 11 月,以大龄幼虫在枝干蛀道内越冬。第三年从 3 月为害至 5 月,新一代化蛹开始。该虫发生不整齐,常常同一时期各种虫龄的幼虫都有,因此给防治工作带来一定的难度。

(三)木蠹蛾类防治措施

(1)园林技术措施防治　加强管理,增强树势,防止机械损伤,疏除受害严重的枝干,及时剪除被害枝梢,以减少虫源。秋季人工捕捉地下越冬幼虫,刮除树皮缝处的卵块。

(2)物理防治　掌握成虫羽化期,诱杀成虫。用新型高压黑光灯或性信息素诱捕器诱杀成虫。连续诱杀成虫效果明显。

(3)生物防治　保护和利用天敌,木蠹蛾天敌有 10 余种,对此虫的为害与蔓延有一定的自然控制力。如姬蜂、寄生蝇、蜥蜴、燕、啄木鸟、白僵菌和病原线虫等。

(4)化学防治　对已蛀入枝、干深处的幼虫,可用棉球蘸 50%敌敌畏乳油 10 倍液注入虫孔内,并于蛀孔外涂以湿泥,可收到良好的杀虫效果。

三、吉丁虫类

吉丁虫属鞘翅目吉丁甲科,种类很多。成虫生活于木本植物上,产卵于树皮缝内。幼虫大多数在树皮下、枝干或根内钻蛀,蛀道大多宽而扁,有的生活在草本植物的茎中,少数潜叶或形成虫瘿。为害园林树木的吉丁虫,主要有合欢吉丁虫、六星吉丁虫、大叶黄杨吉丁虫、柳吉丁虫等。以合欢吉丁虫为例。

(一)合欢吉丁虫

该虫主要为害合欢树,是华北地区合欢树的主要蛀干害虫之一。以幼虫蛀食树皮和木质部边材部分,在树皮下蛀成不规则的虫道,破坏树木输导组织,排泄物不排出树外,被害处常有流胶,严重时造成树木枯死。

1. 形态识别

成虫体长 4 mm 左右，头顶平直，体铜绿色，有金属光泽。幼虫老熟时体长 5 mm 左右，体乳白色，头部小，黑褐色。胸部发达，尤其前胸背板宽大，中央有“八”字形褐色纹，腹部较细，体似铁钉状。

2. 生活习性

一年发生 1 代，以幼虫在树干蛀道内越冬。翌年 5 月下旬幼虫老熟，在蛀道内化蛹。6 月上旬(合欢树花蕾期)成虫开始羽化外出。成虫常在树干上爬行，并到树冠上咬食叶片，以补充营养。交尾 1～2 d 将卵产在树干上，每处产卵 1 粒，卵期约 10 d 左右。幼虫孵化后潜入树皮下，在韧皮部和木质部边材窜食为害，其树表被害处症状不明显，揭开树皮后，可见大量木屑和虫粪。由于该虫的危害，使树木的输导组织被破坏，造成干枝死亡，树叶枯黄脱落，9 月间被害处大量流出黑褐色胶体。11 月随着气温下降幼虫在蛀道内越冬。

(二)吉丁虫类防治措施

(1)加强检疫　在绿化美化时，对于调运苗木要加强检疫，发现虫株及时处理。

(2)物理防治　树干涂白。5 月在树干上涂白，防止害虫产卵。

(3)药剂防治　成虫期喷施 10%吡虫啉可湿性粉剂 1 000 倍液毒杀成虫，幼虫初孵期用 25%阿克泰水分散粒剂 3 000 倍液涂刷枝干，毒杀幼虫和卵。

四、小蠹虫类

小蠹虫属鞘翅目小蠹科，为小型甲虫。体近圆形，颜色较暗，触角锤状，鞘翅上纵列刻点。幼虫白色，略弯曲，无足，具棕黄色头部。多数种类寄生于树皮下，有的侵入木质部，种类不同，钻蛀坑道的形状也不同，是园林植物的重要害虫。主要种类有柏肤小蠹、日本双齿长蠹、松六齿小蠹、松纵坑切梢小蠹、松横坑切梢小蠹等。为害松树类的小蠹还有落叶松八齿小蠹、松十二齿小蠹等。

(一)柏肤小蠹

又名侧柏小蠹。分布于山东、江西、河北、甘肃、四川、河南、陕西、台湾等地。主要为害侧柏、桧柏、柳杉等。以成虫蛀食枝梢补充营养，常将枝梢蛀空，遇风即折断，发生严重时，常见树下有成堆的被咬折断的枝梢。幼虫蛀食边材，繁殖期主要为害枝、干韧皮部，造成枯枝或树木死亡。

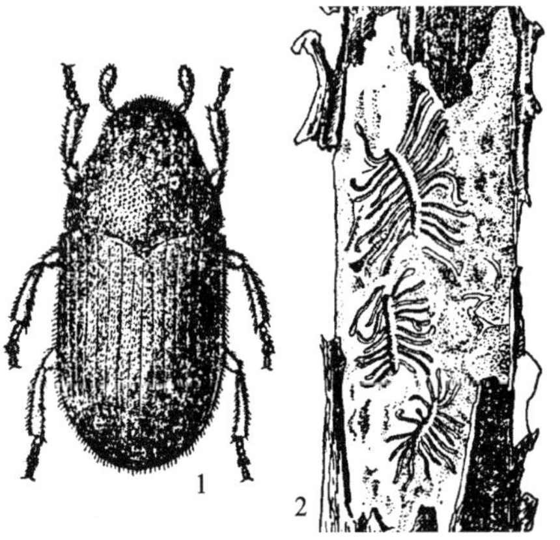

图 7-3-5　柏肤小蠹

1. 成虫　2. 坑道

1. 形态识别(图 7-3-5)

成虫体长 2.1～3.0 mm，赤褐或黑褐色，无光泽。头部小，藏于前胸下。前胸背板阔大于长，体密布刻点及灰色细毛。鞘翅上各有 9 条纵纹，鞘翅斜面具凹面，雄虫鞘翅斜面有栉齿状突起。卵白色，圆球形。幼虫乳白色，体长 2.5～3.5 mm，体弯曲。蛹乳白色，体长 2.5～3.0 mm。

2. 生活习性

在山东泰安一年1代，以成虫在柏树枝梢越冬。翌年3—4月份陆续飞出，寻找树势弱的侧柏或桧柏，蛀圆形孔侵入皮下，雌雄虫在孔内交配，交尾后雌虫向上蛀咬单纵道母坑，并沿坑道两侧咬成卵室，在内产卵。4月中旬初孵幼虫出现，主要在韧皮部构筑坑道为害。5月中下旬幼虫老熟化蛹。6月中、下旬为成虫羽化盛期，成虫羽化后飞至健康柏树或其他寄主上蛀咬新梢补充营养，常将枝梢蛀空，遇风即折断。成虫10月中旬开始越冬。

(二)日本双齿长蠹

又名二齿茎长蠹、双棘长蠹等。我国华北、西北、华中等地均有发生。为害国槐、刺槐、竹、紫藤、紫荆、紫薇、合欢、栾树、小叶白蜡、盐肤木等。成虫与幼虫喜欢蛀食生长势弱、发芽迟缓及新移栽树的花木枝干，造成枯枝或风折枝，严重破坏树形，影响生长和观赏。被害初期外观无明显被害状，等发现被害时，已错过防治时机。

1. 形态识别

成虫体长6 mm左右，体黑褐色，筒形。前胸背板发达，似帽状，可盖着头部。鞘翅密布粗刻点，后缘急剧向下倾斜，斜面有两个刺状突起。卵椭圆形，白色半透明。幼虫老熟时体长为4 mm左右，乳白色，略弯曲，蛴螬形，足3对。蛹初期白色，渐变黄色，离蛹。

2. 生活习性

一年发生1代，以成虫在枝干韧皮部越冬。翌年3月下旬开始在越冬坑道内为害，4月下旬成虫飞出交配，将卵产在枝干韧皮部坑道内。产卵百粒不等，卵期5 d左右，卵孵化时期很不整齐。5—6月为幼虫为害期。5月下旬至6月上旬化蛹，蛹期6 d左右。6月上旬始见成虫。成虫在原虫道窜食为害，于6月下旬至8月上旬成虫外出活动，8月中、下旬又进入蛀道内危害。10月下旬至11月上旬成虫迁移到1～3 cm粗的新枝条内，横向环形蛀食，然后在虫道内越冬。由于该虫危害，养分和水分的输导被切断，秋末冬初大风来临，被害新梢从环形蛀道处被风刮断，严重影响花木翌年的正常生长。

(三)小蠹虫类防治措施

(1)加强检疫　对于调运的苗木加强检疫，发现虫株及时处理。

(2)园林技术防治　加强抚育管理，适时、合理的修枝、间伐，改善园内卫生状况，增强树势，提高树木本身的抗虫能力。疏除被害枝干，及时运出园外，并对被害枝干进行剥皮处理，减少虫源。

(3)物理防治　根据小蠹虫的发生特点，可在成虫羽化前或早春设置饵木，以带枝饵木引诱成虫潜入，并经常检查饵木内的小蠹虫的发育情况并及时处理。

(4)化学防治　在成虫羽化盛期或越冬成虫出蛰盛期，喷施2.5%溴氰菊酯乳油、20%速灭杀丁乳油2 000～3 000倍液。

五、透翅蛾类

透翅蛾属鳞翅目透翅蛾科，全世界已知有100种以上，我国有10余种，其显著特征是成虫前翅无鳞片而透明，很像胡蜂，白天活动。以幼虫蛀食茎干、枝条，形成肿瘤，严重为害园林树木的有白杨透翅蛾、葡萄透翅蛾、苹果透翅蛾等。

(一)白杨透翅蛾

分布于东北、华北、西北、华东等地,为害杨柳科植物。以幼虫钻蛀树干和顶芽,抑制顶芽生长,形成秃梢,蛀入树干后,被害组织增生形成瘤状虫瘿,因此易造成枯萎或风折。

1. 形态识别(图 7-3-6)

成虫体长 11～20 mm,翅展 22～38 mm。体青黑色,形似胡蜂。头顶有一束黄褐色毛簇,其余密布黄白色鳞片。前翅窄长,覆盖赭色鳞片,后翅全部透明。腹部青黑色,上有 5 条橙色环带。卵椭圆形,黑色。幼虫体长 30～33 mm,初孵幼虫淡红色,老熟时黄白色,臀节略骨化,背面有 2 个深褐色的刺,胸足 3 对,腹足、臀足退化,仅留趾钩。

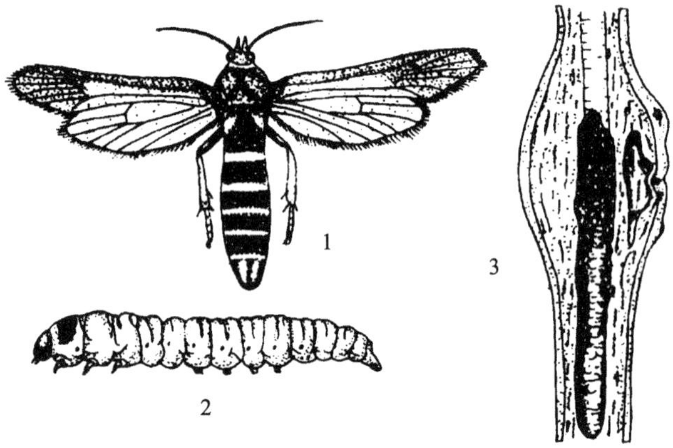

图 7-3-6　白杨透翅蛾

1. 成虫　2. 幼虫　3. 为害状

2. 生活习性

1 年 1 代,以幼虫在被害枝干内越冬。翌年 4 月开始活动取食,6 月下旬为羽化盛期,羽化时蛹壳有 2/3 伸出孔外,并遗留在孔外经久不掉,极易识别。成虫飞翔力很强,且极为迅速,白天活动。卵多产于 1～2 年生幼树叶柄基部有绒毛的枝干上。幼虫孵化后为害嫩芽,使嫩芽枯萎脱落;为害侧枝或主干时,钻入木质部与韧皮部之间,围绕枝干,钻蛀虫道,被害处形成虫瘿。近 9 月下旬,幼虫停止取食,在虫道末端吐丝作薄茧越冬。

(二)透翅蛾类防治措施

(1)园林技术措施防治　消灭越冬幼虫,可结合修剪将受害严重且藏有幼虫的枝蔓剪除、烧掉。6、7 月份经常检查嫩梢,发现有虫粪、肿胀或枯萎的枝条及时剪除。

(2)物理防治　如果被害枝条较多,可用铁丝从蛀孔处刺入,杀死初龄幼虫。

(3)药剂防治　可从蛀孔处注入 80%敌敌畏乳油 20～30 倍液或用棉球蘸敌敌畏药液塞入孔口内杀死幼虫。可在成虫羽化盛期,喷 2.5%溴氰菊酯乳油 3000 倍液,以杀死成虫。

【任务实施】

园林植物主要蛀干害虫的形态及为害状识别

一、实施场所

实训室、园林植物实训基地。

二、实施目的及形式

熟悉并能识别主要蛀干害虫的形态特征和为害状，为指导实际生产打基础。

以班级为单位组织教学。以小组为单位组织讨论和实施。

三、材料与工具

主要蛀干害虫的生活史标本、各虫态标本。如桑天牛、星天牛、桃红颈天牛、双条杉天牛、双斑锦天牛、芳香木蠹蛾东方亚种、小线角木蠹蛾、合欢吉丁虫、柏肤小蠹、日本双齿长蠹、臭椿沟眶象、长足大竹象、白杨透翅蛾、蔗扁蛾等。

双目解剖镜、放大镜、镊子、挑针、捕虫网、毒瓶、记载本、铅笔等，其他标本采集用具、多媒体设备、当地害虫历年发生情况资料、当地气象资料、相关图书、教材、PPT、视频资料等。

四、实施过程

(1)蛀干类害虫形态及为害状观察　通过教师讲授、PPT、彩色图谱、大量标本、视频资料，对蛀干类害虫的形态(虫体的大小、颜色等特征)、为害状(枝干被害的部位、形状、大小等特征)进行识别。

(2)现场识别、调查　在园林植物校内外实训基地对蛀干类害虫进行现场识别，根据发生及为害情况，调查害虫的虫口密度，确认当地蛀干类害虫的优势种类。

(3)标本采集　将各类蛀干类害虫及为害状带回实验室。

(4)室内鉴定　利用各种材料与工具进行鉴定，并熟悉害虫的发生规律。

(5)制订防治方案并实施　根据优势种类在当地的发生规律，制订综合防治方案，提出应急防治措施，并组织实施。

五、注意事项

(1)材料的准备　实训前将资料如园林植物彩色图谱、手机、放大镜、修枝剪、镊子、喷雾器、笔记本等材料准备好。

(2)标本采集完整　由于虫体较小，采集时一定要将害虫与被害状采集齐全，带到实验室，用放大镜或立体显微镜参照彩色图谱进行鉴定。

(3)不同的调查方法，差异很大，应严格按照要求，准确选取取样方法和样树，仔细、认真调查。

(4)蛀干类害虫综合防治方案的制订　小组讨论制订综合防治方案，注重各种防治措施的综合运用，既要符合实际，又可操控，还要关注防治效果。

六、作业

列表描述所观察害虫各虫态的形态及其为害状。通过对大量标本进行识别及现场调查；根据害虫的发生特点，制订综合防治方案并付诸实施。采集制作当地园林植物蛀干类害虫标本4～5种。

【任务评价】

任务评价考察标准分为基本能力、职业能力、岗位专业能力三部分。

基本能力、职业能力方面的要求参考项目一。

岗位专业能力:针对本项工作任务的具体要求与实施来考察。以个人考核为主。

结合课程实习,能够准确描述蛀干类害虫形态识别的关键点及为害状特点,并准确识别出(或推测出)害虫的种类及发生情况,根据制订的综合防治方案的现实可行性来评价。

【思考练习】

一、单项选择题

1. 小蠹虫越冬的虫态为(　　)。

A. 成虫　　B. 幼虫　　C. 蛹　　D. 卵

2. 下列天牛产卵时咬成伤口叙述有问题的是(　　)。

A. 星天牛咬一“T”形或“八”字形刻槽

B. 桑天牛咬成“U”形伤口

C. 双条杉天牛咬成椭圆形孔

3. 下列害虫中,蛀干害虫是(　　)。

A. 金针虫　　B. 叶蝉　　C. 松毛虫　　D. 葡萄透翅蛾

4. 下列枝干害虫为害情况叙述不正确的是(　　)。

A. 吉丁虫在韧皮部和木质部边材窜食为害,排泄物不排出树外

B. 小蠹虫寄生于树皮下,有的侵入木质部,遇风即折断

C. 白杨透翅蛾钻入木质部与韧皮部之间,不形成肿瘤

5. 枝干害虫防治时,效果不显著的办法为(　　)。

A. 人工捕杀成虫　　B. 铁丝钩杀幼虫　　C. 菜叶诱杀　　D. 招引啄木鸟

二、简答题

1. 天牛类害虫有哪些?如何防治?
2. 木蠹蛾类害虫有哪些?如何防治?
3. 吉丁虫类害虫有哪些?如何防治?
4. 蠹虫为害有何特点?如何防治?
5. 怎样综合治理枝干害虫?

【拓展资源】

辉蛾类蛀干害虫介绍

象甲类蛀干害虫介绍

工作任务四　园林植物地下害虫综合防治

【技能目标】

①通过实地查看、标本示范和教材引导，让学生学会根据害虫的为害状或害虫特征识别害虫。

②根据田间调查、对害虫的为害特点进行分析、判断，借助资料，制订综合防治方案。

【任务提出】

实地查看时，辨别哪类虫属于地下害虫，如何开展有效防治。

【任务分析】

本任务主要介绍不同地下害虫的为害特点、形态特征、生活史及习性，学生学会利用以上知识制定综合防治措施。

【相关知识】

地下害虫也称土壤害虫，是指活动为害期间生活在土中，为害作物的地下部分或近地面部分的一类害虫。地下害虫种类多，寄主范围广，食性杂，发生期长，生活隐蔽，尤以春秋为害严重，是较难防治的一类害虫。其取食园林植物的根或地下茎，不仅吸收植株水分和养分，还可引起根腐病等多种真菌性、细菌性病害。

常见园林植物根部受多种地下害虫为害。主要包括蝼蛄、蟋蟀、蛴螬、金针虫、地老虎等几大类。

一、蝼蛄类

蝼蛄属直翅目蝼蛄科，俗称拉拉蛄、土狗子，是苗圃常见的地下害虫。蝼蛄以成虫、若虫咬食地下刚播下的种子，特别是刚发芽的种子；取食幼根、嫩茎，受害部位呈乱麻状，使幼苗萎蔫而死。蝼蛄善于在表土内钻筑隧道，致使幼苗根土分离失水而死亡，俗语“不怕蝼蛄咬就怕蝼蛄跑”就是这个道理。蝼蛄喜温暖、潮湿、腐殖质含量多的壤土或沙土中。分布广泛，为害严重的有华北蝼蛄和东方蝼蛄。

华北蝼蛄分布于北纬32°以北，东方蝼蛄发生遍及全国，以南方居多，是最活跃的地下害虫，其食性杂，主要为害苗圃、果树、林木的种子和幼苗，近几年草坪受害较重。

（一）华北蝼蛄及东方蝼蛄

1. 形态识别

见图7-4-1和表7-4-1。

2. 生活习性

东方蝼蛄发生不整齐，在华中地区1年完成1代，北方1～2年完成1代。以成虫和若虫在40～60 cm土壤深层越冬。东方蝼蛄越冬成虫3—4月恢复活动，4—5月为为害盛期，5月中旬产卵，5月下旬至6月上旬为产卵盛期。单雌产卵60～80粒，6月中旬为孵化盛期，当年孵化的若虫发育至4～7龄开始越冬，至翌年春夏季再蜕皮2～4次羽化为成虫。据河南对东

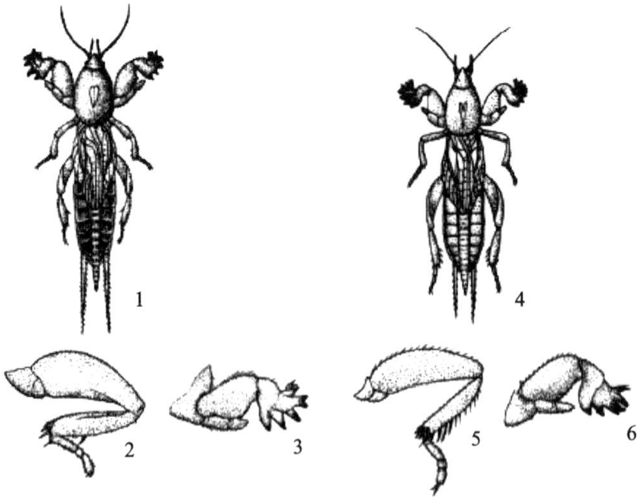

图 7-4-1　华北蝼蛄及东方蝼蛄

1.华北蝼蛄成虫　2.后足　3.前足　4.东方蝼蛄成虫　5.后足　6.前足

方蝼蛄全年在土中升降和为害活动调查，可分为 4 个时期，分别是越冬休眠期、苏醒为害期、越夏繁殖为害期、秋播作物暴食为害期。

表 7-4-1　两种蝼蛄形态特征的区别

虫态	项目	华北蝼蛄	东方蝼蛄
成虫	体长	40～50 mm	30～35 mm
	体色	黑褐色	灰褐色
	前胸	背板中央有一个不明显的心形凹斑	背板中央有一个明显的心形凹斑
	前足	腿节下缘弯曲	腿节下缘平直
	后足	胫节内背侧有刺 1～2 根	胫节内背侧有刺 3～4 根
若虫	体色	黄褐色	灰褐色
	腹末形态	近圆筒形	近纺锤形
卵	大小	近孵化前长 2.4～2.8 mm	近孵化前长 3.0～3.3 mm
	颜色	乳白色—黄褐色—暗灰色	黄白色—黄褐色—暗紫色

华北蝼蛄生活史较长，约 3 年完成 1 代，以成虫和若虫在土壤深层越冬。华北蝼蛄春季 20 cm 土温高于 8.5 ℃时，便从越冬深处开始上升活动为害，地面可见拱起的虚土隧道。6 月上中旬潜入土下 15～20 cm 做土室产卵，8 下旬至 9 月上中旬天气转凉，又转移至表土层活动为害，10—11 月，若虫达八、九龄潜入深土层越冬。次年再蜕皮 3～4 次，越冬后于第 3 年羽化为成虫。可形成一年中有的 2 次（春、秋）为害高峰期。

两种蝼蛄均是昼伏夜出，白天多潜伏于土壤隧道或洞穴中，夜间交尾、取食，以 21:00 至凌晨 3:00 为活动盛期。其主要习性有：成虫具强趋光性；喜食甜食，对煮半熟的谷子、炒香的豆饼、麦麸等有很强的趋性；对牛马粪和未腐熟的有机肥有趋性，因此，可将食料做成毒饵或用粪肥进行诱杀。成虫羽化交配后，雌虫有捕食雄虫的习性；雌虫产卵对地点具有选择性，多集中在沿河两岸、池塘和沟渠附近；蝼蛄喜湿性，当 10～20 cm 深处土壤含水量超过 20%，活动为害最盛，因此有“蝼蛄跑湿不跑干”“喜湿不喜热”的说法；初孵若虫有群集性，怕光、怕风、怕水。

蝼蛄的发生对土壤具有选择性，分布密度从大到小分别是盐碱土、壤土、黏土。

(二)蝼蛄类防治措施

(1)园林技术措施防治　施用腐熟有机肥，可有效减少蝼蛄的活动和产卵，施肥后要及时翻耕整地。

(2)物理防治　①人工捉虫。蝼蛄越夏产卵期人工挖窝灭卵。②马粪诱杀。蝼蛄发生盛期，在苗床步道上，每隔 20 cm 挖一个小坑，内放新鲜的马粪，可放少量农药，并盖草，晨起捕杀。③毒饵诱杀。用 90%晶体敌百虫或 50%辛硫磷乳油 0.3～0.75 kg/ hm^2 加适量水，拌入碾碎炒香的麦麸或豆饼等饵料 30～75 kg 制成毒饵。于无风闷热的傍晚将毒饵分成若干小份撒放于苗床上。④糖醋液诱杀。糖醋液配方是糖 6 份、醋 3 份、白酒 1 份、水 10 份，加 90%敌百虫 1 份调匀装盆。每公顷 15 份(每亩 1 份)，距地面 1.2 m 效果好。⑤灯光诱杀。3—9 月，晚上 19:00—21:00 时，利用黑光灯、频振式杀虫灯或黑绿单管双光灯等，在无风、无雨、无月光情况下诱杀成虫效果好，可有效减少虫口密度。

(3)药剂防治　在受害植株根际或苗床浇灌 50%辛硫磷乳油 1 000 倍液灌药毒杀。

二、蛴螬类

蛴螬俗称白土蚕，是鞘翅目金龟甲幼虫的统称，大部分为植食性，为地下害虫中种类最多、分布最广、为害最重的一大类群。其成虫和幼虫均能对林木造成危害，且多为杂食性，蛴螬食害刚萌发的种子，咬断根茎或主根、侧根，还能将根皮剥食干净，造成缺苗，被害后断口整齐平截，易于识别；成虫主要取食阔叶植物，将叶片咬成缺刻，残留叶柄基部。有的也取食针叶和花。为害种类主要有华北大黑鳃金龟、铜绿丽金龟、鲜黄鳃金龟、大云斑鳃金龟、东方绢金龟、小青花金龟、白星花金龟等，由于各地气候、土壤、环境各异，主要为害种类也不尽相同，同一地区，甚至同一地块往往也有多种混合发生的情况。

(一)华北大黑鳃金龟

华北大黑鳃金龟分布在我国东北、华北、西北等区。主要为害杨、柳、榆、桑、核桃、苹果、刺槐、栎等林木。

1.形态识别

见图 7-4-2 和表 7-4-2。

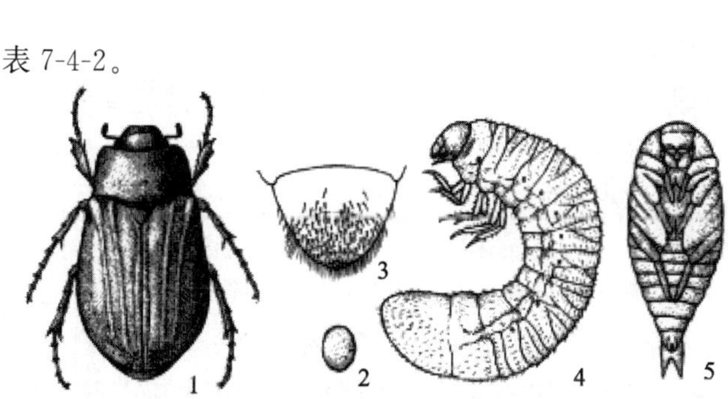

图 7-4-2　华北大黑鳃金龟

1.成虫　2.卵　3.幼虫臀节腹面观　4.幼虫　5.蛹

表 7-4-2　三种金龟甲的主要区别

虫态	项目	华北大黑鳃金龟	铜绿丽金龟	小青花金龟
成虫	体长	16～21 mm	18～21 mm	12～17 mm
	体色	黑褐色，有光泽	铜绿色，有光泽	暗绿色或铜色，无光泽
	前胸背板	外缘侧突，前缘中部弧形凹线	前缘角尖锐，后缘角圆钝	前窄后宽，密布小刻点和黄毛
	鞘翅	每侧有 3 条纵肋	每侧 4 条明显的纵肋	纵肋 2～3 条，不明显
幼虫	头部前顶毛	每侧各有 3 根，排成 1 纵列	每侧各 6～8 根，成一纵列	具有 1 根
	肛腹板覆毛区刺毛列	无刺毛列；钩状毛散生，排列不均匀，达全节的 2/3	钩毛区中央 2 列针状毛 14～15 对，四周不规则钩毛	每列具刺 16～24 根，多为 18～22 根

2. 生活习性

在华南地区 1 年 1 代，以成虫在土中越冬；其他地区均是 2 年 1 代，成虫、幼虫隔年交替在土中越冬。在 2 年 1 代区，以蛴螬越冬的年份，翌春为害重，而夏季则轻；以成虫越冬的年份，翌春为害轻，而夏秋季则重，有的地区还有“幼虫隔年为害重”的说法。因此，在成虫盛发的春季应以消灭成虫于产卵前；春季幼虫盛发的年份，防治重点是控制幼虫。成虫翌春 10 cm 土温达 14～15 ℃时开始出土，土温低于 10 ℃时，向深土层转移，5 ℃以下全部进入越冬状态。

成虫昼伏夜出，20:00—21:00 活动最盛，22:00 以后逐渐减少。趋光性弱，有假死性，飞翔能力弱，活动范围小。因此，常在局部地区形成连年为害的老虫窝。成虫食性杂，喜食杨树等多种林木果树的叶片，对未腐熟的厩肥表现明显的趋性，并产卵于表土中，单雌产卵量 40～102 粒。幼虫有 3 龄，具有自残性，一年四季随土壤温度的变化而上下迁移。食性亦杂。幼虫老熟后，在 20 cm 土中构筑土室化蛹。华北大黑鳃金龟各虫态历期分别为：卵期平均 11～22 d；幼虫期 340～400 d；蛹期 14～22 d；成虫期 282～420 d。一年中有两个(春、秋)为害高峰期。

华北大黑鳃金龟成虫发生最适温度为 24 ℃左右，土壤含水量在 20%左右对幼虫最有利，沙壤土最重，沙土田次之，黏土最轻。

蛴螬的捕食性天敌有大斑土蜂、臀钩土蜂；寄生性天敌有金龟长喙寄蝇；寄生菌有卵孢白僵菌、乳状菌等。天敌对控制蛴螬的发生有一定的作用。

(二)蛴螬类防治措施

(1)园林技术措施防治　①晚秋或早春深翻，破坏蛴螬的越冬环境，中耕除草，消灭地边、荒坡、沟渠等处的蛴螬及其栖息繁殖场所。②加强苗圃管理，施用腐熟的有机肥，有条件地区实行水旱轮作，可消灭大量蛴螬。

(2)物理防治　①田间发现及时清除，利用成虫假死性，人工振落捕杀。②利用黑光灯、频振式杀虫灯或黑绿单管双光灯等，可诱杀成虫。

(3)生物防治　利用蛴螬乳状杆菌商品制剂及大黑臀钩土蜂，或卵孢白僵菌处理土壤或金龟子芽孢杆菌防治蛴螬及金龟甲，均有良好的防效。

(4)药剂防治　①撒施毒土。用一定量的药剂兑水处理土壤。制成毒土，撒于种苗穴中，注意种苗与毒土隔开，免生药害。常用的药剂有 50%辛硫磷乳油。每公顷配比为：药剂 1.5 kg＋水 7.5 kg＋细土 300 kg，制成毒土撒施。②植株施药。成虫发生时，对苗圃周围的苗木喷施90%敌百虫晶体、50%辛硫磷乳油、20%速灭杀丁乳油等。成虫发生期每7～10 d于傍晚喷一次，连续喷施2～3次防治害虫；在成虫大发生时进行诱杀铜绿丽金龟还可采摘新鲜的榆、杨等树枝，截成50～100 cm，浸入90%敌百虫晶体200倍液中，不少于10 h，傍晚插于田间，药液可重复使用3次，隔日插枝，效果好。③药液浇根。苗圃幼虫猖獗为害时，可进行药液浇根，可用90%敌百虫晶体或50%辛硫磷乳油，隔8～10 d灌根一次，连续灌2～3次。

三、金针虫类

金针虫俗称铁丝虫、节节虫等，是鞘翅目叩头甲科幼虫的通称。种类较多，食性杂，寄主多，幼虫咬食刚发芽种子，咬食幼苗的根部、嫩茎，将主根咬成不整齐的切口，或形成与体形相适应的孔洞。其成虫可取食地上部分的叶片，为害较轻。园林植物经常发生的种类有沟金针虫、细胸金针虫、褐纹金针虫及宽背金针虫等。其中以沟金针虫和细胸金针虫分布最广，为害较重。

（一）沟金针虫

在我国主要分布于辽宁、河北、内蒙古、山西、河南、山东、江苏、安徽、湖北、陕西、甘肃、青海等地，属于多食性地下害虫。

1. 形态识别

见图7-4-3和表7-4-3。

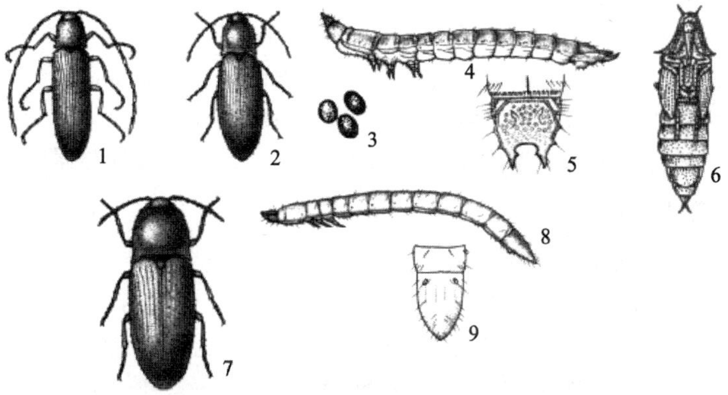

图7-4-3 沟金针虫和细胸金针虫

沟金针虫：1. 雄成虫 2. 雌成虫 3. 卵 4. 幼虫 5. 幼虫尾节特征 6. 蛹

细胸金针虫：7. 成虫 8. 幼虫 9. 幼虫尾节特征

表7-4-3 两种金针虫的形态特征区别

虫态	项目	沟金针虫	细胸金针虫
成虫	体长	长14～18 mm，宽3～5 mm	长8～9 mm，宽约2.5 mm
	体色	浓栗色，密布金黄色细毛	暗褐色，略有光泽
	前胸	背板半球状隆起，密布点刻，中央有细纵沟	背板略带圆形
	鞘翅	长度为头胸长度4～5倍，纵列刻点不明显	长为头胸长度2倍，上有9条纵列刻点

续表7-4-3

虫态	项目	沟金针虫	细胸金针虫
幼虫	体长	20～30 mm	20～25 mm
	体色	金黄色	淡黄褐色
	尾节	末端两分叉，各叉内侧各有一齿	尾圆锥形无分叉，近基部两侧各有1褐色圆斑和4条褐色纵纹
卵		近椭圆形，乳白色，长径0.7 mm，短径0.6 mm	圆形，乳白色，径0.5～1 mm
蛹		15～17 mm，纺锤形，末端瘦削，有刺状突起	8～9 mm，浅黄色，尾末一对短锥状刺

2. 生活习性

金针虫生活史很长，以幼虫和成虫于土中越冬，一般15～40 cm。在华北地区，3月初10 cm低温达到10 ℃左右时越冬成虫开始活动，3月中旬至4月上旬是越冬成虫活动高峰期。产卵期从4月上旬至6月上旬，卵历期平均42 d，5月上中旬为卵孵化盛期。孵化幼虫为害至6月下旬下潜越夏。到9月中下旬又上升至表土活动，为害至11月上中旬，开始在土壤深层越冬。第二年春、秋上升为害，夏、冬季休眠，直至第三年8—9月老熟幼虫钻入15～20 cm土中作土室化蛹，幼虫期1 150 d。9月初成虫羽化后不出土，在土室中潜伏越冬。第四年春季才出土交配、产卵，成虫寿命约220 d。成虫昼伏夜出，白天潜伏在寄主田或杂草中和土块下，晚上出来交配、产卵。雄虫善飞，有趋光性，雌虫无后翅，行动迟缓，多停留在寄主幼苗上。成虫有假死习性。卵散产于3～7 cm表土层，单雌平均产卵量200余粒。

土壤温湿度影响金针虫在土中的垂直活动和为害时期。随季节温度的变化，幼虫在土壤中一年有两次上移为害和两次下潜休眠过程。当土温降至6 ℃以下，潜入深土层越冬。沟金针虫较耐干旱，其适宜的土壤湿度为15%～18%，以沙壤地块虫口密度最高。

(二)金针虫类防治措施

(1)园林技术措施防治　加强苗圃和草坪管理，使用腐熟的粪肥，防止成虫产卵；适时灌水，破坏金针虫的生长环境。

(2)物理防治　苗圃周边堆放萎蔫的杂草，加触杀性农药，诱杀成虫。

(3)药剂防治　土中撒施5%辛硫磷颗粒剂，每公顷30～45 kg，或50%辛硫磷乳油1 000倍液灌根，灌根前做好对草坪或苗床打孔通气，利于药液的渗入。

四、地老虎类

地老虎俗称切根虫、夜盗虫、土地蚕等，属鳞翅目夜蛾科。低龄幼虫昼夜取食嫩叶、嫩茎，3龄后昼伏夜出，高龄幼虫不仅食根，还能切断近地面的茎秆或咬食未出土的幼苗，造成凹斑、孔洞或缺刻，缺苗断垄，甚至毁种重播。为害园林苗木和草坪的地老虎主要有小地老虎、黄地老虎、大地老虎、八字地老虎、白边地老虎。其中小地老虎分布广，为害重；黄地老虎常与小地老虎混合发生。

(一)小地老虎

全国各地普遍发生，其严重危害的地区为长江流域、东南沿海各省，在北方分布在地势低洼、地下水位较高的地区。

1. 形态识别

见图 7-4-4 和表 7-4-4。

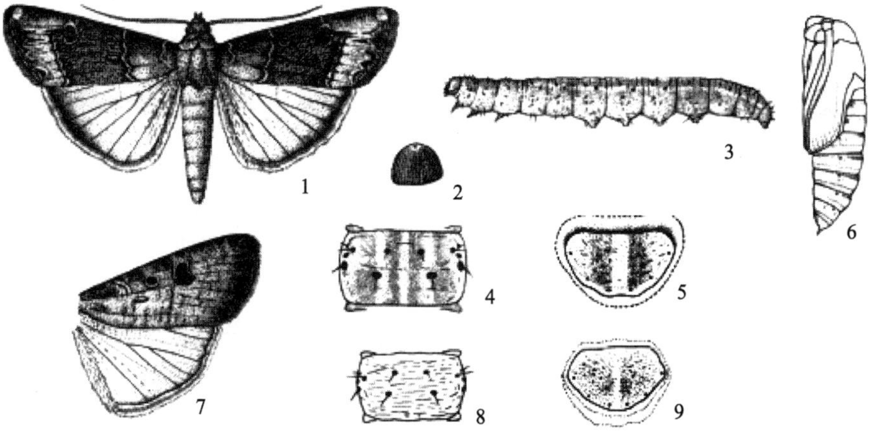

图 7-4-4 小地老虎和黄地老虎

小地老虎:1. 成虫 2. 卵 3. 幼虫 4. 幼虫第 4 腹节背面观 5. 幼虫末节背板 6. 蛹

黄地老虎:7. 成虫前翅 8. 幼虫第 4 腹节背面观 9. 幼虫末节背板

表 7-4-4 二种地老虎的特征识别

虫态	项目	小地老虎	黄地老虎
成虫	体长	16～23 mm	14～19 mm
	体色	暗褐色,较深	黄褐色或灰褐色,较浅
	触角	双栉齿,分支仅达触角 1/2 处,其余为丝状	双栉齿,分支仅达触角 2/3 处,其余为丝状
	前翅	暗褐色,肾形纹外侧、外缘线内侧各有 1～2 个黑色剑状斑,3 个剑状斑相对	黄褐色,横线不明显,肾形纹、环形纹较明显,外侧没有斑纹
幼虫	体长	37～50 mm	33～34 mm
	体色	灰褐色	黄色
	体表	密布明显大小颗粒	颗粒不明显,多皱纹
	腹部 1～8 节背面	后 2 个毛片比前 2 个大 1 倍以上	后 2 个毛片略大于前 2 个
	臀板	黄褐色,有暗褐色纵带 2 条	黄褐色斑 2 大块
卵	形状	半圆球形	扁圆形
	颜色	乳白→淡黄→灰褐	乳白→黄褐→黑色
蛹	第 1～3 腹节	无明显横沟	无明显横沟

2. 生活习性

小地老虎是迁飞性昆虫,每年发生 1～7 代不等,发生世代从南向北逐渐减少,北京地区每年发生 3～4 代。3 月下旬成虫出现,第一代幼虫出现盛期在 5 月上中旬。

成虫昼伏夜出,白天多栖息于杂草间、土缝中或其他隐蔽处,夜晚进行取食、交配和产卵等活动。成虫具强趋光性和趋化性，对发酵的酸甜气味和萎蔫的杨树枝把趋性强，喜食花蜜和蚜露。成虫补充营养后3～4 d交配产卵。卵散产于土块、枯草上，也有产在地势低洼、生长幼嫩茂密杂草及花木幼根或根茬内，单雌产卵量800～1 000粒。幼虫共6龄，少数7、8龄。初龄幼虫昼夜活动，群集土表或花木心叶和其他幼嫩部分取食叶肉，残留表皮，被害叶呈半透明白斑；3龄后昼伏夜出，白天潜伏于表土层下，夜晚出来活动取食，将幼苗茎基部咬断、蚕食，清晨拖入穴内继续取食；5～6龄进入暴食期，食量占总食量的90%以上。幼虫3龄后有较强的耐饥能力，当食物缺乏或种群密度大时，个体间有自残性。有假死性，受惊时缩成环状。幼虫老熟后潜入5～7 cm的表土层作土室化蛹。

小地老虎喜温喜湿，在18～26 ℃、相对湿度70%左右、土壤含水量15%～20%时，对其生长发育及活动有利。沙土地、重黏土地发生少，沙壤土、壤土、黏壤土发生多。地老虎的天敌种类非常丰富，有中华广肩步行虫、螟蛉绒茧蜂、甘蓝夜蛾拟瘦姬蜂、夜蛾土茧寄生蝇、黏虫侧须寄生蝇。此外，还有蚂蚁、蚜狮、虻、螨、鸟类及若干细菌、真菌等，这些天敌对小地老虎有一定抑制作用。

（二）地老虎类防治措施

(1)园林技术措施防治　深耕细耙，清除苗床及圃地杂草，减少虫源。

(2)物理防治　①人工捕杀。清晨检查发现苗被咬断，拨开土块，人工捕杀幼虫。②灯光诱杀成虫。发生期田间设置黑光灯或频振式杀虫灯诱杀成虫。③糖醋液或性诱剂诱杀。成虫糖醋液配方及使用参见蝼蛄防治措施。④用泡桐叶或莴苣叶诱捕幼虫，于每日清晨到田间捕捉。

(3)药剂防治　①毒饵诱杀。在播种前后幼苗出土前，可选用90%敌百虫晶体0.5 kg或50%辛硫磷乳油500 mL，加水2.5～5 L，喷在50 kg碾碎炒香的棉籽饼、豆饼或麦麸上，于傍晚在受害植物田间每隔一定距离撒一小堆，或在植物根际附近围施，每公顷用75 kg。②撒施毒土。75%辛硫磷乳油0.5 kg，加少量水，喷拌细土125～175 kg，每公顷施毒土20 kg，傍晚撒施幼苗根际周围。③喷雾防治。幼虫3龄前，当花木定苗前平均每平方米有幼虫1～1.5头，定苗后有幼虫0.1～0.3头，可选用50%辛硫磷乳油1 000倍液、2.5%溴氰菊酯乳油1 500～3 000倍液，每7天于傍晚喷一次，连续喷施2～3次。

五、种蝇类

种蝇属双翅目花蝇科，幼虫称根蛆、地蛆。以幼虫为害播后的种子、根及幼茎和花木插条的愈伤组织。幼虫蛀食过的种子不能发芽，为害地下幼茎时顺根茎向上取食为害，造成植株凋萎死亡。此外，根蛆造成大量的伤口，易导致软腐病、根腐病、茎腐病的侵染与流行。常见的种类有种蝇、葱蝇、萝卜蝇、小萝卜蝇。园林植物最常见的为种蝇。

（一）种蝇

种蝇，世界性分布，国内各地均有分布。食性杂，可为害月季、玫瑰、蔷薇、杜鹃及多种草本花卉。

1.形态识别(图7-4-5)

成虫体长4～6 mm，暗黄色至暗褐色。触角黑色，触角芒超过触角全长。头部银灰色，胸部背面有3条黑色纵纹。后足胫节内侧下方有1条稠密的短毛，腹部背面中央有1条黑色纵纹。各腹节间有1条黑色横纹，使腹部形成明显的小方块。雌虫略大于雄虫，灰色或灰黄色，中足胫节的外上方有1根刚毛刺，腹部背面中央纵纹不明显。卵长椭圆形，稍弯，弯内有纵沟线，乳白色，表面有网状纹。幼虫体长7～10 mm，形似粪蛆，乳白色，略带浅黄色，口钩黑色，尾端如截状，其上有7对肉质突起，第七对很小。蛹4～5 mm，长椭圆形，红褐色或黄褐色，尾端可见7对突起。

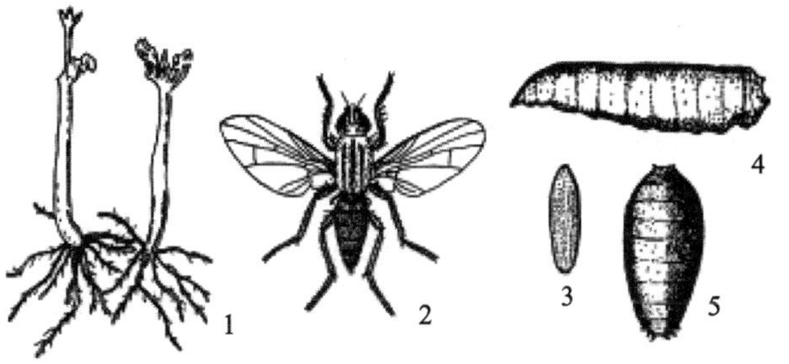

图 7-4-5 种蝇

1.被害状 2.雌成虫 3.卵 4.幼虫 5.蛹

2.生活习性

种蝇每年发生2～4代，以蛹在土中越冬。越冬代成虫于4月下旬出现，其产出的1代幼虫在5月上旬至6月上旬发生；第二代幼虫在6月中下旬至7月中旬发生；第三代幼虫于9月下旬至10月中旬发生。10月下旬至11月上旬以蛹在土中越冬。

成虫白天活动，早晚多隐蔽在土块缝隙下或其他隐蔽场所，以晴天中午前后最活跃。成虫对腐败的有机体、蜜露、糖醋的酸味有较强的趋性，喜产卵于未腐熟的粪肥或苗根附近的湿土中。幼虫孵化后即在根茎处取食为害，群集性较强。幼虫老熟后在5～7 cm的表土层中化蛹。种蝇发育适宜温度为15～25 ℃，卵孵化及幼虫化蛹适宜的土壤含水量为35%左右。

(二) 种蝇类防治措施

(1)园林技术措施防治　深施腐熟的有机肥，及时清除受害植株，集中处理。

(2)物理防治　成虫发生期糖醋液诱杀。

(3)药剂防治　幼虫期用50%辛硫磷乳油1 500倍液，或90%敌百虫晶体1 000倍液灌根。

【任务实施】

园林植物主要地下害虫形态及为害状识别

一、实施场所

实训室、园林植物实训基地。

二、实施目的及形式

识别当地园林主要地下害虫形态及其为害状，为指导生产实践打基础。

以班级为单位组织教学。以小组为单位组织讨论和实施。

三、材料与工具

蝼蛄、小地老虎、金龟子(蛴螬)、金针虫、蟋蟀、白蚁、鼠妇、软体动物等地下害虫各虫态标本，被害状标本及挂图。

捕虫网、毒瓶、记载本、铅笔、放大镜、挑针、立体显微镜等，其他标本采集用具、多媒体设备、当地害虫历年发生情况资料、当地气象资料、相关图书、教材、PPT、视频资料等。

四、实施过程

(1)地下害虫形态及为害状观察　通过教师讲授、PPT、彩色图谱、大量标本、视频资料，对地下害虫的形态(虫体的大小、颜色、前翅等特征)、为害状(种子、叶片或茎被害后的特点等)进行识别。

(2)现场识别、调查　在园林植物校内外实训基地对地下害虫进行现场识别，根据发生及为害情况，调查害虫的虫口密度，确认当地地下害虫的优势种类。

(3)标本采集　将各类地下害虫及为害状带回实验室。

(4)室内鉴定　利用各种材料与工具进行鉴定，并熟悉害虫的发生规律。

(5)制订防治方案并实施　根据优势种类在当地的发生规律，制订综合防治方案，提出应急防治措施，并组织实施。

五、注意事项

(1)材料的准备　实训前将资料准备好，如园林植物彩色图谱、手机、放大镜、修枝剪、镊子、喷雾器、笔记本等材料。

(2)标本采集完整　采集时一定要将害虫与被害状采集齐全，带到实验室，参照彩色图谱进行鉴定。

(3)不同的调查方法，差异很大　应严格按照要求，准确选取取样方法，仔细、认真调查。

(4)地下害虫综合防治方案的制订　小组讨论制订综合防治方案，注重各种防治措施的综合运用，既要符合实际，还应符合绿色防控并关注防治效果。

六、作业

列表描述所观察害虫各虫态的形态及其为害状。通过对大量标本进行识别及现场调查；根据地下害虫发生特点，制订综合防治方案并付诸实施。采集制作当地园林植物地下害虫害虫标本 3～5 种。

【任务评价】

任务评价考察标准分为基本能力、职业能力、岗位专业能力三部分。

基本能力、职业能力方面的要求参考项目一。

岗位专业能力：针对本项工作任务的具体要求与实施来考察。以个人考核为主。

结合课程实习，能够准确描述地下害虫形态识别的关键点及为害状特点，并准确识别出(或推测出)害虫的种类及发生情况，根据制订的综合防治方案的现实可行性来评价。

【思考练习】

一、选择题

1. 下列叙述正确的是(　　)。

   A. 蝼蛄为害部位呈不整齐的切口

   B. 蛴螬为害后断口整齐平截

   C. 金针虫将主根咬成乱麻状

2. 在(　　)天气或雨前夜晚灯诱蝼蛄效果更好。

A. 温暖　　B. 凉爽　　C. 闷热

3. 诱杀小地老虎的糖醋液配比为糖∶醋∶白酒∶水＝(　　)。

A. 6∶1∶3∶10　　B. 6∶3∶1∶10　　C. 10∶6∶3∶1

4. 成虫对腐败的有机体、蜜露、糖醋的酸味有较强的趋性为(　　)。

A. 蟋蟀　　B. 白蚁　　C. 种蝇

5. 下列昆虫中不属于地下害虫的是(　　)。

A. 红蜡蚧　　B. 蛴螬　　C. 东方蝼蛄　　D. 小地老虎

6. 对于蜗牛与蛞蝓,有效的防治方法为(　　)。

A. 撒生石灰及饱和食盐水　　B. 用辛硫磷喷雾　　C. 黑光灯诱杀

二、简答题

1. 地下害虫的发生特点是什么?
2. 如何配制毒饵诱杀蝼蛄和地老虎?
3. 怎样综合治理地下害虫?

【拓展资源】

蟋蟀类地下害虫介绍

白蚁类地下害虫介绍

项目小结

本项目主要介绍吸汁类害虫、食叶类害虫、蛀干害虫、地下害虫的分布与为害、识别特征、生活习性以及防治措施等。教材选取了发生较普遍、较严重或者具有代表性的害虫作为例子进行讲解,同学们可以举一反三,查找相关资源库、精品课程、教材或专著,查询本地经常发生而教材中未涉及的害虫开展调查、讨论与总结。工作任务可根据各地情况灵活选用。

园林植物吸汁类害虫。吸汁类害虫种类多,个体小,繁殖力强,生活周期短,扩展蔓延快,是目前园林植物害虫中常见且难以控制一类害虫。吸汁类害虫多聚集在嫩叶、梢、枝、果等部位,用刺吸式(锉吸式)口器吸取植物的汁液,造成失绿、斑点、卷曲、皱缩、畸形,或形成局部膨大的虫瘿,严重时树势衰弱,甚至整株死亡。而且诱发煤污病,传播病毒病。主要种类有蚜、螨、蚧、粉虱、木虱、叶蝉等害虫。其中介壳虫、蚜虫、粉虱、蓟马和螨类简称"五小"。

园林植物食叶类害虫。食叶类害虫共同特征是用咀嚼式口器将叶片咬成缺刻、空洞,严重时将叶片吃光,不仅大大降低观赏价值,而且还严重影响花木的长势。食叶类害虫主要包括袋蛾类、刺蛾类、尺蛾类、灯蛾类、毒蛾类、叶甲类等害虫。

园林植物蛀干类害虫。蛀干类害虫主要在枝干内部取食，为害场所隐蔽，防治效果往往不太理想，给各地园林植物造成严重威胁。蛀干类害虫包括天牛、吉丁虫、透翅蛾、木蠹蛾、蠹虫、象甲等害虫。

园林植物地下害虫。地下害虫在地下为害植物的根系，导致地上部缺苗断垄，是园林苗圃、花圃及草坪的重要害虫，严重时可造成苗木及草坪的大面积死亡。地下害虫包括蛴螬、地老虎、蝼蛄、金针虫、种蝇等害虫。

园林植物害虫的防治策略应以五大类综合防治方法即“植物检疫、园林技术、物理防治、生物防治、化学防治”为抓手，围绕害虫发育周期“卵期、幼虫期、蛹期、成虫期”四个时期，根据植物周年生长季节，抓住植物害虫发生发展的薄弱环节，开展科学、灵活、有针对性的防治。如四期中大多以“幼虫期”防治为主，“幼虫期”又以1～2龄低龄期易防。关键是预防为主，治早治小。药剂选择上，坚持选用无污染、低残留、低毒、高效的药剂，对症下药，自然调控，逐渐形成以自然控制为主、人为影响为辅的生态园林绿色治理之路。

项目八　园林植物病害综合防治

素质目标：

培养发现问题、分析问题、解决问题的能力，培养团结合作的精神，贯彻"预防为主，综合治理"的理念，养成敬重自然、尊重生态的良好心态，建立自然生态调控与人为干预相辅相成的园林植物病害综合治理体系。

技能目标：

①能够识别园林植物常见真菌、原核生物、病毒、线虫、寄生性种子植物等各类病害以及生理性病害的症状特点类型。②能够根据园林植物常见真菌、原核生物、病毒、线虫、寄生性种子植物等各类病害以及生理性病害的发病规律，结合当地各类病害的种类和为害初步制订适合当地特点的综合治理方案。③能利用手机等照相工具拍照或录像，并借助微信、QQ、抖音等平台进行交流比较。

知识目标：

①理解园林植物常见真菌、原核生物、病毒、线虫、寄生性种子植物等各类病害以及生理性病害的症状特点，并能根据症状类型进行归类识记。②熟记园林植物常见真菌、原核生物、病毒、线虫、寄生性种子植物等各类病害以及生理性病害的病原类别（真菌亚门及以上，其他病原按大类识记）。③理解园林植物常见真菌、原核生物、病毒、线虫、寄生性种子植物等各类病害以及生理性病害的发病规律。④熟悉园林植物常见真菌、原核生物、病毒、线虫、寄生性种子植物等各类病害以及生理性病害的防治措施，并能按综合方案的单类进行归类。

知 识 点：

真菌病害、细菌病害、植原体病害、病毒病害、线虫病害、藻斑病、毛毡病、寄生性种子植物病害、生理性病害、病状、病症、病原、发病规律、防治措施。

生理性病害常见知识点：元素缺乏症、元素过量症、高温伤害、冷害、冻害、日灼、干旱、水涝、药害、有害物质中毒症、污染。

工作任务一　园林植物真菌病害综合防治

【技能目标】

①学会识别园林、草坪植物常见真菌病害的典型症状。

②能根据病害的症状特点，结合实地调查判断该病害属于哪一种真菌病害。

③能根据病害的发病规律，结合当地病害的为害情况制订切实可行的综合防治方法。

【任务提出】

现场观察园林、草坪植物，区别哪些病害属于真菌病害，思考如何认识和防治。

【任务分析】

本任务主要是熟悉园林、草坪植物真菌病害的种类、分布与为害、症状识别、病原形态及其发病规律，以及真菌病害的综合防治方法等。

【相关知识】

园林植物真菌病害是最常见、种类最多的一类病害。占植物侵染性病害的80%以上。常见病害有白粉病、锈病、炭疽病、叶斑病、灰霉病、霜霉病、疫病、煤污病、枯萎病、腐烂病、根部病害等。

一、白粉病类

白粉病是园林植物上发生极为普遍的一类病害。一般多发生在寄主植物生长的中后期，可侵害叶片、嫩枝、花、花柄和新梢。在叶片上初为褪绿斑，继而长出白色菌丝层，并产生白粉状粉孢子，在生长季节进行再侵染。重者可抑制寄主植物生长，叶片不平整，以致卷曲、萎蔫。白粉病可降低园林植物的观赏价值，严重者可导致枝叶干枯，甚至可造成全株死亡。常见的白粉病有月季白粉病、紫薇白粉病、大叶黄杨白粉病、瓜叶菊白粉病等。

(一)月季白粉病

月季白粉病是世界性病害，全国各地都有分布。设施栽培的情况下发生严重，造成落叶、花蕾畸形，严重影响切花月季的产量与品质。

1. 症状识别

该病除在月季上普遍发生外，还可寄生蔷薇、玫瑰等。主要为害新叶和嫩梢，也为害叶柄、花柄、花托、花萼等。被害部位表面长出一层白色粉状物(即粉孢子)，同时枝梢弯曲，叶片皱缩畸形或弯曲，上、下两面布满白色粉层，逐渐加厚，呈薄毡状。发病叶片加厚，为紫绿色，逐渐干枯死亡。老叶较抗病。发病严重时叶片萎缩干枯，花少而小，严重影响植株生长、开花和观赏。花蕾受害后布满白粉层，逐渐萎缩干枯。受害轻的花蕾开出的花朵畸形。幼芽受害不能适时展开，比正常的芽展开晚且生长迟缓。

2. 病原识别(图 8-1-1)

病原为子囊菌亚门单丝壳属蔷薇单囊壳菌。在月季上只有无性阶段，属半知菌亚门粉孢属。

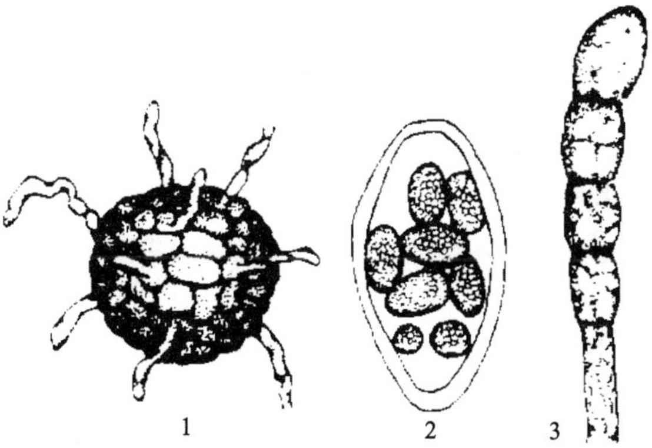

图 8-1-1　月季白粉病病原形态

1.闭囊壳　2.子囊和子囊孢子　3.分生孢子梗和分生孢子

3.发病规律

病菌主要以菌丝在寄主植物的病枝、病芽及病落叶上越冬。闭囊壳也可以越冬，一般较少。翌年春季病菌随病芽萌发产生粉孢子，可进行多次再侵染。病菌生长适温为 18～25 ℃。粉孢子借风力大量传播、侵染，在适宜条件下只需几天的潜育期。1 年当中 5—6 月及 9—10 月发病严重。温室栽培时可周年发病。该病在干燥、郁蔽处发生严重，温室栽培较露天栽培发生严重。月季品种间抗病性有差异，墨红、白牡丹、十姐妹等品种易感病，而粉红色重瓣品种蔷薇则较抗病。偏施氮肥、栽植过密、光照不足、通风不良等都会加重该病的发生。灌溉方式与灌溉时间也影响发病，滴灌及白天浇灌的情况下能抑制病害的发生。

(二)白粉病类防治措施

(1)园林技术措施防治。①种植抗病品种，选用抗病品种是防治白粉病的重要措施之一。②消灭越冬病菌，秋冬季节结合修剪，剪除病弱枝。彻底清除枯枝落叶，并集中烧毁，减少初次侵染来源。③加强栽培管理，改善环境条件。栽植密度、盆花摆放密度不要过大；温室栽培时，要注意通风透光。增施磷、钾肥，氮肥要适量。灌水最好在晴天的上午进行。灌水方式最好采用滴灌或喷灌，不要漫灌。

(2)生物防治。喷生物制剂 4%农抗 120 水剂 600 倍液，对白粉病也有良好的防效。

(3)药剂防治。①休眠期喷洒 3～5 波美度的石硫合剂。苗木类白粉病，消灭病芽中的越冬菌丝或病部的闭囊壳。②发病初期喷施 12.5%烯唑醇可湿性粉剂 1 500 倍液，或 43%戊唑醇悬浮剂 3 000～4 000 倍液，或 25%丙环唑乳油 2 500～3 000 倍液，或 40%腈菌唑可湿性粉剂 5 000 倍液。

二、锈病类

锈病是由担子菌亚门锈菌目的真菌所引起，主要为害园林植物的叶片，引起叶枯及早期落叶，严重影响生长与观赏。该类病害因在病部产生大量锈状物而得名。锈病多发生于温暖湿润的春、秋季，灌溉方式不适宜，叶面凝结雾露以及多风雨的条件下，最有利于发生和流行。常见的锈病有海棠-桧柏锈病、玫瑰锈病、草坪锈病、松瘤锈病等。

(一)海棠-桧柏锈病

我国北京、江苏、安徽、云南等地都有发生。该病影响海棠、桧柏生长和观赏效果。

1.症状识别

春、夏季主要为害贴梗海棠、木瓜海棠、山楂、苹果、梨等。叶面最初出现黄绿色小点,逐渐扩大呈橙黄色或橙红色有光泽的圆形油状病斑,直径 6～7 mm,边缘有黄绿色晕圈,其上产生橙黄色小粒点,后变为黑色,即性孢子器。发病后期,病组织肥厚,略向叶背隆起,其上长出许多黄白色毛状物,即病菌锈孢子器(俗称羊胡子),最后病斑枯死。

转主寄主为桧柏,秋、冬季病菌危害桧柏针叶或小枝,被害部位出现浅黄色斑点,后隆起呈灰褐色豆状小瘤,初期表面光滑,后膨大,表面粗糙,呈棕褐色,直径 0.5～1.0 cm,翌年春季 3—4 月遇雨破裂,为橙黄色花朵状(或木耳状)。受害桧柏小枝上病瘿成串,造成柏叶枯黄,小枝干枯,甚至整株死亡。在海棠、苹果与桧柏混栽的公园、绿地等处发病严重。

2.病原识别(图 8-1-2)

病原为山田胶锈菌、梨胶锈病菌,属担子菌亚门胶锈菌属。该锈病无夏孢子阶段。我国以梨胶锈菌为主,山田胶锈菌仅在个别地区发现。二者均为转主寄生菌。

图 8-1-2　海棠-桧柏锈病症状及病原

1.海棠叶片症状　2.桧柏上的症状　3.锈孢子器　4.性孢子器　5.冬孢子萌发产生担孢子

3.发病规律

病菌以菌丝体在桧柏等针叶树枝条上越冬,可存活多年。翌年春季 3—4 月份遇雨时,冬孢子萌发产生担孢子,担孢子主要借风传播到海棠上,担孢子萌发后直接侵入寄主表皮并蔓延,约 10 d 后便在叶正面产生性孢子器,3 周后形成锈孢子器。8—9 月锈孢子成熟后随风传播到桧柏上,侵入嫩梢越冬。此病的发生与雨水关系密切。两种寄主混栽较近,有病菌大量存在,3—4 月份雨水较多,是病害大发生的主要条件。概括来说,该病原菌的性孢子和锈孢子阶段危害贴梗海棠,冬孢子阶段发生在桧柏、龙柏、铺地柏和翠柏等转主寄主上,这两种锈菌在形态上极相似。性孢子器发生于叶面表皮下,近圆形或扁烧瓶形,成熟时突破表皮,孔口外露,并伸出许多授精丝。锈子器生于叶部病斑背面或叶柄病斑上,细圆筒形。

(二)草坪锈病

该病分布广，遍及世界各地，我国北方受害严重。根据不完全统计，我国禾本科草坪草和牧草上有 140 多种锈病，有 10～12 种造成明显危害，其中最主要的有秆锈病、条锈病、叶锈病和冠锈病。以冷季型草坪草受害最重，尤其是多年生黑麦草、草地早熟禾和高羊茅等。

1. 症状识别

该病症状的共同特点是：病斑主要出现在叶片、叶鞘或茎秆上，在发病部位生成鲜黄色至黄褐色夏孢子堆，并在后期出现暗黑色至深褐色的冬孢子堆。由于各种锈病夏孢子堆和冬孢子堆的形状、大小、色泽和着生部位等存在着差异，因此，可依此对其进行诊断。为便于识别，现将秆锈病、条锈病、叶锈病和冠锈病的症状比较如下(表 8-1-1)。

表 8-1-1　常见草坪锈病症状比较表

病害名称		条锈病	叶锈病	秆锈病	冠锈病
发病时间		最早	较晚	最晚	较晚
受害部位		叶片为主，其次是叶鞘、茎秆	叶片为主，其次是叶鞘，茎秆很少	茎秆为主，其次是叶鞘和叶片	叶片为主，叶鞘较少
夏孢子堆	大小	最小	中等	最大	中等
	形状	卵圆形至长椭圆形	圆形或近圆形	长椭圆形至长方形	长圆形病斑，严重时病斑汇合，病叶枯死
	颜色	鲜黄色	橘黄色	褐黄色	橘黄色
	排列情况	沿叶脉成行排列，互不愈合，呈虚线状(针脚状)	散生，不规则	散生，常愈合成大块病斑	散生，不规则
	表皮开裂情况	表皮开裂不明显	表皮开裂一圈	大块表皮破裂，呈窗口状两侧翻卷	中裂
冬孢子堆	大小	小	中	较大	小
	形状	条状较扁	卵圆形至长圆形	长椭圆形	稍隆起的丘斑
	颜色	暗黑色	黑色	黑褐色	黑褐色、近黑色
	排列情况	基本长行排列	散生不规则	常愈合成大块病斑，散生	散生不规则
	表皮开裂情况	不开裂	不开裂	后期表皮开裂	后期表皮开裂

2. 病原识别(图 8 1 3)

病原均为担子菌亚门锈菌目的真菌，条锈病病原为条形柄锈菌，叶锈病病原为隐匿柄锈菌，秆锈病病原为禾柄锈菌，冠锈病病原为禾冠柄锈菌。均产生夏孢子和冬孢子，但形状各不相同。

3. 发病规律

锈菌是专性寄生菌，夏孢子离开寄主仅能存活 1 个月左右，禾草锈菌都是以夏孢子世代不

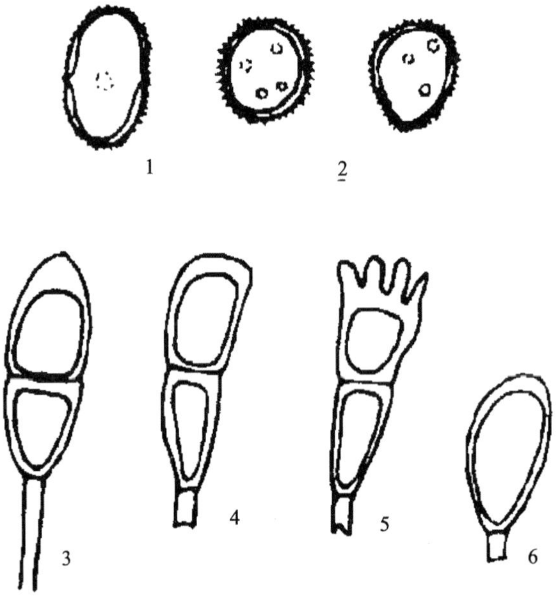

图 8-1-3　草坪锈病病原形态

1.秆锈菌夏孢子　2.叶锈菌夏孢子　3.秆锈菌冬孢子　4.叶锈菌冬孢子　5.冠锈菌冬孢子　6.单柄锈病冬孢子

断侵染的方式在禾草寄主上存活，转主寄主在病害循环中不起作用或作用不大。在草坪禾草周年存活的地区，锈菌以菌丝体和夏孢子在病部越冬。夏季禾草正常生长的地区，除条锈菌外，一般均能越夏。锈菌夏孢子主要以气流进行远距离传播。此外，可通过雨水飞溅、人畜活动及机具携带等途径在草坪内和草坪间传播。影响锈病发生的因素很多，主要是温度和湿度。秆锈病流行需要较高的温度和湿度，发病适温为 20～25 ℃，条件适宜时潜育期一般为 5～8 d。夜间气温 15.6～21.1 ℃，植株表面有液态水膜时最适宜夏孢子萌发和侵染，故在气温较高的地区及降雨结露或灌溉频繁的草地易流行。条锈病的发生适温较低，一般为 9～16 ℃，条件适宜时潜育期一般为 6～8 d。多于生育中前期就开始流行，且在早春和晚秋寒冷潮湿天气下发生。叶锈病的夏孢子萌发和侵入适温为 15～22 ℃。条件适宜时潜育期一般为 8～12 d。萌发时相对湿度为 100%且需有液态水膜，同时也必须有充足的光照，才能正常生长和发育。冠锈病夏孢子萌发侵入适温范围相对较宽，但在 10～20 ℃时产孢最快。

(三)锈病类防治措施

(1)园林技术措施防治　①对园林苗木锈病，在园林设计及定植时，避免海棠、苹果、梨等与桧柏、龙柏等混栽；避免松树和栎树混栽。结合园圃清理及修剪，及时将病枝芽、病叶等集中烧毁，以减少初次侵染来源。同时加强管理，降低湿度，注意透风透光，增施磷、钾肥，提高植株的抗病能力。②对草坪锈病，选育或引入抗病、耐病的草坪品种；选用多草种或品种间植混播草坪。

(2)物理防治　人工砍伐树木类转主寄主，或用除草剂杀灭杂草类转主寄主。

(3)药剂防治　①对园林苗木锈病，3—4 月冬孢子角胶化前在桧柏上喷施 12.5%烯唑醇可湿性粉剂 2 500 倍液，抑制冬孢子堆遇雨膨裂产生担孢子。②对草坪锈病，发病初期可喷施 12.5%烯唑醇可湿性粉剂 2 000～2 500 倍液，或 40%腈菌唑可湿性粉剂 3 000～3 500 倍液，或 25%丙环唑乳油 2 000 倍液，每 10 d 喷 1 次，连喷 2～3 次。

三、炭疽病类

常见炭疽病害有兰花炭疽病、牡丹炭疽病、芍药炭疽病、橡皮树炭疽病、山茶炭疽病等。

(一)兰花炭疽病

在兰花生产地区普遍发生。兰花炭疽病是兰花上发生普遍而又发生严重的病害。主要为害春兰、蕙兰、建兰、墨兰、寒兰以及大花蕙兰、宽叶兰等兰科植物。

1. 症状识别

在兰花上主要为害叶片。叶片上的病斑以叶缘和叶尖较为普遍，少数发生在基部。病斑半圆形、长圆形、梭形或不规则形，有深褐色不规则线纹数圈，病斑中央灰褐色至灰白色，边缘黑褐色。后期病斑上散生有黑色小点，为病菌的分生孢子盘，病斑多发生于上中部叶片。病斑的大小、形状因兰花品种不同而有差异。

2. 病原识别(图 8-1-4)

病原为兰花炭疽菌，属半知菌亚门炭疽菌属。

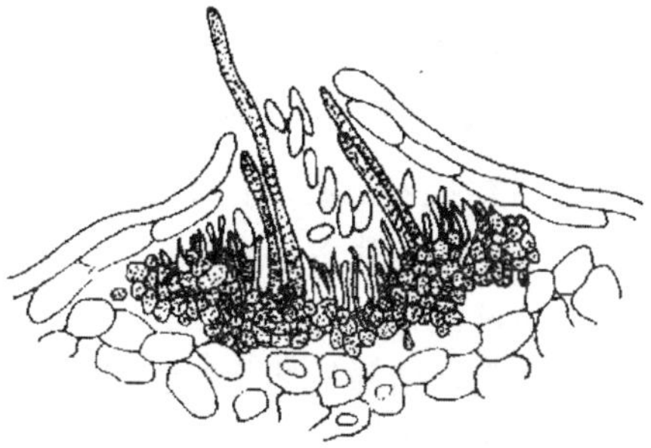

图 8-1-4　兰花炭疽病病原分生孢子盘

3. 发病规律

病菌以菌丝体及分生孢子盘在病株残体或土壤中越冬。翌年气温回升，兰花展开新叶时，分生孢子进行初侵染。病菌借风、雨、昆虫传播，进行多次再侵染。一般自伤口侵入，在嫩叶上可以直接侵入，潜育期 2～3 周。适宜病菌生长的温度为 22～28 ℃，空气相对湿度 95%以上，土壤 pH 5.5～6.0。雨水多、放置过密时发病重。每年 3—11 月均可发病，雨季发病重，老叶 4—8 月发病，新叶 8—11 月发病。品种不同，抗病性有所差异，墨兰及建兰中的铁梗素较抗病，春兰、寒兰不抗病，蕙兰适中。

(二)山茶炭疽病

分布于长江流域以南以及河南、陕西南部地区，是山茶、油茶的主要病害，常引起落叶、落蕾、落果和枯梢，严重影响山茶的生长。

1. 症状识别

主要为害叶片和新梢，在叶片上病斑多自叶尖或叶缘开始。初发生时为小点，后扩大成不规则的大斑，黄褐色至褐色，最后中央灰白色，其上散生或轮生许多小黑点，病健交界处稍隆起。潮湿条件下，小黑点上产生淡红色具黏液分生孢子堆。枝梢被害后，形成梭形、下陷的溃疡斑，边缘淡红色，后期呈黑褐色，有黑色小点和纵向裂纹，病斑环绕枝梢即枯死。大枝和树干上为轮状大型病斑，由外向内逐渐下陷，木质部黑色。

2. 病原识别(图 8-1-5)

病原为山茶炭疽菌，属半知菌亚门真菌。

3. 发病规律

病菌以菌丝及分生孢子在病残体上越冬，翌春菌丝扩展产生新病斑，并在新、老病斑上，产

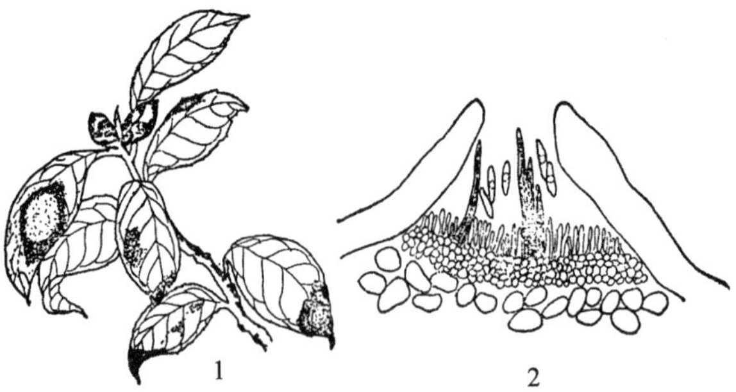

图 8-1-5　山茶炭疽病

1.症状图　2.分生孢子盘

生新的分生孢子。分生孢子借风雨、昆虫及人为传播，植株各器官均可多次受到侵染，一年中被害顺序先嫩梢、嫩叶，后果实，再到花芽、叶芽，直至初冬的花。

病害的发生与温、湿度密切相关，春季下雨早、雨量多则发病早、发病重。

（三）炭疽病类防治措施

（1）园林技术措施防治　①选育或使用抗病品种。②加强养护管理，增强植株的抗病能力；选用无病植株栽培；合理施肥与轮作，种植密度要适宜，以利通风透光，降低湿度；注意浇水方式，避免漫灌；盆土要及时更新或消毒。③清除病原。及时清除枯枝、落叶，剪除病枝，刮除茎部病斑，彻底清除根茎、鳞茎、球茎等带病残体，消灭初侵染来源。

（2）药剂防治　①休眠期喷施 3～5 波美度的石硫合剂。②发病期间药剂防治，特别是在发病初期及时喷施杀菌剂。可选用的药剂有：80%炭疽福美可湿性粉剂 800 倍液、40%福星乳油 8 000～10 000 倍液、10%世高水分散粒剂 6 000～8 000 倍液、10%多抗霉素可湿性粉剂 1 000～2 000 倍液、6%乐比耕可湿性粉剂 1 500～2 000 倍液、70%甲基托布津可湿性粉剂 1 000 倍液、75%百菌清可湿性粉剂 800 倍液，每 10～15 d 1 次，连喷 4～5 次。

四、叶斑病类

叶斑病是叶片组织受局部侵染，导致出现各种形状斑点病的总称。但叶斑病并非只是在叶片上发生，有些病害既在叶片上发生，也在枝干、花、果实上发生。叶斑病的类型很多。可根据病斑的色泽、形状、大小、质地、有无轮纹等，分为黑斑病、褐斑病、圆斑病、角斑病、斑枯病、轮斑病等。叶斑上往往着生有各种粒点或霉层。叶斑病聚集发生时，可引起叶枯、落叶或穿孔，以及枝枯或花腐，严重降低园林植物的观赏价值。常见的病害有菊花褐斑病、月季黑斑病、杜鹃角斑病、大叶黄杨褐斑病等。

（一）月季黑斑病

月季黑斑病为世界性病害，我国各地均有发生，是月季的主要病害。该病除为害月季外，还为害玫瑰、黄刺玫、山玫瑰、金樱子、白玉棠等近百种蔷薇属植物及其杂交种。常在夏秋季造成黄叶、枯叶、落叶，影响月季的开花和生长。

1.症状识别

主要为害月季的叶片，也为害叶柄和嫩梢。感病初期叶片上出现褐色小点，以后逐渐扩大为圆形或近圆形的斑点，直径 8～10 mm，边缘呈不规则的放射状，病部周围组织变黄。病斑上生有黑色小点，即病菌的分生孢子盘。严重时病斑连片，甚至整株叶片全部脱落，成为光杆。嫩枝上的病斑为长椭圆形、暗紫红色，稍下陷。

2. 病原识别(图 8-1-6)

该病由半知菌亚门放线菌属蔷薇放线孢菌和盘二孢属蔷薇盘二孢菌侵染引起。

3. 发病规律

病菌以菌丝和分生孢子盘在病残体上越冬。露地栽培，病菌以菌丝体在芽鳞、叶痕或枯枝落叶上越冬。温室栽培以分生孢子或菌丝体在病部越冬。分生孢子也是初侵染来源之一。分生孢子借风雨、飞溅水滴传播危害，因而多雨、多雾、多露时易于发病。据试验，叶上有滞留水分时，孢子 6 h 内即可萌芽侵入。萌发侵入的适宜温度为 20～25 ℃，pH 为 7～8，潜育期 10～11 d，老叶潜育期略长，为 13 d。病害多从下部叶片开始侵染。气温 24 ℃，相对湿度 98%，多雨天气有利于发病。在长江流域，5—6 月和 8—9 月出现 2 次发病高峰期。在北方一般 8—9 月发病最重。

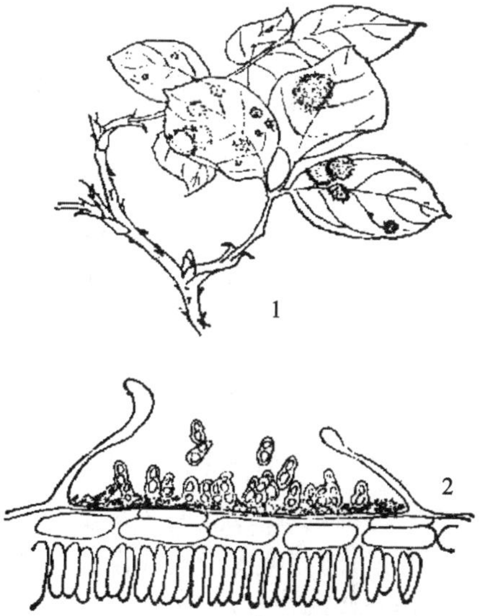

图 8-1-6　月季黑斑病

1. 症状　2. 病原菌分生孢子盘及分生孢子

病菌可多次重复侵染，整个生长季节均可发病。植株衰弱时容易感病。雨水是病害流行的主要条件。低洼积水、通风不良、光照不足、肥水不当、卫生状况不佳等都利于发病。月季不同品种间，抗病性也有差异，一般浅色黄花品种易感病。

(二)芍药褐斑病

又称芍药红斑病，是芍药上最常见的重要病害。国内芍药栽植区均有发生。褐斑病使芍药叶片早枯，连年发生则削弱植株的生长势，植株矮小，花少、花小，乃至全株枯死，严重影响了切花产量和“白芍”的产量。该病还为害牡丹。

1. 症状识别

病斑主要出现在叶片上，但枝条、花和果壳也受害。早春叶上出现小斑，后逐渐扩大为圆形或不规则形。叶正面病斑褐色或黄褐色，有不太明显的淡褐色轮纹，病斑相连后，叶片皱缩、焦枯且易碎。叶背面病斑在湿度大的时候产生墨绿色霉层。枝条上病斑为红褐色，长椭圆形；花瓣上病斑均为紫红色小点。

2. 病原识别(图 8-1-7)

为半知菌的牡丹枝孢霉，属半知菌门枝孢菌属。形成分生孢子梗和分生孢子。

3. 发病规律

病原菌主要以菌丝体在病叶、病枝和果壳等残体上越冬。在生长季节该病均可发生。在南京地区，3 月下旬开始发病，6—7 月为发病盛期；北京地区 4 月底或 5 月初开始发病，7—8 月为发病盛期。病原菌自伤口侵入或直接侵入。但伤口侵入发病率更高。在自然界，下雨时

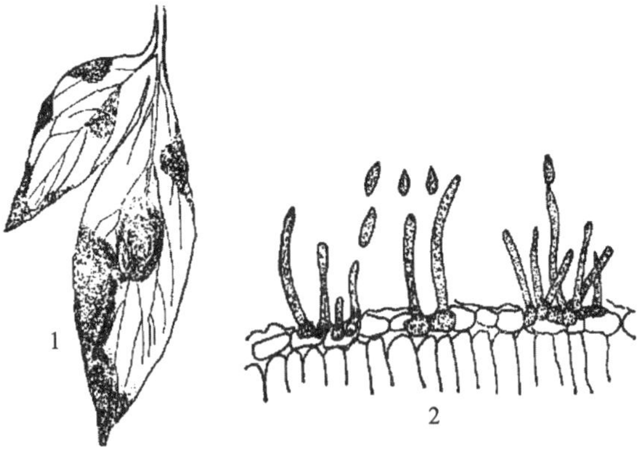

图 8-1-7 芍药褐斑病

1. 症状 2. 分生孢子梗和分生孢子

泥浆的反溅使茎基部产生微伤口，有利于病菌的侵入；叶片等处茸毛的脱落，也可以造成微伤口。潜育期短，一般 6 d 左右，但病斑上子实层的形成时间长，大约病斑出现 1.5～2 个月才出现子实层，因此再侵染次数极少。春雨早、降雨适中时，病害发生早，危害严重；植株栽植过密，或土壤贫瘠沙化有利于病害的发生。

(三)菊花褐斑病

又称为菊花黑斑病、斑枯病。北京、大连、深圳、成都等地都有发生。发生严重时，叶片枯黄、全株萎蔫，叶片枯萎、脱落，影响菊花的产量和观赏性。

1. 症状识别

发病初期病叶出现淡黄色褪绿斑，病斑近圆形，逐渐扩大，变紫褐色或黑褐色。发病后期，病斑近圆形或不规则形，直径可达 12 mm，病斑中间部分浅灰色，边缘黑褐色，其上散生细小黑点。一般发病从下部开始，向上发展，严重时全叶变黄干枯。

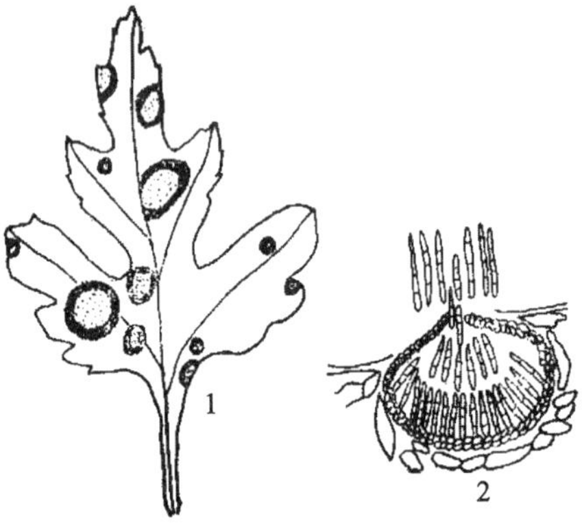

图 8-1-8 菊花褐斑病

1. 症状 2. 分生孢子器

2. 病原识别(图 8-1-8)

病原菌为菊壳针孢菌，属半知菌亚门壳针孢属。

3. 发病规律

病原菌以菌丝体和分生孢子器在病残体上越冬。分生孢子器翌年吸水产生大量分生孢子借风、雨传播。温度在 24～28 ℃，雨水较多，种植过密条件下，该病发生比较严重。

(四)叶斑病类防治措施

(1)园林技术措施防治 ①选用抗病品种。②加强栽培管理。合理施肥，肥水宜充足；夏季干旱时，要及时浇灌；在排水良好的土壤上建造苗圃；种植密度要适宜，以便通风透光，降低叶面湿度；及时清除田间杂草。③清除侵染来源。随时清扫落叶，摘去病叶，以减少侵染来源。

冬季对重病株进行重度修剪，清除发病枝干上的越冬病菌。

(2)药剂防治　①休眠期喷施3～5波美度石硫合剂。②发病初期及时用药。可选用下列药剂：50%多菌灵可湿性粉剂800倍液、70%甲基硫菌灵可湿性粉剂（甲基托布津）1 000倍液、10%苯醚甲环唑水分散粒剂3 000～4 000倍液、10%多抗霉素可湿性粉剂1 000～2 000倍液，10～15 d喷施1次，连续喷施3～4次。

四、灰霉病类

灰霉病是园林植物最常见的病害。各类花卉都可被灰霉病菌侵染。病害主要表现为花腐、叶腐、果腐，但也能引起猝倒、茎部溃疡以及块茎、球茎、鳞茎和根的腐烂，受害组织上产生大量灰黑色霉层，因而称之为灰霉病。自然界大量存在着这类病原物，其中有许多种类寄主范围十分广泛，但寄生能力较弱，只有在寄主生长不良、受到其他病虫危害、冻伤、创伤、植株幼嫩多汁，抗性较差时，才会引起发病，导致植物体各个部位发生水渍状褐色腐烂。灰霉病在低温、潮湿、光照较弱的环境中易发生，因而是冬季日光温室中的常见病害。灰霉病在发病后期常有链格孢菌、青霉菌等杂菌混生，导致病害的加重。常见的病害有非洲菊灰霉病、仙客来灰霉病、四季海棠灰霉病、月季灰霉病等。

(一)非洲菊灰霉病

又称为非洲菊枯萎病，是非洲菊生产上的重要病害。主要为害花瓣、造成腐烂，影响生长，降低观赏价值。

1.症状识别

为害花梗、花蕾及根颈部。花梗上初呈褐色小斑点，后病斑扩大环绕花梗，使花梗枯萎；受害花蕾初呈水渍状褐色斑，后病斑迅速扩大导致花蕾呈腐烂状。湿度高时在病组织上有灰色霉层。根颈部染病后向侧面及下部扩展，引起严重的根颈腐烂。染病株地上部叶柄处出现凹陷深色长形病斑，致叶枯萎变成灰黄色，严重时植株死亡。

2.病原识别

病原属半知菌亚门葡萄孢属灰葡萄孢菌。有性阶段为子囊菌的富式葡萄孢盘菌。

3.发病规律

病菌以菌核在土壤中或菌丝体在病残体中越冬。高湿、多雨有利于病害的发生；设施栽培中周年都可发病，温室栽培此病发生较露地重。

(二)仙客来灰霉病

仙客来灰霉病是世界性病害，全国各地均有发生。灰霉病为害仙客来叶片和花瓣，造成腐烂，影响生长，降低观赏价值。

1.症状识别

仙客来的叶片、叶柄和花瓣均可侵染。叶片受害成暗绿色水渍斑点，病斑逐渐扩大，使叶片成褐色干枯。叶柄和花梗受害后成水渍状腐烂、下垂。花瓣感病后产生水渍腐烂并变为褐色。潮湿条件下，病部均可出现灰色霉层。发病严重时，叶片枯死，花器腐烂，霉层密布。

2.病原识别

病原为灰葡萄孢菌，属半知菌亚门葡萄孢属。有性阶段为子囊菌的富氏葡萄孢盘菌。

3.发病规律

病菌以菌核、菌丝或分生孢子随病残体在土壤中越冬。翌年，当气温达 20 ℃，湿度较大时，产生大量分生孢子，借风雨等传播侵染。1 年中有两次发病高峰期，即 2—4 月和 7—8 月。高温多湿有利于该病发生，在湿度大的温室内该病可常年发生，因而温室内栽培的仙客来易造成重复侵染。土壤黏重、排水不良、光照不足、连作地块易发病。病菌从伤口侵入，室内花盆摆放过密，植株叶面接触摩擦而出现伤口时，利于发病。湿度大，发病重。

(三)灰霉病类防治措施

(1)园林技术措施防治　加强栽培管理，改善通风透光条件，温室内要适当降低温度，最好使用换气扇或暖风机，减少伤口。合理施肥，增施钙肥，控制氮肥用量。及时清除病株并销毁，减少侵染来源。

(2)药剂防治　①生长季节喷施下列杀菌剂：50%异菌脲可湿性粉剂(扑海因)1 000～1 500 倍液、50%腐霉利可湿性粉剂(速克灵)1 000～2 000 倍液、10%多抗霉素可湿性粉剂 1 000～2 000 倍液。②该病在温室内发生时，因环境湿度较大，常规喷雾法往往不理想，采用烟雾剂防治效果好。可用熏灵Ⅱ号(有效成分为百菌清和速克灵)进行烟熏防治，具体用量为 0.2～0.3 g/m^3，每隔 5～10 d 烟熏 1 次。烟剂点燃后，吹灭明火。在较小容积内熏烟，勿超过上述剂量，以免发生药害。

五、霜霉病(疫病)类

该病典型的症状特点是叶片正面上产生黄褐色多角形或不规则形的坏死斑，叶背相应部位产生灰白色疏松的霜霉状物，低温潮湿的情况下发病重。

(一)葡萄霜霉病

葡萄霜霉病是一种世界性病害，主要为害葡萄，发病严重时可使葡萄提早落叶，甚至整株枯死。

1.症状识别

主要为害叶片，发病初期，叶片正面出现水渍状小斑点，随病斑扩大，渐形成黄褐色或红褐色多角形病斑。环境潮湿时叶片背面对应部位出现白色霉层。病斑较多时，病叶变黄脱落。嫩梢偶尔发病，出现油渍状斑，潮湿时嫩梢上生霜霉层，病梢扭曲变形。

2.病原识别

病菌为葡萄生单轴霉菌，属鞭毛菌亚门单轴霉属。

3.发病规律

病菌以卵孢子和菌丝体在病落叶或土中越冬。翌年春季温度适宜时，卵孢子萌发产生孢子囊，再由卵孢子囊产生游动孢子，随雨水飞溅传播，经气孔侵染叶片。冷凉、多雨、多雾露、潮湿的天气有利于该病的发生。不同地区、不同年份的发病时期有差异。降水早而频繁、雨量大的年份和草荒重、枝叶过密、排水不良的种植区发病严重。

(二)百合疫病

分布于百合栽培区。上海等地发生较重。

1. 症状识别

主要为害叶片和茎。叶片发病产生油渍状小斑，逐渐扩大成灰绿色至淡褐色病斑，潮湿时病部产生稀疏白色绵状菌丝。严重时叶和茎软腐。病茎被害处出现水渍状、褐色皱纹状条纹斑，曲折下垂，扩大后腐败，潮湿时腐败部位产生白色霉层。

2. 病原识别

病菌为寄生疫霉菌，属鞭毛菌亚门疫霉属。

3. 发病规律

病菌以卵孢子在土壤中越冬；降水多、排水不良时发病严重；栽培介质不同，发病率也有差异；培养土经消毒后，植株发病率最低。

(三)霜霉病(疫病)类防治措施

(1)园林技术措施防治　加强栽培管理，及时清除病枝及枯落叶。采用科学浇水方法，避免大水漫灌。温室栽培应注意通风透气，控制温度、湿度。露地种植的月季也应注意阳光充足，通风透气。

(2)药剂防治　可选用72%霜脲氰锰锌可湿性粉剂(克露)2 000～2 500倍液、58%甲霜灵锰锌可湿性粉剂1 000倍液、64%噁霜灵锰锌可湿性粉剂(杀毒矾)1 500～2 000倍液、68%(精甲霜灵+代森锰锌)水分散粒剂3 000～3 500倍液，均匀喷雾。

六、枯萎、黄萎病

(一)香石竹枯萎病

全国栽培区均有发生。我国上海、天津、广州、杭州等地均有发生。为害香石竹、石竹、美国石竹等多种石竹属植物。

1. 症状识别

植株一般先从下部叶片及枝条发病，引起变色、萎蔫等。并迅速向上蔓延，叶片褪色，最后变为稻草色，植株枯萎。幼株感病后迅速死亡。纵切病茎，可看到维管束中有暗褐色条纹，从横断面可见到明显的暗褐色环纹，根部侵染后迅速向茎部蔓延，植株最终枯萎死亡。植株在各生长发育期都可发病。

2. 病原识别

病原为香石竹尖镰孢菌，属半知菌亚门镰刀菌属。

3. 发病规律

病原菌在病株残体上或土中越冬。翌年春季根、茎等病处在潮湿条件下产生子实体及分生孢子，分生孢子借风雨、灌溉水的飞溅等传播，通过根、茎侵入植株。病菌还可借带病插条进行传播、蔓延。高温多湿有利于此病发生。栽培过程中，偏酸性土壤以及偏施氮肥的情况下，均有利于病菌的侵染和生长。广州地区4—6月为发病期。

(二)翠菊枯萎病

枯萎病是翠菊上发生普遍而严重的一种病害。植株从苗期至开花期均可发生，发病后植株迅速枯萎死亡。

1. 症状识别

苗期受侵染，一周内可发病，植株出现倒头，全部叶片变黄萎缩，根系常发生程度不同的腐烂。感病成株，下部叶片最先出现淡黄绿色，随即枯萎，逐渐向上发展，全株枯萎死亡。茎基部常出现褐色长条斑，剖开茎基可见维管束变褐色。有时植株仅一侧表现症状，但维管束变褐色。湿度大时，茎基部产生大量浅红色粉霉状物，此为病菌的无性繁殖体。此病在夏季高温地区表现枯萎严重，而夏季低温区则表现茎腐。

2. 病原识别

病原为尖镰孢翠菊变种，属半知菌亚门镰刀菌属。

3. 发病规律

病菌以菌丝体和厚垣孢子在土壤或病株残体中越冬。病菌可在土中存活数年。幼苗出土后 10～20 d 最易感病。随着木质化程度增加，病害明显减少。病菌通过土壤和灌溉水传播。在高温、多雨季节发病严重，此病常与大水漫灌、施肥不当、连作以及地下害虫的发生有关。

(三)枯、黄萎病防治措施

(1)园林技术措施防治。在苗圃实行 3 年以上轮作。

(2)物理防治。拔除病株销毁，减少病菌在土中的积累。香石竹枯萎病、合欢枯萎病、翠菊枯萎病和黄栌黄萎病等应及时剪除病枝并销毁。

(3)药剂防治。①土壤处理，种植前用 50%多菌灵可湿性粉剂 500～800 倍液，或 30%恶霉灵水剂(土菌消)7 500 mL/hm^2 浇灌，每隔 10 d 灌 1 次，连灌 2～3 次。②发病初期可选用 50%多菌灵可湿性粉剂 800～1 000 倍液、70%甲基硫菌灵可湿性粉剂(甲基托布津)1 500 倍液，均匀喷雾。

七、枝干溃疡、腐烂病类

(一)杨树腐烂病

该病是杨树主要枝干病害，几乎在所有杨树栽培区均有发生。病害可以感染大树，也可侵染 1～2 年生苗木。尤其在春季造林时，苗木失水过多，生活力下降，常导致病害大发生。

1. 症状识别

病斑主要发生在树干或大的枝条上，表现干腐、枯梢和枯枝等症状。病斑初期水浸状，皮层组织腐烂变软，后失水下陷，有时龟裂，有明显边缘。后期在病斑上会长出许多黑色小突起，此为病菌的分生孢子器。潮湿时或雨后自分生孢子器的孔口中挤出许多橘红色或黄色胶质物。最后病斑处皮层变暗，糟烂，纤维相互分离呈麻丝状，与木质部分离。在东北和华北一些地区，病斑上后期还会产生一些灰色粒状物，此为病菌子囊壳。如果病斑发展较快，包围树干或枝条一周，病斑上部就会枯死。

如果病斑发生在苗木或幼树上，病斑会很快扩展一周，常会表现枯梢症状；如病斑发生在树皮较厚的老树干上，病斑表现不明显，看不到水浸状病斑及其边缘，只能在树皮裂缝中偶见分生孢子角。

2. 病原识别(图 8-1-9)

病菌的有性阶段是子囊菌的黑腐皮壳菌，属子囊菌亚门真菌。无性阶段为金黄壳囊孢菌，属半知菌亚门。产生子囊壳、子囊孢子、分生孢子器、分生孢子。

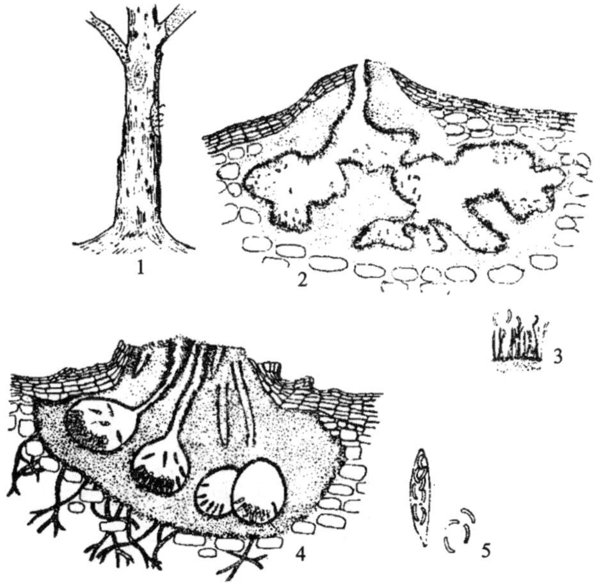

图 8-1-9 杨树腐烂病

1.示病株上干腐和枝枯型症状 2.分生孢子器 3.分生孢子梗和分生孢子
4.子囊壳 5.子囊及子囊孢子

3.发病规律

病菌以子囊壳、菌丝或分生孢子器在植物病部越冬。在河北分生孢子器 4—9 月均能形成,以 5—6 月产生最多。分生孢子角 5 月中旬大量发生,雨后或潮湿天气更多。分生孢子借风、雨传播,一些蛀干害虫也可以传播。孢子萌发后芽管自伤口或死组织侵入。有性世代在前一年枯死的枝条上出现。病枝上子囊壳成熟期在 5 月以后,子囊孢子在雨后大量散放,靠风力传播,伤口侵入。病害在春季开始发生,5—6 月为发病盛期,7 月以后病害发展缓和,9 月基本停止发展。

腐烂病菌为弱寄生菌,在寄主生长旺盛时不能侵染。通常在杨树的枝干上均有病菌存在,可在伤口或植物组织中潜伏很久。在杨树生长衰弱或生活力下降时,病菌即开始活动,形成腐烂斑。春季造林时,杨树根系受伤严重,运输苗木不当,栽植不及时,或造林后管理不善等,均有可能导致病害大发生。立地条件差、受风沙袭击或其他病虫害严重等均使杨树生长衰弱,也可引起病害大发生。

(二)杨树溃疡病

分布于北京、河北、辽宁、吉林、黑龙江、山东、河南、江苏、陕西、甘肃等地。主要为害杨、柳的枝干,能造成大苗及新造的杨树林大量枯死。发病率达 80%以上。

1.症状识别

此病有溃疡型和枯梢型 2 种症状。

(1)溃疡型 3 月中下旬感病植株的干部出现褐色病斑,圆形或椭圆形,质地松软,手压有褐色臭水流出。有时出现水泡,泡内有略带腥味的黏液。5—6月份水泡自行破裂,流出黏液,随后病斑下陷,很快发展成长椭圆形或长条形斑,病斑无明显边缘。4月上中旬,病斑上散生许多小黑点,即病菌的分生孢子器,并突破表皮。当病斑包围树干时,上部即枯死。5月下旬病斑停止发展,在周围形成隆起的愈伤组织,此时中央裂开,形成典型的溃疡症状。11月初在老病斑处出现粗黑点,即病菌的子座及子囊壳。

(2)枯梢型　在当年定植的幼树主干上先出现不明显的小斑,呈红褐色,2—3月病斑迅速包围主干,致使上部梢头枯死。有时在感病植株的冬芽附近出现成段发黑的斑块,剥开树皮可见里面已腐烂,引起梢枯。随后枯死部位现小黑点。发生普遍,危害大。

2.病原识别(图8-1-10)

为子囊菌亚门茶藨子葡萄座腔菌,无性世代为半知菌亚门群生小穴壳菌。

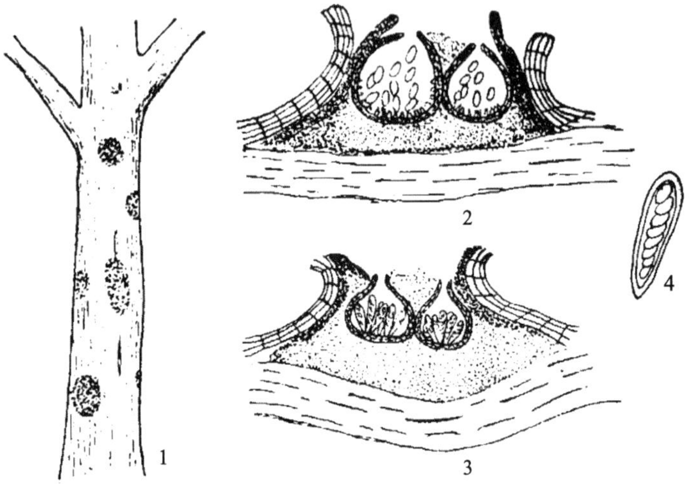

图8-1-10　杨树溃疡病

1.树干受害症状　2.分生孢子器　3.子囊壳　4.子囊及子囊孢子

3.发病规律

病菌以菌丝在寄主体内越冬,翌年春季气温10 ℃以上时开始活动。南京地区病害于3月下旬开始发病,4月中旬至5月上旬为发病高峰,病害发生轻重与气象因子、立地条件和造林技术等密切相关。春旱、春寒、西北风次数多则病害发生重;沙丘地比平沙地发病重,苗木生长不良,病害也发生重;苗木假植时间越长,发病越重;根系受伤越多,病害越重。

(三)仙人掌类茎腐病

我国厦门、福州、广州、汕头、南京、济南、天津、乌鲁木齐等仙人掌栽培地区均有发生。仙人掌茎腐病是一种常见病害,为害仙人掌、仙人球、霸王鞭、麒麟掌、量天尺等多种观赏植物。引起茎部腐烂,严重时导致全株死亡。

1.症状识别

主要发生在近地面的茎部,也发生在植株上部茎节处。发病初期产生水渍状暗灰色或黄褐色病斑,并逐渐软腐,后期病部出现灰白色或深红色霉状物,或黑色粒状物,即为病菌的子实体。最后全株腐烂、失水干缩或仅残留一个髓部。

2. 病原识别

病原为半知菌亚门的尖镰孢菌、茎点霉菌及大茎点菌等。

3. 发病规律

尖镰孢菌以菌丝体和厚垣孢子在病茎残体上或土壤内越冬；茎点霉菌及大茎点菌则以菌丝体和分生孢子器在病茎残体上越冬。病菌借风雨及灌溉水传播，通过伤口侵入，尖镰孢菌生长的最适温度为 25～30 ℃。高温高湿的条件下发病严重，偏施氮肥或使用未充分腐熟的厩肥有利于发病。

(四)枝干溃疡、腐烂病类防治措施

(1)园林技术措施防治　①选用优良的造林树种。具有抗寒，耐盐碱、耐干旱、耐贫瘠的树种，对腐烂病有较高的抗性。日本白杨、沙兰杨、毛白杨、意大利 214 杨、新疆杨等较抗病。②加强栽培管理，提高抗病力。如随起苗随栽植，避免假植时间过长。避免伤根和干部皮层损伤，定植后及时浇水等。③科学造林和管理，提高树木生活力，是防治腐烂病最主要的方法。起苗时避免根系受伤，及时栽植，造林后加强管理。栽后及时浇水，防止干旱。修枝做到勤修、去弱、合理、适时、剪口平滑等。④防治银杏茎腐病用有机肥料作基肥或追肥可促进银杏苗木生长，增强抗病力。同时可影响土壤中颉颃微生物群体的变化，抑制病菌的生长和蔓延。另外防止苗木基部灼伤导致病菌侵入。

(2)物理防治　加强出圃苗木检查，严禁带病苗木出圃，对插条进行消毒处理；重病苗木烧毁，以免病害传播。

(3)药剂防治　①球茎处理。选择健康无病的种球作繁殖材料，种植前对种球可用 50% 三唑酮可湿性粉剂 500 倍液浸泡 30 min，或用 50%福美双拌种后再种植。栽培期内要定期检查，发现病株及时拔除并销毁。球茎挖掘时应在晴天进行，减少机械伤口，并及时干燥处理。干燥后贮藏在低温、通风、干燥的室内。小球茎对热处理的耐力较强，可将它放在水中预浸一夜，然后再放入含 5%酒精的 53.3 ℃热水中 30 min，清除已侵入的病菌，然后冷却干燥后再贮藏。定期对植株喷施杀菌剂，如 50%多菌灵 500 倍液、0.5%波尔多液、70%甲基托布津 800 倍液。②树干发病时，先用刀刮除病斑后用 50%多菌灵可湿性粉剂 200 倍液、0.15%梧宁霉素水剂 100 倍液，或 843 康复剂 10 倍液，涂抹。③茎、枝梢发病时可喷洒 50%多菌灵可湿性粉剂 500 倍液，或 0.15%梧宁霉素水剂 600 倍液。

八、根部病害类

(一)幼苗猝倒病和立枯病

幼苗猝倒病和立枯病是世界性病害，也是园林植物最常见的病害。各种草本花卉和园林树木的苗期都可发生幼苗猝倒病和立枯病，严重时发病率可达 50%～90%。经常造成园林苗木的大量死亡。

1. 症状识别

幼苗猝倒病和立枯病不同时期发病表现不同的症状类型，主要有 3 种情况：

(1)苗木种子播种后，由于受到病菌的侵染或不良条件的影响，种子或种芽在土中腐烂，不能出苗。

(2)幼苗出土后,幼苗未木质化之前,由于病菌的侵染,幼苗茎基部出现水渍状病斑,病部褐色腐烂、缢缩,后期病苗在子叶未凋萎之前,倒伏死亡。这种症状类型称为猝倒型。

(3)幼苗苗茎木质化后,根部或根茎部被病菌侵染,发病部位坏死,幼苗逐渐枯死,但幼苗不倒伏,直立枯死。这种症状类型称为立枯型。

2.病原识别(图 8-1-11)

引起幼苗猝倒和立枯的原因有:

(1)真菌侵染引起的　主要有鞭毛菌亚门的腐霉菌,具体有德巴利腐霉和瓜果腐霉。半知菌亚门的丝核菌、镰刀菌。

(2)非侵染性病原引起的　如土壤积水或过度干旱,地表温度过高或过低,土壤中施用生粪或施用农药浓度过高等,会引起沤根等现象,或与病菌侵染混合发生。

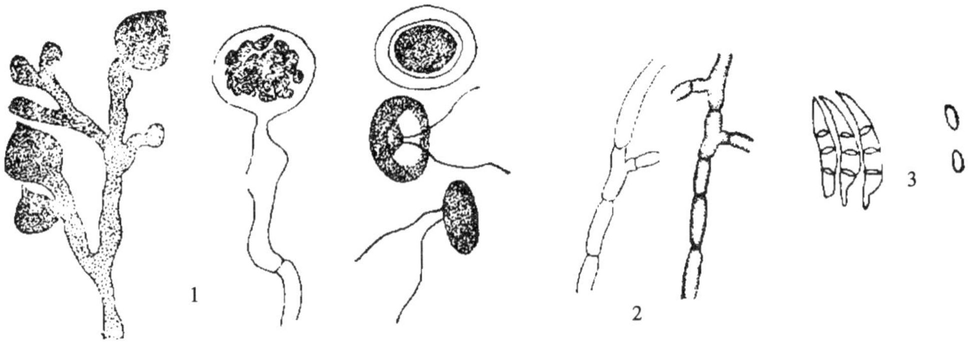

图 8-1-11　杉苗猝倒病和立枯病病原菌

1.腐霉菌的孢囊梗、孢子囊、游动孢子和卵孢子　2.丝核菌的幼、老菌丝
3.镰刀菌的大、小分生孢子

3.发病规律

幼苗猝倒病和立枯病病菌都可在土壤中营腐生生活,可长期在土壤中生存。各种病菌分别以卵孢子、厚垣孢子和菌核在土壤中越冬,土壤带菌是最重要的病菌来源。病菌可通过雨水、灌溉水和粪土进行传播。育苗床连年连作,出苗后连续阴雨天气,光照不足,种子质量差,播种过晚,施用未充分腐熟的有机肥,这些原因会加重幼苗猝倒病和立枯病的发生。

(二)疫霉根腐病

该病在国外发生较普遍,主要为害 3 年生以内的小苗及扦插苗。通常削弱寄主的生长势,发病严重时整株枯萎。病原菌寄主范围广,还可侵害 900 种以上的植物,包括许多观赏植物,如杜鹃花属、马醉木属、紫杉属和日本山茶、雪松、山月桂、白松、圆柏等。

1.症状识别

疫霉根腐病侵染寄主的根系及根颈部。发病初期营养根先出现坏死,地上部分生长不良,展叶比正常植株迟,叶片变小,无光泽、发黄,老叶早衰脱落。发枝数量少,新梢纤细短小,比健株明显瘦小。受侵染的主根和根颈均变为褐色腐烂,表皮常常剥离、脱落,地上部分叶片凋萎下垂,全株枯死。

2. 病原识别

病原为樟疫霉，属鞭毛菌亚门疫霉属。可产生孢子囊、游动孢子、厚垣孢子、卵孢子。

3. 发病规律

病原菌以厚垣孢子、卵孢子在病残体或土壤中越冬，无寄主时休眠体能长期存活。据报道，厚垣孢子在土壤中可存活 84～365 d。该病原菌由水流、病土、有病苗木传播。

土壤温度在 15～28 ℃的范围内均可发病，22 ℃时最适于发病。土壤湿度是影响该病发生轻重的关键因素。土壤水势在 0 Pa 左右时孢子囊最容易形成。土壤排水不良或淹水时均能加重该病的发生。病原菌最容易侵染 2～3 年生以下的苗木及刚移栽的植株。因此，该病主要发生在苗圃内。病植物残体多，连作发病重。

（三）花木白绢病

白绢病多发生在南方各省。该病可侵染 200 多种花卉和木本植物。植物受害后可整株死亡。

1. 症状识别（图 8-1-12）

发病多在根、茎交界处，受害部位出现水渍状褐色病斑，并产生白色菌丝束，后期在根部产生白色至黄褐色油菜籽大小的菌核。受害植株叶片变黄、萎蔫，最后全株枯死。

2. 病原识别

病原为真菌齐整小菌核菌，属半知菌亚门小菌核属。

3. 发病规律

病菌以菌丝或菌核在病残体、杂草或土壤内越冬。菌核可在土壤内存活 4～5 年。病菌由水流、病土、病苗传播。病菌由植物茎基部或根茎部的伤口或表皮直接侵入体内引起发病。高温高湿条件有利于该病发生。

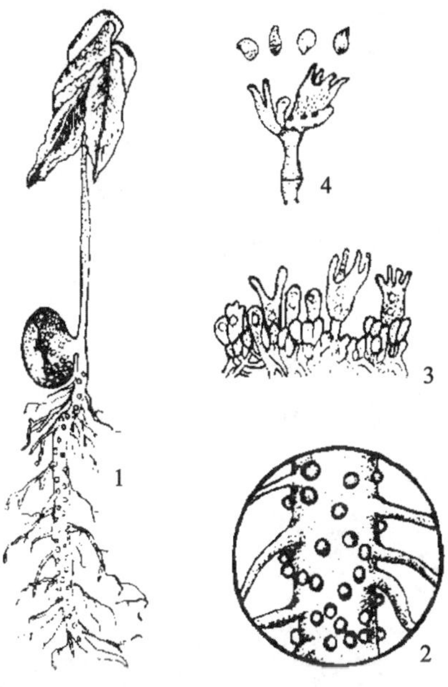

图 8-1-12 白绢病病株及病原

1. 病株症状 2. 病根放大示病部着生菌核 3. 病菌子实层 4. 病菌担子和担孢子

（四）苗木紫纹羽病

苗木紫纹羽病又称紫色根腐病，是多种林木、果树和农作物上一种常见的根病。我国东北各省、河北、河南、安徽、江苏、浙江、广东、四川、云南等地都有发生。林木中如柏、松、杉、刺槐、柳、杨、栎、漆树等都易受害，南方栽培的橡胶、杧果等也常有发生。苗木受害后，由于病势发展迅速，很快就会枯死。大树受害后，树势渐趋衰弱，个别严重感病植株，由于根颈部腐烂而死亡。

1. 症状识别（图 8-1-13）

根部被害后，在病根表面缠绕紫红色的丝网状物，此为病原菌的根状菌索，还可见到紫红色的绒布状的菌丝膜。在菌丝体上还可产生细小紫红色的菌核。病根皮层腐烂，极易剥落。

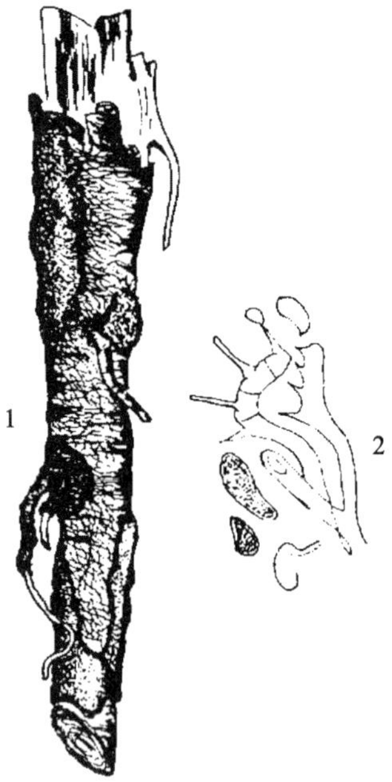

图 8-1-13　苗木紫纹羽病
1.病根症状　2.病菌担子和担孢子

发病初期木质部黄褐色,湿腐;后期变为淡紫色。病害扩展到根颈部后,菌丝体继续向上延伸,包围干基,6—7 月间,菌丝体上产生微薄白粉状的子实层。

病株地上部分表现为顶梢不抽芽或发芽很少,叶形短小、发黄、皱缩卷曲;随即变黑枯死,但叶片不脱落,枝条干枯,最后全株枯萎死亡。

2.病原识别

病原为紫卷担子菌,属担子菌亚门卷担子菌属。产生子实体、担子、担孢子。病原菌在病根表面形成明显的紫色菌丝体和菌核,菌核直径 1.0 mm 左右。

3.发病规律

病原菌利用它在病根上的菌丝体和菌核,潜伏在土壤内。菌核有抵抗不良环境条件的能力,能在土内长期存活,待环境条件适宜时,萌发侵入。病害还可以通过林木根部的相互接触而传染蔓延。担孢子在病害传播中不起重要作用。通过苗木调运可远距离传播。低洼潮湿、排水不良的地区,有利于病原菌的滋生,病害发生一般较重。

(五)花木白纹羽病

1.症状识别

为害多种果树、花木。初侵细根,然后扩展到侧根、主根。病根表面有白色或灰白色网状菌丝层或根状菌索,在腐烂木质部产生圆形黑色菌核。

2.病原识别

病原为子囊菌亚门座坚壳属褐座坚壳菌,无性阶段为半知菌。

3.发病规律

该病为真菌性病害,一般是土壤带菌。白纹羽病在排水不良的果园或种植过深易发生。梅雨季节土壤中病原菌侵入根部形成层和木质部,造成根系腐烂,地上部枝叶枯萎。

(六)花木根朽病

该病是一种著名的根部病害,60 多个国家曾先后报道。200 余种针阔叶树受害,樱桃、牡丹、芍药、杜鹃、香石竹等也能受害。我国东北、华北地区及云南、四川、甘肃等地也都有报道,主要为害红松、落叶松、白桦、蒙古栎、椴树、赤杨、柳、桑和梨等,导致根系和根颈部分的腐朽,甚至全株枯萎死亡。

1.症状识别(图 8-1-14)

根朽病发生在寄主植物根部和根颈部,引起皮层和木质部腐朽。针叶树被害后,在根颈处发生大量流脂现象,皮层和木质部间产生白色扇形的菌膜。在病根皮层内、病根表面及病根附近土壤内,可见深褐色或黑色扁圆形的根状菌索。秋季,在濒死或已经死亡的病株干茎和周围地面,常出现成丛的蜜环菌子实体。被害初期常呈现皮层和树皮的湿腐,具浓重的蘑菇味;黑色菌索包裹着根部并进入树皮；在紧靠土表的松散树皮下有白色菌扇；根系及根颈部腐烂，最终整株枯死。

2. 病原识别

为小蜜环菌(假蜜环菌)，属担子菌亚门小蜜环菌属。

3. 发病规律

蜜环菌腐生性强，可广泛存留在土壤或树木残桩上。成熟的担孢子可随气流传播侵染伐桩及带伤的衰弱木。菌索可在表土内扩展延伸，当接触到健根时，可以机械和化学的方法直接侵入根内，或通过根部表面伤口侵入。根部受伤是发病的主要条件，特别是施肥位置不当，施肥距寄主太近或施肥过量，造成根部肥害，皮层腐烂，根朽病病菌则侵入为害。土壤板结、积水，导致通气不良；缺乏有机肥，造成营养不良，降低其抗性，根朽病菌也会侵入危害。

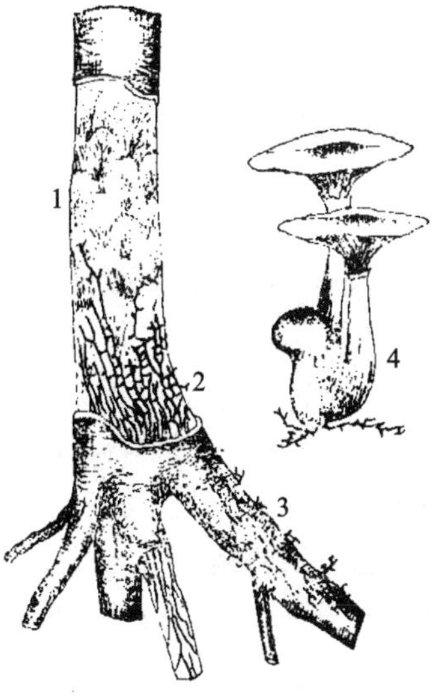

图 8-1-14　花木根朽病

1. 皮下菌扇　2. 皮下菌索

3. 根皮表面菌索　4. 子实体

(七)根部病害类防治措施

对于苗木根部病害，防治策略应以减少侵染来源、增强树势、提高防病抗病能力为关键技术措施。因此，采取以园林技术措施防治为主，配合以化学防治的综合防治措施。

(1)严格植物检疫　对白纹羽病，调运苗木时要严格检疫。

(2)园林技术措施防治　①改善栽培条件，控制病害的发生。②选择排水良好、肥沃的土壤栽植。③选用健康苗木栽植，对可疑苗木进行消毒处理。④生长期间要加强管理，肥水要适宜，促进苗木健壮成长。⑤加强清沟排水和培肥管理，增施有机肥料或施用抗生菌肥料及饼肥，增强树势，提高抗病力。⑥搭棚栽培降低土壤温度，调节土壤 pH。⑦重病地实行轮作。⑧彻底清除苗圃内的病残体。⑨生长季节及时拔除病株，连同周围的土壤一起移走，将病土移去，换上无病新土，之后进行消毒处理，栽植健康植株。⑩对幼苗猝倒病和立枯病，加强苗床管理。选用地势较高、排水较好、光照较强的地块做育苗床。推广营养钵育苗。精选种子，适时育苗。

(3)物理防治　对花木根朽病，在幼林内，从发病中心扩展蔓延时，挖沟隔离中心病株或中心病区，并将病区内的所有林木加以清除；病土经热力或化学处理后，方可栽植。

(4)药剂防治

①对幼苗猝倒病和立枯病，苗床用药剂处理，做好土壤消毒。用 50%多菌灵可湿性粉剂 500～800 倍液，或 30%恶霉灵水剂(土菌消)7 500 mL/hm^2，拌土。发病初期及时喷洒杀菌剂控制病害流行，可选用 70%乙膦铝・锰锌可湿性粉剂 800～1 000 倍液、64%恶霉灵・锰锌可湿性粉剂 1 000～1 500 倍液或 30%恶霉灵水剂(土菌消)1 000 倍液，均匀喷雾。

②对疫霉根腐病，土壤和栽培基质的消毒。土壤和基质可以用太阳能进行消毒，也可以用热蒸汽消毒；土壤也可以用农药处理，常用 58%甲霜灵・锰锌可湿性粉剂 15 000 g～22 500 g/hm^2，或 64%恶霉灵・锰锌可湿性粉剂 12 000 g～15 000 g/hm^2 等，灌施或和土壤混施。

③对白绢病，盆栽花卉土壤消毒。发现病株立即拔除，用 50%腐霉利可湿性粉剂(速克灵)3～5 g/盆，拌土处理土壤。发病初期喷洒 25%丙环唑乳油(敌力脱)3 000 倍液、10%苯醚

甲环唑水分散粒剂(世高)2 000 倍液或 50%多菌灵可湿性粉剂 800 倍液,均匀喷雾。

④对紫纹羽病,在 1%硫酸铜溶液中浸泡 3 h,或在 20%石灰水中浸泡 0.5 h。处理后用清水冲洗后再栽植。发现病株应及时挖除并烧毁,周围土壤用 50%腐霉利可湿性粉剂(速克灵)12 000 g~15 000 g/hm^2,进行土壤消毒。贵重观赏树木实行外科治疗。将病部切除,使用 50%异菌脲可湿性粉剂(扑海因)300 倍液,涂抹包裹。周围病土移走,用无菌土填充。

⑤对白纹羽病,挖除病株,掘除病根,进行土壤消毒。或切除菌根,消毒晾根,换上无菌新土。轻病树可在主干周围地面,淋施 70%甲基托布津可湿性粉剂 1 000 倍液,在 5—6 月和 9—10 月间施药。主根病部应刮除,上述药液洗根后覆土。用 70%甲基托布津可湿性粉剂 1 000 倍液、50%苯来特可湿性粉剂 1 000~2 000 倍液,小树每株用药液 50~100 g,大树每株用药液 150~300 g,与新土混合施于根部。

⑥对根朽病,在经济林区或果园内发现病株,可将病根切除并烧毁。可用 12.5%烯唑醇可湿性粉剂 800 倍液、40%腈菌唑可湿性粉剂 2 000 倍液或 25%丙环唑乳油 1 000 倍液,灌根。

九、其他真菌类病害

(一)桃缩叶病

该病南北方都有发生。发病后引起早期落叶,减弱树势,新梢枯萎,病果脱落,影响产量。

图 8-1-15 桃缩叶病

1.症状 2.子实层

1.症状识别(图 8-1-15)

桃缩叶病可为害叶片、嫩梢、花和果实。叶片早期发病卷曲畸形、变厚。后期发病的叶片局部畸形变厚。发病新梢节间变短,肿大、扭曲,生长不良。发病部位正面可覆盖一层白粉状物,病叶逐渐干枯脱落。

2.病原识别

病原菌为畸形外囊菌,属子囊菌亚门真菌。

3.发病规律

桃缩叶病病菌孢子附着在枝条和芽鳞上越冬。一年只有一次侵染。孢子靠气流传播,由气孔或表皮直接侵入。病菌发育最适温度为 20 ℃,低温多雨天气有利于发病。

(二)杜鹃饼病

我国杜鹃栽培地区都有发生。又称为杜鹃叶肿病、杜鹃瘿瘤病。为害杜鹃花芽、嫩叶、新梢,降低观赏性。

1.症状识别(图 8-1-16)

杜鹃饼病主要为害叶片和新梢。叶片发病,叶边缘或全叶肿大肥厚,呈瘤状菌瘿,犹如饼干状,故称为饼病。病斑部位近圆形,病部颜色逐渐由淡黄、淡红变为黄褐色。潮湿条件下,病部表面可长出白色粉状霉层(子实层)。病斑后期变黑褐色。嫩梢发病形成肉质叶丛或肉瘤,影响抽梢。

图 8-1-16 杜鹃叶肿病

1.症状 2.担子及担孢子

2.病原识别

病原菌为担子菌亚门外担子属。

3.发病规律

病原菌以菌丝体在病残体上越冬。担孢子靠气流传播。当温度上升到10 ℃以上，相对湿度达80%以上时，病菌即可产生担孢子。种植密度高，通风不良，湿度大，偏施氮肥发病重。

(三)花木煤污病

煤污病又称为煤烟病，在山茶、米兰、扶桑、木本夜来香、白兰花、五色梅、绣球、牡丹、蔷薇、夹竹桃、木槿、桂花、木兰、含笑、紫薇、苏铁、金橘、橡皮树等花木上发生严重。影响植物的光合作用，降低观赏价值和经济价值，甚至引起死亡。

1.症状识别

叶面、枝梢上形成黑色小霉斑，后扩大连片，使整个叶面、嫩梢上布满黑霉层。由于煤污病菌种类很多，同一植物可染上多种病菌，其症状也略有差异。呈黑色霉层或黑色煤粉层是该病的重要特征。煤污病的主要危害是抑制了植物的光合作用，削弱植物的生长势。另外，由于观赏植物的叶面布满黑色的煤粉层，严重破坏植物观赏性和经济价值。

2.病原识别(图 8-1-17)

病原为多种附生菌和寄生菌。常见的有性态是小煤炱菌和煤炱菌；常见的无性态是散播烟霉和枝孢霉。小煤炱菌属子囊菌亚门小煤炱菌属。小煤炱菌为高等植物上的专性寄生菌。菌丝体生于植物体表面，黑色，有附着枝，并以吸器伸入到寄主表皮细胞内吸取营养。煤炱菌属子囊菌亚门煤炱菌属。该菌主要依靠蚜虫、介壳虫的分泌物生活。

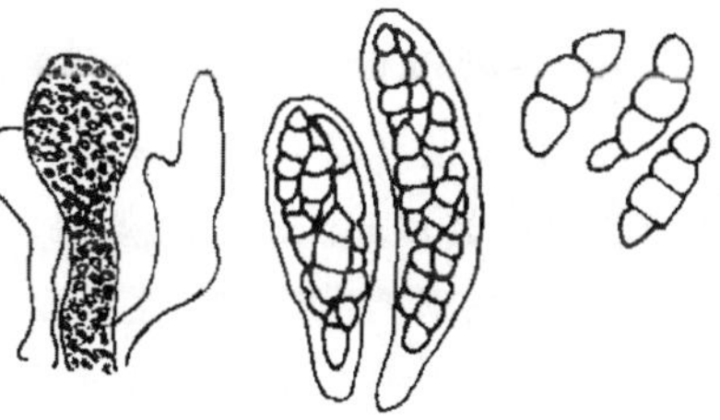

图 8-1-17 煤污病病原形态

3.发病规律

煤污病病菌以菌丝体、分生孢子、子囊孢子在病部及带病的落叶上越冬，翌年孢子由风、雨、昆虫等传播。寄生到蚜虫、介壳虫等昆虫的分泌物及排泄物上或植物自身分泌物上，或寄生在寄主上发育。高温多湿，通风不良，蚜虫、介壳虫等分泌蜜露害虫发生多，均加重发病。露地栽培的花木，其发病盛期为春、秋两季；温室栽培的花木，可周年发生。

(四)其他真菌类病害防治措施

(1)园林技术措施防治　对寄主植物进行适度修剪，温室要通风透光良好，以便降低湿度，减轻病害的发生。发病初期剪除病叶。

(2)药剂防治　对桃缩叶病，桃芽萌发前，喷洒 3～5 波美度的石硫合剂或 45%晶体石硫合剂 30 倍液或 1%波尔多液。

对杜鹃饼病，发病初期可用 12.5%烯唑醇可湿性粉剂 1 000～1 500 倍液、40%腈菌唑可湿性粉剂 3 000～3 500 倍液或 25%丙环唑乳油 2 000 倍液，均匀喷雾。

对花木煤污病，喷洒 1.2%苦参碱 800 倍液、3.0%啶虫脒可湿性粉剂 2 000 倍液或 10%吡虫啉可湿性粉剂 1 500 倍液，防治蚜虫、介壳虫等害虫，减少其排泄物或蜜露，从而达到防病的目的。

【任务实施】

园林植物真菌病害识别

一、实施场所

教室、实验(训)室，校内、外实训基地。

二、实施目的及形式

识别当地主要园林植物真菌病害的症状及病原菌形态，为指导防治打基础。

以班级为单位组织教学。以学习小组开展讨论交流。借助放大镜、解剖镜、光学显微镜等工具观察不同病状、病征实物并开展讨论，学会鉴别真菌各类病害症状的方法，教师最后归纳总结。

三、材料与工具

白粉病类、锈病类、炭疽病类、叶斑病类、灰霉病类、霜霉病(疫病)类、枯(黄)萎病、枝干溃疡、腐烂病类、根部病害类、其他真菌类病害的新鲜标本、干制标本；光学显微镜、放大镜、镊子、挑针、盖玻片、载玻片、擦镜纸、吸水纸、刀片、滴瓶、纱布、搪瓷盘、相关农药等。

四、实施过程

(1)教师为学生介绍园林植物真菌病害的白粉病类、锈病类、炭疽病类、叶斑病类、灰霉病类、霜霉病(疫病)类、枯(黄)萎病、枝干溃疡、腐烂病类、根部病害类、其他真菌类病害的分布与为害、症状识别、病原识别、发病规律及防治方法。

(2)利用多媒体设备播放园林、草坪真菌病害图片，和学生一起将其分类。

(3)根据园林、草坪真菌病害特征，与学生一起讨论并提出相应的综合防治方法。

(4)结合网上资源库布置作业或课堂测试，检验学生对此任务的掌握程度。

(5)将作业或测试成绩反馈给学生，使学生了解自己不足之处，并及时改进。

五、注意事项

(1)实训前要做好资料与器具的准备，如园林植物真菌病害彩色图谱、手机、放大镜、修枝剪、手锯、镊子、喷雾器、笔记本等。

(2)调查时，应抓住典型的症状特点，同时注意与症状相似的病害尤其是生理性病害的区分，如真菌性腐烂与细菌性软腐易混淆。

(3)病害标本的采集要力求全面，尽量采集到不同发病时期的标本，这样有利于病害的鉴定。标本制作根据需要进行，一般叶类、花类制成蜡叶标本，枝干、根部制成浸渍标本等。

(4)制订园林、草坪植物真菌病害的综合防治方案时，内容应该全面，重视各种防治方法的综合运用。所选用的防治方法既要体现新颖性，又要结合生产实际，体现实用性。

六、作业

(1)列表描述所观察的园林植物真菌病害的症状特点。

(2)绘出你所观察的主要病害病原形态图。

(3)结合对当地园林植物的观察和调查，调查园林植物真菌病害的种类、分布与为害及其发病规律，在开展症状识别和病原形态观察的情况下，制定真菌病害防治方案并进行试验。写出调查报告。

【任务评价】

任务评价考察标准分为基本能力、职业能力、岗位专业能力三部分。

基本能力、职业能力方面的要求参考项目一。

岗位专业能力：结合课程实习，针对本项工作任务的具体要求与实施来考察。以个人考核为主。所述内容与实际不符的酌情扣分。

(1)真菌病害的病状和病征类型。

(2)真菌病害病原形态识别。

(3)真菌病害发生情况调查。

(4)真菌病害综合防治方案的制订与实施。根据方案的现实可行性来评价。

【思考练习】

一、填空题

1. 灰霉病在潮湿情况下病部会形成显著的病征，属________亚门、________属。

2. 叶斑病是一类病害的总称。依病斑形状或颜色，叶斑病又可分为________等种类。这类病害的后期往往产生各种小颗粒或霉层。

3. 炭疽病主要症状特点是子实体呈轮状排列，潮湿情况下病部出现________。

4. 月季白粉病病原是________亚门________菌。病原菌以________在________中越冬。

5. 杨树溃疡病有____________两种症状表现。

二、选择题

1. 以下锈病中单主寄生的有(　　)。

A. 玫瑰锈病　　B. 毛白杨锈病　　C. 海棠锈病　　D. 竹叶锈病

2. 以下病害由担子菌引起的有(　　)。

A. 山茶煤污病　　B. 月季白粉病　　C. 桃缩叶病　　D. 杜鹃饼病

3. 杨树溃疡病的防治方法有(　　)。

A. 适地适树　　B. 培育壮苗　　C. 防治媒介昆虫　　D. 加强抚育管理

4. 下列属于枝干病害的有(　　)。

A. 月季枝枯病　　B. 翠菊枯萎病　　C. 蝴蝶兰疫病　　D. 泡桐丛枝病

5. 杨树腐烂病的病原为(　　)。

A. 炭疽菌　　B. 黑腐皮壳菌　　C. 丝核菌　　D. 镰孢菌

三、简答题

1. 园林植物叶部病害的为害特点是什么?
2. 炭疽病类的诊断标志是什么? 锈病类的防治措施有哪些?
3. 简述月季枝枯病的症状特点。
4. 简述杨树腐烂病和杨树溃疡病症状的区别点。
5. 简述苗木立枯病的症状、病原及防治方法。
6. 草坪锈病的症状及主要病原类型有哪些? 如何控制这种病害?
7. 结合所学知识,分析目前园林植物中比较严重的病害类型是什么? 发生原因及如何应对?

【拓展资源】

病害图片:丁香斑点病,红瑞木褐斑病,柳树锈病,美国大樱桃褐斑病,蔷薇锈病,四季玫瑰锈病,天山云杉锈病

案例分析

案例一　海棠锈病为什么防治效果不明显

2015 年 7 月初,本教材编者接到新疆巩留县林业局咨询电话。该县一私人苗圃中海棠锈病发生严重,虽然 2014 年在县林业局的技术指导下,该病害有所减轻。但是,今年开春以来该病害又继续大发生,县林业局不知道是什么原因导致病害复发。于是编者驱车到该私人苗圃,发现海棠周围培育了很多柏树苗木。柏树苗木上有很多上一年侧柏锈病的冬孢子角,是海棠锈病的越冬场所,所以 2015 年海棠锈病发生严重。

问题:私人苗圃在技术人员指导下开展了病害防治,为什么效果不明显?

案例二　芍药白粉病用药防治为什么无效

2016 年 8 月,编者带学生去新疆伊宁市伊犁河湿地公园调查园林病虫害种类,发现公园中的芍药白粉病发生很严重。经咨询公园管理人员,他们使用了 50% 多菌灵可湿性粉剂 1 000 倍液,叶面喷雾,防治芍药白粉病,但是没有控制住。

问题:湿地公园芍药白粉病用药防治了,为什么没有效果呢?

工作任务二 园林植物原核生物病害综合防治

【技能目标】

①理解当地园林植物原核生物病害的症状诊断关键点，能根据所见病害的病状特点和病征识别点判断该病害属于哪一种病害。

②能根据病害的发病规律制订切实可行的综合防治方法或综合治理方案。

③能利用手机等照相工具拍照或录像，并借助微信、QQ、抖音等平台进行交流比较。

【任务提出】

通过实地调查，从当地常见的园林植物病害症状表现入手来分析判断，首先区分哪些是侵染性病害。再从侵染性病害的症状表现，结合病状特点和病征识别点判断哪些病害属于原核生物病害。在园林植物管理人员协助下，通过走访和调查、统计和分析，总结当地原核生物病害有哪些类别，发病规律如何，如何制订措施或方案并开展有效的综合防治。

【任务分析】

结合对当地园林植物的观察和调查，熟悉并理解原核生物病害的种类、分布与为害、症状识别、病原形态及其发病规律，以及每一类原核生物病害的综合防治方法等。

【相关知识】

原核生物病害主要包括细菌性病害（如细菌性软腐病、细菌性瘿瘤病等）、植原体病害（如泡桐丛枝病）及类立克次氏体病害（如柑橘黄龙病）等。瘿瘤主要是野杆菌、棒状杆菌和假单胞杆菌的某些种侵染植物的根和茎所致。它们通过伤口进入植物，刺激细胞分裂和增大。而软腐细菌侵袭植物组织，它们具有复杂的酶系统，分解植物细胞间的中胶层，使组织崩溃，继而细胞失水，内含物皱缩，细胞壁部分被溶解，细菌进入细胞内，使组织彻底腐烂，表现软腐症状。软腐可以发生在植株的任何部分，有时发生在茎基部或根部，引起上部枯萎，外观似维管束受害所致的萎蔫病。引起细菌性软腐病的主要是欧氏杆菌等。植原体病害主要引起丛枝病。

一、根癌病类

紫叶李、月季及樱花等，很易受根癌病（又名根瘤病）为害。感染此病的花木，影响根系的发育，常造成营养缺乏，呈现衰弱状态，最后枯死。

（一）月季根癌病

月季根癌病分布在世界各地，在我国分布也很广泛。除为害月季外，还为害菊、大理菊、樱花、夹竹桃、银杏、金钟柏等，寄主多达300余种。

1. 症状识别

月季根癌病主要发生在根颈处，也可发生在主根、侧根以及地上部的主干和侧枝上。发病初期病部膨大呈球形或球形的瘤状物。幼瘤为白色，质地柔软，表面光滑。以后，瘤渐增大，质地变硬，褐色或黑褐色，表面粗糙、龟裂。由于根系受到破坏，发病轻的造成植株生长缓慢、叶色不正，重则引起全株死亡。

2. 病原识别

该病由细菌引起，为根癌土壤杆菌，又名根癌脓杆菌。菌体短杆状，具1～3根极生鞭毛。革兰氏染色阴性反应，在液体培养基上形成较厚的白色或浅黄色菌膜；在固体培养基上菌落圆而小，稍突起，半透明。发育最适温度为22 ℃，最高为34 ℃，最低为10 ℃，致死温度为51 ℃(10 min)。耐酸碱度范围为pH 5.7～9.2，以pH 7.3为最适合。

3. 发病规律

病原细菌可在病瘤内或土壤中病株残体上生活1年以上，若2年得不到侵染机会，细菌就会失去致病力和生活力。病原细菌主要靠灌溉水和雨水、采条、耕作农具、地下害虫等传播。远距离传播靠病苗和种条的运输。病原细菌从伤口入侵，经数周或1年以上就可出现症状。偏碱性、湿度大的沙壤土发病率较高。连作有利于病害的发生，苗木根部伤口多发病重。

(二)樱花根癌病

该病在我国上海、南京、杭州、济南、郑州、武汉、成都均有分布。

图8-2-1　樱花根癌病

1. 根颈部位受害症状　2. 病原细菌

1. 症状识别(图8-2-1)

病害发生于主根茎上，也发生在侧根上。最初病部出现肿大，不久扩展成球形或半球形的瘤状物，幼瘤为乳白色或白色，按之有弹性，以后变硬，肿瘤可不断增大，表面粗糙，褐色或黑褐色，表面龟裂。严重时地上部分表现为生长不良、叶色发黄。苗木受害后根系发育不良，细根极少，根的数量减少，植株矮化，地上部生长缓慢，树势衰弱，严重时叶片黄化、早落，甚至全株枯死。肿瘤可以2倍或几倍于生长部位的茎和根的粗度，有时可大到拳头状，引起幼苗迅速死亡。

2. 病原识别

病原为细菌，属于根癌土壤杆菌。

3. 发病规律

病原菌及病瘤存活在土壤中或寄主瘤状物表面，随病组织残体在土壤中可存活1年以上。灌溉水、雨水、采条嫁接、作业农具及地下害虫均可传播病原细菌。带病种苗和种条调运可远距离传播。樱花树的根癌病菌是通过各种伤口侵入植株，通常土壤潮湿、积水、有机质丰富时发病严重，碱性土壤有利于发病，不同品种的樱花抗病性有明显差异，如染井吉野、八重垂枝樱易发病，而关山、菊樱品种较抗病碱性大、湿度大的沙壤土易发病。连作利于发病。苗木根部有伤口易发病。

(三)根癌病类防治措施

(1)加强植物检疫　对怀疑有病的苗木可用500～2 000 mg/kg的链霉素液浸泡30 min或1%的硫酸铜液浸泡5 min，清水冲洗后栽植。

(2)园林技术措施防治　细心栽培，避免各种伤口。注意防治地下害虫。因为地下害虫造成的伤口容易增加根瘤病菌侵入的机会。

(3)药剂防治　①实行床土、种子消毒。对病株周围的土壤可按50～100 g/m^{2}的用量，撒入硫黄粉消毒。②花木定植前 7～10 d，每公顷底肥增施消石灰 1 500 kg 或在栽植穴中施入消石灰与土拌匀，使土壤呈微碱性，有利于防病。③病土须经热力或药剂处理后方可使用。最好不在低洼地、渍水地、稻田种植花木或用恶霉灵消毒土壤后再种植。病区可实施 2 年以上的轮作。④花木苗栽种前最好用 1%硫酸铜液浸 5～10 min，再用水洗净，然后栽植。或利用抗根癌剂（K84）生物农药 30 倍浸根 5 min 后定植；或 4 月中旬切瘤灌根。用放射形土壤杆菌菌株 84 处理种子、插条及裸根苗，浸泡或喷雾；处理过的材料，在栽种前要防止过干。用这种方法可获得较理想防效。改劈接为芽接，嫁接用具可用 0.5%高锰酸钾消毒。⑤发病地的防治。对已发病的轻病株可用 300～400 倍的抗菌剂“402”浇灌，也可切除瘤体后用 500～2 000 mg/kg 链霉素或 500～1 000 mg/kg 土霉素或 5%的硫酸亚铁溶液涂抹伤口。对重病株要拔除，在株间向土面每公顷撒生石灰 1 500 kg，并翻入表土，或者浇灌 15%石灰水，发现病株集中销毁。还可用刀锯切除癌瘤，然后用尿素涂切除肿瘤部位，据说这种方法在日本已成功。另据报道，用甲冰碘液（甲醇 50 份、冰醋酸 25 份、碘片 12 份）涂瘤有治疗作用。

二、软腐病类

（一）仙客来细菌性软腐病

1. 症状识别

主要在叶片、叶柄、芽以及球茎上发病，起初在叶柄基部发生水浸状斑点，接着扩大成黑褐色腐烂，并蔓延至球茎，导致球茎连接生长点部位成块变褐腐烂，此生长点上叶片叶缘萎蔫，新叶呈斑驳状黄化，叶柄局部水腐，幼芽变黑形成枯萎；部分叶片背面的基部会出现油污状斑块，球茎进一步内腐会形成凹陷，产生白色黏稠的糊状物，散发出恶臭味。

2. 病原识别

病原为细菌，属欧文氏杆菌。病菌发病适宜温度为 25 ℃，最低 10 ℃，最高 33 ℃。

3. 发病规律

病原细菌能长时间地存活在土壤里，还能借助水流、昆虫、病叶和健康叶之间的接触摩擦或通过操作工具进行传播。植株体本身如果有伤口，病菌便可以从伤口直接侵入到植株体内，几天以后便可以发病，而且在生长季节可以多次重复感染发病。高温高湿、植株机械伤或虫咬伤都容易感染发病，其中湿度大是主要的发病原因。

（二）鸢尾细菌性软腐病

细菌性软腐病是鸢尾的常见病害，无论是球茎鸢尾或根状茎鸢尾均可发生，分布于美国、加拿大、日本。我国上海、杭州、合肥和青岛等市均有发生，病害导致球茎腐烂，全株立枯。

1. 症状识别（图 8-2-2）

感病植株，最初叶先端开始出现水渍状条纹，逐渐黄化、干枯。根颈部位发生水渍状较高，球茎组织发生糊状腐败，初为灰白色，后呈灰褐色，有时留下一完整的外皮。腐败的球茎

图 8-2-2 鸢尾细菌性软腐病

1. 被害状 2. 病原菌

或根状茎，具有恶臭气味，成为诊断此病的重要依据。由于基部溃烂，病叶容易拔出地面。

2. 病原识别

鸢尾软腐病的病原已知有2种，即胡萝卜软腐欧文氏菌胡萝卜致病变种和海芋欧文氏菌，二者均属欧文氏菌。细菌短杆状，以周生鞭毛运动，革兰氏反应阴性。二者生长最适宜温度为27～30 ℃，最高温度范围为32～40 ℃。

3. 发病规律

病原细菌在土壤中和病残体上越冬。通过伤口侵入寄主，尤其是鸢尾钻心虫的幼虫在幼叶上造成的伤口，或分根移栽造成的伤口，都为细菌的侵入打开了方便之门；病害借雨水、灌溉水和昆虫传播，当温度高、湿度大，尤以湿度大时发病严重；种植过密、盖度大的地方球茎易发病；连作地发病严重。一般德国鸢尾和澳大利亚鸢尾发病较普遍。

（三）细菌性软腐病类防治措施

（1）园林技术措施防治　①对仙客来细菌性软腐病，加强栽培管理。浇水要适量，增施钾肥，要施用充分腐熟的肥料，高温多湿时要注意通风降温，同时要及时防治介壳虫等害虫，防止造成伤口。②对鸢尾细菌性软腐病，选择健康无病球茎或根状茎作繁殖材料；及时剪除病叶或拔除病株销毁；彻底挖除腐烂的球茎，贮藏期发现有病球茎及时剔除。

（2）药剂防治　①对仙客来细菌性软腐病，为了提早预防，从定植苗时开始，首先是对栽花用的盆土进行消毒灭菌，可用高压锅直接灭菌，也可在30 ℃以上的晴天露天暴晒1～2周，利用阳光紫外线杀灭细菌。药物对土壤和种球消毒，可用1∶80倍福尔马林液消毒。同时加强手工和器具消毒，避免交叉感染；发病初期可用链霉素或土霉素2 000～3 000倍液喷雾或灌根进行防治。病较严重、根基部有部分腐烂时，可剥去病部，将剩余根茎浸泡在上述药液内3 h，再栽种于素沙土内，不久即可长出新根，发出新芽，这时再重新在换过的消毒培养土内栽植。如果病情较重应毁掉染病植株，以免相互传染。②对鸢尾细菌性软腐病，病害严重的土壤可用0.5%～1%福尔马林10 g/m^2 进行消毒后再种植，或更换新土后种植；被污染的工具应用沸水或70%酒精或1%硫酸铜液浸渍消毒后再用。发病后，每月喷洒1次农用链霉素1 000倍液，能控制病害蔓延。喷洒杀虫剂防治鸢尾钻心虫，可减轻病害的发生。

三、叶斑病类

（一）天竺葵细菌性叶斑病

分布于江苏、浙江等地，危害严重。

1. 症状识别

主要为害叶片，病害发生初期在叶背出现水渍状小斑，2～3 d病斑略下陷，为褐色小斑点，针尖大小，圆形或不规则形，以后逐渐扩大为暗褐色或赤褐色圆形或不规则形的病斑，直径1.5～3.0 mm，病斑稍有轮纹，边缘褪色，在一叶片上可发生很多斑点，特别是在下部较老的叶上。病斑扩大逐渐连合在一起，叶脉和叶柄也变褐，使叶片大部分死亡；茎秆症状称谓黑腐，病茎和枝条的维管束褐色到黑色，此时，茎秆上的叶片枯萎，呈多角形坏死症状，随后细菌侵染髓部及皮层，仅枝条顶端尚有几个叶簇，茎秆整个变黑、皱缩和腐烂。插条受害时不能生根，并由基部向上慢慢腐烂，叶枯萎，呈多角形坏死。

2. 病原识别

病原为细菌，属黄单胞杆菌属。病菌顶端圆形，杆状，单鞭毛端生。生长发育最适温度为25～27 ℃，最低1 ℃，致死温度为51～51.5 ℃。

3. 发病规律

细菌可借插条、接触、飞溅水滴传播，种子有可能带菌传播；在潮湿的土壤中病菌能存活3个月；温室栽培过密、生长迅速时易病重，植株下部老叶病重，温暖湿润时病重；高氮、高磷和低钙有利于发病，高钾、低磷、高钙，症状受到抑制。天竺葵的不同种和品种在抗病性上存在差异，天竺葵品种中大花天竺葵是高度抗病的，香叶天竺葵是中度抗病的，盾叶天竺葵是高度感病的。

(二)细菌性叶斑病类防治措施

(1)加强植物检疫，防止危险性病害传播。

(2)园林技术措施防治　植株间要通风透光，避免湿度过高；不直接对植株喷浇水，以免飞溅的水滴传病；不在病株上选取插条，摘除所有病叶、病枝，避免带菌土壤沾到叶片。

(3)药剂防治　花盆和种植台、工具用10%漂白粉液浸洗消毒，土壤用2%福尔马林液消毒，或另换新土。采用无病种苗。病土要集中处理，必要时对土壤、花盆进行灭菌处理。病菌能在繁殖床上的土中存活，应避免将病土溅到健株上。每隔10～15 d，喷1次1%波尔多液进行预防。喷施72%的硫酸链霉素可溶性粉剂4 000倍液、90%新植霉素可溶性粉剂5 000倍、20%噻枯唑可湿性粉剂1 000～1 200倍液轮换使用，或使用14%胶胺铜水剂300倍液、50%消菌灵可湿性粉剂1 000倍液。

三、植原体病害

(一)泡桐丛枝病

泡桐丛枝病又名泡桐扫帚病，分布极广，一旦染病，在全株各个部位均可表现出受害症状。染病的幼苗、幼树常于当年枯死。大树感病后，常引起树势衰退，材积生长量大幅度下降，甚至死亡。

1. 症状识别(图8-2-3)

常见的丛枝病有以下两种类型。

(1)丛枝型　发病开始时，个别枝条上大量萌发腋芽和不定芽，抽生很多小枝，小枝上又抽生小枝，抽生的小枝细弱，节间变短，叶序混乱，病叶黄化，至秋季簇生成团，呈扫帚状，冬季小枝不脱落，发病的当年或第二年小枝枯死，若大部分枝条枯死会引起全株枯死。

(2)花变枝叶型　花瓣变成小叶状，花蕊形成小枝，小枝腋芽继续抽生形成丛枝，花萼明显变薄，色淡无毛，花托分裂，花蕾变形，有越冬开花现象。

图8-2-3　泡桐丛枝病被害状

2. 病原识别

泡桐丛枝病是由一种比病毒大的微生物——植原体引起的。该病主要通过茎、根、病苗以及嫁接传播。在自然情况下，也可由烟草盲蝽、茶翅蝽在取食过程中传播。

3. 发病规律

植原体大量存在于韧皮部输导组织的筛管内。病原菌主要通过筛孔侵染全株。秋季随树液流向根部，春季又随树液流向树体上部。烟草盲蝽和茶翅蝽是传播泡桐丛枝病害的介体昆虫。带病种根和苗木的调运是病害远程传播的重要途径。泡桐的种子带病率极低或基本不带病，故用种子繁殖的实生苗及其幼树发病率很低，而用平茬苗繁殖的泡桐发病率显著增高。在相对湿度大、降雨量多的地区，一般发病较轻。一般白花泡桐、川桐和台湾泡桐较抗病，兰考泡桐、楸叶泡桐易感病。

(二)翠菊黄化病

此病是一种世界性病害，欧美及日本均有发生，我国北京、上海、天津、成都、济南等地也有发生，是翠菊的一种重要病害。也为害长春花、金鱼草等观赏植物。引起植株矮小萎缩、花小、变色等。对切花用品种影响最大。

1. 症状识别

病株最初沿幼叶叶脉开始黄化，不久全叶呈淡黄色，病叶狭窄，叶柄细长，叶芽增多，形成丛枝。病株矮小萎缩，病枝上的花瓣不同程度褪色。受害株不死掉，继续传染邻近植株。

2. 病原识别

病原为植原体。

3. 发病规律

植原体主要在多年生寄主上存活，如雏菊、天人菊、大车前和春白菊等，主要通过叶蝉、菟丝子和嫁接传播。种子和土壤不能传播。介体叶蝉取食病株获毒后，再取食健康植株时，就传播了病害。

(三)植原体病害防治措施

(1)加强植物检疫，防止危险性病害传播。

(2)园林技术措施防治　①栽植抗病品种或选用培育无毒苗、实生苗。②及时剪除病枝，挖除病株，可以减轻病害的发生。清除病原物越冬寄主是防治翠菊黄化病的重要手段。③在病枝基部进行环状剥皮，宽度为所剥部分枝条直径的1/3左右，以阻止植原体在树体内运行。

(3)药剂防治　①防治刺吸式口器昆虫(如蝽、叶蝉等)可喷洒22.4%螺虫乙酯悬溶剂2 000倍液、10%吡虫啉可湿性粉剂2 500倍液、0.5%藜芦碱可湿性粉剂600～800倍液、40%速扑杀乳油1 500倍液，可减少病害传染。②植原体引起的丛枝病可用四环素、土霉素、金霉素、氯霉素4 000倍液喷雾。

【任务实施】

园林植物原核生物病害识别

一、实施场所

教室、实验(训)室，校内、外实训基地。

二、实施目的及形式

识别当地主要园林植物细菌、植原体等病害的症状及病原形态。现场观察，为防治打基础。

以班级为单位组织教学。以小组为单位组织讨论、交流和实施。教师最后归纳总结。

三、材料与工具

细菌性根癌病、细菌性软腐病、细菌性叶斑病、枣疯病、泡桐丛枝病、竹丛枝病等病害的新鲜标本、干制标本;光学显微镜、放大镜、镊子、挑针、盖玻片、载玻片、擦镜纸、吸水纸、刀片、滴瓶、纱布、搪瓷盘、相关农药等。

参考资料:有关本地园林植物养护技术方案,书籍、彩色图谱等。

四、实施过程

(一)校内教学过程

教师为学生介绍园林植物原核生物病害如细菌性软腐病、细菌性根癌病、细菌性叶斑病、枣疯病等病害的分布与为害、症状识别、病原识别、发病规律及防治方法。

(二)校内外实训过程

(1)安排学生到校内外实训基地,仔细观察原核生物病害典型症状,采集典型病害症状标本。

(2)现场拍摄实物照片,并做到局部拍摄和全局拍摄相结合,个别危害情况和系统危害、全局危害相结合。

(3)现场调查。根据现场病害的危害情况,确定本地原核生物病害的主要类型和次要类型。初步了解其发病规律,为到图书馆和网上查阅资料做准备,为小组讨论做准备。

(三)校内实验实训过程

(1)实验实训前查阅资料,为小组讨论做准备。

(2)室内病害显微鉴定:结合田间调查、现场观察和经初步鉴定的病害标本,利用放大镜、显微镜等工具进一步鉴定。

(3)利用多媒体设备播放园林原核生物病害图片,和学生一起进行分类,培养学生鉴定病害的能力和水平。

(4)通过提问或课堂测试,检验学生对原核生物病害病状、病征、病原分类、发病规律以及防治方法的理解和认识程度。

(5)防治方案制订:根据田间调查,各小组制订某一植物原核生物病害的综合防治方案,提出切实可行的防治措施,并结合园林植物管理组织实施,定期检查防治效果。

五、注意事项

(1)实训前要做好资料与器具的准备,如园林植物病害彩色图谱、数码相机、手持放大镜、修枝剪、手锯、镊子、喷雾器、笔记本等。

(2)调查时,应抓住典型的症状特点,同时注意症状相似的病害,尤其是生理性病害的区分。

(3)病害标本的采集要力求全面,尽量采集到不同发病时期的标本,这样有利于病害的鉴定。病害标本的制作根据需要进行,一般叶类、花类制成蜡叶标本,枝干、根部制成浸渍标本等。

(4)保留典型的症状照片或片段。

(5)制订园林植物原核生物病害的综合防治方案时,内容应该全面,重视各种防治方法的综合运用。所选用的防治方法既要体现新颖性、创新性，又要结合生产实际，体现实用性。

六、作业

(1)列表描述你所观察病害的症状特征及病原菌的形态特征。

(2)绘出主要病害病原形态图。

(3)结合对本地区园林植物的观察和调查，调查园林植物原核生物病害的种类、分布与危害及其发病规律，在开展症状识别和病原形态观察的情况下，制订原核生物病害防治方案并进行试验。写出调查报告。

【任务评价】

任务评价考察标准分为基本能力、职业能力、岗位专业能力三部分。

基本能力、职业能力方面的要求参考项目一。

岗位专业能力：针对本项工作任务的具体要求与实施来考察。以个人考核为主。

(1)原核生物病害的症状与细菌病原形态识别。能准确描述所发生病害的症状与病原识别要点。

(2)原核生物病害发生情况调查。能描述出病害发生的种类与发生状况。

(3)原核生物病害综合防治方案的制订与实施。根据方案的现实可行性来评价。

【思考练习】

一、选择题

1. 根癌病一般在根部常表现为(   )。

A. 根结　　B. 根腐　　C. 根瘤　　D. 固氮根瘤

2. 病原细菌田间传播主要靠通过(   )等方式行传播。

A. 嫁接　　B. 灌溉水和雨水　　C. 昆虫　　D. 枝叶接触

3. 红掌细菌性叶斑病属于(   )。

A. 维管束侵染　　B. 局部侵染　　C. 直接穿透侵染

4. 天竺葵细菌性叶斑病在叶上引起病斑呈水渍状、多角形，说明(   )。

A. 细胞壁中毒溶解　　B. 细胞质没问题　　C. 维管束没问题

5. 引起园林植物丛枝症状的病原物可能是(   )。

A. 病毒　　B. 植原体　　C. 细菌　　D. 真菌

二、简答题

1. 园林植物上常见的软腐病有哪些？应怎样进行防治？

2. 如何有效开展植原体病害的防治？

【拓展资源】

枣疯病的发生与防治

工作任务三　园林植物病毒病害综合防治

【技能目标】

①理解当地园林植物病毒病害的症状诊断关键点。

②能根据病毒病害的发病规律制订切实可行的综合防治方法或综合治理方案。

③能利用手机等照相工具拍照并录像,并借助微信、QQ、抖音等平台进行交流比较。

【任务提出】

通过实地调查,从当地常见的园林植物病害症状表现分析判断,首先区分哪些是侵染性病害,再从侵染性病害的症状表现,结合病状特点和病征识别点判断哪些病害属于病毒病害,在园林植物管理人员协助下,通过走访、调查、统计和分析,总结当地园林植物病毒病害有哪些类别,发病规律如何,制订措施或方案并开展有效的综合防治。

【任务分析】

本任务结合对当地园林植物的观察和调查,了解园林植物病毒病害的种类、分布与危害、症状识别及其发病规律,以及病毒病害的综合防治方法等。

【相关知识】

我国常见的花卉或其他植物上,几乎都有病毒病发生,同时一种病毒病可感染几种至几十种上百种不同植物,其中一些已成为生产上的严重问题。

植物病毒病害几乎都属于系统性病害,先局部发病,后在全株出现病变和症状。病毒病害的症状变化很大,同一病毒引起的病害在不同的寄主或品种上都有所不同,有的可不表现症状,成为无症带毒者,有的在高温或低温下成为隐症。同时病毒常发生复合感染;或由于寄主的生育期不同,幼苗往往发病重,症状显著,生长期病轻或不表现症状,因此单靠症状很难鉴别病毒种类。当然进一步的鉴定还要用电镜和血清学的方法。植物病毒病没有病征,易同生理病害相混淆,但前者多呈点状分布,后者较集中呈片状发生。病毒没有主动侵入寄主的能力,只能从机械伤口或传播介体所造成的伤口侵入(产生微伤而又不使细胞死亡);多数病毒在自然条件下借介体传播,主要是蚜虫、叶蝉及其他昆虫;其次是土壤中的线虫和真菌。传播的另一重要途径是无性繁殖材料,这在观赏植物中更为突出,病毒通过接穗、块根、块茎、鳞茎、压条、根蘖、插条而广为传播;其他传播途径还有种子、花粉等。豆科、葫芦科、菊科植物种子传病毒比较普遍。

一、花卉类病毒病

(一)美人蕉花叶病

美人蕉花叶病分布十分广泛。我国上海、北京、杭州、成都、武汉、哈尔滨、沈阳、福州、珠海、厦门等地均有该病发生。病毒病是美人蕉上的主要病害。得病植株矮化,花少、花小;叶片着色不匀,撕裂破碎,丧失观赏性。

图 8-3-1 美人蕉花叶病

1. 症状识别(图 8-3-1)

该病侵染美人蕉的叶片及花器。发病初期,叶片上出现褪绿色小斑点,或呈花叶状,或有黄绿色和深绿色相间的条纹,条纹逐渐变为褐色坏死,叶片沿着坏死部位撕裂,叶片破碎不堪。某些品种上出现花瓣杂色斑点和条纹。发病严重时心叶畸形、内卷呈喇叭筒状,花穗抽不出或很短小,其上花少、花小;植株显著矮化。

2. 病原识别

黄瓜花叶病毒是美人蕉花叶病的病原。病毒粒体为20面体,直径 28～30 nm,钝化温度为 70 ℃,稀释终点为 10^4,体外存活期为 3～6 d。另外,有关部门还从花叶病病株内分离出美人蕉矮化类病毒,初步鉴定为黄化类型症状的病原物。

3. 发病规律

黄瓜花叶病毒在有病的块茎内越冬。该病毒可以由汁液传播,也可以由棉蚜、桃蚜、玉米蚜、马铃薯长管蚜、百合新瘤额蚜等做非持久性传播,由病块茎做远距离传播。黄瓜花叶病毒寄主范围很广,能侵染 40～50 种花卉(如唐菖蒲花叶病)。美人蕉品种对花叶病的抗性差异显著。大花美人蕉、粉叶美人蕉、普通美人蕉均为感病品种;红花美人蕉抗病,其中的“大总统”品种对花叶病是免疫的。蚜虫虫口密度大,寄主植物种植密度大,枝叶相互摩擦发病均重。美人蕉与百合等毒源植物为邻,杂草、野生寄主多,均加重病害的发生。挖掘块茎的工具不消毒,也容易造成有病块茎对健康块茎的感染。

(二)郁金香碎色病

别名郁金香白条病。这是一种世界性病害,各郁金香产区都有发生。除为害郁金香外,还为害很多种百合、水仙、风信子等花卉。上海种植的郁金香大多由荷兰进口,有些品种碎色病发病率高达 90%以上,有些品种达 20%左右。郁金香碎色病是造成郁金香种球退化的重要原因之一。

图 8-3-2 郁金香碎色病

1. 症状识别(图 8-3-2)

症状主要表现在花上。花瓣产生深浅不同的颜色变化,这种变化使花瓣表现为镶色,人们称为“碎色”。叶片也可受害,郁金香叶片出现浅绿色或灰白色条斑,有时形成花叶;在红色或紫色品种上产生碎色花,花瓣上形成大小不等淡色斑点或条斑,这往往增加了观赏价值;历史上曾经误将这种得病植株作为新的良种栽培,同时导致该病广泛传播。在淡色或白色花的品种上,其花瓣碎色症状并不明显,这是花瓣本身缺少花色素的缘故;根部也可发生,使鳞茎变小,花期推迟;严重影响其正常生长和观赏价值。严重时植株生长不良。郁金香碎色病毒为害麝香百合时产生花叶或无症状。

2. 病原识别

引起郁金香碎色病的病原为郁金香碎色病毒，病毒粒子僵硬至弯曲，大小为 700 nm×(12～13) nm。

3. 发病规律

郁金香碎色病毒由汁液或蚜虫进行非持久性传毒。该病毒能在病鳞茎内越冬，成为来年侵染源；此病毒可以为害多种郁金香及很多种百合。台湾百合和麝香百合是郁金香碎色病毒的诊断寄主。在自然栽培的情况下，重瓣郁金香往往比单瓣郁金香更易感病。

(三)菊花矮化病

菊花矮化病也称矮缩病、丛矮病，是一种世界性病害，此病分布范围很广，在国外发生很普遍，美国、加拿大、澳大利亚、欧洲许多国家都有报道。目前，我国只有个别地方发生，如在上海、广州、常德、杭州等。该病是菊科植物上的一种重要病害。在美国和加拿大的一些花圃中发病率高达 50%～100%。20 世纪 40 年代中期该病在美国大流行，使许多花商破产。该病在我国有潜在的危险性。

1. 症状识别

菊花矮化病是系统性症状。叶片和花朵变小、植株矮化，是该病的典型症状。粉色花和红色花品种色泽减退，花瓣透明。与光线不足、遮阴栽培的情况相似。病株比健株抽条早、开花早。某些品种还有腋芽增生和匍匐茎增多的现象。许多品种的叶片上出现黄斑，或叶脉上出现黄色线纹等症状。

2. 病原识别

菊花矮化类病毒是菊花矮化病的病原。类病毒是低分子量的核糖核酸，比病毒还小。类病毒有高度的热稳定性和侵染性。钝化温度为 96～100 ℃；稀释终点为 10^4～10^5。粗汁液的侵染活性在 18.3 ℃下能保持 6 周，在 3 ℃下能保持 100 d，在冷冻叶中保持 1 年，在干燥叶片中保持 2 年以上。

3. 发病规律

类病毒可以在病植物体内及落叶上越冬；类病毒自伤口侵入；菊花感染类病毒后，不是很快就产生症状，一般 6～8 月才表现症状(潜育期长，为 6～8 个月)。类病毒可通过嫁接、修剪、汁液、种子及菟丝子传播。机械传播占 56%，种子传播占 11%。类病毒在干燥的病落叶中存活 2 年以上。该种类病毒仅侵染菊科植物，许多菊花都易感病，如野菊及其他种类的菊花、瓜叶菊、千里光属植物，还有大叶苣荬菜、百日草等植物。

(四)花卉类病毒病防治措施

(1)严格植物检疫。

(2)园林技术措施防治　①对美人蕉花叶病，秋大挖掘块茎时，把地上部分有花叶病症状的块茎弃去；生长季节发现病株应立即拔除销毁，清除田间杂草等野生寄主植物；用美人蕉布景时，不要把美人蕉和其他的寄主植物混合配置，如唐菖蒲、百合等。②对郁金香碎色病，注意选择和保存无病毒植株作繁殖材料，可在防虫室或隔离温室里播种无毒种球来繁殖。采用严格卫生措施，尽可能减少病毒的再次感染。繁殖无病毒的繁殖材料，采用茎尖培养脱毒和组织培养繁殖无毒苗。单瓣郁金香品种往往比重瓣的抗病。挖收时，将带病的鳞茎、叶片，集中焚毁，并对附近土壤打扫干净，彻底消毒；铲除杂草，减少侵染源。消灭传染介体，如昆虫、线虫和真菌等。在管理操作过程中，注意人手和工具的消毒，以减少汁液接触传染；注意与百合科植物隔离栽培，以免互相传染。田间种植期间，及时除去重病株和瘦弱退化株并烧毁；极易通过摘头、采花等农事操作而引起汁液传播。因此，注意田间卫生，注意操作传毒，以减轻病害发生。在菊花的整枝、摘心、剪切等日常管理中，要注意工具、手的消毒；减少侵染来源，清除有病的枯落叶，及时拔除田间的病株及野生寄主，注意清除菊花栽培区四周有矮黄症状的野菊、杂草及杀灭菟丝子，特别是携带此类病毒的寄主植物。

(3)物理防治　繁育无毒苗木，从健康植株上采条扦插。有病株或可疑病株不能作繁殖材料。对外表健康、生长旺盛的植株进行 2 次挑选；扦插枝条用手折断不用刀切断。有病植株在 36 ℃热风中处理 4 周可以康复。

(4)药剂防治　①对美人蕉花叶病，防治传毒蚜虫，可以定期地喷洒吡虫啉、莫比朗等杀虫剂。②对郁金香碎色病，蚜虫对郁金香为害甚大，为防止蚜虫飞袭并传染病害，可用防虫网隔离，或用 25％吡虫啉可湿性粉剂 1 500～2 000 倍液喷雾，以减少蚜虫传毒机会。每半月用 20％病毒 A 可湿粉剂 500 倍液、5％菌毒清水剂 500 倍液、1.5％植病灵水剂 800 倍液喷洒；鳞茎贮藏前，用 80％敌敌畏乳油 80 倍液喷洒贮藏地点和器具等，或用吡虫啉喷洒，杀死存在的蚜虫，以防传毒。

二、林木类病毒病

(一)杨树花叶病毒病

杨树花叶病毒病是一种世界性病害，分布在北京、江苏、山东、河南、甘肃、四川、青海、陕西、湖南；发病后很难防治。病叶较正常叶短 1/2，且氮、磷、钾含量明显降低。幼苗高、粗，生长受阻，幼树生长量至少降低 30％。严重发病的植株木材密度和强度降低，木材结构也发生异常。近年来，随着国外杨树品种的不断引进和推广，我国局部地区已有该病发生。我国曾在从意大利引进的 I-63/51、I-69/51、I-72/58 和加龙等杨树品种上发现带有花叶病毒。

1.症状识别

该病初期于 6 月上、中旬在有病植株下部叶片上出现点状褪绿，常聚集为不规则少量橘黄色斑点，至 9 月份，从下部到中上部叶片呈明显症状：边缘褪色发焦，沿叶脉为晕状，叶脉透明，叶片上小支脉出现橘黄色线纹，或叶面布有橘黄色斑点；主脉和侧脉出现紫红色坏死斑(也称枯斑)；叶片皱缩、变厚、变硬、变小，甚至畸形，提早落叶。叶柄上也能发现紫红色或黑色坏死斑点，叶柄基部周围隆起。顶梢或嫩茎皮层常破裂，发病严重植株枝条变形，分枝处产生枯枝，树木明显生长不良。高温时叶部隐症。

2.病原识别

该病毒属于香石竹潜隐病毒组。病毒粒子线条状。该病毒有耐高温的特性，致死温度在 75～80 ℃，稀释终点 10^4，体外存活时间不超过 7 d(以病毒粗提液在室温下保存)。

3.发病规律

该病主要靠杨树无性繁殖或嫁接侵染传播，摩擦汁液接种也能使一些杨树发病。在杨树体内为系统侵染，杨树所有的组织如形成层、韧皮部和木质部等均受侵染。

(二)林木类病毒病防治措施

(1)严格植物检疫 加强管理,加强检疫和预测预报,控制苗木蚜虫为害,消除病株。这是防治杨树花叶病毒病的重要手段。产地检疫中发现疫情,喷施0.1%~0.3%硫酸锌溶液,用药量为0.75~2.25 kg/hm^2,或将感病植株周围1~3 m范围内的植株全部拔除销毁。

(2)园林技术措施防治 控制苗木蚜虫为害,及时消除病株;在苗木培育阶段,必须严格控制蚜虫,减少传播媒介,减轻病害程度,避免苗木带毒大面积扩散。发现带毒病株及时清除,集中销毁,减少毒源;清除杂草,减少蚜虫栖息的场所,以减少传毒媒介的密度。

(3)药剂防治 在集中培育苗木的地区,采用物理方法防治蚜虫,如使用银灰色塑料膜,或用无毒高脂膜浓乳剂200倍液喷布。遇蚜虫发生,用70%噻虫嗪水分散粒剂2 000倍液、10%吡虫啉可湿性粉剂3 000倍液、50%抗蚜威可湿性粉剂4 000~5 000倍液或选择其他高效、低毒的药剂喷雾,杀灭蚜虫。

【任务实施】

园林植物病毒病症状识别

一、实施场所

教室、实验(训)室,校内、外实训基地。

二、实施目的及形式

识别当地主要园林植物病毒病害的症状。亲临现场观察,为防治打基础。

以班级为单位组织教学。以小组为单位组织讨论、交流和实施。教师最后归纳总结。

三、材料与工具

杨树花叶病、美人蕉花叶病、香石竹病毒病,郁金香碎色病,菊花矮化病等病害的新鲜标本、干制标本;光学显微镜、放大镜、镊子、挑针、盖玻片、载玻片、擦镜纸、吸水纸、刀片、滴瓶、纱布、搪瓷盘、相关农药等。

参考资料:有关当地园林植物养护技术方案,参考书籍、彩色图谱,各相关网址等。

四、实施过程

(一)校内教学过程

教师为学生介绍杨树花叶病、美人蕉花叶病、香石竹病毒病、郁金香碎色病、菊花矮化病等园林植物病毒病害分布与为害、症状识别、发病规律及防治方法。

(二)校内外实训过程

(1)安排学生到校内外实训基地,仔细观察病毒病害的典型症状,采集典型病害症状标本。

(2)现场拍摄实物照片,并做到局部拍摄和全局拍摄相结合,个别为害情况和系统为害、全局为害相结合。

(3)现场调查。根据现场病害的危害情况,确定当地病毒病害的主要类型和次要类型。初步了解其发病规律,为到图书馆和网上查阅资料做准备,为小组讨论做准备。

(三)校内实验实训过程

(1)实验实训前查阅资料,为小组讨论做准备。

(2)室内病害显微鉴定:结合田间调查、现场观察和经初步鉴定的病害标本,利用放大镜、显微镜等工具和资料进一步鉴定。

(3)利用多媒体设备播放园林病毒病害图片，和学生一起将其分类，培养学生图片鉴定病害的能力和水平。

(4)通过课堂现场提问或课堂测试，检验学生对病毒病害病状、病征、病原分类、发病规律以及防治方法的理解和认识程度。

(5)防治方案制订：根据田间调查，各小组有目标地制订某一植物病毒病害的综合防治方案，提出切实可行的一步步实施防治措施，并结合园林植物管理组织实施，定期检查防治效果。

五、注意事项

(1)实训前要做好资料与器具的准备，如园林植物病害彩色图谱、数码相机、手持放大镜、修枝剪、手锯、镊子、喷雾器、笔记本等。

(2)调查时，应抓住典型症状特点，同时注意与症状相似病害尤其是生理性病害的区分。

(3)病害标本的采集要力求全面，尽量采集到不同发病时期的标本，这样有利于病害的鉴定。病害标本的制作根据需要进行，一般叶类、花类制成蜡叶标本等。

(4)学会基本照相和录像技术，特别是手机照相技术，保留典型的症状照片。

(5)制订园林植物病毒病害的综合防治方案时，内容应该全面，重视各种防治方法的综合运用。所选用的防治方法既要体现新颖性，又要结合生产实际，体现实用性。

六、作业

(1)列表描述你所观察园林植物病毒病害的症状特征。

(2)结合对当地园林植物病毒病害的观察，调查病毒病害种类、分布与为害及其发病规律，在开展症状识别的情况下，制订病毒病害防治方案并进行试验。写出调查报告。

【任务评价】

任务评价考察标准分为基本能力、职业能力、岗位专业能力三部分。

基本能力、职业能力方面的要求参考项目一。

岗位专业能力：针对本项工作任务的具体要求与实施来考察。以个人考核为主。

针对园林植物病毒病害的症状识别、病害发生情况调查、病害综合防治方案的制订与实施来考察。

(1)病毒病害的症状识别。能准确描述所发生病害的症状识别要点。

(2)病毒病害发生情况调查。能描述出病害发生的种类与发生状况。

(3)病毒病害综合防治方案的制订与实施。根据方案的现实可行性来评价。

【思考练习】

一、选择题

1. 以下病害由病毒引起的是(　　)。

A. 桃缩叶病　　B. 菊花矮化病　　C. 杜鹃饼病　　D. 藻斑病

2. 郁金香碎色病的病原为(　　)。

A. 真菌　　B. 细菌　　C. 病毒　　D. 植原体

3. 植物病毒病害属于(　　)病害。

A. 系统病害　　B. 局部病害　　C. 外表病害

4. 植物病毒病害病状属于(　　)。

A. 有病状有病征　　B. 有的显性有的隐性　　C. 仅有病状

5. 下列植物病毒病害病状描述中最准确的是(　　)。

A. 美人蕉花叶病有花叶型、坏死型、畸形　　B. 杨树花叶病毒病仅有花叶型

C. 郁金香碎色病有坏死型　　D. 菊花矮化病仅有畸形

E. 香石竹病毒病仅有花叶型、畸形

二、简答题

病毒病为什么难以防治？防治的关键点有哪些？

工作任务四　园林植物线虫等病害综合防治

【技能目标】

①学会园林植物线虫病害、寄生性种子植物病害以及其他侵染性病害的症状诊断关键点，能根据所见病害的病状特点和病征识别点判断该病害属于哪一种病害。

②能根据病害的发病规律制订切实可行的综合防治方法或综合治理方案。

③能利用手机等工具拍照或录像，并借助微信、QQ、抖音等平台进行交流比较。

【任务提出】

通过实地调查，观察当地常见的园林植物病害症状表现，首先区分哪些是侵染性病害；再从侵染性病害的症状表现，结合病状特点和病征识别点判断哪些病害属于线虫病害，哪些是寄生性种子植物病害以及其他侵染性病害。在园林植物管理人员指导下，通过走访和调查、统计和分析，总结当地园林植物线虫病害、寄生性种子植物病害以及其他侵染性病害有哪些类别，发病规律如何，制订措施或方案并开展有效的综合防治。

【任务分析】

结合对当地园林植物的观察和调查，熟悉并理解园林植物线虫病害、寄生性种子植物病害和其他侵染性病害的种类、分布与为害、症状识别、病原形态及其发病规律，以及综合防治方法等。

【相关知识】

一、花卉类线虫病

(一)仙客来根结线虫病

仙客来根结线虫病在我国发生普遍，使植株生长受阻，严重时全株枯死。本病寄主范围很广，除仙客来外，还可为害桂花、海棠、仙人掌、菊、大理菊、石竹、大戟、倒挂金钟、栀子、非洲菊、唐菖蒲、木槿、绣球花、鸢尾、香豌豆、天竺葵、矮牵牛、蔷薇、凤尾兰、旱金边、堇菜、百日草、紫菀、凤仙花、马蹄莲、金盏花等。

1. 症状识别(图 8-4-1)

该线虫侵害仙客来球茎及根系的侧根，在球茎上形成大的瘤状物，直径可达 1～2 cm。侧

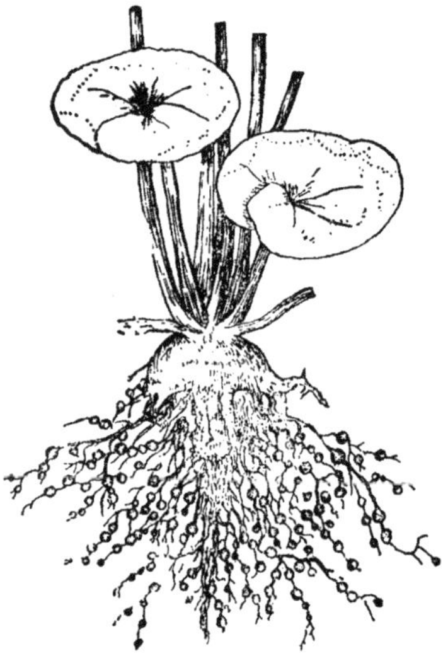

图 8-4-1　仙客来根结线虫为害状

根的瘤较小，一般单生。根瘤初为淡黄色，表皮光滑，以后变为褐色，表皮粗糙。若切开根瘤，则在剖面上可见有发亮的白色点粒，此为梨形的雌虫体。严重者根结呈串珠状，须根减少，地上部分植株矮小，生长势衰弱，叶色发黄，树枝枯死，以致整株死亡。症状有时与生理病害相混淆。根结线虫除直接为害植物外，还使植株易受真菌及细菌的为害。

2.病原识别

根结线虫属南方根结线虫、花生根结线虫、北方根结线虫、爪哇根结线虫。在我国，仙客来上以前两种病原发生普遍。

3.发病规律

病土和病残体是最主要的侵染来源。病土内越冬的二龄幼虫，可直接侵入寄主的幼根，刺激寄主中柱组织，引起巨型细胞的形成，并在其上取食，于是受害的根肿大而成虫瘿(根结)。但也可以卵越冬，翌年环境适宜时，卵孵化为幼虫，入侵寄主。幼虫经4个龄期发育为成虫，随即交配产卵，孵化后的幼虫又再侵染。在适宜条件下(适温20～25 ℃)线虫完成1代仅需17 d左右，长者1～2个月，1年可发生3～5代，温度较高，多湿通气的沙壤土发病较重。线虫可通过水流、病肥、病种苗及农事作业等方式传播。该线虫随病残体在土中可存活2年。

(二)菊花叶枯线虫病

广泛分布于全世界，在我国河北、上海、河南、安徽、江西、江苏、广东、广西、浙江、湖南、四川、云南、福建等地均有发生。主要为害菊花叶片，还为害翠菊、大丽菊、牡丹、百日草、马鞭草等植物。

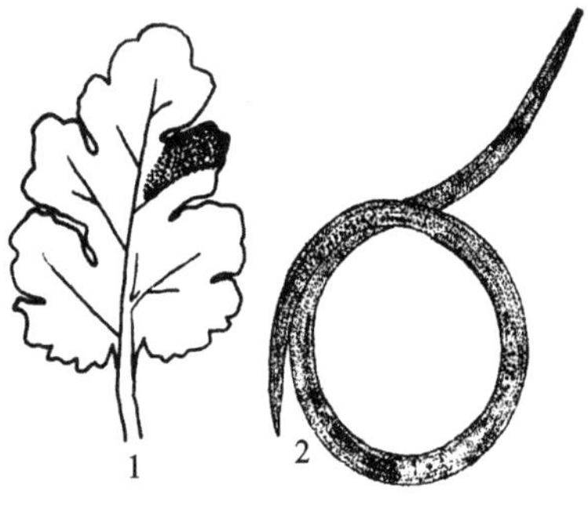

图 8-4-2　菊花叶枯线虫病

1.症状　2.病原线虫雌虫

1.症状识别

主要为害叶片，也能侵染花芽和花。菊叶受害后，叶色变淡，并有淡黄色至黄褐色斑，或为叶脉限制而形成其他形状的坏死斑纹，最后叶片卷缩、凋萎，并沿茎干下垂。菊花受害严重时，花不发育，即使开花，也长得细小畸形；花芽、花蕾干枯或退化，植株外形萎缩。

2.病原识别(图8-4-2)

病原为里泽马斯博滑刃线虫，俗称菊花叶枯线虫。

3.发病规律

菊花叶枯线虫具有寄生多种野生植物的能力，能长期生活在菊花残留青株的地上部分，甚至在极小的残叶上，还可在土壤中存活6～7个月。整个发育周期在被害组织内完成。只要温度适宜，全年都可繁殖，在足够的湿度和22～25 ℃适温范围内，整个发育阶段都有很大的活动性。如在天气潮湿、植株叶面有水滴时则更加活跃。

一般通过水滴、灌溉水和被害的叶、花、茎、扦插条以及土壤等传播，从叶面气孔钻入组织内为害。在广州，该病每年 10—11 月较为严重。

(三)花卉类线虫病防治措施

(1)严格植物检疫　防止根结线虫扩展、蔓延，不让病菌及其繁殖材料传入无病区。繁殖材料应选用无病健康的插条，工作时不使用与病原体、病土接触过的未经消毒的工具。

(2)园林技术措施防治　①对仙客来根结线虫病，在有根结线虫发生的圃地，应避免连作感病寄主，应与松、杉、柏等不感病的树种轮作 2～3 年。圃地深翻或浸水 2 个月可减轻病情。②对菊花叶枯线虫病，摘除病叶、病芽、病花和花蕾集中销毁。种过有病植株的土壤和花盆可用福尔马林熏蒸，或用加热处理法消毒。病土不可随处抛弃。已消毒过的盆、土，最好不要栽培易感病的花卉。

(3)物理防治　①盆土物理处理。炒土或蒸土 40 min，注意加温勿超过 80 ℃，以免土壤变劣。②在夏季高温季节进行暴晒，在水泥地上将土壤摊成薄层，白天暴晒，晚上收集后用塑料膜覆盖，反复暴晒 2 周，其间要防水浸，避免污染。

(4)药剂防治　①对花卉根结线虫病，用 1%阿维菌素颗粒剂 22.5 kg/hm^2 沟施或穴施。②对仙客来根结线虫病，盆土药剂处理，可将 1%阿维菌素颗粒剂施入花盆中。该药可在植物生长季节使用，不会产生药害。③对菊花叶枯线虫病，病区的土壤在种植前，可选用福尔马林 50 倍液 6 kg/m^2 进行土壤消毒。定期用 1%阿维菌素颗粒剂施根附近的土壤中。

二、林木类线虫病

(一)松材线虫病

松材线虫病原产北美洲，广泛分布于日本、美国、加拿大、德国、韩国和墨西哥等国。1982 年在我国江苏南京中山陵首次发现，以后相继在江苏、安徽、湖北、湖南、广东和浙江等地迅速蔓延成灾，几乎毁灭了香港广泛分布的马尾松林。松材线虫病是松树的一种极其严重的毁灭性病害，被称为松树的“癌症”。松材线虫病寄主种类较多，主要以松树为主，我国以黑松和马尾松受害最重，另外还为害云杉、冷杉等。

1. 症状识别

此病显著的特征是，被侵染的松树针叶失绿，并逐渐黄萎枯死，变红褐色，最终全株枯萎死亡。但针叶长时间不脱落，有时直至翌年夏季才脱落。从针叶开始变色至全株死亡约 30 d。外部症状的表现，首先是树脂分泌减少至完全停止分泌，蒸腾作用下降，继而边材水分迅速降低。病树大多在 9 月至 10 月上、中旬死亡。

2. 病原识别(图 8-4-3)

本病是由线虫纲垫刃目滑刃科伞滑刃属的松材线虫引起。两性成虫体细长，幼虫似成虫。

3. 发病规律

松材线虫近距离传播主要靠松褐天牛，每头天牛成虫体上平均带有上万条线虫。每年 5—7 月，当松褐天牛的成虫飞往松树梢上取食，进行补充营养和产卵时，线虫即从天牛咬食的树皮伤口处侵入树体内，在树脂管内开始增殖，并向其他部位扩散，连续以每 4～6 d 1 代的速度大量繁殖。8—9 月高温季节，被侵染的松树开始出现症状，并迅速枯死。松材线虫还可随

1　　2

图 8-4-3　松材线虫病

1.雄成虫　2.雌成虫

采伐的病树原木及其制品，远距离传播到无病区，这些带有线虫的病树木材，往往是最初的侵染源。

高温低湿有利于病害的发生。接种实验证明，在 15 ℃以下其不表现症状，30 ℃以下发病，并迅速死亡。干燥缺水促进松树枯萎，加速死亡。在自然界以气候温暖、海拔较低及干燥缺水的地区发病严重。

松树品种间的抗病性有较明显的差异。日本黑松、赤松、琉球松、华山松、云南松等高度感病。黄山松、樟子松、粤松和乔松比较抗病。

(二)林木类线虫病防治措施

(1)严格植物检疫　松材线虫病是国内外重大危险性检疫对象，人工伐除病死树，防止疫区木材携带线虫或天牛扩散传播。严禁将疫区内的病死木材外运和输入无病区。在引种时要注意检查，防止线虫的传播。

(2)园林技术措施防治　培育健壮树势，增强抗病能力。

(3)物理防治　同时重视从健康的母株上采取繁殖材料，引种时还可进一步进行热水处理，把用于繁殖的部位浸泡在热水中(水温 50 ℃时，浸泡 10 min；水温 55 ℃时，浸泡 5 min)，可杀死线虫，而不伤寄主。

(4)药剂防治　①清除传播媒介松褐天牛。5 月在天牛羽化始期和盛期，各喷 1 次 0.5% 杀螟松乳油(每株用药 2～3 kg)，秋季(10 月以前)当天牛幼虫尚未蛀入木质部以前，喷 1%杀螟松乳剂或油剂可杀死树皮下的天牛幼虫。也可袋装熏蒸杀灭松褐天牛，或利用天敌管氏肿腿蜂防治天牛。

②熏蒸处理松材线虫病，应对原木及板材进行化学或物理方法处理，用溴甲烷 40～60 g/m^3 熏蒸，或放入水中浸泡 100 d，杀虫效果可达 80%。

③对庭院、公园、风景区及行道树等散生树种、古松名木，可用阿维菌素等内吸杀线虫剂进行根埋，或注射树干。

【任务实施】

园林植物病原线虫病害、寄生性种子植物病害等其他侵染性病害识别

一、实施场所

教室、实验(训)室，校内、外实训基地。

二、实施目的及形式

识别当地主要园林植物线虫病害、寄生性种子植物病害以及其他侵染性病害的症状及病原形态。亲临现场观察，为防治打基础。

以班级为单位组织教学。以小组为单位组织讨论、交流和实施。教师最后归纳总结。

三、材料与工具

根结线虫病、松材线虫病、菟丝子、葡萄毛毡病等病害的新鲜标本、干制标本；光学显微镜、

放大镜、镊子、挑针、盖玻片、载玻片、擦镜纸、吸水纸、刀片、滴瓶、纱布、搪瓷盘、相关农药等。

参考资料：有关本地园林植物养护技术方案，参考书籍、彩色图谱等。

四、实施过程

（一）校内教学过程

教师为学生介绍园林植物线虫病害、寄生性种子植物病害以及其他侵染性病害的分布与为害、症状识别、病原识别、发病规律及防治方法。

（二）校内外实训过程

(1)安排学生到校内外实训基地，仔细观察线虫病害、寄生性种子植物病害以及其他侵染性病害的典型症状，采集典型病害症状标本。

(2)现场拍摄实物照片，并做到局部拍摄和全局拍摄相结合，个别为害情况和系统为害、全局为害相结合。

(3)现场调查。根据现场病害的为害情况，确定当地线虫病害、寄生性种子植物病害以及其他侵染性病害的主要类型和次要类型。初步了解其发病规律，为到图书馆和网上查阅资料，为小组讨论做准备。

（三）校内实验实训过程

(1)实验实训前查阅资料，为小组讨论做准备。

(2)室内病害显微鉴定：结合田间调查、现场观察和经初步鉴定的病害标本，利用放大镜、显微镜等工具进一步鉴定。

(3)利用多媒体设备播放园林线虫病害、寄生性种子植物病害以及其他侵染性病害图片，指导学生将其分类，培养学生鉴定病害的能力和水平。

(4)通过课堂现场提问或课堂测试，检验学生对线虫等病害病状、病征、病原分类、发病规律以及防治方法的理解和认识程度。

(5)防治方案制订：根据田间调查，各小组有目标地制订某一植物线虫病害、寄生性种子植物病害以及其他侵染性病害的综合防治方案，提出切实可行的一步步实施防治措施，并结合园林植物管理组织实施，定期检查防治效果。

五、注意事项

(1)实训前要做好资料与器具的准备，如园林植物病害彩色图谱、数码相机、手持放大镜、修枝剪、手锯、镊子、喷雾器、笔记本等。

(2)调查时，应抓住典型症状特点，同时注意与症状相似的病害尤其是生理性病害区分。

(3)病害标本的采集要力求全面，尽量采集到不同发病时期的标本，有利于病害的鉴定。病害标本的制作根据需要进行，一般叶类、花类制成蜡叶标本，枝干、根部制成浸渍标本等。

(4)学会基本照相技术，特别是手机照相技术，保留典型的症状照片。

(5)制订园林植物线虫病害等的综合防治方案时，内容应该全面，重视各种防治方法的综合运用。所选用的防治方法既要体现新颖性，又要结合生产实际，体现实用性。

六、作业

(1)列表描述你所观察的病害的症状特征及病原菌的形态特征。

(2)绘出主要病害病原形态图。

(3)结合对当地园林植物的观察和调查，调查园林植物线虫等病害的种类、分布与为害及其发病规律，在开展症状识别和病原形态观察的情况下，制订线虫等病害防治方案并进行试验。写出调查报告。

【任务评价】

任务评价考察标准分为基本能力、职业能力、岗位专业能力三部分。

基本能力、职业能力方面的要求参考项目一。

岗位专业能力：针对本项工作任务的具体要求与实施来考察。以个人考核为主。

(1)线虫病害、寄生性种子植物病害以及其他侵染性病害的症状与病原形态识别。能准确描述所发生病害的症状与病原识别要点。

(2)线虫病害、寄生性种子植物病害以及其他侵染性病害发生情况调查。能描述出病害发生的种类与发生状况。

(3)线虫病害、寄生性种子植物病害以及其他侵染性病害综合防治方案的制订与实施。根据方案的现实可行性来评价。

【思考练习】

一、选择题

1. 仙客来根结线虫病一般在根部常表现为(　　)。

A. 根结　　B. 根腐　　C. 根瘤　　D. 固氮根瘤

2. 根结线虫田间传播主要靠通过(　　)等方式行传播。

A. 嫁接　　B. 灌溉水　　C. 昆虫　　D. 枝叶接触

3. 菊花叶枯线虫病能侵染(　　)。

A. 维管束　　B. 叶　　C. 根

4. 当松褐天牛成虫飞往松树梢上取食产卵时，线虫即从伤口处侵入树体(　　)。

A. 侵染维管束　　B. 不侵染维管束　　C. 只在局部侵染

5. 控制园林植物线虫病的最好办法是(　　)。

A. 热水处理　　B. 熏蒸处理　　C. 药剂防治　　D. 植物检疫

二、判断题

1. 中国菟丝子可以茎寄生方式寄生在一串红等草本花卉上。(　　)

2. 日本菟丝子可以全寄生方式寄生在杜鹃、山茶花、木槿、紫丁花、榆叶梅及垂柳、白杨、银杏、法国冬青、榆树等多种花灌木和绿化树种上。(　　)

3. 菟丝子以茎缠绕在寄生植物的茎部，并以吸器伸入寄生植物茎或枝干内与其导管和筛管相连，导致被害花木发育不良。(　　)

4. 桑寄生寄生在受害花灌木和树木干上的植株非常明显，夺走了部分无机盐和水分，并对寄主产生毒害作用，导致受害花木叶片变小，提早落叶。(　　)

5. 桑寄生可使花木树干受害处最初略为肿大，以后逐渐形成瘤状，木质部纹理也受到破坏，严重时全株枯死。(　　)

6. 桑寄生、槲寄生种子萌发后在胚根尖端与树皮接触处形成吸盘，并分泌消解素，自伤口或无伤体表以初生吸根钻入寄生枝条皮层达木质部。(　　)

7. 桑寄生、槲寄生以半寄生方式常危害山茶、石榴、木兰、蔷薇、榆树、山毛榉及杨柳科等植物。（ ）

8. 藻类病害，同根结线虫病害一样，能降低寄主植物的光合作用，使植株生长不良。（ ）

9. 藻类病害，在叶片上表现绿色圆斑，说明藻类不依靠寄主植物而能独立生活，因而也不对植物产生危害。（ ）

10. 藻类病害在潮湿条件下产生，由风雨传播。（ ）

11. 毛毡病高温、干旱条件下易发生和迅速传播。（ ）

12. 毛毡病病斑凹陷，叶表隆起呈泡状，因而属于畸形症状。（ ）

三、简答题

1. 园林植物线虫病应怎样进行防治？

2. 北方园林植物上常发生寄生性种子植物为害有哪些类型？试述其发生特点和防治方法。

3. 藻类病害的为害特点是什么？

4. 葡萄毛毡病的诊断标志是什么？

5. 简述山茶藻斑病的症状特点。

6. 简述葡萄毛毡病的病原及防治方法。

7. 结合所学知识，分析一下目前在南方园林植物中比较严重的其他侵染性病害类型是什么？发生原因及如何应对？

【拓展资源】

园林植物寄生性种子植物病害介绍

藻、苔藓、地衣对园林植物的危害及其防治

案例分析

山东省平邑县菟丝子局部地区严重发生

菟丝子在全国29个省（自治区、直辖市）的部分县市发生，在山东省的17个地级市中有9个市29个县区有菟丝子分布。

菟丝子在山东省平邑县前几年只是零星在山野荒地的杂草灌木上发生，农田虽偶有发生，多被人工拔除，对农业生产未构成威胁。随着农产品贸易往来和种子苗木交流日益频繁，特别是平邑县创建省级园林城市以来，加大了园林绿化面积，菟丝子发生情况有所增加。

据调查，在个别学校及个别高速入口附近绿化带草坪三叶草上均发现菟丝子为害特别严重，使原本郁郁葱葱的草坪大面积枯死。花卉苗木受害时，枝条被寄生物缠绕而生缢痕，生长不良，树势衰弱，观赏效果受影响。严重时嫩梢和全株枯死，成株受害。由于菟丝子生长迅速而繁茂，极易把整个树冠覆盖，不仅影响花卉苗木叶片的光合作用，且营养物质被菟丝子所夺取，致使叶片黄化易落，枝梢干枯，长势衰弱，轻则影响植株生长和观赏效果，重则致全株死亡。尤为重要的是菟丝子当时正处于开花结实期，种子随土壤、肥料、灌溉水、风力、人类活动侵入农田，将严重危害农业生产安全。

问题：试分析山东省平邑县菟丝子局部地区严重发生的原因。

工作任务五　园林植物生理性病害综合防治

【技能目标】

①调查、熟悉当地园林植物生理性病害的发生情况和常见种类；能根据观察到的病状（无病征）判断该病害属于哪种生理性病害。

②学会基本照相技术，保留典型的症状照片。能利用手机等工具拍照或录像，并借助微信、QQ、抖音等平台进行交流比较。

③能根据病害发病规律制订切实可行的综合防治方法或综合治理方案，并组织实施。

【任务提出】

通过实地调查，从当地常见的园林植物病害症状表现中，区分哪些是非侵染性病害。再结合病状（无病征）判断病害属于哪类生理性病害。在园林植物管理人员协助下，通过走访和调查、统计和分析，总结当地园林植物生理性病害有哪些类型，发病规律如何，如何制订措施或方案，开展有效的综合防治。

【任务分析】

本次任务结合对当地园林植物的观察和调查，熟悉并理解园林植物生理性病害的种类、分布与为害、症状识别及其发病规律，以及每一类生理性病害的综合防治方法等。

【相关知识】

生理性病害又称为非侵染性病害，是由环境条件不能满足园林植物的生长要求所造成，引发原因多，症状复杂，一般包括营养失调病、温度与光照失调病、水分失调病、药害及有害物质中毒症等。综合防治是控制该类病害的关键。

防治该类病害从基本原理上讲，是创造一个供给园林植物正常生长的适生环境，也就是要在温度、湿度、光照、水分、养分、pH、通风等要素上满足园林植物的需求。所采取的对策可从自然环境与人为养护两个方面进行考虑。

一、营养失调病

营养失调

植物的生长发育需要多种营养物质，这些营养物质构成植物组织，同时又是植物体各种生化反应的调节剂、缓冲剂。植物需要量较大的元素有碳、氮、磷、钾、钙、镁和硫等，需要量微小的元素有铁、锰、锌、铜、硼和钼等，它们都对植物有着极为重要的作用。缺乏某些营养元素会影响植物正常的生理机能。反之，元素含量过多，对植物也会产生毒害作用。另一方面，还要求各种元素在分量上的合理配合，某些元素过多就使另外的元素相对地减少，对植物也是有害的。有时土壤中并不缺少某些元素，但由于土壤条件不适（如 pH）而直接影响了植物根系对营养物质的吸收，从而引起缺素症。

（一）缺铁病（缺铁性黄化病）

分布于河北、河南、安徽、山东、江西、江苏、浙江、湖北、湖南、四川、云南、贵州、广西等地。栀子、菊花、山茶、海棠、杜鹃花、桃树、梅花、广玉兰、樟树、茶梅、白兰、含笑、米兰、棕榈类、茉莉、金花茶、金橘、罗汉松、佛手、红掌、竹类、君子兰、石楠等植物可发生此病。

1. 症状识别（图 8-5-1）

植物缺铁时引起黄化病，由于铁在植物体内不易转移，所以缺铁时首先是枝条上部的嫩叶受害，下部老叶仍保持绿色。缺铁轻微的，叶肉组织淡绿色，叶脉保持绿色；严重时，嫩叶全部呈黄白色，并出现枯斑，逐渐焦枯脱落。栀子缺铁引起的黄化病是极为普遍的，首先是由幼叶开始黄化，然后向下扩展到植株基部叶片，严重时全叶变白色，由叶尖发展到叶缘，逐渐枯死，植株生长受抑制。

图 8-5-1 缺铁引起棣棠新叶发黄

2. 病原识别

生理性病害，因缺乏铁元素所致。植物对铁的需求量较少，铁具有调节呼吸的作用。

3. 发病规律

园林植物缺铁，主要有以下几个原因：一是在我国北方偏碱性土壤中缺铁症较为普遍，碱性或石灰含量高的土壤，可溶性的铁变为非溶性，植物就不能吸收利用。二是管理不当，偏施化学氮肥造成微量元素比例失调，会引起土壤板结通透性不良，影响根系对铁的吸收。尤其在土壤长久干旱时，表层土壤含盐量增加，也会影响根系对铁的吸收。三是园林立地条件差，导致根系发育不良，建植时树穴挖得过浅，土层板结度太高，也使铁的吸收受到影响。

（二）其他元素缺乏症

1. 缺碳症

有机营养主要是碳营养和碳能源。有机肥中也含有大量的无机营养。有机营养严重不足，也即缺碳，植物会进入“亚健康”状态，表现萎缩，慢长虚长，新叶失绿，早衰，根系衰弱、老化，抗逆性差，土传病虫害多发。

2. 缺氮症

由于氮影响蛋白质形成，植物缺氮时，首先生长受阻，叶片小且色淡，叶片稀疏易落，影响光合作用，造成生长不良，植株矮小，分枝较少，结果少且小。严重缺氮时，植株最终死亡。如月季缺氮时叶片黄化，但不脱落，植株矮小，花小色淡。天竺葵缺氮时，幼叶呈淡绿色，叶片中部具有红铜色圆圈，老叶呈亮红色，植株瘦小，发育不良，不能开花。

3. 缺磷症

由于磷影响核蛋白及磷脂形成，植物缺磷时，生长受抑制，植株矮小，叶片变成深绿色，灰暗无光泽，具有紫色素，枯死脱落。如香石竹缺磷，基部叶片变成棕色而死亡，茎纤细柔弱，节间短，花较小；月季表现为老叶凋落，但不发黄，茎瘦弱。瓜叶菊缺磷时，叶片呈暗绿色，从老叶叶缘开始向内部黄化，落叶较早，往往只剩顶端一些小叶，生长发育受阻。

4. 缺钾症

由于钾影响植物体内碳水化合物及蛋白质的合成及转移，植物缺钾时，植株茎秆柔弱，易倒伏；有时也会出现叶缘焦枯，生长缓慢的现象，由于叶中部生长仍较快，所以整个叶子会形成杯状弯曲；叶片会出现似火烧状。红壤中一般含钾较少，细砂土、酸性土以及有机质少的土壤易缺钾。如洋秋海棠缺钾时，叶缘焦枯乃至脱落。菊花缺钾时，叶片小呈灰绿色，叶缘呈现典型的棕色，并逐渐向内扩展、脱落。香石竹缺钾时，植株基部叶片变棕色而死亡。钾是易移动可被重复利用的元素，故缺素症首先出现在下部老叶。

5. 缺钙症

由于钙影响细胞壁及胞间层形成，与草酸结合成草酸钙，减少环境中过酸的毒害作用，同时在土壤中有一定的杀虫杀菌功能。缺钙时，种子萌发幼叶尖端多呈现钩状；根尖端易死亡，形成短粗的扫帚根；叶片黄化，叶面皱缩，产生明显坏死斑；易造成果实表面细胞病变死亡，果肉萎缩类似海绵状，果心水浸状。

6. 缺镁症

由于镁影响叶绿素合成，植物缺镁时，引起缺绿病称黄化病、白化病。常从植株下部老叶片开始褪绿，出现黄化，逐渐向上部叶片蔓延，最初叶脉保持绿色，仅叶肉变黄色，不久下部叶片变褐枯死，最终脱落。镁与钙有拮抗作用，过剩的钙有害时，只要加入镁即可消除钙的作用。

7. 缺硫症

由于硫影响蛋白质形成，植物缺硫也引起缺绿病。缺硫时叶脉发黄，叶肉组织却仍然保持绿色(缺镁叶脉绿色，叶肉变黄；缺铁嫩叶全部黄白色)，从叶片基部开始出现红色枯斑。通常植株顶端幼叶受害较早，叶坚厚，枝细长，呈木质化。如一品红缺硫时，叶淡暗绿色，后黄化，在叶片的基部产生枯死组织，这种枯死组织沿主脉向外扩展。

8. 缺锰症

由于锰影响植物光合作用及氧化作用，且可抑制过多的铁毒害，增加土壤中硝酸态氮的含量。植物缺锰时，叶片先变苍白色，后在叶尖处产生褐色斑点，植株生长变弱，花也不能形成。缺锰症一般发生在碱性土壤中。如洋秋海棠缺锰时，顶部叶片叶脉间失绿，呈水渍状，老叶则呈现灰绿色。菊花缺锰后，叶脉间变成枯黄色，叶缘及叶尖向下卷曲。

9. 缺锌症

由于锌影响生长素合成，植物缺锌时，生长受到抑制。如桃树缺锌时，顶部簇生许多小叶片，称为“簇叶病”或“小叶病”。缺锌桃树叶片均出现缺绿的斑点，病叶坚硬，无叶柄，有些枝条扭曲，严重时常引起大面积死亡。

10. 缺硼症

由于硼影响植物细胞分裂和分化、茎尖和根尖发育，缺硼的主要症状之一是顶梢枯死，幼嫩分生组织分解死亡，叶片增厚，卷曲并易碎。花器缺硼，会引起生殖障碍。

11. 缺铜症

由于铜影响植物光合作用和呼吸作用及色素形成，缺铜常引起叶片黄化，顶梢叶片出现坏死斑，生长受阻，甚至枯梢。

12. 缺钼症

由于钼影响植物体内的氮代谢，缺钼表现为叶脉间缺绿，从老叶或中龄叶开始，叶缘枯焦或扭转，叶缩小，有时出现鞭状叶。另外，还可引起植物发育滞缓和不结果等症状。

有人总结花卉缺素症：无氧不生根、无氮不长叶、无磷不开花、无钾不上色、无铁新叶黄、无硼不坐果、缺钙易脐腐、缺镁下叶黄。

（三）元素过量症

土壤经常含有植物必需或非必需的矿质元素，它们达到高浓度时就可能对植物产生危害。元素过量的危害可轻可重，通常由这些元素直接对植物细胞的伤害引起。另外，还有间接的危害，即一种元素能干扰另一种元素的吸收或功能，从而导致被干扰元素的缺乏症。例如，过量的钠会引起植物缺钙，而铜、锰或锌的毒害既可以直接作用于植物，也可以引起植物缺铁。元素过量常见的是硼、锰和铜害。过量的锰可引起叶皱及树皮内部坏死等症状。过量铜、硼可使植物组织坏死。过量的钠和氧化铁可引起植物生长衰弱甚至衰退。过量的钠盐，尤其是氯化钠、硫酸钠、碳酸钠能提高土壤酸碱度，从而引起盐碱害，危害程度依植物而定，可造成黄化、矮化、叶灼、枯萎甚至植株死亡。

另外，当土壤酸性太强，一些植物的生长发育也会受到影响，而显示不良症状；土壤酸性过强的危害主要在于增大矿物质盐的溶解性，从而使其浓度提高，进而产生元素过量毒害。铝害和铁害常发生在酸性土壤中。植物一般在土壤 pH 4～8 的范围内生长良好，但有些植物在酸性环境下比另外一些植物生长得好。

（四）营养失调病（以缺铁性黄化病为例）防治措施

（1）园林技术措施防治　①选择排水良好、疏松、肥沃的酸性土栽植，多施腐熟的有机肥。②加强栽培管理。在偏碱性土壤栽植易发生黄化症状的植物时，最好是对土壤进行调酸处理，将园土调至中性或微酸性，改变局部土壤 pH。在干旱发生时，及时灌水。

（2）药剂防治　对于缺铁症，发病初期，可用 0.1%～0.2%硫酸亚铁溶液喷洒叶片，或浇灌 0.2%硫酸亚铁溶液，或土壤中施入铁的螯合物水溶液，通常直径 20 cm 的花盆可用 0.2 g。药剂治疗黄化病，应在病害初期进行，否则效果较差。叶片转绿时，即可停止用药。

二、温度与光照失调病

（一）温度失调病

温度失调

1. 症状识别

（1）高温伤害　高温常使花木的茎（干）、叶、果受到伤害，通常称为灼伤，如树皮的溃疡和皮焦，叶片上产生白斑、灼环等。花灌木及树木的日灼常发生在树干的南面或西南面。

（2）冷害　当温度降到 0 ℃或接近 0 ℃则会受害。一般指在 0～8 ℃范围内植物所受的影响。主要发生在北方地区的保护地内。冷害发生主要因为保护地栽培时遇到寒潮或持续阴雨低温天气，未采取保温措施或保温措施不力，或所栽植的花卉要求较高的越冬温度，如绿巨人、斑马万年青、红掌等。冷害可致叶片或嫩梢叶颜色发生改变，似水浸状。

光照失调

(3)冻害　一般指在 0 ℃以下植物所受的影响。全国各地都可发生，以北方多见，霜冻常伴随寒流而发生。可发生在春、秋两季。春季霜冻来得越晚、秋季早霜冻来得越早。霜冻常使得花木叶片皱缩、卷曲，严重时植株死亡。

顶梢嫩叶颜色发生改变可能情况。①发黄。在寒冷季节，由于温度过低，有些要求越冬温度较高的花卉叶片，会因受寒害而变黄，甚至脱落，如蝴蝶兰、富贵竹、红掌、吊兰类、西瓜皮椒草等。②泛白。叶面出现白斑，如变叶木、吊兰、朱顶红、花叶吊竹梅等，遇到较低温度，新梢嫩叶会失去原有的光泽，出现泛白失绿等不正常变化。③发紫。有些观赏植物，在遇到低温的情况下，出现叶尖或叶缘发紫变褐的现象，如绣球、金钱树、墨兰等。

顶梢嫩叶发生似水浸状现象。一些叶片、新梢或茎干含水量较高的观赏植物，包括一些多肉植物，如斑马万年青、富贵竹、露兜树、非洲茉莉、扶桑、丽格海棠、海芋、芦荟、长寿花、棕竹、金钱树等，不仅在短时间内全部死亡，而且干皮开裂剥落。

冻害可使叶片边缘焦枯，嫩梢枯焦，老枝梢干枯，枝杈皮层下陷或开裂，内部由褐变黑，组织死亡，严重时大枝条也会出现死亡。地上部整株树死亡。枝条外观看起来似无变化，但发芽迟、叶片瘦小或畸形，生长不正常。生长在地下的根系受冻后不易被发现。挖出根系外皮层变褐色，皮层与木质部易分离甚至脱落。霜冻可使叶缘、叶片、嫩梢被冻死、焦枯；花木叶片呈皱缩状不能展开，不同于病毒引起的一些花木的皱叶病，后者虽为皱叶但叶缘完整，而霜冻引起的皱叶叶缘不完整。

2. 病原识别

生理性病害。高温伤害一般是由高温和日晒引起。冷害一般是指 0～8 ℃范围内植物所受影响结果。冻害一般是指 0 ℃以下植物所受影响结果。

3. 发病规律

(1)高温伤害　一般是由夏天的强光和高温共同引起。高温使光合作用迅速下降，呼吸作用上升，因而消耗植物体内大部分碳水化合物，引起生长减退，伤害加强，植株即枯死。

(2)冷害　一般是遇到寒潮或持续性阴雨低温天气，保温措施不当引起的。

(3)冻害　一般是冬天寒冻天气或春季遇到倒春寒，保温措施不当引起的。

(二)光照失调病

光照失调包括光照过强与光照不足两个方面，光照过强常常与高温作用在一起，造成日灼症。日灼症常常会使得盆栽或露地栽植的园林花卉植物叶片产生褪绿黄斑、褐色干枯，枝条表皮坏死，影响生长，降低观赏价值。此现象也发生于园林苗圃，导致刚出土的实生或扦插幼苗组织坏死。光照不足时常引起花木枝叶徒长，生长发育不正常，常表现叶色黄化。

1. 症状识别

(1)光照过强　①叶片日灼伤。不耐强光的龟背竹、君子兰、蝴蝶兰、杜鹃、菊花、绿巨人、非洲茉莉、鹅掌柴、常春藤、白鹤芋等出现叶面发黄、变白，甚至产生褐色坏死斑，常常与高温混合作用造成日灼症。②光照度变化剧烈，使得本来喜强光的植物叶片也出现日灼等现象，如银杏、苏铁、麦冬等。③枝条日灼伤。常使得枝干，尤其是主干西向一侧树皮泛白鼓起，外皮灼伤处韧皮部与木质部剥离，开裂后向四周萎缩坏死，逐渐露出内侧的木质部，日晒雨淋后，木质部会逐渐溃烂。

(2)光照不足　使得枝叶徒长，如苏铁发新芽时，若光照太弱，会导致叶片徒长成凤凰尾状。

2. 病原识别

生理性病害。光照过强、光照不足均是自然天气引起，常引起植物生长反常现象。

3. 发病规律

光照过强、光照不足多与夏天特殊天气相关，在自然因素引导下植物出现不正常的表现。

北方地区主要发生在一些原产南方且不耐强光照的观叶植物上，南方地区及北方日光温室内则往往会由于强光与高温共同作用，引起日灼症。高温多雨季节，遇因久雨骤晴天气，或由光照较弱的室内环境突然移于室外强光下，也会出现上述症状。另外，一些生长在较密苗圃内的花木(如广玉兰、鹅掌楸等)，由于长时间干皮得不到强光照射，将其移植于园林绿地或道路两侧，一旦该处夏季温度过高，且有明显太阳西晒，则极易造成西向一侧干皮被灼伤，尤其是一些运输或抬运过程中稍有损伤的树木，干皮西向一侧被灼伤得更为严重，被害部位往往容易发生溃疡病。

(三)温度与光照失调病防治措施

重点是根据品种特性，加强园林技术措施，培育健壮长势，增强抗逆能力。

对于温度失调病中的高温伤害预防，根据条件和实际情况，可以在夏季采用遮阳网等办法预防。也可以增强植株生长势为主调节植株的抗逆能力。

对于温度失调病中的冷害预防，根据条件和实际情况，对于温室大棚外面，可以周围熏烟，清扫棚膜，加覆盖物，挖防寒沟，适时揭苫。棚内双膜覆盖，水池保温，撒草木灰，暖气增温，必要时喷抗冻素。

对于温度失调病中的冻害预防，可浇封冻水和返青水，覆土、草、膜防寒，包草或绑缚草绳，设置风障，涂白防寒，必要时喷施植物生长调节剂。霜冻防治，根据天气预报，堆放柴草放烟，使烟雾笼罩花木区，可减轻灾害。受霜冻后加强水肥管理，尽快恢复长势。

对于光照失调病的光照过强与光照不足，一是根据园林花卉植物的种类、品种及所处的生长期不同，对光照度的要求不同，养护管理过程中进行分类管理和精细化管理。喜强光的花卉，要注意摆放在光照充足处；耐阴植物，夏、秋季节应注意遮阳。二是适时降低环境温度。盛夏高温时节，在放置盆花的场地及苗圃喷水，为花卉、苗木创造凉爽湿润的小环境。注意洒水时，切不可在炎热的中午或向已经开始萎蔫的植物浇冷水，否则易加速其萎蔫或死亡。另外，加强通风、合理修剪、降低栽植密度也是降温良策。三是加强栽培管理。及时灌水或排水，加强通风，注意氮、磷、钾元素的平衡，促进植株健壮生长，以提高抗性。及时剪去被害枝叶。四是通过树干涂白、绑草把等方式保护树干，防止灼伤。同时，对于轻度灼伤的植株，可将坏死的部分刮去，用 100 mg/L 生根粉药液拌成黄土泥糊，涂于被害部位，用塑料薄膜包好，可有效促进灼伤处恢复健康。

三、水分失调病

水分失调

(一)水涝和干旱

水分过多或过少导致的水分不均症。水分不均常常会使得盆栽、地栽的园林植物生长发育不正常,影响生长,降低观赏价值。

1.症状识别

对于水涝引起的水分过多,可导致植株出现枯萎、烂根等现象。水分过多常引起植物沤根,表现出上部叶片发黄,下部根系腐烂,植株生长不良。特别是苗期表现最为充分。

对于干旱引起的水分过少,可致植株出现萎蔫、叶黄、干尖、干边、干梢、叶片脱落、植株枯萎等现象。

2.病原识别

生理性病害。水分过多一般是由天气降雨过多或人为浇水过多引起。水分过少一般是由天气原因造成长期雨水不足引起。

3.发病规律

遇有天气干旱、浇水过少,或植株根系不发达、吸水能力差,或地势低洼积水或浇水过多,引起植物生长不良而致病。

水涝情况的出现,则是由于遇到雨季,地势低洼积水;或管理不够精细,浇水过多所致。

干旱情况的出现,多是由于天气长期干旱,未及时浇水;或栽培管理不够精细,导致植株缺水;或由于植株刚刚移植不久,树冠大,蒸腾蒸发水分多,而根系又欠发达,吸水能力较弱所致。

(二)水分失调病防治措施

对于干旱等情况引起的水分过少,一是根据实际情况,适时适量灌水,注意及时排水。地栽时,浇灌时尽量采用滴灌或沟灌,避免喷淋和大水漫灌。盆栽时,要根据栽培基质的不同,调节好浇水次数与浇水量。树皮、木炭等疏松基质浇水宜勤;一般盆土则浇水宜少。二是对于刚移植不久、树冠大而根系又欠发达的植株,则采取搭建遮阳网、表面洒水、喷洒蒸腾抑制剂以及灌施生根剂等方式解决。

对于水涝引起的水分过多,应及时挖沟排涝,减少植物受淹的时间,防止植物沤根或淹死。

四、药害及有害物质中毒症

(一)药害

1.症状识别

各地均可发生,可为害多种花草树木。有急性药害和慢性药害之分,急性药害指的是用药几天或几小时内,叶片很快出现斑点、失绿、黄化,果实变褐,表面出现药斑;重则出现大量落叶、落果,甚至全株萎蔫死亡;根系发育不良或形成黑根、鸡爪根等。慢性药害是指用药后,药害现象出现相对缓慢,如植株矮化、生长发育受阻、开花结果延迟等。

2.病原识别

生理性病害,使用农药不当所致。

3. 发病规律

发生药害主要有以下几种情况：一是药剂种类选择不当。如波尔多液含铜离子浓度较高，多用于木本植物，草本花卉由于组织幼嫩，易产生药害。石硫合剂防治白粉病效果颇佳，但由于其具有腐蚀性及强碱性，用于瓜叶菊等草本花卉时易产生药害。二是部分花卉对某些农药品种过敏。有些花卉性质特殊，即使在正常使用情况下，也易产生药害。如碧桃、寿桃、樱花等对敌敌畏敏感，桃、梅类对乐果敏感，桃、李类对波尔多液敏感等。三是花卉敏感期开花期用药。四是高温、雾重及相对湿度较高时易产生药害。温度高时，植物吸收药剂及蒸腾较快，使药剂很快在叶尖、叶缘集中过多而产生药害；雾重、湿度大时，药滴分布不均匀也易出现药害。五是随意加大浓度及用量，易产生药害。

(二)有害物质中毒症

除使用农药不当外的有害物质中毒情况，土壤及空气中的各类有害物质，包括废水、废气(二氧化硫、二氧化氮、三氧化硫、氯化氢和氟化物等)、废渣以及意外事故的泄露物等。分布广泛，发生情况复杂。

1. 症状识别

有害物质中毒症中，突出的是植物受大气污染危害，主要有 3 种情况：即急性危害、慢性危害和不可见危害。急性危害的受害叶片，最初叶面呈水渍状. 叶缘或叶脉间皱缩，随后叶片干枯。多数植物叶片褪绿为象牙色，受害严重时叶片逐渐枯萎脱落，造成植株死亡；慢性危害主要表现为叶片褪绿至近白色，这主要是叶片细胞中的叶绿素受破坏而引起的；不可见危害是在浓度较低的大气污染物影响下，植物受到轻度的危害，生理代谢受到干扰和抑制。可选择抗性较强的花卉和树木作为防止污染的植物材料，用于改善环境。

(1)硫化物　是我国大气污染物中较为主要的污染物。植物对二氧化硫(SO_2)很敏感，当受到二氧化硫危害时，叶脉间出现失绿的不规则形坏死斑，但有时也呈红棕色或深褐色。在低浓度时引起的为一般性黄化，高浓度可造成脉间白化、顶枯等。如百日草在二氧化硫浓度为 1 μg/mL 时，经 6 h 熏气，1 周后叶片大部分坏死，花瓣前端边缘也产生坏死斑。针叶树受害，常从针叶尖端开始，逐渐向下发展，呈红棕色或褐色坏死。美人蕉、香石竹、仙人掌类、丁香、山茶以及桂花、广玉兰、圆柏等对二氧化硫有较强抗性。一般而言，对二氧化硫的抗性，阔叶树种大于针叶树种，常绿树种大于落叶树种。

(2)氮化物　可致杜鹃花发生敏感症状，引起的症状类似二氧化硫，叶片白化或铜色，低浓度抑制生长。在二氧化氮浓度为 10～250 μg/mL 时，往往在 1 h 内，叶缘和叶脉间便出现坏死，叶片皱缩，随后叶面布满斑纹。欧洲夹竹桃、叶子花、木槿、球根秋海棠、金鱼草、蔷薇、翠菊等观赏花木对氮化物都是很敏感的。

(3)酸雨　是由大气的二氧化硫和二氧化氮溶于雨水中，转变成硫酸和硝酸，提高了酸度而形成。纯水 pH 是 7.0，正常的雨水 pH 为 5.6，呈弱酸性。只有当雨(雪)的 pH 低于 5.6 时，才被认为是酸雨(雪)。酸雨的酸度一般介于 4.0～4.5，但在个别地方，曾有 pH 为 1.5 的记录。酸雨可直接作用于植物，可引起植物叶片产生污斑、卷曲、发黑、落叶等症状。此外，酸雨还可使土壤的理化性质发生变化。

(4)臭氧　对植物的危害普遍表现为植株褪绿，可引起叶片表面斑驳、黄化，并形成小型、棕色到黑色的斑点，植物提早落叶、发育迟滞、顶枯等。美洲五针松对臭氧很敏感，在浓度为

7 μg/mL 时延续 4 h 就受害。对臭氧有抗性的园林植物有百日草、一品红、草莓和黑胡桃等。

(5)氟化物　典型症状是受害植物叶片顶端和叶缘处出现灼烧现象,这种伤害的颜色因植物种类而异。唐菖蒲对氟化物很敏感,受污染后首先是叶尖产生灼烧现象,然后逐渐向下延伸,黄花品种更为敏感,很少剂量即对花产生危害。因此,有些国家利用它作为环境监测的植物材料。

(6)粉尘　可影响各种园林植物,在植物表面形成粉层或壳状物,植物发生黄化并生长不良;一些粉尘有毒,在露水和雨水中直接破坏植物组织。

另外,城市工程建设比如修路、建房,挖埋下水管道、电缆、光缆、煤气管道等所产生的污染物对城市中的植物形成巨大的生存压力。城市及村镇人类生活垃圾由于不能很好地分类回收而致环境污染,城市下水道粪便处理对周围的植物都会或多或少发生作用。

2. 病原识别

包括土壤、大气、太空中各种可能影响园林植物正常生长的各类有害物质。

3. 发病规律

情况复杂,环境复杂,特殊情况频发。因此,形成的病状复杂,判断困难。分析思路大致为:一定要到现场去看、去听,要用自己的双眼去观察判断,去找蛛丝马迹,去伪存真。其次,听取具体管理人员的详细介绍,从生长、管理历史中寻找,印证自己的判断。再者,要采取一定的办法验证自己的判断,提出试验性方案,根据调查与试验提出改进性防治方案。

(三)药害及有害物质中毒症防治措施

对于药害的预防。一是根据用药方式,如根施或叶喷的不同,分别采用清水冲根或叶面淋洗的办法,去除残留毒物。二是加强肥水管理,使之尽快恢复健康,消除或减轻药害造成的影响。三是对于具有调节抑制作用的除草剂药害,可使用赤霉素等进行解毒。对于其他除草剂,可尝试用奈安等解毒。

对于有害物质中毒症的预防。一是保护环境,治理污染,避免有害物质的泄露,防止意外情况的发生。二是污染治理相对不理想之处,根据污染物的类别不同,选择栽植抗性强、耐污染,且吸收有害物质的树种,如臭椿、红叶臭椿、柳杉、夹竹桃等树种,不仅抗二氧化硫的能力强,且能有效地吸收 SO_2,减轻环境的污染。三是加强肥水管理,尽快使植株恢复长势。四是改进清雪、化雪方法,最好用机械或物理清雪、化雪方法,不要采用洒盐水法,减免对环境的污染。可撒施绿邦等环保型化雪剂,不会伤害花木和污染环境。五是进行垃圾科学分类回收。包括城市垃圾和农村垃圾,还包括工业垃圾和生活垃圾,特别是农药废弃物管理。六是对工业生产进行严格科学管理。

【任务实施】

园林植物生理性病害识别

一、实施场所

教室、实验(训)室,校内、外实训基地。

二、实施目的及形式

识别当地主要园林植物生理性病害的病状特点。亲临现场观察,为防治打基础。

以班级为单位组织教学。以小组为单位组织讨论、交流和实施。教师最后归纳总结。

三、材料与工具

材料与器具：缺素症、高温伤害、冷害、冻害、日灼、光照过强、光照不足、干旱、水涝、药害、有害物质中毒等常见园林生理性病害的新鲜标本、干制或浸渍标本；显微镜、放大镜、镊子、挑针等。

参考资料：当地气象资料、有关园林生理性病害的历史资料，有关当地园林植物养护技术方案，参考书籍、彩色图谱，各相关网站、资源库等。

四、实施过程

（一）校内教学过程

教师为学生介绍缺素症、冷害、冻害、日灼、光照不足、干旱、水涝、药害、有害物质中毒等常见园林生理性病害分布与为害、症状识别、病原识别、发病规律及防治方法。

（二）校内外实训过程

（1）安排到校内外实训基地，仔细观察生理性病害的典型症状，采集典型病害症状标本。

（2）现场拍摄实物照片或录像，并做到局部拍摄和全局拍摄相结合，个别为害情况和系统为害、全局为害相结合。

（3）现场调查。根据现场病害的为害情况，确定当地生理性病害的主要类型和次要类型。初步了解其发病规律，为到图书馆和网上查阅资料做准备，为小组讨论做准备。

（三）校内实验实训过程

（1）实验实训前查阅资料，为小组讨论做准备。根据工作任务，采取课堂、实训室以及校内外实训基地（包括园林绿地、花圃、苗圃、草坪等）现场相结合的形式，通过查阅资料与网上搜集，获得相关园林植物生理性病害的基本知识。

（2）室内病害鉴定：结合田间调查、现场观察和经初步鉴定的病害标本，利用放大镜、显微镜等工具进一步鉴定。

（3）利用多媒体设备播放园林生理性病害图片，和学生一起将其分类，培养学生鉴定生理性病害的能力和水平。

（4）通过课堂现场提问或课堂测试，检验学生对生理性病害病状、发病规律以及防治方法的理解和认识程度。

（5）防治方案制订：根据田间调查，各小组有目标地制订某一植物生理性病害的综合防治方案，提出切实可行的防治措施，并结合园林植物管理组织实施，定期检查防治效果。

五、注意事项

（1）实训前要做好资料与器具的准备，如园林植物生理性病害彩色图谱、数码相机、手持放大镜、修枝剪、手锯、镊子、喷雾器、笔记本等。

（2）调查时，应抓住典型的症状，同时注意症状相似的病害的区分。

（3）病害标本的采集要力求全面，尽量采集到不同发病时期的标本，这样有利于病害的鉴定。病害标本的制作根据需要进行，一般叶类、花类制成蜡叶标本，枝干、根部制成浸渍标本等。

（4）学会基本摄像技术，特别是手机摄像技术，便于保留典型的症状照片。

（5）制订园林植物生理性病害的综合防治方案时，内容应该全面，重视各种防治方法的综合运用。所选用的防治方法既要新颖，又要结合生产实际，体现实用性。

六、作业

(1)列表描述你所观察的园林植物生理性病害的症状特征。

(2)结合对本地区园林植物的观察和调查,调查园林植物生理性病害的种类、分布与为害及其发病规律,制订生理性病害防治方案并进行试验。写出调查报告。

【任务评价】

任务评价考察标准分为基本能力、职业能力、岗位专业能力三部分。

基本能力、职业能力方面的要求参考项目一。

岗位专业能力:针对本项工作任务的具体要求与实施来考察。以个人考核为主。

(1)生理性病害的症状识别。能准确描述所发生病害的症状。

(2)生理性病害发生情况调查。能描述出病害发生的种类与发生状况。

(3)生理性病害综合防治方案的制订与实施。根据方案的现实可行性来评价。

【思考练习】

一、选择题

1.缺铁病一般常表现为(　　)。

A.红色　　B.根腐　　C.溃疡　　D.黄化

2.缺锌一般常表现为(　　)。

A.叶脉间缺绿　　B.白斑　　C.小叶　　D.黄化

3.冷害一般常表现为(　　)植物受到的伤害。

A.0～8 ℃范围内　　B.一般指在0 ℃以下　　C.8～15 ℃范围内

4.光照过强一般常表现为(　　)。

A.日灼伤　　B.叶徒长　　C.不易发生溃疡

5.防治花木药害的有效方法为(　　)。

A.晾根处理　　B.重施化肥处理

C.再用药剂防治　　D.清水冲根或叶面淋洗

二、简答题

1.试分析园林植物缺铁原因,应怎样进行防治?

2.冻害可造成哪些影响?如何有效防治?

3.城市中的污染有哪些危害?如何有效预防?

【拓展资源】

常见缺素症病状表现

案例分析

对园林“过度溺爱”好吗

郑州·中国绿化博览园位于郑州新区，2010 年 9 月 26 日开园，是国家 AAAA 级旅游景区。园区荟萃了国内外近百个不同地域的精品园林景观。园区总面积 196 hm^2，展园 99 个。撷取了海内外先进的园林设计理念和建园风格精华，集世界园林艺术精华，饱含东方神韵、异国风情、融入五大洲景观。绿博园植被资源丰富，拥有各种植物 1 000 余种，拥有各类珍稀植物 63.6 万株。其中，国家一级保护植物红豆杉等 5 种；国家二级保护植物杜仲等 13 种；三级保护植物 3 种。园区汇聚了我国大部分地区的珍稀花卉苗木，奇树异葩不胜枚举。

园区建设之初，技术团队还未很好掌握园林管理技术，头两年出现了很多问题。特别是浇水管理上，不能根据树种和因树适量原则浇水，造成了植株生长不良、叶色发暗等现象。他们邀请校内园林专业的老师，一同前往会诊。到园后，我们在园区主任和管理人员的带领下，查看杉树等树种的生长异常情况。经过反复询问和实地查看，特别是让管理人员剖根观察，发现大量侧根皮层已变褐腐烂。管理人员反映基本上每天都浇水，可能水大直接导致了沤根，或诱发根腐病。建议浇水适量，不宜每天浇水。比如针叶树与阔叶树有区别：针叶树蒸腾小，需水量就少；阔叶树蒸腾大，需水量也大。叶小、坚硬，叶片表面有蜡质的，水分蒸发慢，浇水应少些。同时，建议根据情况施用有机肥，改善土壤结构。

这次会诊以后，园区管理团队非常重视，迅速调整管理方案，因树制宜，取得了良好的效果。同时让管理人员分片包区，负责植保问题。发现有病虫的植物，一般很快处理，所以大家有时间再去园区观赏，很难再见到大量的植保病虫了。

问题：新栽的园林植物，不管是在公园、绿地、树林、绿化带，还是家购花卉苗木，如何合理控制肥水？

项目小结

本项目主要讲述真菌性病害、原核生物病害（细菌病害、植原体病害）、病毒病害、线虫病害、寄生性种子植物以及生理性病害的症状、病原、发病规律以及防治措施等。

真菌病害，是园林植物上的最主要的一类病害，主要为害叶片。真菌性病害主要形成坏死斑、溃疡、枯萎、萎蔫、腐烂、畸形等病状，形成各种颜色的色变，产生各种粉状物、霉状物、絮状物、点状物、粒状物、线状物、伞状物等病症。真菌性病害主要以孢子的形式通过气流、雨水、灌溉水等方式传播，侵入植物体的途径主要有气孔、皮孔、水孔、伤口以及直接表皮侵入等形式。常见的病害包括白粉病、锈病、炭疽病、叶斑病、灰霉病、霜霉病（疫病）、枯萎病、黄萎病、溃疡病、腐烂病、立枯病、煤污病等。

原核生物病害，包括细菌病害、植原体病害等。细菌病害的病原主要为杆菌，革兰氏染色大都为阴性反应，主要引起根癌、软腐、叶斑、叶枯、丛枝等病状，其中以根癌病最为常见，如樱花根癌病、仙客来细菌性软腐病、红掌细菌性叶斑病等。病症以菌脓形式表现得最多。细菌性病害主要以菌体的形式通过雨、风传播，侵入植物体的途径主要有气孔、皮孔、水孔、伤口等。植原体病害的病原为介于细菌与病毒之间的微生物，无细胞壁，形状不固定，可通过嫁接、叶蝉等介体昆虫传播，常见的病害有枣疯病、泡桐丛枝病、竹丛枝病等。植原体病害主要引起丛枝等不正常生长病状，一般不表现病症。

病毒病害。病毒病害主要引起变色、畸形、坏死等显性病状，个别隐性病状可不显示，一般没有病症表现。寄主细胞内专性寄生。病毒病害常通过刺吸害虫、嫁接以及植株间摩擦等方式传播。常见的病害有美人蕉花叶病、香石竹病毒病、郁金香碎色病、杨树花叶病毒病等。花卉上较常见，有时还作为品种的表现。

线虫病害。线虫病害的病原为低等小动物，主要引起根结、叶枯以及鳞茎腐烂等病状。根结线虫病害一般可引起植株上部呈衰老病状。病症上可表现为根结状物或线虫状物。常见的病害有仙客来根结线虫病、菊花叶枯线虫病、松材线虫病等。

寄生性种子植物病害。根据寄生性种子植物对寄主的依赖程度（光合作用产生的有机物、经过根导管吸收的水和无机盐）分为半寄生和全寄生之分。寄生性种子植物寄生于植物地上部分的称为茎寄生，如桑寄生、菟丝子；寄生于植物地下部分的称为根寄生，如列当等。寄生性种子植物对寄主植物的影响主要是抑制生长。所以，病状主要是类似营养缺乏情况的生长不良，病症是寄生性种子植物本身。

园林植物其他侵染性病害。其他病害如瘿螨、藻类等引起的病害。病状一般为色变的坏死斑或畸形斑，产生螨状物、藻状物等病症。尽管种类少，但由于病原种类及发生规律特殊，往往很难进行控制。

生理性病害。生理性病害的引发原因主要是受外界温度、水分、光照、肥料、农药、有害物质等环境条件失调（过或不足）所致。一般引起变色、坏死、色变等病状，不显示病症。防治该类病害，主要是通过调节外界环境条件，加强栽培管理等方式解决，一般不需要用药。常见的病害有元素缺乏症、元素过量症、高温伤害、冷害、冻害、日灼、干旱、水涝、药害、有害物质中毒症、污染等。

园林植物病害的防治策略应以五大类综合防治方法即“植物检疫、园林技术、物理防治、生物防治、化学防治”为抓手，围绕植物病害侵染循环（“病原物的越冬和越夏、初侵染和再侵染、传播”）三个基本环节，根据植物周年生长季节，抓住植物病害发生发展的薄弱环节，开展科学、灵活、有针对性的防治。药剂选择上，坚持选用无污染、低残留、低毒、高效的药剂，对症下药，自然调控，土洋结合，逐渐形成以自然控制为主、人为影响为辅的生态园林绿色治理之路。

参考文献

[1] 彩万志. 普通昆虫学. 2 版. 北京:中国农业大学出版社,2011
[2] 徐冠军. 植物病虫害防治学. 北京:中央广播电视大学出版社,2001
[3] 许志刚. 普通植物病理学. 北京:中国农业出版社,2002
[4] 武三安. 园林植物病虫害防治. 3 版. 北京:中国林业出版社,2015
[5] 丁锦华,苏建亚. 农业昆虫学. 北京:中国农业出版社,2002
[6] 成卓敏. 科技创新与绿色植保. 北京:中国农业科学技术出版社,2006
[7] 李清西,钱学聪. 植物保护. 北京:中国农业出版社,2002
[8] 张中社,江世宏. 园林植物病虫害防治. 北京:高等教育出版社,2005
[9] 国家林业局植树造林司,国家林业局森林病虫害防治总站. 中国林业检疫性有害生物及检疫技术操作办法. 北京:中国林业出版社,2005
[10] 黄少彬. 园林植物病虫害防治. 北京:高等教育出版社,2006
[11] 张随榜. 园林植物保护. 北京:中国农业出版社,2001
[12] 程亚樵,丁世民. 园林植物病虫害防治. 2 版. 北京:中国农业大学出版社,2011
[13] 丁世民. 园林植物病虫害防治. 北京:中国农业出版社,2014
[14] 关继东. 林业有害生物控制技术. 2 版. 北京:中国林业出版社,2014
[15] 黄宏英,程亚樵. 园艺植物保护概论. 北京:中国林业出版社,2006
[16] 蔡平,祝希德. 园林植物昆虫学. 北京:中国农业出版社,2003
[17] 丁梦然. 园林植物病虫害防治. 北京:中国科学技术出版社,1996
[18] 杨子琦,曹华国. 园林植物病虫防治图鉴. 北京:中国林业出版社,2002
[19] 宋瑞清,董爱荣. 城市绿地植物病害及其防治. 北京:中国林业出版社,2001
[20] 陈岭伟. 园林病虫害防治. 北京:高等教育出版社,2002
[21] 朱天辉. 苗圃植物病虫害防治. 北京:中国林业出版社,2002
[22] 王善龙. 园林植物病虫害防治. 北京:中国农业出版社,2001
[23] 夏西纳,丁梦然. 园林观赏树木病虫害无公害防治. 北京:中国农业出版社,2004
[24] 徐公天. 园林植物病虫害防治原色图谱. 北京:中国农业出版社,2003
[25] 宋瑞青,迟德富. 城市绿地植物病虫害及其防治. 北京:中国林业出版社,2001
[26] 高国华. 家庭花卉病虫害防治. 天津:天津科学技术出版社,2001
[27] 贺振. 花卉病虫害防治. 北京:中国林业出版社,2000
[28] 金波. 花卉病虫害防治. 北京:中国农业出版社,1998
[29] 陆自强. 观赏植物昆虫. 北京:中国农业出版社,1995
[30] 邱强. 花卉病虫实用原色图谱. 郑州:河南科学技术出版社,2000
[31] 王国兴. 花木病虫害及防治. 成都:四川科学技术出版社,2000
[32] 蔡祝南,张中义. 花卉病虫害防治大全. 北京:中国农业出版社,2003
[33] 张宝棣. 园林花木病虫害诊断与防治原色图谱. 北京:金盾出版社,2002

[34] 韩召军,杜相革,徐志宏.园艺昆虫学.2版.北京:中国农业大学出版社,2008
[35] 张中社,汪世宏.园林植物病虫害防治.北京:高等教育出版社,2004
[36] 卢希平.园林植物病虫害防治.上海:上海交通大学出版社,2004
[37] 王丽平,曹洪青,杨树明.园林植物保护.北京:化学工业出版社,2006
[38] 陶振国.园林植物保护.北京:中国劳动社会保障出版社,2004
[39] 郑进,孙丹萍.园林植物病虫害防治.北京:中国科学技术出版社,2003
[40] 丁梦然.园林苗圃植物病虫害无公害防治.北京:中国农业出版社,2004
[41] 王瑞灿,孙企农.园林花卉病虫害防治手册.上海:上海科学技术出版社,1999
[42] 关继东.森林病虫害防治.北京:高等教育出版社,2002
[43] 侯其昌,程亚樵.无公害果蔬生产与采后处理.北京:中国农业科学技术出版社,2002
[44] 李庆孝,何传据.生物农药使用指南.北京:中国农业出版社,2006
[45] 肖斌,于建垒.新型农药安全使用技术.北京:中国农业出版社,2005
[46] 屠予钦.农药科学使用指南.北京:金盾出版社,2000
[47] 王换民.新编农药手册.北京:农业出版社,1989
[48] 苏小记,刘万峰.农药安全使用新技术.杨凌:西北农林科技大学出版社,2005
[49] 吴文君,高希武,生物农药及其应用.北京:化学工业出版社,2004
[50] 万树青.生物农药及使用技术.北京:金盾出版社,2003
[51] 张有军.农药无公害使用指南.北京:中国农业出版社,2003
[52] 高希武.新编农药使用手册.郑州:中原农民出版社,2002
[53] 王险峰.进口农药应用手册.北京:中国农业出版社,2000
[54] 张一宾,张怿.农药.北京:中国物资出版社,1997
[55] 河北省保定农业专科学校.植物化学保护.北京:中国农业出版社,1993
[56] 江苏省苏州农业学校.观赏植物病虫害及其防治.北京:中国农业出版社,2000
[57] 吴时英.城市森林病虫害图鉴.上海:上海科学技术出版社,2005
[58] 曹坳程,徐映明.农药问答精编.北京:化学工业出版社,2017
[59] 邱晓红,白鸥.园艺植物病虫害防治.北京:中国农业出版社,2022
[60] 董双林.植物保护学通论.3版.北京:高等教育出版社,2022